内蒙古马文化与马产业研究丛书

# 马科学

芒来 白东义 刘桂芹 ◎ 著

内蒙古出版集团
内蒙古人民出版社

图书在版编目(CIP)数据

马科学/芒来,白东义,刘桂芹著. --呼和浩特:内蒙古人民出版社, 2019.8(2019.11 重印)
(内蒙古马文化与马产业研究丛书)
ISBN 978-7-204-15987-1

Ⅰ.①马… Ⅱ.①芒… ②白… ③刘… Ⅲ.①马-动物学-研究 Ⅳ.①Q959.843

中国版本图书馆 CIP 数据核字(2019)第 138804 号

马科学

作　　者　芒　来　白东义　刘桂芹
责任编辑　白　阳
封面设计　额伊勒德格
出版发行　内蒙古人民出版社
地　　址　呼和浩特市新城区中山东路 8 号波士名人国际 B 座五层
网　　址　http://www.impph.cn
印　　刷　内蒙古恩科赛美好印刷有限公司
开　　本　710mm×1000mm　1/16
印　　张　34
字　　数　530 千
版　　次　2019 年 8 月第 1 版
印　　次　2019 年 11 月第 2 次印刷
印　　数　1001—3000 册
书　　号　ISBN 978-7-204-15987-1
定　　价　108.00 元

如出现印装质量问题,请与我社联系。联系电话:(0471)3946120

# “内蒙古马文化与马产业研究丛书”
# 编 委 会

# 总　序

“你听过马的长嘶吗？假如你没听过的话，我真不知道你是怎么理解蓝天的高远和大地的辽阔的。听了马的嘶鸣，懦夫也会振作起来。你仔细观察过马蹄吗？听过马蹄落地的声音吗？有了那胶质坚硬的东西，可爬山、可涉水，即使长征万里也在所不辞，而它有节奏的踏地之声，不正是激越的鼓点吗？”每次读到蒙古族作家敖德斯尔在《骏马》一文中的这段话时，我都激情澎湃、思绪万千。是的，蒙古族失去了马，就会失掉民族的魂魄；蒙古族文化中没了马文化，就会失去民族文化的自信。在漫长的历史长河中，没有哪一个民族像蒙古族一样与马有着密切的联系，没有哪一个民族像蒙古族一样对马有着深厚的感情。马伴随着蒙古族人迁徙、生产、生活，成为蒙古族人最真诚的朋友。马作为人类早期驯化的动物，与人、与自然共同构成了和谐共生的关系，衍生出了丰富的马文化。

内蒙古自治区的草原面积为8666.7万公顷，其中有效天然牧场6818万公顷，占全国草场面积的27%，是我国最大的草场和天然牧场。据新华社报道，2018年内蒙古马匹数量接近85万匹，成为国内马匹数量最多的省区。草原和马已经成为内蒙古自治区最具代表性的标志，吸引着无数人前来内蒙古旅游和体验。

2014年1月26日至28日，春节前夕，习近平总书记在视察内蒙古时讲到，“我们干事创业就要像蒙古马那样，有一种吃苦耐劳、一往无前的精神”。这是对内蒙古各族干部群众的殷切期望和鼓励鞭策，蒙古马精神已经成为新时代内蒙古人民的精神象征，成为实现“守望相助”，建设祖国北疆亮丽风景线及实现内蒙古发展历史性巨变的强大精神力量。

“马”的历史悠久,“马”的文化土壤肥沃、积淀丰厚,“马”的功能演变和优化进程可以概括为由“役”的传统功能向“术”的现代功能的转变。无论从历史纵向角度看,还是从现实横向角度看,“马”的功能转变都为发展马产业提供了新的视角和思路。

改革开放四十年来,内蒙古大地呈现出了大力发展现代马产业的强劲势头,2017 年自治区出台了《内蒙古自治区人民政府关于促进现代马产业发展的若干意见》,这个意见出台以后,为内蒙古发展现代马产业指明了方向。正是在这样的背景下,自治区党委宣传部决定在 2019 年举办内蒙古国际马博览会,并委托自治区社科联编写出版一套关于“马”的丛书。经过充分调研和论证,结合内蒙古实际,社科联策划出版了一套“内蒙古马文化与马产业研究丛书”,该丛书共六本,分别是《马科学》《马产业》《马旅游》《马文化》《赛马业》和《蒙古马精神》,并将其作为自治区社会科学基金重大项目向社会公开招标。

通过公开招标,内蒙古大学、内蒙古农业大学、内蒙古艺术学院、内蒙古体育职业学院和内蒙古民族文化产业研究院等六个写作团队成功中标。内蒙古大学马克思主义学院教授傅锁根主持撰写《蒙古马精神》,内蒙古农业大学芒来教授主持撰写《马科学》,内蒙古民族文化产业研究院董杰教授主持撰写《马旅游》,内蒙古艺术学院黄淑洁教授主持撰写《马文化》,内蒙古农业大学职业技术学院王怀栋教授主持撰写《马产业》,内蒙古体育职业学院殷俊海研究员和温俊祥先生、郎林先生共同主持撰写《赛马业》。经过近六个月的艰苦写作,“内蒙古马文化与马产业研究丛书”一套六本专著终于付梓,这是自治区社科联组织的专家学者在马学领域一次高效的学术研究和学术创作的成功典范。

《马科学》主要从马属动物的起源、分类、外貌、育种繁殖等动物属性出发,科学揭示了马的生命周期和进化历程,阐释了马科学研究的最新成果和进展;《马产业》以传统马产业到现代马产业的发展历程,全景展现了马产业链,特别为内蒙古发展马产业做出了系统规划;《赛马业》从现代马产业发展的必由之路——赛马活动入手,揭示了赛马产业的终端价值,提出了内蒙古发展赛马产业的路径和方法；《马旅游》从建设内蒙古旅游文化大区的角度出发，提出了以草原为底色、旅游为方式、马为内容的内蒙古特色旅游体系；《马文化》从远古传说入手，介绍人马关系之嬗变，系统梳理中国古代马文化内涵、现代体育中的马文化及不同艺术领域中的马文化表现形式，还特别介绍了蒙古族的蒙古马文化，探讨马文化的研究价值及其传承与开发；《蒙古马精神》则从马的属性上归纳、提炼、总结出内蒙古人民坚守的蒙古马精神，论证和契合了习近平总书记对内蒙古弘扬蒙古马精神的理论总结。丛书整体上反映了马产业从传统到现代的转化，从动物范畴到文化领域的提炼，从实体到精神的升华之过程，具有科学性、系统性、前沿性。

这套丛书是国内首次系统研究和介绍马科学、马产业、马文化、蒙古马精神价值的丛书，填补了马科学领域的一个空白，展现了内蒙古学者在马科学领域的功底。写作过程中，大家边学习、边研究、边创作，过程非常艰难，但都坚持了下来。为保证写作质量和进度，自治区社科联专门成立了马文化与马产业研究丛书工作小组，胡益华副主席、朱晓俊副主席、李爱仙部长做了大量工作，进行全过程质量把关，组织区内专家、学者研究讨论，等等。同时，创新了重大课题研究的模式，定期组织研究团队交流，各写作团队既有分工，也有协作，打破了各团队独立写作的状态。但由于时间仓促，写作任务重，难免留下了一些遗憾，但瑕不掩瑜，相信自治区马科学、马产业领域的学者会继续深入研究探索，弥补这些缺憾。

伴随着历史演进和社会发展，马产业在培育新的经济增长动能、满足人民群众多样化健身休闲需求、建设健康中国、全面建成小康社会中发挥着重要作用。内蒙古作为马科学、马产业领域的发达省区，一定会为我国马产业、马文化的发展做出新的贡献，内蒙古各族人民也一定会遵照习近平总书记提出的坚守蒙古马精神，为“建设亮丽内蒙古，共圆伟大中国梦”做出努力。

内蒙古自治区社会科学界联合会

杭栓柱

# 目 录

# 前 言

马科学(Horse Science)是以马业基础理论研究为目的的理论性学科。马经历了约5000万年的进化,经历了迁移、驯化、扩张和发展等阶段,逐渐形成了当今的马业模式。在马属动物发展过程中,驯化是最主要的事件,是人类最高贵的征服。在马被驯化前,大多是马本身为了适应环境能够更好的生存而出现扩张和消亡并存的状态,而在被人类驯化后,人类按着马产业的发展需求进行了定向培育,从而导致了各个用途品种的形成和分化,这个过程大约进行了五六千年。在这个漫长的过程中,人类为了更好地了解和应用马这个动物,展开了大量的基础理论研究和探索,对其有了更深入的了解,形成了严格的马科学体系。这些马科学体系对马产业的发展、马文化的传承都起到了积极的推动作用。

本书在编写过程中,广泛汲取国内外现代马科学最新内容,结合我国马业发展状况和实际需求,系统地进行科学编辑,形成了科学性、先进性和实用性为一体的专著,既满足从事马科学专业人员的需要,又兼顾广大爱马者和马产业、马文化从业人员学习马科学知识的需要。同时采纳了近年来国内外马科学领域的一些具有代表性、崭新的研究成果,力图使之成为全面、系统、前沿,并与马产业紧密结合的专著。

内蒙古自治区是世界上马品种资源最为丰富的地区之一。为了充分发挥我区地域特点、民族特色和时代特征,以适应内蒙古自治区草原畜牧业产业结构调整,以及中国乃至世界现代马业发展模式的需求,为今后我国马业跻身世界马业强国打下坚实的科技基础;为了响应和落实2017年12月13日内蒙古自治区人民政府发布的内政发(2017)147号文件《关于促进现代马产业发展的若干意见》，为了迎接2019年首届内蒙古国际马业博览会的胜利召开，在内蒙古自治区党委宣传部的协调组织下精心编写了内蒙古马文化与马产业研究丛书之《马科学》，希望为广大农牧民能够更深入地了解马，为我区马科学、马产业和马文化的更好发展贡献一点微薄之力。

该书共由十四章组成，系统介绍了马科学的基本理论与技术，包括马的演化（芒来、白东义）、马的家族（格日乐其木格、刘桂芹）、马的遗传资源（芒来、杜明）、马的解剖与生理（赵一萍、白东义）、马的外貌（芒来、李蓓）、马的年龄（芒来、白东义）、马的毛色和别征（芒来、李蓓）、马的步法（芒来、格日乐其木格）、马的行为与福利（白东义、赵一萍）、马的育种（芒来、白东义）、马的繁殖（格日乐其木格、刘桂芹）、马的饲养与管理（芒来、张心壮）、马的疾病（芒来、白东义）和马的产品（格日乐其木格、张心壮）。前三章主要介绍了马这个动物是怎么产生的，在产生的过程中有哪些家族，受人类的选择出现了哪些不同类群等内容；第四章介绍了马个体组成的奥秘；第五章到第八章分别系统地介绍了区别和鉴定不同品种或类型马的主要要素；第九章到十三章主要介绍了人类应该如何对待和管理马这个动物的特殊科学问题；第十四章主要介绍了如何科学地开发利用马产品。

由于编写者的知识水平所限，编写时间匆忙，书中错误和纰漏在所难免，欢迎读者不吝赐教，提出宝贵意见。

芒　来<br>
2019年5月23日<br>
内蒙古农业大学马属动物研究中心

第一章

# 马的演化

# 第一节 马的起源与进化

马(*E. ferus*)属于奇蹄目(*Perissodactyla*),马科(*Equidae*),马属(*Equus*),与驴(*E. asinus*)和斑马(*E. ippotigris*)共同被称之为马属动物。且每个物种中都有不同的亚种(见表 1-1),但有的已经消失。在进化的过程中这些亚种之间互相产生了相应的关系(见图 1-1)。

**表 1-1 现存马属动物**

| | | | | | |
|---|---|---|---|---|---|
| 现存马属动物 | 马<br>(*E. ferus*) | 家马(*E. f. caballus*,2n=64)<br>普氏野马(*E. f. przewalskii*,2n=66) | | | |
| | 驴<br>(*E. asinus*) | 家驴(*E. a. asinus*,2n=62) | | | |
| | | 野驴<br>(*Wild ass*) | 亚洲野驴<br>(*Equus hemionus*) | 蒙古野驴<br>(*E. h. hemionus*)<br>2n=54 | 伊朗野驴(*E. h. onager*)<br>印度野驴(*E. h. khur*)<br>土库曼野驴(*E. h. kulan*) |
| | | | | 西藏野驴<br>(*Equus kiang*)<br>2n=52 | 西部藏驴(*Equus kiang kiang*)<br>东部藏驴(*Equus kiang holdereri*)<br>南部藏驴(*Equus kiang polyodon*) |
| | | | 非洲野驴<br>(*Asinus africanus*)<br>2n=62~64 | | 索马里野驴(*Equus africanus somaliensis*)<br>努比亚野驴(*Equus africanus africanus*) |
| | 斑马<br>(*E. ippotigris*) | 平原斑马(*E. quagga*)2n=44 | | | 布氏斑马(*E. q. burchellii*)<br>查氏斑马(*E. q. chapmani*)<br>克氏斑马(*E. q. crawshayi*)<br>社氏斑马(*E. q. borensis*)<br>格兰特斑马(*E. q. boehmi*) |
| | | 山斑马(*E. zebra*)2n=32<br>细纹斑马(*E. grevyi*)2n=46 | | | |
| | | 骡(*Equus ferus/asinus*) | 马骡(驴♂×马♀)(*E. mulus*)n=63<br>驴骡(马♂×驴♀)(*E. hinnus*)n=63 | | |
| 已灭绝马属动物 | | 鞑靼野马(*E. f. gmilini*)——野马的一种,也称欧洲野马或太盘野马<br>斑驴(*Equus quagga*)——平原斑马的一种<br>叙利亚野驴(*E. h. hemippus*)——亚洲野驴的一种<br>阿特拉斯野驴(*Equus africanus atlanticus*)——非洲野驴的一种 | | | |

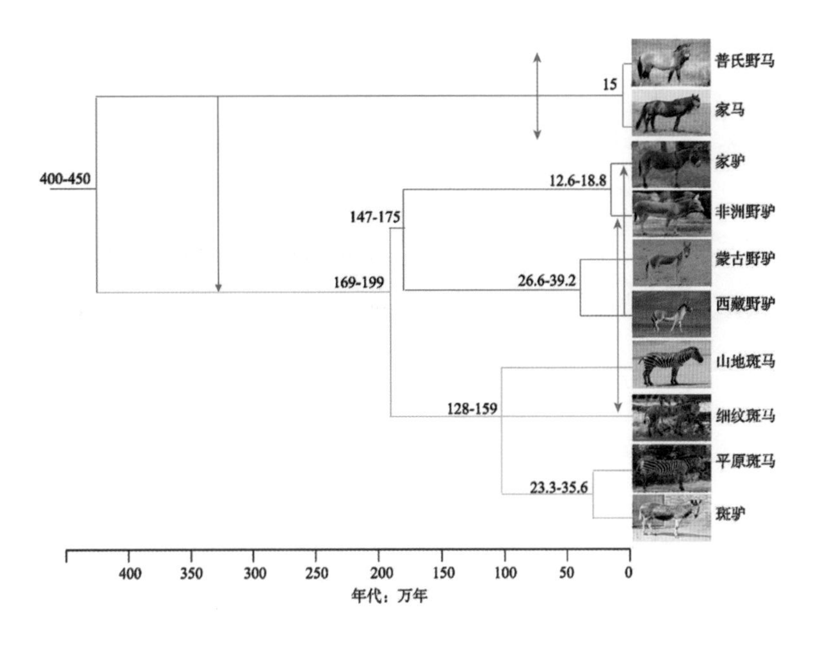


图 1-1　马属动物进化过程及关系

马(*E. ferus*)起源于6000万年前的新生代第三纪初期,其进化过程大约可分为六个阶段,最早的原始祖先为原蹄兽,体格矮小,体长约1.5m,四肢短而笨重,且均有5指(趾),中指(趾)相对发达。行走缓慢,常在森林或热带平原活动,以植物为食。

第二阶段为始新马(或称始祖马),生活在大约5000万年前第三纪始新世初期,它们的身体只有狐狸那么大,体高约40cm。头骨小,牙齿构造简单,齿冠低。前肢低,前足4指着地;后肢高,后足3趾着地。背部弯曲,脊柱活动灵活。生活在北美的森林里,以嫩叶为食。

第三阶段为渐新马,到大约3500万年前的始新世晚期才出现。体大如羊,大约60cm,前后足均有3指(趾),中指(趾)明显增大。颊齿仍低冠,臼齿齿尖已连成脊状。仍生活在森林里,以嫩叶为食。

第四阶段为中新马(草原古马),出现在1500万年前的中新世时期。体高约1.0m,前后足均有3指(趾),但只有中指(趾)着地行走,侧指(趾)退化。身体已有现代的小马那样大。四肢更长,齿冠更高。背脊由弧形变为平直,由善于跳跃变为擅长奔跑。臼齿有复杂的连脊和白垩质填充,表明食料已从嫩叶转为干草。草原古马已从林中生活转为草原生活,高齿冠臼齿适于碾磨干草,擅长跑的四肢能逃避猛兽袭击。

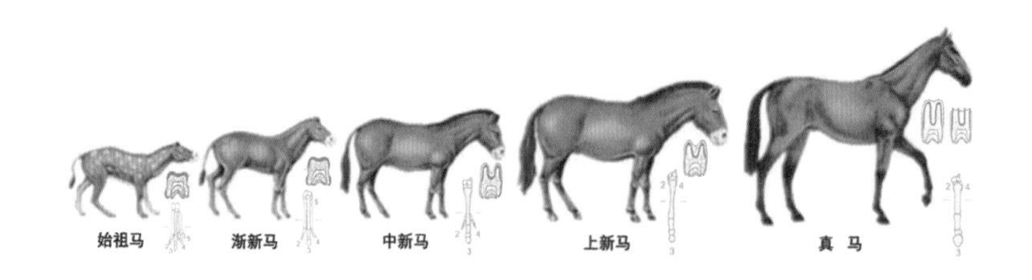


图 1-2　马的进化示意图〔主要变化表现在体态、指(趾)骨和牙齿〕

进入中新世以后,干旱的草原代替了湿润的灌木林,马属动物的机能和结构随之发生明显的变化。主要变化有:体格增大,四肢变长,成为单指(趾),牙齿变硬且趋复杂。(见图 1-2,1-3)

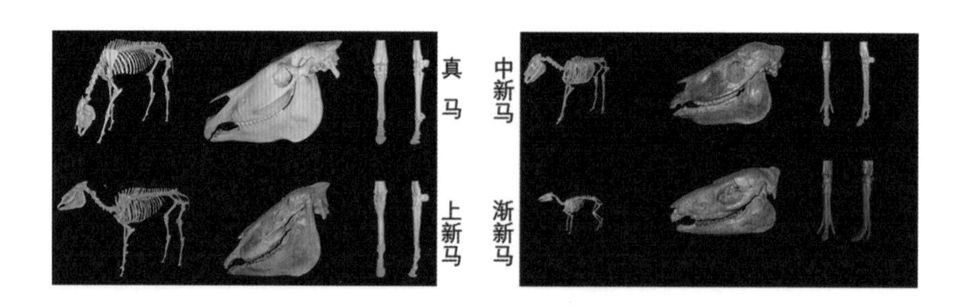


图 1-3　马在进化不同阶段骨骼的变化

第五阶段为上新马,出现在 800 万年前的中新世晚期,身体变得更大,体高约为 1. 25m,齿冠更高,前、后足中指(趾)更为发达,二、四指(趾)完全退化。

第六阶段为真马,出现在距今 100 万年前的更新世时期,身体达到现代马的大小,大约有 1. 6m,指(趾)端成为硬蹄,牙齿除齿冠更高外,咀嚼面的褶皱更为复杂,反映出对奔驰于草原和嚼食干草的高度适应。

当真马出现后，为了适应不同环境的变化，出现了很多类群，但大部分都已经消亡，只有少数留了下来。在这些群体中大约在距今 2.5 万年前，马的祖先才具备了现代马的特征。

马的祖先在中、上新世时曾分别出现过几个旁支：例如分布在中新世北美和欧亚大陆的安琪马，分布在上新世北美和欧亚大陆的三趾马，分布在更新世南美洲的南美马等，表明马的进化不是直线发展的。历史上有些古生物学家根据马的进化趋势（身体由小到大、趾数由多到少、齿冠由矮到高）认为，生物总是沿着既定的方向进化的。

在中新世以前，马的祖先主要分布于北美森林，到中新世时才迁移到欧亚大陆。上新世和更新世时，北美的马属动物还扩展到南美，但南美的种类不久就绝灭了。到全新世时，北美的马属动物也趋于绝灭。只有欧亚大陆的后裔得到繁荣和发展。

在 5000 多万年的马的进化过程中，我国的山东、湖南始新世地层发掘出了中华原古马、衡阳原古马化石；在内蒙古通古尔地区中新世地层发掘了戈壁安琪马，南京郊区发掘了奥尔良安琪马化石，这两个种发现于中新世地层；又在华北各地上新世地层发掘了贺凤三趾马化石；在第四纪更新世地层发掘了云南马化石和北方的三门马化石。但还未发现渐新世时期 1000 万年中的马化石。因此，马虽然被公认起源于北美洲，但从以上在中国发现的马化石资料证明，我国可能也是马最早起源的国家之一。

## 第二节　马的驯化

在人类历史中，人类对马的驯化是最伟大的征服。马的驯化使人类有了速度的概念，而且对人类的政治、军事、经济、文化产生了巨大的影响。由此看出在马的进化过程中，马的驯化是一个关键的节点。但至今为止，对家马的祖先、马被驯化的时间、地点和方式还没有一个定论。毋庸置疑，家马是由野马驯化来的，但家马的祖先究竟是现存的普氏野马仍是其他类群仍存在争议。近代野马存在两个亚种，分别为西方亚种和东方亚种。

西方亚种被称之为鞑靼野马或太盘野马（图 1-4），史前存在于南俄草原、高加索山区以及伊朗。主要特征为体型较小，头粗短，耳朵尖细，鬃毛短而直立，被毛浓厚，呈深浅不同的灰色和白色，腹底有黑线，尾部毛或多或少，奔跑速度极快。有记载称，最后一匹鞑靼野马的灭绝是在 1879 年乌克兰赫尔松地区的阿斯卡尼亚-诺瓦国家禁猎地。

图 1-4　鞑靼野马（太盘野马）

图 1-5　普氏野马（蒙古野马）

东方亚种被称之为普氏野马或蒙古野马（图 1-5）。俄国人普热瓦尔斯基 1879 年在中国的西北地区发现这一野马群体，首次介绍给西方，因此被称为普氏野马。普氏野马和鞑靼野马都是跨欧亚大陆分布，相互间有交错和重叠。蒙古野马和蒙古马的外形和特点十分相似，并且通过这两种马的杂交也可以繁育出具有繁殖能力的后代，因此有部分人赞同普氏野马是家马的祖先。但由于家马的染色体为 64 个，而蒙古野马的染色体为 66 个，所以有部分人也认为普氏野马不是家马的祖先。通过早期研究已经证实，这种染色体数目的差异是由于在进化的过程中罗伯逊易位导致。现如今已经用全基因组测序的方法证实，蒙古野马不是家马的祖先，他们只是在人类早期驯化马群时逃离出来的个体的后代。还有部分人认为现在的家马是由鞑靼野马驯化而来的，但由于该马品种已经灭绝，又没有相关的文字记载，现已很难考证。

对于马的驯化地点和时间有很多争议，概括起来共有三种说法。第一种说法，家马是在欧亚大陆的交界处最先被驯化，最早的证据是乌克兰德雷夫卡发掘的文化遗址，发现了六副鹿角式衔铁，放射性同位素碳的研究显示该衔铁应存在于公元前4200—3800年间，这里的斯基泰人养马数量多，具有高度发达的驯马技巧，这都为马的驯化时间提供了有力的证据。第二种说法，家马的驯化发生在中亚。通过研究发现，来自距今5500年前的博泰陶罐里盛有马奶的残留物，并且在那个年代发现马的牙齿有被衔铁磨损过的痕迹。第三种说法，马的驯化发生在欧亚草原的西部，如利比里亚半岛。但现在最受大家认可的说法是第二种，认为马的驯化发生在5500年前的哈萨克斯坦。

马被驯化后，不论是技术还是马种都迅速地向周围蔓延。对于马的驯化一直存在着一元论和多元论的争议。一元论认为，驯化后的马在乌克兰南部逐渐增多，由两条路线向外扩散，一是通过高加索山脉，二是从里海经大草原和半干旱地区向东方扩散。多元论认为，在渐新马之前，欧亚大陆与美洲大陆相连，马的祖先能够在欧亚大陆和美洲大陆之间自由迁徙。但随着最后一个大陆冰川期的到来，生活在不同地区的原始马随之被隔离，迁徙的路线被切断，欧亚大陆的马也被分成若干部分。经过漫长的岁月，他们分别在各地进化成现代马，它们的驯化历史悠久，汇集了世界多民族的劳动和智慧，只因为各地人类进化过程的不同而有早晚。

经众多考古学家的证实，国外的家马驯化是由居住在东南欧（南俄草原）、中亚北部以及南西伯利亚草原民族完成。这里的南西伯利亚也应包括蒙古高原。2002年，科研工作者通过线粒体DNA的比较研究，探讨了家马的起源，显示家马是由多个祖先平行进化而来，而并非由单一祖先群体单独进化而来。近些年，众多学者的分子遗传学研究更多地支持了家马的起源是多元的，认为家马起源于几个不同地区驯化的品种。现代家马是由多个母系祖先经过多次驯化而来。

人类驯化了马之后，使马的外貌、性能都发生了很大变化。最直观的变化是马的祖先的毛色由单一变成了如今多样的毛色，马的体高也出现了高矮之分。除此之外，还有马对环境的适应性、马的步法、马的运动性能等都发生了巨大的变化，从而逐渐地形成了如今多样的品种，这些品种分布于全球的每一个角落，为人类的文明做着不同的贡献，并将一直延续。

# 第二章 马的家族

# 第一节 驴

驴(*Donkey or ass*,*Equus africanus asinus*)是马属动物的家族成员,其野生祖先为非洲野驴(*E. africanus*)。驴发源于埃及或美索不达米亚地区,约在公元前3000年首次被驯化,之后遍布全球。驴被用作役用动物至少有5000年的历史了,经过数千年的进化和发展,同人类的生存关系越来越密切,其用途在不同地区也得到了广泛应用。据统计,目前世界上存有4000多万头驴,多集中在欠发达国家和地区,以役用为主,少数集中在发达国家和地区被作为宠物进行饲养。虽然驯养物种数量在增加,但其祖先非洲野驴已濒临灭绝。在英文中公驴被称作jack,母驴被称作jenny或jennet。

一般来说,根据动物科学名称的优先原则,驴传统意义上的学名应该是*Equus asinus*。然而,根据国际动物命名委员会在2003年的裁定规则,如果将家养物种和野生物种视为彼此的亚种,即使在家养亚种之后界定了野生亚种,那么野生物种的科学名称也具有优先权。这就意味着驴的正确科学名称应该是*Equus africanus asinus*,而非被认定为物种时的*Equus asinus*。

## 一、体型特征

驴的体型特征与马类似,第三趾发达,有蹄,其余各趾基本退化,但比马和斑马都小。驴耳较大,既有助于听到更远的声音,也有助于散热。

我国现有地方驴品种24个,共计5421100头,其中德州驴、关中驴、广灵驴、泌阳驴和新疆驴被称之为中国的五大优良驴品种,内蒙古自治区现主要的驴品种为库伦驴,毛色多为黑色、灰色、灰褐色。目前,云南、广西、海南、黑龙江、辽宁、陕西等地都在购买德州驴对当地驴进行改良,因此全国多数地区驴都具有山东德州驴的基因,尤其以德州驴与新疆岳普湖驴杂交出的疆岳驴最为著名。

图 2-1　中国地方驴品种分布图

图 2-2　中国主要驴品种演化过程

德州驴　　关中驴　　广灵驴

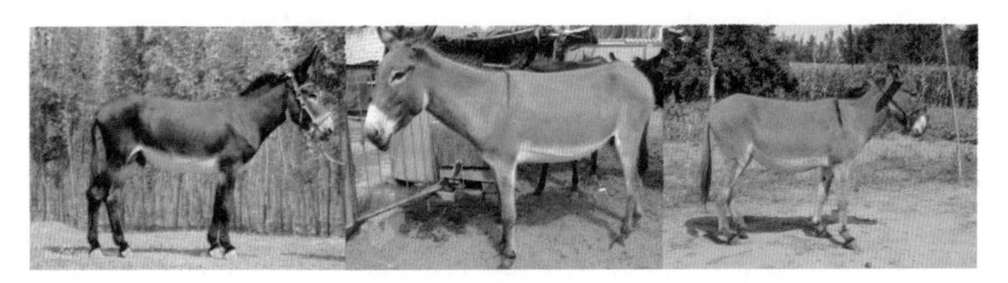

泌阳驴　　新疆驴　　库伦驴

图 2-3　中国主要地方驴品种

德州驴分为乌头驴和三粉驴(图 2-4)两种。三粉驴全身毛色纯黑,唯鼻、眼周围和腹下为粉白色故称三粉驴,四肢细而刚劲,肌腱明显,蹄高而小,皮薄毛细,头清秀,耳立,体重偏轻,步样轻快。乌头驴全身毛色乌黑无任何杂毛,各部位均显厚实,四肢较粗重,蹄低而大,体形偏重,胸宽而深,堪称中国现有驴种的“重型驴”。

三粉德州驴　　乌头德州驴

图 2-4　德州驴

德州驴体格高大,结构匀称,外形美观,体型方正,头颈躯干结合良好。成年(24 月龄)公驴体高平均 143.8cm,体长平均 144.8cm,胸围平均 160.3cm,管围平均 18.7cm,体重平均 360kg;成年母驴体高平均为 136.6cm、体长平均 135.8cm、胸围平均 145.3cm,管围平均 16.4cm,体重平均约 280kg。公驴前躯宽大,头颈高扬,眼大嘴齐,有悍威,背腰平直,尻稍斜,肋拱圆,四肢有力,关节明显,蹄圆而质坚。

## 二、繁育特点

1. 母驴繁育特点

驴的性成熟年龄受品种、饲料等条件而有所不同,初情期一般为 10~18 月龄,性成熟期通常为 18~30 月龄。最佳配种年龄需达到成熟体重的 70% 以上,一般在 2~2.5 岁以后开始配种,因此能够达到 3 年产 2 胎的繁殖率。

驴是季节性多次发情动物,整个发情期从春天一直持续到秋天,每年 3、4 月份开始,5、6 月份达到高峰期,10 月底进入乏情期。驴的发情持续期为 3~14d,一般为 5~8d。发情开始后 5~6d 开始排卵,排卵间隔在不同季节差别较大,一般为 20~40d,配种季节为 23~30d。驴成熟卵泡直径为 25~40mm。

驴发情期较长,排卵时间的准确判断是决定配种最佳时间的关键,也是

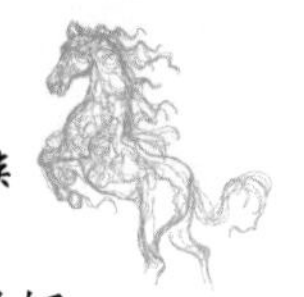

影响受孕率的主要原因。母驴受孕率低于母马(即低于60%~65%的母马妊娠率),其平均发情期受孕率为40%~50%,繁殖率在60%左右。实际生产中母驴在分娩后9~10d内即可交配(血配),此时受孕率很高。由于母驴有哺乳及护驹意识,哺乳期一般不易发情,且受孕困难。驴通常为单胎繁育,大约有1.7%的驴分娩双胞胎,双胞胎均成活的比率约14%。正常驴的繁殖力可持续到20岁左右。

2. 公驴繁育特点

驴属于长日照动物,随着时间的延长,睾丸体积和重量、性欲、产精能力和血浆中生殖激素水平逐渐升高。公驴最佳配种年龄为3岁以后。公驴单次射精量平均40mL(20~80mL),精子总数达50~150亿,形态正常率为60%~90%。公驴精子发生与成熟时间约为70d。

3. 驴的杂交

驴可以与马属的其他同属交配产生新的下一代,通常与马杂交较多。其中公驴和母马之间杂交下一代称为马骡,在许多国家被视为役用和骑乘动物;公马和母驴之间杂交下一代称为驴骡,但由于容易因胎大而造成母驴难产,因此这种交配现象不多见。像其他种间杂种一样,马骡和驴骡通常是无生育能力的。驴也可以用于与斑马杂交繁殖,其中后代被称为zonkey。

## 三、演化历史

据研究推断,现存马属被认为是从恐马(*Dinohippus*)通过中间形式*Plesippus*亚属进化而来,其中一种最古老的物种(*Equus simplicidens*)称为斑马状,具有驴形头。其距今大约350万年,化石出土于美国爱达荷州,是迄今为止最古老的属种。该属迅速分布到旧大陆,与其一同在进化上时间类似的还有西欧和俄罗斯的*Equus livenzovensis*属。

分子系统学研究表明,所有现代马科动物(马属的成员)的近似共同祖先生活在5.6(3.9~7.8)百万年前,如来自加拿大的一颗70万年前的中更新世马腕骨的直接古生物基因组测序表明,它们最近的共同祖先生活在

4.07 百万年前。而其最古老的分支是亚洲血统〔E.(Asinus)亚属,包括 kulan, onager 和 kiang〕,其次是非洲斑马〔E.(Dolichohippus)和 E.(Hippotigris)亚属〕。所有其他现代形式,包括家马(以及许多化石上新世和更新世形式)都属于E.(Equus)亚属,它于4.8亿(3.2~6.5)万年前形成。而现代驴的祖先是非洲野驴的 Nubian 和 Somalian 的亚属。

图 2-5　埃及古画中的驴(1298~1235 BC)

公元前4000年的家驴遗骸已经在埃及被发现,并且有学者认为驴的驯化是在牛、绵羊和山羊的驯化之后很久完成的,时间大约在公元前7000~前8000年。驴可能首先被努比亚的牧民驯化,并逐渐取代了牛的地位。相比而言,驯化驴有助于提高牧区文化的流动性,比需要时间咀嚼的反刍动物更具有优势,同时对于埃及的长途贸易发展至关重要。在埃及王朝四世时期,公元前2675年至2565年间,富有的社会成员拥有超过1 000头驴,驴同奶牛等家畜一样从事农业。2003年,国王纳尔默(King Narmer)和国王霍尔(King Hor-Aha)(第一批埃及法老王中的两个)的坟墓被挖掘出来,发现10头驴的骨架与人类相同的方式进行埋葬。这些墓葬显示了驴对早期埃及国家及其统治者的重要性。

## 四、生存现状

在澳大利亚等国家,驴多以野生状态存在(图 2-6),而在中国多以集中和规模化养殖为主(图 2-7)。随着对驴产品需求的增加和役用功能丧失,2016 年统计,全世界有大约只剩 4412.56 万头驴,中国拥有 456.9 万头,约占世界的 1/10,其次是巴基斯坦、埃塞俄比亚和墨西哥。我国陆续出台了扶持驴产业发展的政策,驴的存栏数量趋于平稳,而非洲驴的数量面临着锐减压力。2006 年粮农组织公布了世界各区域的品种数量和占世界驴数量百分比(表 2-1)。

图 2-6 澳大利亚野驴

图 2-7 中国规模化饲养驴

表 2-1 世界各区域的品种数量和占世界驴数量百分比

| 区域 | 品种数量 | 占世界驴数量百分比 |
| --- | --- | --- |
| 非洲 | 26 | 26.9 |
| 亚洲和太平洋地区 | 32 | 37.6 |
| 欧洲和高加索地区 | 51 | 3.7 |
| 拉丁美洲和加勒比地区 | 24 | 19.9 |
| 近东与中东 | 47 | 11.8 |
| 美国与加拿大 | 5 | 0.1 |
| 全球 | 185 | |

近几年以来,一些发达国家对驴新品种的认定率特别高,例如法国在 20 世纪 90 年代初之前只认定了一个品种,而到 2005 年,另有 6 个驴品种得到了官方认定。随着粮农组织动物遗传资源项目对驴品种的鉴定和重视,该

组织家畜多样性信息系统(DAD-IS)于2011年6月列出了189个驴品种,而在此之前的2000年驴的品种为97种、1995年为77种。

中国驴产品需求量增加,全球买驴的现象引起了世界的关注,因此国内外驴的生态健康养殖已经引起足够的关注,部分发达国家建立了退役和获救驴的保护区。如目前最大的保护区是英格兰西德茅斯附近的驴庇护所,该庇护所还协助埃及、埃塞俄比亚、印度、肯尼亚和墨西哥的建立驴生态保护区。

## 五、主要用途

驴的传统用途主要为役用和骑乘,随着生活水平提高和消费市场的改变,逐步转向皮、肉、奶、生物制品开发和宠物陪伴为主。

1. *役用*　主要集中在经济发展水平较低的国家或地区。全世界4000多万头驴中约有96%在欠发达地区用作托运、运输或农林作业,其役用历史至少5000年。因驴吃得少、跑得快、耐粗饲,因此驴是最廉价的役用牲畜。

2. *宠物或辅助生产*　主要集中在经济发达地区。在发达国家驴的役用功能已经基本消失,现经常用来生产骡子以守护绵羊、搭载儿童或游客,同时小型迷你驴还被当作宠物。

3. *皮用、肉用或奶用*　随着市场的多样化需求进一步发展,驴的皮用、肉用或奶用价值得到了深度开发。随着中国传统中药阿胶市场潜力不断开发,在中国引起了毛驴养殖热潮。“天上龙肉、地上驴肉”的谚语给驴肉开发提供了市场认知度。欧洲驴肉类市场正在扩大,意大利驴肉类消费量最大,驴肉正逐步成为澳大利亚特色菜肴的主要原料之一。同时,西方国家把驴奶作为奶中贵族,其健康调理、营养等作用逐步地被大家认可。2009年意大利的驴奶平均价格为每升15欧元,2008年克罗地亚每100毫升的驴奶价格为6欧元,这些驴奶主要被用于肥皂和化妆品的制作以及饮食。

图 2-8　驴的产品

## 六、养殖护理

1. 蹄铁

驴蹄比马蹄小，且只有一层皮，因此有弹性，但耐磨损性差，需要定期剪裁。役用驴需要定期使用蹄铁，驴蹄铁类似于马蹄铁（图 2-9），但通常更小，没有脚趾夹。

图 2-9　驴蹄铁

2-10　驴的消化系统

2. 营养

驴为单胃草食家畜，胃很小（仅为牛的 1/10），以盲肠及发达的结肠中微生物的作用消化分解粗纤维。驴肠道的各段长短粗细差别非常大（图 2-10），小肠长度平均约 9. 5m，盲肠约 77cm，结肠约 372cm，直肠约 27cm。驴和马相比，胃肠道没有明显的结构差异。与高度和重量相当的马匹相比，驴需要的食物少,每天干物质约占体重的1.5%(马为2%~2.5%)。此外,可能由于肠道菌群与马不同的缘故,驴不易患疝气。驴对劣质饲草的消化率高于马、牛、羊,而对优质饲草与马、牛、羊相当,因此说驴比马耐粗饲。

驴的精细咀嚼保障胃及小肠对饲料的充分消化和吸收,同时减少饲草对精料消化的影响,所以驴采食时间较长。驴与牛相比,胃容积仅相当于同样大小牛胃容量的1/15,饲料在胃里的停留时间也较短。饲料在驴胃中停留约8~10min后开始向肠道转移,2h后约有60%转移到小肠,4h后胃即排空,所以驴适合多餐饲喂。驴无反刍食草的生理特性决定其需要较长时间的咀嚼,因此采食速度较慢,每天采食时间约为10h~15h。

驴盲肠内栖息的复杂微生物群,能将粗饲料进行分解产生小分子有机酸通过大肠血液循环供机体合成利用,由其供给的有机酸约占整个消化道的40%。但由于驴盲肠的盲端特殊结构,其对稻草粗纤维的消化率约为牛羊的瘤胃的1/2。盲肠微生物除了对粗纤维进行分解之外,与某些消化系统疾病和营养代谢病关系非常密切。

驴大肠和小肠的粗细差别非常大,如盲肠和大结肠内径可达26~28cm,而小肠仅为3~4cm,尤其在大小内径变换部位口径更小。这种较大的肠道内径差别及食糜在肠道滞留时间较长的特点,使驴相比于其他家畜,更易于引发结症。结症是驴常见致死率较高的疾病,其发病原因多样。驴由于无反刍、嗳气等功能,盲肠微生物发酵产生的大量气体极易导致驴胀气死亡。

## 第二节　斑马

斑马(Zebras)是现存马属动物的一类,因身上起保护作用的斑纹而得名。斑马周身的条纹和人类的指纹一样几乎没有任何两匹斑马的斑纹完全相同。斑马为非洲特产,不同地区的个体其外形也有不同的特征。非洲东部、中部和南部主要产平原斑马(图2-11),由腿至蹄具条纹或腿部无条纹;

东非主产细纹斑马(图 2-12),其体格最大,耳长(约 20cm)而宽,全身条纹窄而密;南非主产山斑马(图 2-13),与其他两种斑马不同的是有一对象驴似的大长耳朵,除腹部外全身密布较宽的黑条纹,雄体喉部有垂肉。这三种斑马中平原斑马和山斑马外形更像马,而细纹斑马外形更像驴。与马和驴不同,斑马从未被真正驯化过。

图 2-11　平原斑马　　图 2-12　细纹斑马　　图 2-13　山斑马

斑马适宜栖息地方较多,如草原、热带稀树草原、林地、灌木丛、山脉和沿海丘陵等。长时间以来,各种人为因素对斑马种群产生了严重影响,特别是为得到斑马皮而开展的捕猎和对斑马栖息地的破坏。天敌的狩猎和残酷的生存竞争也是导致斑马群体数量锐减的原因,同时斑马群体规模小、干旱等环境危害也不同程度影响整个物种的发展和生存。

开普敦山斑马已经濒临灭绝,到 20 世纪 30 年代存量不到 100 匹,随着保护措施的逐渐加强,目前已增加到约 700 匹。国家公园已对山斑马两个亚种进行了保护,但仍处于濒危状态,同样细纹斑马也濒临灭绝状态。目前平原斑马的数量和群体较多,但狩猎和栖息地丧失,使其数量也在明显减少。

## 一、分类和进化

斑马 400 万年前从旧大陆的马群中分化出来,也有人说,斑马是副系的,并且条纹马科动物不止进化了一次。生活在植被少的沙漠(如驴和一些马)或生活在寒冷气候(如一些马)的马科动物中,有厚绒毛的马科动物,很少需要使用这种条纹。然而,分子遗传学证据支持斑马是单谱系进化而来,根据物种的不同,斑马有 32 到 46 条染色体。

平原斑马是最常见的且存量最多的斑马，分布在非洲南部和东部的大部分地区，有大约6个亚种。非洲西南部的山斑马往往有一个光滑的皮肤，白色的腹部，条纹比平原斑马更窄，它目前有两个亚种，被列为易危动物。

细纹斑马是体型最大的类型，长而窄的头部，更像骡子。它们生活在埃塞俄比亚和北肯尼亚半干旱草原上，细纹斑马是最稀有物种，并被列为濒危物种。

虽然斑马可能有重叠居住的范围，但它们不会杂交。在人工饲养中有对平原斑马与山斑马进行杂交的，但杂交斑马少了很多赘肉，它们除了有较大的耳朵和后躯花纹之外，其外形与平原斑马更相似。曾经有人试图将细纹斑马公马与山斑马母马杂交，结果由于高流产率以失败告终。在人工饲养条件下，斑马和其他马属动物杂交产生了几种不同的杂种。在肯尼亚的某些地区，平原斑马和细纹斑马共存，并且产生了具有繁殖能力的杂种。

## 二、体型特征

普通平原斑马的肩高约1.2~1.3m，体长2~2.6m，尻宽0.5m，体重可达350kg，雄性比雌性略大。格氏斑马相对大些，而山斑马则略小。

1. 斑马的条纹

斑马条纹图案多种多样。以前认为斑马是带有黑色条纹的白色动物，因为一些斑马有白色的下腹部。然而，胚胎学证据表明，斑马的背景颜色是黑色，白色条纹和腹部是后期产生的。条纹通常在头部、颈部、前躯和主体上垂直，在臀部和腿部上呈水平状态。

关于斑马条纹的演变有多种假说，其中公认的说法有两种，这些都涉及伪装。

(1)垂直条纹可以通过破坏整体轮廓来帮助斑马隐藏在草丛中。黑白相间的条纹是在光线的照射下，反射及折射的光线不同，可以有效地模糊或分散其形体轮廓，在开阔的草原和沙漠地带使得敌害放眼望去，很难将它们与周围环境区分出来。这样，斑马就可以减少被敌害发现的机会，以达到保护自己的目的。

图 2-14　斑马条纹

特别是在夜晚，条纹可能有助于通过运动炫目来混淆掠食者。一群站立或靠近在一起移动的斑马可能会出现一大块闪烁的条纹，使狮子更难以挑出目标。有人提出，在移动时，条纹可能会使观察者（如哺乳动物捕食者和叮咬昆虫）混淆两种视觉幻觉，包括感知倒置运动的马车车轮效应，以及类似感知逆向运动的理发店旋转彩柱幻觉效应。然而，关于伪装假说一直存在争议，因为斑马的大多数掠食者（如狮子和鬣狗）视力差，并且在从远处看到它之前，更有可能是闻到斑马的气味或听到了斑马发出的声音。

（2）条纹可以作为视觉线索和识别信号。尽管条纹图案对于每个个体是独特的，但是不知道斑马是否能够通过条纹识别彼此。

不同研究人员的实验表明，条纹可有效减弱吸引苍蝇，包括吸血采蝇和平纹马蝇。2012 年在匈牙利进行的一项实验表明，斑马条纹模型对平纹马蝇几乎没有什么吸引力。这些苍蝇被线性偏振光吸引，研究表明黑白条纹破坏了这种具有吸引性的模式。此外，吸引力随着条纹宽度的增加而增加，因此三种斑马中有相对狭窄条纹的应该对马蝇的吸引力最弱。科学家们通过在马匹上放置条纹进行了一项实验，研究结果提示斑马进化为有条纹可以避免叮咬苍蝇的攻击。

条纹还可以帮助斑马降温。空气可以在黑色吸光条纹上移动得快，在白色条纹上移动得慢，这会在斑马周围产生对流帮助降温。一项研究分析表明，较热地带栖息的斑马拥有更多的条纹。

2. 斑马的步法

斑马有四个步法：慢步、快步、快跑和袭步。斑马运动通常比马慢，但耐力极大，这有助于它们超越掠食者。被追逐时，斑马会从一边到另一边曲折前进,使捕食者更难攻击。在走投无路的时候,斑马会展开踢或咬等向后攻击行为。

3. 斑马的知觉

斑马具有极好的视力。与大多数有蹄类动物一样,斑马的眼睛位于其头部的两侧,使其具有广阔的视野。虽然没有大多数掠食者那样灵敏,斑马也有夜间活动的夜视能力。斑马同样具有极好的听力,并且比马具有更大、更圆的耳朵;像其他有蹄类动物一样,斑马几乎可以向任何方向转动它们的耳朵。除了极好的视力和听觉外,斑马还具有敏锐的嗅觉和味觉。

图 2-15　斑马的群体行为

4. 斑马的疾病

作为一种马科动物,斑马受到许多与家马相同的常见疾病的影响。常见斑马易感寄生虫有马肠道蛔虫、副绦虫、寻常圆线虫、肺蛔虫、斑马胃马蝇幼虫、虱子、螨虫等。

## 三、社会行为

斑马像大多数马属动物成员一样,具有高度的社会性。然而,他们的社会结构由物种决定。山地斑马和平原斑马以很多小群体的方式生活,被称为一夫多妻制,由 1 匹种公斑马,最多 6 匹母斑马和它们的小驹组成。单独的雄性要么独自生活,要么与其他雄性个体一起生活,直到他们年龄足以挑战繁殖种公斑马。当被一群鬣狗或野狗袭击时,斑马群将斑马驹围在中间,由种公斑马逼退它们。

图 2-16　群居斑马

图 2-17　斑马群体饮水

像马一样，斑马站立睡觉，并且只有在周围有其他马匹守卫时才会睡觉。

与其他斑马品种不同，细纹斑马没有永久的社会纽带。这些斑马很少在一起群居超过几个月。马驹与母马在一起，而成年雄性斑马则独自生活。像其他两种斑马品种一样，单身雄性斑马在一起生活。

斑马用高亢的吠声和嘶叫相互交流。细纹斑马发出骡子一样的叫声。斑马的耳朵体现它的情绪，斑马处于平静、紧张或友好的情绪时，它的耳朵直立；当它受到惊吓时，它的耳朵会向前推；生气时，耳朵向后拉。在一个区域进行采食时，斑马保持警惕姿势，耳朵直立、头高昂、眼睛直视；紧张时，他们也会打鼾；当发现或感知捕食者时，斑马会大声吠叫或吵闹。

斑马几乎完全以草为食，有时可能会吃灌木、草本植物、树枝、树叶和树皮。它们的消化系统能保持摄入量低于其他食草动物时，仍能维持自身营养水平。

## 四、繁殖特性

雌性斑马比雄性斑马性成熟早，雌性斑马在 3 岁时即可配种进行繁殖，雄性直到 5~6 岁才能进行配种。雌性斑马妊娠期约 12 个月，一般小斑马驹随雌性斑马生活 1 年。像马一样，斑马在出生后不久就能站立、行走。斑马驹在出生时是棕色和白色而不是黑色和白色。

平原斑马马驹和山斑马马驹由雌斑马、种公斑马和其他公斑马的保护，而细纹斑马马驹只有他们的母亲作为常规保护者，因为斑马群体经常在几个月后解散。

## 五、驯化历史

人们经常尝试训练骑乘用斑马(图2-16),因为它们在非洲对疾病的抵抗性比马更好。虽然偶尔成功,但由于斑马秉性更加难以驯服并且在压力下容易恐慌,这些尝试大多数都以失败告终。

图2-18　训练斑马

# 第三节　骡子

公驴可以与母马交配产生马骡(Mule),公马与母驴交配产生驴骡(Hinny),也称駃騠。而一般马驴杂交的后代无生育能力,其原因是马有64条染色体,而驴有62条,产生有63条染色体的后代,马骡或驴骡在后代分裂时无法配对。这一现象通过以下两个试验进行了证明。第一个,用猫杂种获得的实践证明,雄性的染色体数量越高时生育率下降;第二个,驴黄体酮分泌量较低也可能导致早期胚胎丢失,引起不育。母马通常比母驴体型大,因此有更大的空间让胚胎在子宫中生长和分娩。人们普遍认

图2-19　骡子

为，马骡比驴骡更容易饲养并且体力更强。

## 一、马骡

马骡的体型大小和用途在很大程度上取决于母亲（即母马）。骡子体重可以是轻型、中等重量或者是重型。马骡比马耐力强、耐粗饲、寿命长，比驴聪明和温顺。

1. 生物特性

马骡因为具有母马类似的体型，但它比同等大小的马更强壮并且继承了驴的耐力和特性，比相似大小的马采食量少。此外，与驴相似，马骡也比大多数家马更喜欢独居。

骡子平均体重为 370～460kg，虽然很少有马骡能承载 160kg 以上的重量，但马骡的耐力是其独特的优越性。一般来说，骡子可以承载其自身重量 20%的物体，约 90kg。而马通常可以承载自身重量约 30%的物体。骡子承载重量因个体而差别很大。

雌骡英文中称为 Molly 或 Molly mule，可以发情，因此理论上也可孕育胎儿，但马骡怀孕是极罕见的，偶尔可以自然发生或通过胚胎移植实现。

联合国粮食及农业组织 2003 年报告说，中国拥有最多的马骡数量，其次是墨西哥和许多中南美洲国家。

马骡的头部较短、耳朵长、四肢单薄、蹄小且鬃毛短，体征像驴，而身高、体长、颈部和臀部的形状、皮肤和牙齿的均匀性等像马。

骡子是杂交优势（hybrid vigor）的一个例子。马骡从其父系那里继承了智慧、稳健、坚韧、耐力、沉稳和自然谨慎的特征；而从母系继承了速度、体型和敏捷性。虽然缺乏有力的科学证据证明，但是骡子被认为表现出比其母体更高的认知能力。除此之外，骡子通常体高比驴高，虽然最高速度比马低，但其耐力优良。人们通常发现马骡比马更好，因为骡子在重物的压力下表现出更多的耐心，并且它们的皮肤比马硬且敏感性较低，使它们更能抵抗日晒和雨淋；骡子的蹄子比马更硬，对疾病表现出天然的抵抗力。许多黏土地区，如北美地区的农民发现马骡比其他拉犁动物更优越。值得提出的是，马骡的叫声既不像马也不像驴。

2. 毛色

骡子体型、大小和颜色差别较大，重量从不足230kg到超过454kg。骡子的毛色与马相同，常见有栗色、褐色、黑色和灰色；白色、杂色、银色、暗色比较少见。阿帕卢萨马(Appaloosa mares)的骡子具有母系鲜艳的毛色。阿帕卢萨色是由称为豹点复合体(Leopard complex，Lp)的基因纯合导致的。Lp基因纯合的母马与任何颜色的驴繁殖出的马骡都将产生斑点。

3. 繁殖特点

马骡和驴骡均有63条染色体，染色体结构和数量导致染色体无法正确配对并形成胚胎，因此大多数骡子不育。

目前骡子极少具有繁殖能力。从1527年截至2002年10月，仅记录有60例骡子分娩的案例。2001年，中国有一匹母马骡生出了一个小雌驹。2002年初的摩洛哥和2007年的科罗拉多州，母马骡生出了小马。来自科罗拉多州的马骡后代的血液和头发样本证实，其母亲确实是骡子，而小驹确实是它的后代。

1939年发表在《遗传杂志》上的一篇文章描述了一个名为“Old Bec”的可育母马骡的两个后代，其中一只小马驹是雌性个体，是马骡与公驴交配生产的，与母亲不同，它是不育的；另一个是由与公马交配获得的，没有任何驴的特征。

4. 马骡克隆

2003年，爱达荷大学和犹他州立大学的研究人员培育了第一个骡子克隆。研究小组成员包括爱达荷大学动物和兽医学教授Gordon Woods、犹他州立大学动物科学教授Kenneth L. White，爱达荷大学动物和兽医科学助理教授Dahk Vanderwall。该克隆骡子Idaho Gem，5月4日出生，是杂交动物的第一个克隆。

## 二、驴骡(駃騠)

驴骡是公马和母驴交配而来的后代。由于基因组印记的原因,驴骡在生理和气质方面与马骡不同。

1. 体型特征

相比马骡,驴骡身材矮小,耳朵短,腿更强壮,鬃毛更厚。关于马骡与驴骡特征不同的生理学论点认为是由于母驴子宫较小而母马子宫较大造成的。马后代的生长潜力可能受到母马子宫大小的影响。虽然马骡和驴骡的DNA遗传物质完全一样,但是表观遗传仍然存在差异。马骡和驴骡之间基因组印记差异被认为是导致特征差异的主要原因。

和马骡类似,驴骡的个头大小也不相同,体高在61~152cm。但驴骡的最大体高很难超越最高的驴。马骡和驴骡之间的身体差异不仅限于个头,驴骡的头部比马骡更接近马头,有较短的耳朵,并且驴骡的鬃毛与尾巴更像马。除了生理,驴骡和马骡的脾气秉性也不同。

2. 繁殖特性

和马骡一样,驴骡有63条染色体,大多数情况下都不育。雌性骡子通常不摘除卵巢,且有些具有发情周期,有交配行为但是不育。驴骡生育的案例极其少见。有报道称1981年在中国一头母驴骡与驴交配产出了后代,称为龙驹,外貌有点像马骡的驴。

由于许多原因,驴骡很少见。公驴愿意与母马交配,而公马不愿意与母驴交配。公马与母驴就算是成功交配,妊娠率也很低。因此,个头大的母驴更容易成功,但是像美国猛犸驴(American Mammoth Donkey)这样的大型驴本身就数量极少,很难被用于产生杂交后代。

# 第三章 马的遗传资源

马被人类驯化以来,在漫长的历史时期中,由于各地区自然环境的影响和不同时期社会经济发展的需要,培育出许多不同的类型和品种。这些马品种分布于世界的每一个角落(图 3-1)。据统计,目前全球共有 784 个马品种,共 64958988 匹(180 个国家和地区)。随着工业、农业、交通运输业的发展和军事、体育运动的需要,各类型的马都得到较快的发展。大多数国家都有自己的地方品种、培育品种(育成品种)和引入品种。本章节将重点讲述马的品种分类方法,并详细介绍我国地方马品种、内蒙古自治区的马品种和世界主要马种情况,对不常见的品种进行简单介绍。

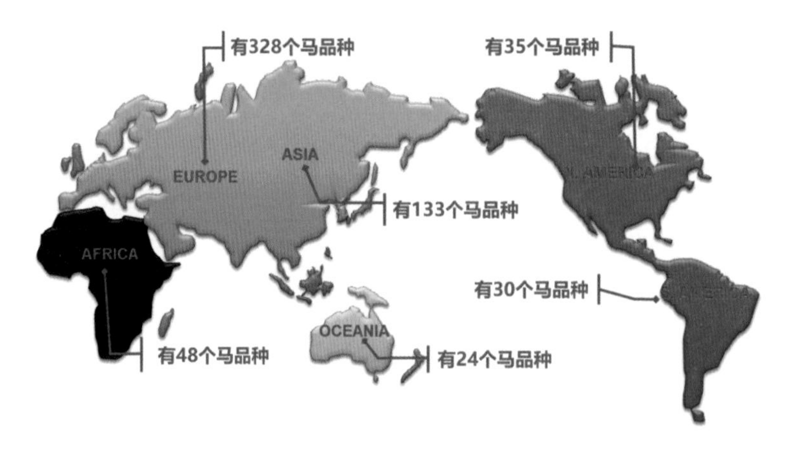


图 3-1　世界马种分布情况

## 第一节　品种与类型

### 一、品种的概念

马品种(horse breed)的形成是人工选育的结果,它是受自然生态环境条件的影响,并与人类社会发展需要相适应的产物。随着人的爱好和社会需要，马的品种越来越多，最终达到了当今世界所存在的状况，有了众多不同选育方向与类型的品种。据联合国粮农组织（FAO）2008 年统计，世界马的品种为 784 个，其中地方品种 655 个，区域跨境品种 62 个，国际跨境品种 67 个。据 2010 年统计，我国有地方品种 29 个，培育品种 13 个，共 5910792 匹。其中内蒙古自治区现有马种 10 个，共 80.4 万匹。中国地方马种和内蒙古自治区的马种分布见图 3-2、图 3-3。人类培育马品种受到两个客观因素的制约：

第一，社会经济条件是制约马品种形成的首要因素，决定着品种的生产方向与类型。一个马匹品种必须与社会生产需要相适应，才能长期存在与发展。在原始社会阶段，人类的需要简单，社会生产力很低，人们不能显著改变马的品质和培育优良品种。当进入到奴隶社会，战争、生产、生活都需要马，人在长期饲养马匹中积累了经验，首先选育乘用马，这可能是最早育成的马品种类型。到了封建社会，马在军事上的作用更加突出，促进了马业的更大发展，我国历代统治者无不重视饲养和选育马匹。从周秦至汉唐以来，相继选择培育出“重型乘挽兼用马”品种。

图 3-2　中国地方马种分布情况

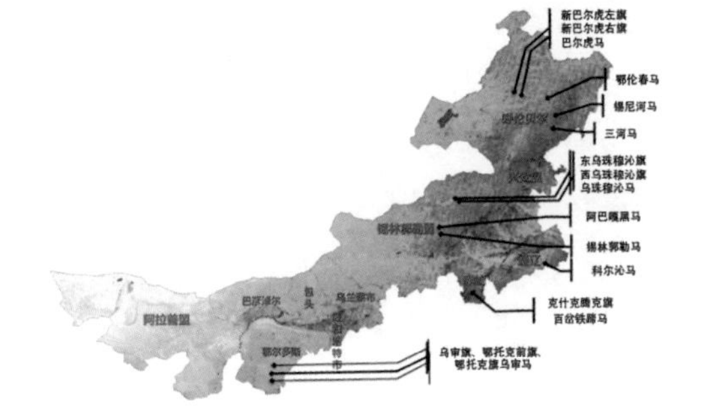


图 3-3　内蒙古自治区马种分布情况

20 世纪以来，随着工业发展，机械动力代替了大部分畜力，一些重挽马品种逐渐转向肉用和乳用。我国传统的以役用为主的马业，也开始向役、肉、乳、药、休闲娱乐、竞赛等多方向、多用途的产品马业发展。可见，社会经济条件对马品种的形成有深刻的影响。

第二，自然条件对马种形成至关重要，这是由于它的作用比较持久、稳定、不易改变所致。长期生存在不同的自然生态环境条件中的马，各具有其独自的外貌、体质特征，彼此间有明显的区别。例如中、西亚一带，气候干燥、植被稀疏，牧草干物质含量高，其马品种较轻小灵敏；在西欧一带，气候湿润，牧草水分多，其马品种较高大笨重。我国青藏高原东北部，雨多草茂，河曲马比较高大；云贵高原山区所产的西南马体格普遍较小。这样的例证很多，说明了生物与环境的关系。对马来讲，品种的形成与原产地的环境条件是密切相关的。

## 二、品种类型

马品种的分类，对于马匹利用和改良都有指导意义。在现代马属动物科学中，对马品种的分类有以下几种方法。

### （一）生物学分类

按马原产地的自然条件和品种的生物学特征，把原始地方品种马及其类群分为草原种、沙漠种、山地种和森林种。

1. 草原种　指生存于我国北方高原地带广袤草原上的马匹品种。草原种马体质粗壮结实，体躯长而深广，四肢中等高，适应性极强。如蒙古马、哈萨克马、巴里坤马、岔口驿马等皆属此类。

2. 沙漠种　此类品种受沙漠地带气候干燥、植被稀疏、昼夜温差大等自然环境影响，体格较小，体质细致紧凑。如我国的乌审马、柴达木马、和田马等都属于此类。

3. 山地种　主要是指分布于我国西南山区和西藏的地方马品种。受高海拔、垂直气候带等因素的影响，其体质结实，体格不大，肢蹄强健，善走山路。我国有建昌马、乌蒙马、西藏马、玉树马和安宁果下马（袖珍马）等品种。

4. 森林种　指分布于海拔在3000m以上、气候寒冷潮湿、出现马种。该马种一般体躯粗重，被毛厚密，体质粗糙结实。如河曲马、浩门马、阿尔泰

马、鄂伦春马都属此类。

### （二）选育程度分类

根据马品种的形成历史及人工选育改良程度，分为地方品种、培育品种和育成品种三大类。

1. 地方品种　亦叫自然品种或土种，指某地区有悠久养马历史、在自然繁殖下具有大量群体、未经人工正规选育、处于粗放饲养管理、原始状态的马品种。这种马体格小、适应性强，可作多种用途，但每一种工作能力均不高。

2. 培育品种　亦叫过渡品种，指按照科学育种方案，贯彻一系列有效的选种选配措施，经过必要的培育过程而育成的马匹新品种。该类马品种在体尺、外貌、生产性能、品种结构和数量等方面，已达到了新品种的标准和要求，但仍有不足之处，如性状还不够一致，遗传性不够稳定，还需加强培育，巩固提高品种性能。

3. 育成品种　指经历了悠久的人工选育过程，在优良的培育条件下，通过了几个世纪的严格选择与淘汰，达到了既定的选育目标，具有性状整齐、遗传性稳定、生产能力及种用价值高等一系列特点。对该类品种要求有好的饲养管理条件，不断加强选育，以提高和保持其品种性能。如世界著名的纯血马、阿拉伯马、奥尔洛夫马等，都属此类品种。

### （三）畜牧学分类

根据马的大小，经济上的使用性质和体型以及有益经济性状，将马品种分为乘用型、挽用型和兼用型三类。

1. 乘用型　又分为竞赛型（以速力为主）和重乘型（以乘用、耐苦持久为主）两类。

2. 挽用型　又分为重挽型（体格硕大，动作笨重）和农挽型（体型较小，动作轻快）。

3. 兼用型　又分为乘挽兼用型和挽乘兼用型。

当马的用途发生变化之后，人们又育出了竞技用马、乳肉用马和游乐伴侣用马等多个马匹品种，因此马的畜牧学分类又需加上竞技型（运动用马）、乳肉兼用型和游乐伴侣用型等等。

### （四）根据起源分类

五六千年以前，北欧亚大陆存在着真马的四个亚种：森林马、高原马、草原马和沙漠马。据推测今天所有品种的马都是它们的后代。

1. 一型小马（森林马）　来自于欧洲西北部，身高在 120～122cm 之间。此种马轮廓挺直，有宽阔的前额和一双小耳朵，耐潮湿，能在恶劣的环境下生存成长。

2. 二型小马（高原马）　来自于北欧亚大陆，身高在 140～142cm 之间。此种马体格结实，外貌粗壮，耐寒且精力充沛。

3. 三型马（草原马）　来自于中亚细亚，身高约 143cm。身体纤瘦，体型修长，皮毛细致，颈细长，有出色的耳朵与鹅型的臀部，此种马耐热性强，可在沙漠中生活。

4. 四型马（沙漠马）　来自西亚地区，被认为是阿拉伯马的原型。此种马身高约 100～110cm，体型精细而纤瘦，头小有凹型轮廓，尾础特别高，耐热性高，能很好地在沙漠或干旱大草原生存。

### （五）根据体重体型分类

按照品种的体重、体型、表皮、步态以及体高等因素来分，可分为小型马、轻型马及重型马三种大类。

1. 小型马　是指体高在 150cm 以下的品种，约 100～150cm 之间，它们的身长要比体高大一些，头端正、眼距宽，吻部带有锥形，头较短，有非常灵活、敏锐、小而尖的耳朵，脖子看起来也比较短，有厚实的尾巴和棕毛，可防御寒冷和潮湿，短而强壮的背部，脚小而硬，经常是蓝色的蹄。小型马一般步伐稳健，且具有较强的自我保护意识。

2. 轻型马　指身体结构特征表现出较适合于骑乘的特点。身高约 150～

172cm 之间。后肢的比例较长有利于加速,背部不是很宽,有明显的隆肩,关节大而匀称,离地面较低,脚型很好,结构和大小都符合比例。背部的形状使鞍具容易固定。肩呈 60°角倾斜(由颈部和鬐甲的结合处到前肩),对于产生舒适而有效的骑乘动作很关键。

3. 重型马　身高约在 160~180cm 之间。蹄子上方长满边毛的腿是其特征之一。肩隆圆而倾向于平坦,胸部非常宽,经常有圆形的鬐甲,前腿分得比较开,背部宽并且相当短,后肢短而阔,肌肉特别结实,四肢粗而短,适合挽车等粗重的工作。

### (六)根据马的气质分类

按照马品种的个性与气质,可分为热血马、冷血马与温血马三大类。应该注意的是这种分类方式与马血液的温度或体温毫无关系。

1. 热血马　是最有精神的马,一般而言也是跑得最快的马,通常是直接衍生赛马的品种。

2. 冷血马　具有庞大的身躯与骨架,安静、沉稳,通常用来作为工作马(欧洲重型马)。

3. 温血马　在体型、个性与脾气上,都介于热血马与冷血马之间,事实上也是由热血马与冷血马杂交,育种而得到的品种,通常用作骑乘马,马术运动所用的马也大多是温血马。

每一个品种的马,都有其血统上的特征,这些特征也都具有遗传性,这也是认定一个品种的必要条件,同时也会被登记在该品种的正式记录中。有些马,不属于任何一个品种,我们就以它外形上的特征来分类,这些外形上的特征也刚好符合它的功能,而这些特征不一定具有遗传性。

### (七)根据体质分类

根据马的体质不同可以分为湿润型、干燥型、细致型、粗糙型、结实型等。

1. 湿润型　这种马皮下组织发达,肌腱、关节明显,肌肉比较松弛。这类马的性情多迟钝,不够灵活,挽马中较为多见。

2. 干燥型　这种马皮下组织不发达,关节、肌腱的轮廓明显,皮肤较薄,被毛短细,性情活泼,动作敏捷,多见于轻型骑乘马。

3. 细致型　这种马头小而清秀,骨量较轻,皮薄毛细,性情灵敏。

4. 粗糙型　这种马头重、骨粗、皮厚,毛粗长,多见于草原上的马。

5. 结实型　这种马头颈与躯干的结合匀称协调,躯干粗实,四肢骨量充分,全身结构紧凑。

## 第二节　中国地方马品种

中国在马产业发展的历史长河中,占有重要的历史地位。1975 年,我国的马匹数量达到 1114.7 万匹,由于历史社会发展的需要,加之我国丰富的地理环境,在这片辽阔的大地上孕育了众多的优良马种。我国现有地方马品种 29 个,培育品种 13 个。由于我国地方马品种较多,通常按地域和马匹特征分为五大系统,即:蒙古马系统、哈萨克马系统、西南马系统、河曲马系统和藏马系统。下面将分别按我国地方品种、我国培育品种、我国引进品种和世界其他马种的顺序进行介绍。

### 一、蒙古马

蒙古马(Mongolian horse)是我国乃至世界最著名的地方品种之一、属乘挽兼用型品种。主产于内蒙古自治区,中心产区在锡林郭勒盟,主要分布于呼伦贝尔市、乌兰察布市、鄂尔多斯市、通辽市、兴安盟、赤峰市,东北三省也是蒙古马的产区,我国华北和西北的部分农村、牧区也有分布。1985 年出版的《内蒙古家畜家禽品种志》中,全自治区蒙古马存栏 170 万匹,2010 年 12 月末,全区存栏 212309 匹。在 24 年间,蒙古马的数量下降了 1613338 匹,平均每年下降 7.69%。据行业部门统计,2016 年牧业年度全区存栏约 70 万匹。

### (一)品种来源

蒙古马是一个古老的品种,早在四五千年前,已被我国北方民族驯化。据考古发现的马的骨骼和牙齿化石,说明内蒙古地区很早以前就有马的祖先三趾马及蒙古野马存在。据史料记载,从汉代起,历朝历代曾将大量蒙古马的祖先引入中原。北宋时蒙古马已分布东北三省。元明时期蒙古马的饲养量更是空前的高涨,元朝的蒙古帝国被称为“马之帝国”。明朝是养马的全盛时期,马匹量达 10 余万匹。数百年来,蒙古马多经张家口输入内地,早已遍布我国北方农村。1949 年后,通过人为选优去劣,蒙古马马群质量和生产性能得到了进一步的优化和提高。但同时,由于对蒙古马进行了大量杂交改良,以及近 30 年来机械化的发展,削弱了马的需求量,蒙古马数量也在逐年大幅减少。

### (二)品种特征

蒙古马适应性较强,抗严寒、耐粗饲,能适应恶劣的气候及粗放的饲养条件,恋膘性强、抓膘迅速、掉膘缓慢,营养状况随季节而变化,呈现“春危、夏复、秋肥、冬瘦”的现象。能够识别毒草而不中毒,抗病力强,除寄生虫病和外伤,很少发生内科病。大群放牧的蒙古马具有很好的合群性,一般不易失散,母马母性强,公马护群性强。长年放牧的蒙古马性情悍烈、好斗、不易驯服,听觉和嗅觉都很灵敏。

1. 体形外貌

蒙古马体质粗糙结实,体格中等大,体躯粗壮。头较粗重,为直头或微半兔头。额宽平,眼大耳小,鼻孔大,嘴筒粗。颈短厚,颈础低,肌肉发育丰满,多呈水平颈,头颈结合良好。鬐甲短而宽厚。前胸丰满、胸深,肋拱圆,多数腹大而充实。背腰平直而略长。尻短而斜。四肢短粗,肌腱发育良好,关节不明显,蹄质坚硬。鬃、鬣、尾和距毛浓密。毛色复杂,青毛、骝毛、黑毛较多，白章极少。东北农区的蒙古马体型较重，身低躯广，骨量充实，中躯发育良好，前胸和尻较宽。

图 3-4　蒙古马个体及群体

2. 体重和体尺

2006 年 8 月至 2007 年 6 月，内蒙古自治区家畜改良工作站、呼伦贝尔市畜牧工作站、锡林郭勒盟畜牧工作站、乌兰察布市家畜改良工作站对新巴尔虎右旗克尔伦苏木、阿巴嘎旗那仁宝力格苏木、东乌珠穆沁旗满都宝力格苏木、乌审旗嘎鲁图镇成年蒙古马的体重和体尺进行了测量，结果见表 3-1。

**表 3-1　成年蒙古马体重和体尺**

| 性别 | 匹数 | 体重(kg) | 体高(cm) | 体长(cm) | 胸围(cm) |
|---|---|---|---|---|---|
| 公 | 35 | 352.89 | 134.07±5.63 | 142.03±5.91 | 163.81±7.60 |
| 母 | 188 | 318.24 | 128.07±4.35 | 137.02±7.93 | 158.38±9.56 |

东部草甸草原和农区的蒙古马体格较大，西部荒漠、半荒漠草原和农区的蒙古马体格较小。蒙古马持久力强。据 1903 年在北京至天津间举行的 120km 长途骑乘赛记录：38 匹蒙古马，冠军为 7h 32min，前 100km 用时仅 5h 50min。据 1957 年内蒙古自治区成立十周年运动会赛马记录：1km 为 1min 21.3s，2km 为 2min 52.9s，3km 为 4min 6.6s，5km 为 7min 10s，10km 为 14min 37.2s，15km 为 23min 57.4s。2005 年 7 月锡林郭勒盟西乌珠穆沁旗“天堂草原赛马”，206 匹蒙古马创造参赛马最多的吉尼斯世界纪录，成年骟马 30.5km 耐力赛记录为 41min。

### （三）典型类群

蒙古马数量多、分布广，因各地自然生态条件不同，逐渐形成了一些适应草原、山地、沙漠等条件的优良类群，比较著名的有乌珠穆沁马、百岔马、乌审马、巴尔虎马等。

1. 乌珠穆沁马

原产于内蒙古锡林郭勒盟东乌珠穆沁旗和西乌珠穆沁旗，目前主要分布于东乌珠穆沁旗、西乌珠穆沁旗和锡林浩特市。乌珠穆沁草原是我国最富饶的天然牧场之一，土壤肥沃，河流纵横，牧草种类繁多，主要牧草有碱草、冷蒿、大针茅、克氏针茅和葱草等。该地历来盛产良马，乌珠穆沁马早以其骑乘速度快、持久力强和体质结实闻名全国。乌珠穆沁马是经牧民群众长期选育形成的一个类群，是蒙古马的典型代表。2005 年末，共存栏 24587 匹，比 1982 年减少近 8 万匹。乌珠穆沁马体质粗糙结实，体型中等，有部分马体型偏于骑乘型。直头或微半兔头。鼻孔大，眼大明亮，耳小直立。鬐甲低。胸部发达，四肢短。鬃、鬣、尾毛发达。毛色多样，青毛最多。据称清朝时每年要在其产区选千匹青马进贡。当地盛产走马，其外形特点是微弓腰，尻较宽而斜，前膊较长，管骨相对较短，后肢微呈刀状和外弧肢势。成年乌珠穆沁马的体重和体尺见表 3-2。

图 3-5 乌珠穆沁马个体及群体

表 3-2 成年乌珠穆沁马体重和体尺

| 性别 | 体重(kg) | 体高(cm) | 体长(cm) | 胸围(cm) | 管围(cm) |
|---|---|---|---|---|---|
| 公 | 376.23 | 134.20±3.71 | 142.10±4.63 | 169.10±8.16 | 19.90±0.99 |
| 母 | 348.03 | 128.20±4.35 | 140.40±3.09 | 163.62±5.54 | 17.87±0.42 |

2. 百岔马

主产于内蒙古赤峰市克什克腾旗百岔沟一带。该旗位于大兴安岭南麓支脉狼阴山区,海拔 1600~1800m。中心产区百岔沟由无数深浅不等、纵横交错的山沟组成,是西拉木伦河的上游,更是水草丰美的好牧场。当地岩石坚硬、道路崎岖,百岔马经过多年锻炼,蹄质坚硬,不用装蹄可走山地石头路,故有"铁蹄马"之称。

早在 200 多年前就有蒙古族在此从事畜牧业,饲养马、牛、羊。100 多年前,蒙古族牧民思木吉亚从乌宝力问(锡林郭勒盟东乌珠穆沁旗)带来蒙古马公马 1 匹、母马 5 匹,对百岔马的形成有一定影响。由于农业和交通的需要,促进了马匹的发展,在当地条件下形成了适应山地条件的蒙古马优良类群,1982 年存栏 4000 多匹。近 30 年来由于产区农业和交通条件迅速改善,对马的需求量减少,至 2005 年末百岔马存栏不足百匹,已濒临灭绝。

图 3-6 百岔马个体及群体

百岔马外形特点是结构紧凑、匀称,尻短而斜,系短而立,蹄小、呈圆墩形,蹄质坚硬,距毛不发达。由于数量少,2006 年调查时未进行体尺测定。

3. 乌审马

主产于内蒙古自治区鄂尔多斯市南部毛乌素沙漠的乌审旗及其邻近地

区。该地为典型大陆性气候,年降水量 250~400mm,蒸发量大,为降水量的5.5倍,属于干旱典型草原类型,主要牧草有沙蒿、柠条、芨芨草等。牧民有打草贮草的习惯,加上备有农作物秸秆,冬、春给予补饲,对乌审马的形成起了一定的作用。

鄂尔多斯草原曾是水草丰美、畜牧业发达的地方,当地蒙古族牧民素有养马习惯,每年都要赛公马、赛走马,凡是在战争中立功和赛马中得奖的公马都被选为种用,这对于乌审马的形成起了很大的作用。但由于连年干旱、草场退化、沙丘遍布,对马匹品质造成一定影响,使其成为适应沙漠条件的类群。2005 年末,共存栏 5000 多匹,处于维持状态。乌审马体质干燥,体格较小。头稍重,多呈直头或半兔头。额宽适中,眼中等大。肩稍长,尻较宽。四肢较短,后肢多呈刀状或略呈外弧肢势。蹄广而薄,蹄质较为疏松。被毛较密,鬃、鬣、尾毛较多,距毛不发达。毛色以栗毛、骝毛为主。成年乌审马的体重和体尺见表 3-3。

图 3-7 乌审马个体及群体

**表 3-3 成年乌审马体重和体尺**

| 性别 | 体重(kg) | 体高(cm) | 体长(cm) | 胸围(cm) | 管围(cm) |
|---|---|---|---|---|---|
| 公 | 324.73 | 127.70±2.36 | 138.90±6.17 | 158.90±6.81 | 17.85±0.53 |
| 母 | 261.19 | 123.65±3.50 | 129.47±11.40 | 147.58±8.95 | 16.52±0.65 |

4. 巴尔虎马

主产于内蒙古自治区呼伦贝尔市的陈巴尔虎旗、新巴尔虎左旗和新巴尔虎右旗，这里是呼伦贝尔大草原腹地，我国主要传统养马区之一。

图 3-8　巴尔虎马

巴尔虎马体质粗糙结实，由于牧场较好，体躯相对较大。头较粗重，为直头或微半兔头。额宽大，嘴筒粗，鼻翼开张良好。胸廓深宽。鬐甲明显。斜尻。肌肉丰满。蹄质坚实有力。成年巴尔虎马的体重和体尺见表 3-4。

**表 3-4　成年巴尔虎马体重和体尺**

| 性别 | 体重(kg) | 体高(cm) | 体长(cm) | 胸围(cm) | 管围(cm) |
|---|---|---|---|---|---|
| 公 | 362.90 | 138.45±2.89 | 154.10±4.61 | 164.35±5.54 | 18.30±048 |
| 母 | 329.58 | 130.74±2.80 | 139.60±2.61 | 159.68±5.60 | 18.10±0.71 |

## 二、阿巴嘎黑马

阿巴嘎黑马(Abaga Dark horse)，原名僧僧黑马，属乘挽兼用型地方品种。主产于内蒙古自治区锡林郭勒盟阿巴嘎旗北部，中心产区在阿巴嘎旗的那仁宝力格苏木及其周边苏木。

阿巴嘎黑马最高存栏曾达 1 万匹，但由于自然环境恶化和市场经济的双重影响，数量急剧下降，每年以近千匹的速度下降，尤其是 1999 年至 2006 年由于连续遭受特大旱灾，下降速度更快，到 2006 年底总数不足 3000 匹。但近几年来通过采取保护措施，阿巴嘎黑马数量有所回升。2008 年 12 月末，那仁宝力格苏木存栏 2433 匹，吉日嘎郎图苏木存栏 925 匹，其他苏木存栏

400匹。2010年末,全旗阿巴嘎黑马存栏7645匹,到2014年阿巴嘎旗养马户已达到857户,黑马养殖专业户24户。据行业部门统计,2016年牧业年度全区存栏1.5万匹。

### (一)品种来源

阿巴嘎旗境内发现的60多幅与马有关的岩画,将这里的养马历史追溯到了旧石器时代。为建立蒙古汗国立下卓越功勋的别力古台将军,曾驻守阿巴嘎部落,因他非常喜爱纯黑色的马,故历史上阿巴嘎部落饲养的马群中黑色马居多。而且当地牧民在选留种马时,将毛色乌黑发亮、体躯发育良好、奔跑速度快的马匹留作种用,在长期自然选择和人工选择的影响下,逐步形成了现在的地方良种。

2006年内蒙古自治区家畜改良工作站组织有关单位对阿巴嘎黑马(当时称僧僧黑马)进行调查,初步认定其是一个地方良种,并开始对其进行选育与保护。

### (二)品种特征

阿巴嘎黑马具有耐粗饲、易牧、抗严寒、抓膘快、抗病力强、恋膘性和合群性好等特点。素以体大、毛色乌黑、有悍威、产奶量高、抗逆性强而著称。

1. 体形外貌

阿巴嘎黑马体型略偏大,体质较清秀结实,结构协调匀称,肌肉发达有力。头略显清秀,为直头或微半兔头。额部宽广,眼大而有神,嘴筒粗,鼻孔大,耳小直立。颈略长,颈础低,多数呈直颈,颈肌发育良好,头颈、颈肩背结合良好。鬐甲低而厚。前胸丰满且多为宽胸,母马腹大而充实,公马多为良腹。背腰平直而略长,结合良好。尻短而斜。四肢端正、干燥。关节、肌腱明显且发达,系部较长。蹄质坚实,蹄小而圆。鬃毛、距毛发达,尾毛长短、浓稀适中。

全身被毛乌黑发亮。在调查的19匹成年公马和173匹成年母马中,纯黑的183匹,占95.31%;铁锈黑的4匹,占2.08%;黑骝毛的5匹,占2.6%。

图 3-9　阿巴嘎黑马个体及群体

2. 体重和体尺

2008 年 9 月在那仁宝力格苏木对成年阿巴嘎黑马的体重和体尺进行了测量，结果见表 3-5。

**表 3-5　成年阿巴嘎黑马体重和体尺**

| 性别 | 匹数 | 体重(kg) | 体高(cm) | 体长(cm) | 胸围(cm) |
|---|---|---|---|---|---|
| 公 | 19 | 382.02±46.42 | 140.00±6.35 | 140.78±6.32 | 168.67±7.58 |
| 母 | 173 | 359.90±42.30 | 136.27±5.52 | 139.33±4.54 | 164.44±7.78 |

## 三、鄂伦春马

鄂伦春马(Erlunchun horse)俗名鄂伦春猎马，属乘驮兼用型地方品种。产于大、小兴安岭山区，内蒙古自治区鄂伦春自治旗托扎敏镇希日特奇猎民村和黑龙江省黑河市爱辉区新生鄂伦春族乡为中心产区，其他地区分布很少。据 2006 年日历年度统计，总计 24 匹，其中基础母马 15 匹，配种公马数 2 匹，未成年公驹 3 匹，未成年母驹 4 匹。从 1982 年的 808 匹，到 2006 年的 24 匹，数量急剧下降。据行业部门统计，2016 年牧业年度全区存栏 34 匹。因没有纯种公马，大部分母马都混交乱配，代数血液不清，体型外貌、体尺体重各不相同，纯种马很少，濒临灭绝。

### (一)品种来源

鄂伦春马是在黑龙江北岸地方马和索伦马的基础上,掺入大量蒙古马血统形成的。历史上黑龙江南岸的主要民族是索伦人及部分鄂伦春人,索伦人素来养马,被称为索伦马,其不仅数量多且质量好。但鄂伦春人拥有马匹较少,曾用鹿茸和貂皮等换取索伦马。

清朝时期,为巩固东北边疆的稳定,朝廷规定,鄂伦春常备军为500骑,后增至1000骑,马匹自备。由于征调频繁,马匹伤亡量大,曾调入大量蒙古马给鄂伦春人,同时鄂伦春人又以猎品换得一些蒙古马 。这些蒙古马与原有的马匹长期混血,因而鄂伦春马受蒙古马影响较大。后来鄂伦春人又先后引进少数苏联马、日本产的杂种公马、少数三河马、黑河马和卡巴金马对部分鄂伦春马进行杂交改良,但影响不大。

### (二)品种特征

鄂伦春马由于长期生活在严寒的林区,对当地自然条件适应性很强。冬季-40℃~-50℃气温下,可以在露天过夜,登山能力很强,能迅速攀登陡坡、穿林越沟、横跨倒木,均很灵敏;特别是在冬季深雪陡坡下山时,背负骑手,采取犬坐姿势,可一滑而下。夏季遇沼泽地,可跳踏塔头(在沼泽地生长的草墩子)而过,并能走独木桥,常能忍饥耐渴,有的马随猎人狩猎一天,无饲草料时,夜间拴在树下,次日可照常骑乘狩猎。有时投喂狍子肉、野猪肉等充饥。冬季在深雪山地放养,能扒雪采草,吃雪解渴。合群性好,公马护群、母马护驹能力都很强。

1. 体形外貌

鄂伦春马体质粗糙结实,体格不大。多数头中等大小、呈直头,额宽,眼较大,鼻翼开张,耳小颈长中等。颈础较低,呈水平颈,头颈、颈肩结合良好。鬐甲不明显。胸深而宽,假肋较长,腹大而充实,背腰平直、长短适中,腰部坚实,尻稍斜。四肢较短、多呈曲飞,关节结实,蹄质坚硬。尾础高低适中,尾长毛浓。

毛色以青毛最多,骝毛次之,其他毛色较少。猎民选择毛色与出猎季节密切相关,冬季落雪后为出猎旺季,青毛马的毛色与雪地相似,不易被猎物发现。

图 3-10　鄂伦春马个体及群体

2. 体重和体尺

2006 年 8 月,内蒙古自治区家畜改良工作站、呼伦贝尔市畜牧工作站及鄂伦春旗畜牧工作站在托扎敏镇希日特奇猎民村测量了成年鄂伦春马体重和体尺,结果见表 3-6。

**表 3-6　成年鄂伦春马体重和体尺**

| 性别 | 匹数 | 体重(kg) | 体高(cm) | 体长(cm) | 胸围(cm) | 管围(cm) |
|---|---|---|---|---|---|---|
| 公 | 2 | 398. 07±50. 24 | 137. 25±3. 77 | 142. 25±7. 04 | 173. 50±7. 05 | 20. 05±1. 29 |
| 母 | 10 | 323. 22±27. 67 | 129. 60±4. 01 | 134. 00±4. 03 | 161. 40±4. 28 | 18. 10±0. 47 |

## 四、锡尼河马

锡尼河马(Xinihe horse)原名布里亚特马,属乘挽兼用型地方品种。主产于内蒙古自治区呼伦贝尔市鄂温克族自治旗的锡尼河、伊敏河流域。

锡尼河马在 1985 年存栏有 1 万匹左右,之后由于挽用数量减少,市场需求小,数量在逐步减少,2006 年降至 6000 匹左右,近 10 年来,由于牧民养马意识提高,数量又有所增长。品质变化不大,基本保持原有质量。据行业部门统计,2016 年牧业年度全区存栏 10931 匹,基础母马 4945 匹,配种公马数 370 匹,其他 5616 匹。

### (一)品种来源

锡尼河马在 20 世纪 60 年代以前称布里亚特马。苏联十月革命时期,居住在后贝加尔一带的布里亚特蒙古人大量移民定居在锡尼河、伊敏河流域。同时带来了后贝加尔马及其改良马,由于与三河马产区相邻,所以很早就与三河马有血缘关系。伪满时期,曾用盎格鲁诺尔曼种马进行改良,但所产杂种马不多。后又引用过三河马、顿河马、苏高血马和奥尔洛夫马等品种进行导入杂交,但数量不多、影响不大。1955 年曾对锡尼河马(当时称布里亚特马)进行调查,确定其为一个地方良种,并开始进行选育。1972 年又对锡尼河马作了全面调查,并制定了选育方案。

### (二)品种特征

锡尼河马终年大群放牧,具有很好的合群性,母马护驹性好,公马护群性强,能控制马群。常年放牧的锡尼河马性情温顺,适应性强,能忍受饥饿、寒冷等恶劣条件,恋膘性好,抓膘迅速而掉膘缓慢。马匹冬天刨雪吃草,一般雪深 40cm 以下均能刨雪采食,抗御自然灾害能力强,“春瘦、夏壮、秋肥、冬瘦”的现象很明显。经过长期的自然选择,使锡尼河马具有体质结实、适应性强的优良特性。

1. 体形外貌

锡尼河马体格较大,体质结实,结构匀称。头大小适中、多成直头。眼大有神,耳小、直立、灵活,鼻翼开张良好,额宽窄适中。颈长短适中,多呈直颈,颈部肌肉发育良好,头颈结合良好。鬐甲明显。胸廓深广,背腰平直,肋拱腹圆。尻部肌肉丰满、略斜。四肢干燥,关节明显,肌腱发达,前肢肢势正直,后肢多略呈外向。蹄质致密坚实。鬃、鬣、尾毛中等长,距毛短而稀疏。

2. 体重和体尺

2006 年 8 月内蒙古自治区家畜改良工作站、呼伦贝尔市畜牧工作站及鄂温克族自治旗畜牧工作站,在锡尼河镇对成年锡尼河马的体重和体尺进行了测量,结果见表 3-7。

图 3-11　锡尼河马

**表 3-7　成年锡尼河马体重和体尺**

| 性别 | 匹数 | 体重(kg) | 体高(cm) | 体长(cm) | 胸围(cm) | 管围(cm) |
|---|---|---|---|---|---|---|
| 公 | 10 | 454.28 | 148.60±2.27 | 155.90±2.18 | 177.40±2.59 | 19.50±0.53 |
| 母 | 50 | 426.07 | 142.87±4.51 | 151.43±3.87 | 174.32±5.50 | 18.49±0.74 |

## 五、晋江马

晋江马(Jinjiang horse)属乘挽兼用型地方品种。中心产区位于福建省晋江市,主要集中于晋江市龙湖、深沪、金井、英林、石东等镇。莆田市的秀屿区、城厢区、荔城区、仙游县,泉州市的石狮市、南安市,厦门市的翔安区、同安区等福建东南沿海县、区、市均有分布。

### (一)品种来源

据史料记载,晋江市及周边一带养马已有千年以上的历史。经马的历史和流向调查分析,产区所养马匹最初由于战争和其他需要从外省或海外引入,可能主要来自我国的西南地区。1979 年福建省晋江县马匹普查,将当地及周边所产马称为“闽南沿海马”,后由福建省农业厅改称为“闽南马”。

1985年《福建省家畜家禽品种志和图谱》编委会将其正式命名为"晋江马"。

过去晋江马的中心产区交通不发达、生产条件差。由于当地社会经济的需要，群众养马用于拉车运输、犁田耕作等，这也促进了晋江马的发展。后在长期的实践中，在一定的自然生态、社会经济条件下，经劳动人民长期精心选育逐渐形成这一适应福建东南沿海高温高湿条件的独特地方品种。

### （二）品种特征

晋江马由于长期生长繁衍在福建东南沿海，已完全适应春夏多雨、秋冬干旱、夏季酷热的南亚热带季风气候区的环境和以青粗饲料为主的饲养管理方式，以及放牧为主、极少补充精料的粗放饲养条件。晋江马具有早熟、生长发育良好、繁殖力较好、耐粗饲、适应高温多湿的气候条件、抗病力强、适应性良好等优点。

1. 体形外貌

晋江马体质细致结实，体型匀称。头中等长，为直头，眼较大，耳大小适中。颈长中等，肌肉发育良好，头颈、颈肩结合良好。鬐甲中等偏低。胸宽而深，肋拱圆，腹部充实，背腰平直，尻部稍斜、较丰满。肢势端正，四肢粗壮，关节明显，系较短。蹄质坚实。尾础高，尾毛长。

毛色以骝毛为主，青毛次之。2006年，福建省家畜改良站调查84匹晋江马，其中骝毛占63.1%，青毛占22.6%，栗毛占3.6%，黑毛占8.3%，杂毛占2.4%。

2. 体重和体尺

2006年，福建省家畜改良站对成年晋江马的体重和体尺进行了测量，结果见表3-8。

**表3-8　成年晋江马体重和体尺**

| 性别 | 匹数 | 体重(kg) | 体高(cm) | 体长(cm) | 胸围(cm) | 管围(cm) |
|---|---|---|---|---|---|---|
| 公 | 8 | 265.07 | 126.69±1.94 | 129.38±6.95 | 148.75±3.61 | 16.38±0.52 |
| 母 | 38 | 287.64 | 125.75±3.30 | 3129.12±4.34 | 155.11±5.92 | 16.50±0.57 |

## 六、利川马

利川马(Lichuan horse)属驮挽乘兼用型地方品种。主产于湖北省西南山区,中心产区在利川市的文斗、黄泥塘、小河、元堡、汪营、南坪、柏杨坝、谋道等地,分布于云贵高原延伸部分的湖北省西南山区其他市县,包括恩施、建施、巴东、宣恩、咸丰、来凤、鹤峰、五峰、长阳、宜昌、秭归等市县,以及重庆市、湖南省与产区交界一带。

### (一)品种来源

产区养马历史悠久,据《利川县志·明史土司武备》记载,利川马在产区至少已有600多年的饲养历史,其来源与古代的"蜀马"有关。

利川马体小、四肢健壮、体质坚实、行动敏捷的形态与其长期生活在高寒多雨山区的特殊自然生态环境以及社会经济因素有关。利川马在产区作为驮、挽、乘骑用,是山区人民重要的畜力和经济来源之一。因而产区群众十分注意马的选种选配,形成一套传统的选育方法,促进了利川马品种的形成。新中国成立后先后建立了许多配种站,对利川马的选育提高起到了一定作用。但随着产区机械化的发展,马匹数量大幅度减少,这些配种站,种马场陆续解散转产,选育工作几无进展。

### (二)品种特征

利川马产于高寒多雨山区,完全适应产区的自然生态环境,具有耐粗饲和抗病力强的特点。利用马在山区、丘陵、平原都能作驮、挽、乘用,具有良好的爬山和驮运能力。

1. 体形外貌

利川马体形短小精悍,体质结实干燥,悍威中等,被毛不粗密。头方正,多直头,稍嫌重。眼与鼻孔较大,耳短小,直立。颈长适中,多斜颈。鬐甲略高于尻。胸部发育正常,肋拱圆适度,背腰短平,腹稍大。尻斜而短,尾础较低，臂肌不丰满。肩短而立，前肢正直，后肢肢势略呈外弧和刀状。关节强大，肌腱明显。系较短，蹄质坚实。鬃、鬣、尾毛较多而长。毛色多为骝毛、栗毛、青毛、黑毛，其他毛色较少。

图 3-12 利川马

2. 体重和体尺

2006 年，恩施土家族苗族自治州畜牧局和利川市畜牧局对利川市成年利川马进行了体重和体尺测量，结果见表 3-9。

**表 3-9 成年利川马体重和体尺**

| 性别 | 匹数 | 体重(cm) | 体高(cm) | 体长(cm) | 胸围(cm) | 管围(cm) |
| --- | --- | --- | --- | --- | --- | --- |
| 公 | 3 | 315.88 | 128.20±1.20 | 142.00±7.00 | 155.00±12.50 | 17.00±0.10 |
| 母 | 27 | 298.26 | 123.90±8.50 | 136.00±10.00 | 153.90±8.90 | 17.01±2.50 |

## 七、百色马

百色马(Baise horse)因主产于广西百色地区而得名，属驮挽乘兼用型地方品种。主产于广西壮族自治区百色市的田林县、隆林县、西林县、靖四县、德保县、凌云县、乐业县和右江区等，约占马匹总数量的 2/3 左右。分布于百色市所属的全部 12 个县(区)及河池市的东兰县、巴马县、凤山县、天峨县、南丹县，崇左市的大新县、天等县，南宁、柳州市等地。

### （一）品种来源

百色马的饲养历史已近2000年，从文献及出土文物中可知汉朝时期蜀边已开始交易百色马，南宋时马源紧张，曾向西南征集马匹。如今，百色马仍有往桂林、梧州及广东方向销售的传统。百色马是在产区自然条件、社会经济因素的影响下，经劳动人民精心培育形成的。

### （二）品种特征

百色马适应山区的粗放饲养管理，在补饲精料很少的情况下，繁殖和驮运性能正常，无论是酷暑还是严寒，常年行走于崎岖山路。离开产地，也能表现出耗料少、拉货重、灵活、温驯、吃苦耐劳、适应性强等特点。

1. 体形外貌

百色马体质干燥结实，结构紧凑匀称，体格较小。头短而稍重，为直头。颌凹宽广，眼大，耳小、直立，头颈结合良好。颈短、厚而平。鬐甲较平，肩短而立。躯干较短厚，胸部发达，肋拱圆，腹较大而圆，背腰平直。尻稍斜。四肢肌腱、关节发育良好，骨量充实，前肢肢势正常，后肢多呈外弧和曲飞节。系长短适中。蹄小而圆，蹄质致密、坚实。鬃、鬣、距、尾毛均较多。

图3-13　百色马

毛色以骝毛为主，其他有青毛、栗毛、黑毛、沙毛等。由于土山地区和石山地区的饲养条件不同，长期以来，百色马逐渐形成了土山马（中型）和石山马（小型）两种类型。土山地区的马较为粗重，石山地区的马略清秀。

2. 体重和体尺

2005 年 10～11 月，对田林县、靖西县的部分百色马进行体重和体尺测定，结果见表 3-10。

表 3-10 成年百色马体重和体尺

| 性别 | 数量 | 体重(kg) | 体高(cm) | 体长(cm) | 胸围(cm) | 管围(cm) |
| --- | --- | --- | --- | --- | --- | --- |
| 公 | 55 | 172.77 | 113.97±9.31 | 114.21±10.86 | 127.82±11.64 | 15.08±1.59 |
| 母 | 242 | 160.07 | 109.73±540 | 107.88±14.02 | 126.59±8.08 | 13.95±1.42 |

## 八、德保矮马

德保矮马(Debao pony)原名百色石山矮马，属驮挽乘和观赏兼用型地方品种。主要产于广西壮族自治区德保的马隘镇、那甲乡、巴头乡、敬德镇、东凌乡。德保县其他乡镇及毗邻的靖西、田阳、那坡等县也有分布。

### (一)品种来源

据《德保县志》记载说明，明朝嘉靖元年(1522)之前德保人民已饲养马匹。1989 年 11 月由中国农业科学院畜牧研究所王铁权研究员组织的西南马考察组，在广西靖西与德保交界处第一次发现一匹年龄 7 岁、体高 92.5cm 的成年马。此后又有多所高校及研究院对德保地区矮马资源进行研究，从养马学、生态学、血型学、考古学、历史学等多学科及大量数据证实了德保矮马的矮小性是能稳定遗传的，德保矮马是一个东方矮马品种。

### (二)品种特征

德保县矮马是在石山地区的特殊地理环境下形成的遗传性能稳定的一个地方品种。体型结构紧凑结实，行动方便灵活，性情温驯而易于调教，对当地石山条件适应性良好，在粗放的饲养条件下，能正常用于驮物、乘骑、拉车等，生长、繁殖不受影响，抗逆性强。

1. 体形外貌

德保矮马体形矮小、清秀，结构协调，体质紧凑结实，少部分马较为粗重。头长而清秀。额宽适中，鼻梁平直，鼻翼开张、灵活，眼大而圆，耳中等大，少数偏大或偏小，直立。颈长短适中，个别公马微呈鹤颈，头颈、颈肩结实良好。鬐甲低平，长短、宽窄适中。胸宽而深，腹部圆大，有部分草腹。背腰平直，腰尻结实良好，尻稍短、略斜。前肢肢势端正，后肢多成刀状，部分马略呈后踏肢势。关节结实强大，部分马为卧系或立系，距毛较多，蹄质坚实。鬃、鬣、尾毛浓密。

据对德保县856匹矮马毛色的统计，骝毛470匹，占总数的54.91%；青毛135匹，占总数的15.77%；栗毛128匹，占总数的14.95%；黑毛58匹，占总数的6.78%；兔褐毛28匹，占总数的3.27%；沙色21匹，占总数的2.45%；花色16匹，占总数的1.87%。少量马的头部和四肢下都有白章。

图3-14　德保矮马

2. 体重和体尺

2004年10月，在德保县马隘、古寿、巴头、东陵、杜圩、敬德、扶平等乡镇，对成年的德保矮马的体重和体尺进行了测量，结果见表3-11。

**表3-11　成年德保矮马体重和体尺**

| 性别 | 匹数 | 体重(kg) | 体高(cm) | 体长(cm) | 胸围(cm) | 管围(cm) |
| --- | --- | --- | --- | --- | --- | --- |
| 公 | 39 | 106.23 | 97.42±3.76 | 98.42±6.07 | 107.97±7.67 | 11.94±0.80 |
| 母 | 123 | 111.47 | 98.35±4.55 | 100.02±7.29 | 109.71±8.31 | 11.76±0.91 |

## 九、甘孜马

甘孜马(Ganzi horse)原为藏马的一个类群,因产区旧属西康,藏语为“博打”,属乘驮挽兼用型地方品种。主产于四川省甘孜藏族自治州的石渠、色达、白玉、德格、理塘、甘孜等县,广泛分布于甘孜全州其他各县。历史上曾被引入邻近的阿坝藏族羌族自治州,现主要分布于阿坝藏族羌族自治州红原县,当地称为麦洼马。

### (一)品种来源

历史上随着藏族由西藏东移到甘孜马原来产地,将西藏地区的藏马一并带入,这对甘孜马的形成与发展起了重要的作用。从《甘孜、炉霍、新龙概况》记载可知,甘孜马为青海玉树马与当地马杂交培育形成。

### (二)品种特征

甘孜马对高原、山地具有良好的适应能力,耐严寒、耐粗饲,在牧区大雪纷飞、大地封冻的情况下,仍全群放牧,并刨雪觅食;耐苦劳,善行陡峭山路,持久力强。远销外地,适应性良好。

1. 体形外貌

甘孜马体质结实、干燥,略显粗糙,体格中等。头中等大小,多直头。颈较长,多斜颈,头颈、颈肩结合良好。鬐甲高长中等。胸深广,腹稍大,背腰平直。尻部略短、微斜,后躯发育良好。四肢较长而粗壮,肌腱明显,关节强大,蹄质坚实。尾毛长而密,尾础高。据统计,青毛占35%,黑毛占17%,骝毛占9%,其他占12%。

2. 体重和体尺

2006年9月,色达县畜牧局对色达县塔子、洛若和色柯三乡牧户饲养的成年甘孜马的体重和体尺进行了测量,结果见表3-12。

表 3-12　成年甘孜马体重和体尺

| 性别 | 匹数 | 体重(kg) | 体高(cm) | 体长(cm) | 胸围(cm) | 管围 |
|---|---|---|---|---|---|---|
| 公 | 10 | 305.8 | 128.9±4.4 | 131.0±6.1 | 158.8±6.7 | 19.2±1.3 |
| 母 | 50 | 253 | 125.6±5.7 | 121.6±9.3 | 149.9±8.2 | 18.7±1.5 |

## 十、建昌马

建昌马(Jianchang horse)属乘驮兼用型地方品种。主产于四川省凉山彝族自治州,其中盐源、木里、会东、昭觉、金阳、冕宁、普格、西昌、布施、越西等县市为中心产区,州内其余各县以及雅安市汉源、石棉县,攀枝花市盐边、米易县等地也有分布。

### (一)品种来源

建昌马以其产区曾名建昌、素以产良马著称而得名。唐宋时代所称的"蜀马",即包括建昌马,俗称"川马"。建昌马因善于登山,故又有"山马"之称。据史料记载,早在2000多年前建昌马在产区已盛产。由于产区山多、交通不便,马常用作骑乘或驮运物资,后也用于挽车。这些社会经济的需要,促进了建昌马的发展。此外,当地举办的传统赛马会也为建昌马的形成起了一定的作用。

### (二)品种特征

建昌马有极强的适应能力,在极为粗放的条件下,终年以放牧为主,冬季枯草期,适当补饲草料,均能很好地生长、繁殖并且发病少、抗病力强。

1. 体形外貌

建昌马体格较小,体质结实干燥。头稍重,多直头。眼大有神,耳小灵活,斜颈或略呈水平。鬐甲略低,胸稍窄,腹部适中,背平直,腰短有力,背腰结合良好。尻部结构紧凑,尻略短、微斜。四肢较细,肌腱明显,部分马前肢外向,后肢多有刀状。蹄小质坚。尾础低。全身被毛短密,鬃、鬣、尾毛密而长。

毛色以骝毛、栗毛为主，其次为黑毛等毛色。据2006年对60匹建昌马的调查统计，骝毛占46%，栗毛占21.7%，黑毛占13.3%，青毛占11.7%，其他毛色占7.3%。

2. 体重和体尺

2006年10月，西昌市畜牧站、越西县畜牧局测量了西昌和越县农户饲养的成年建昌马的体重和体尺，结果见表3-13。

表3-13　成年建昌马体重和体尺

| 性别 | 匹数 | 体重(kg) | 体高(cm) | 体长(cm) | 胸围(cm) | 管围(cm) |
|---|---|---|---|---|---|---|
| 公 | 10 | 191.11 | 117.2±3.7 | 118.1±3.9 | 132.2±5.2 | 16.1±0.9 |
| 母 | 50 | 189.70 | 114.3±3.6 | 119.2±5.6 | 131.1±5.0 | 14.7±0.8 |

## 十一、贵州马

贵州马(Guizhou horse)亦称黔马，属驮乘兼用型地方品种。主产于贵州省的西部和中部，其中以毕节、六盘水等贵州西部地区为集中产地。广泛分布于贵州省其他地区，其中以边远山区为多。

### (一)品种来源

历史上贵州省的边远地区以畜牧业为主，从贵州省兴义市万屯和兴仁县交乐出土的东汉铜车马，造型优美，说明贵州早已是我国良马的产区。从史料可知，宋代以后，黔马始见出名。到南宋时更推行茶马制度，规定该地每年进行马匹买卖。在明、清时期此地更以贡马出名。近代，在黔西部、南部繁荣马市场交易，促进了贵州马分布的扩大。1939年以后，相继建立了10处马匹配种站，并采用卡巴金马、古粗马作种公进行配种，但其时间不长，影响面不大，贵州马仍属本地品种。

### （二）品种特征

贵州马短小精悍，体质结实，行动敏捷，富于悍威，性情温驯，对产区具有良好的适应性，耐粗饲，役用能力强且持久，除适应贵州山区的条件外，在山东、河南、安徽等地其生长发育和繁殖性能仍正常。

1. 体形外貌

贵州马体质结实，富于悍威而温驯，个体小，躯体呈近高方形结构。头直而方，眼大明亮，鼻翼开张，耳小而立，颌凹宽。颈长适中，头颈结合良好，颈肩结合显弱。乘挽用马多斜颈，驮用马颈多呈水平。鬐甲高长中等。胸宽深中等，背腰平直、短而宽，肋拱圆，腹部紧凑，胸腹部呈圆桶形。尻短斜，尻肌丰满。四肢肌腱、关节发育良好，肩短而立，前肢肢势端正，后肢曲飞，驮用马后肢多外弧。蹄质坚实，山地短途使役可不装蹄铁。皮薄毛细，鬃、鬣、尾毛稠密。毛色较复杂，以骝毛、栗毛为多，黑毛、青毛、兔褐毛次之。

2. 体重和体尺

2005 年，贵州省畜禽品种改良站对成年贵州马的体重和体尺进行了测量，结果见表 3-14。

**表 3-14　成年贵州马体重和体尺**

| 性别 | 匹数 | 体重(kg) | 体高(cm) | 体长(cm) | 胸围(cm) | 管围(cm) |
|---|---|---|---|---|---|---|
| 公 | 20 | 233.27±11.14 | 115.50±2.37 | 123.20±6.69 | 143.00±3.78 | 17.85±0.81 |
| 母 | 60 | 215.10±33.77 | 111.98±5.47 | 114.32±6.39 | 142.55±8.79 | 17.62±1.26 |

## 十二、大理马

大理马（Dali horse）亦称滇马，古称越赕驹，原属云南马的一个类群。属驮乘兼用型地方品种。主产于云南省西部横断山系东缘地区，中心产区为大理白族自治州鹤庆县、剑川县、大理市，大理州境内的洱源、宾川、漾濞、巍山、云龙等市县山区也有分布。

### （一）品种来源

云南竹剑川等地发现有100万年前野马牙齿化石及距今1万年前的驯养马种化石，这些人类史前马的发现，说明大理马受到野生祖先的影响。2008年云南剑川县海门口史前遗址发掘出3000多年前马的牙齿，说明早在商代晚期，大理地区的劳动人民已开始养马。

大理是南方丝绸之路的必经之地，位于茶马古道的中心，自古以来都是滇西的交通枢纽及经济、商业、文化中心，处于中国与中南半岛及印度的交通十字路口。但山区交通不便，群众依赖马驮运、乘骑，这对大理马的形成起到了促进作用。大理马是在特定的生态环境、社会经济和传统文化条件下，为满足当地群众驮载货物、骑乘代步需要，经长期自然选择和人工选育形成的小型山地驮乘兼用型地方马种。

1946年后相继建立马匹配种站，并引入其他品种与本地大理马杂交改良，至2008年改良地区的杂交改良马已达80%以上，大理马受外来品种影响颇大。

### （二）品种特征

大理马生活在山区、半山区，适应性强，耐粗饲，耐高温、高湿、高寒，在海拔1000~3000m的地区皆能正常生长、繁殖。合群性强，放牧采食能力强，抗逆性及抗病能力强，如果饲养管理得当，很少发生疾病。

1. 体形外貌

大理马体格较小，结构紧凑，清秀俊美，行动灵敏，性情温驯。体质类型在坝区多为细致型，山区、半山区多为干燥型。直头。额宽中等，耳薄、短而立，眼稍小而有神。颈多为水平颈，颈长中等、稍薄，头颈及颈肩背结合良好。鬐甲低、稍窄、长短适中。胸窄而深，背短而平直，背腰结合良好，腹部大小适中。尻短、稍斜。四肢结实，肢势端正，肌腱发育良好，系部短而立。蹄中等大，蹄质坚实。尾长至飞节以下，尾础中等高。

毛色以骝毛、栗毛为主，青毛、黑毛次之，其他毛色少见。对366匹马统计，骝毛225匹，占61.48%；栗毛64匹，占17.49%；青毛50匹，占13.66%；黑毛27匹，占7.38%。

2. 体重和体尺

2006年9月，大理白族自治州畜牧工作站在剑川、鹤庆、大理三个县市的5个调查点，选择正常饲养条件下的成年大理马的体重和体尺进行了测量，结果见表3-15。

表3-15 成年大理马体重和体尺

| 性别 | 匹数 | 体重(kg) | 体高(cm) | 体长(cm) | 胸围(cm) | 管围(cm) |
|---|---|---|---|---|---|---|
| 公 | 38 | 238.08 | 121.18±3.25 | 121.81±5.68 | 145.29±6.42 | 17.27±1.31 |
| 母 | 237 | 235.15 | 118.31±3.94 | 123.43±5.08 | 143.44±8.85 | 16.09±1.56 |

## 十三、腾冲马

腾冲马(Tengchong horse)原属于云南马的一个类群，属驮挽乘兼用型地方品种。产于云南省西部边陲的保山市腾冲县。中心产区在腾冲县明光乡的自治、麻粟、沙河，界头乡的大塘、西山、水箐、周家坡，滇滩镇的联族、云峰、西营，猴桥镇的轮马、胆扎、永兴等边远村寨。

### （一）品种来源

在云南省西北部发现的人类史前马的化石，说明腾冲马在形成过程中可能受到野马祖先的影响。据考古发现，早在公元前4世纪，腾冲是缅甸、印度、中亚等商贸通道的枢纽，马是贸易活动必不可少的运载和驾乘工具，需要大量的马匹。这对腾冲马的繁殖和选育工作的开展起到了积极的作用，促进了腾冲马发展。经过长期选育，腾冲马形成了适应于长途驮运、体大坚实的马种。

### （二）品种特征

腾冲马适应性强，性情温驯，富持久力，适应高热、潮湿环境，是优良的乘、驮、挽用马。合群性强,易放牧,一年四季均以放牧为主。晚上适当补饲青干草、农作物秸秆等。抗病力强,只要饲养管理得当,一般不会发生疾病,但易感染呼吸道疾病。

1. 体形外貌

在西南马类型中腾冲马体格较大,体质粗糙结实,结构匀称。头部略长,稍重,耳大小中等。颈较细,长短适中、多呈水平颈,头颈、颈肩背结合良好。鬐甲不高、大小适中。胸深不足,宽度适中、肋部拱圆。腹围大,稍下垂。背腰平直、较长,背腰、腰尻结合良好。尻稍斜,肌肉发育较好,四肢粗壮,关节结实,肌腱发育良好,后肢多呈外弧肢势,蹄质结实。尾毛长,浓稀适中。毛色以骝毛、粟毛为多,黑毛、青毛、花毛次之。

2. 体重和体尺

2006~2007 年,对腾冲县对明光乡的自治、麻栗、沙河,界头乡的大塘、水箐,滇滩镇的联族、西营七个点正常饲养条件的成年腾冲马进行了体重和体尺测量,结果见表 3-16。

表 3-16 成年腾冲马体重和体尺

| 性别 | 匹数 | 体重(kg) | 体高(cm) | 体长(cm) | 胸围(cm) | 管围(cm) |
|---|---|---|---|---|---|---|
| 公 | 10 | 272.75 | 124.50+3.04 | 131.27+5.82 | 149.80+6.30 | 17.10+0.54 |
| 母 | 50 | 205.45 | 113.08+4.16 | 118.15+8.20 | 137.04+6.77 | 16.86+0.92 |

## 十四、文山马

文山马(Wenshan horse)原归属于百色马中的小型马类群,属山地驮挽兼用型地方品种。主产于云南省文山壮族苗族自治州,分布于全州八县,就数量而言以富宁、麻栗坡、丘北、马关、广南县较多。

### (一)品种来源

在文山壮族苗族自治州西畴县发现野马的牙齿化石证实,文山马分布广泛,特别是过渡型马种的存在时间,大致衔接了史前的早期文明。文山马的形成与其赖以生存的湿热的常绿阔叶林黄土地带的生态环境有着密切的关系。此外，特有的饲养方式和选育目标在马种的形成过程中也起了重要作用。以及，产区传统的"要马"活动，对马种的形成也起到了促进作用。文山马是经过上述条件的共同影响，逐渐形成了这一地方良种。

### （二）品种特征

文山马具有耐劳、耐粗饲、食量小、易饲养、易调教、抗炎热潮湿、持久力强等特点。对当地气候、环境有较强的适应性，抗逆性强，但对某些传染病易感。主要用于驾乘、驮运物资、拉车，在坝区还可用于犁、耙田地等。

1. 体形外貌

文山马体质结实紧凑，外貌清秀，有悍威，体型匀称，短小精悍。头中等大，为直头。眼大小适中，耳小。颈部稍短，多呈正颈。肩部长短、角度适中。鬐甲稍低。背腰平直且结合良好，胸宽，肋拱圆，腹部较充实。尻部稍斜。肢势端正，关节结实且发育良好，肌腱明显，管部长短适中，少数马后肢呈轻度外弧，微卧系，蹄质坚实。尾础高，尾毛浓密。步态强健有力，步样轻快，行动敏捷，善于行走山路。

毛色以粟毛、骝毛、青毛为主，分别占 46%、17%、16%，其他毛色占比较少。

2. 体重和体尺

2006 年 10 月，由文山州麻栗坡县畜牧兽医站在麻栗坡县八布、天保、杨万、猛洞、麻栗镇五不同地点抽查正常饲养条件下成年文山马，进行体重和体尺测量，结果见表 3-17。

**表 3-17　成年文山马体重和体尺**

| 性别 | 头数 | 体重(kg) | 体高(cm) | 体长(cm) | 胸围(cm) | 管围(cm) |
|---|---|---|---|---|---|---|
| 公 | 10 | 199.58 | 117.6±4.2 | 118.8±4.9 | 134.7±4.4 | 16.7±0.8 |
| 母 | 50 | 184.94 | 112.2±4.6 | 113.6±5.2 | 132.6±4.2 | 15.50±0.70 |

## 十五、乌蒙马

乌蒙马(Wumeng horse)原属于云南马的一个类群,属山地驮乘兼用型地方品种。主产于云南省昭通市的镇雄县、彝良县、永善县、昭阳区等全部11个县区,主要集中在云南、贵州两省接壤的乌蒙山系一带,生活在海拔1200~3000m的山区,在此高度范围以外虽有分布,但数量相对较少。

### (一)品种来源

当地出土的化石说明史前很长时期,马属野生祖先就普遍繁衍在昭通盆地乌蒙山一带。据史料记载,从公元前11世纪前后起,乌蒙马因其体质高大、素质优良,广泛用于交通、使役及战争。这促进了乌蒙地区养马业的壮大。同时,由于乌蒙马产区即昭通地区为多民族聚居地,马匹为产区人民必须的生产资料。彝族、苗族人民尤喜养马。苗族人民端午节的“耍花山”赛马活动一直延续至今,赛马会上,比速度、比走法。乌蒙马就是在这种特殊的自然环境和社会经济条件下,经长期的选择培育形成。

后曾引入三河马、伊犁马等与本地马进行杂交,同时建立河曲马繁殖场,提供种马。实践证明以何曲马为父本所产的杂交后代质量最佳,取得了一定杂交利用效果。近20年内未再引入外来马种进行杂交。

### (二)品种特征

乌蒙马耐粗放饲养,抗寒、耐湿,能适应当地南干北湿的气候特点,适应性广、抗逆性强、吃苦耐劳、持久力好,善走山路、夜路,善走对侧步,上山攀登有力,遇陡滑坡路可用尾牵引助人,下坡过河机灵勇敢,能平稳跳跃或涉水而过。少有恶癖,抗病力强,一般不易发病。

1. 体形外貌

乌蒙马属山地小型马。体格相对较小,结构匀称。可分为轻型和重型两类,轻型马体质结实细致,肌肉发育良好,气质中悍偏上,适宜骑乘;重型马体质稍显粗糙，骨骼粗壮，四肢强健，肌肉发达，气质中悍偏下，驮挽性能良好。头中等大，为直头。眼稍小而眸明，耳大小适中而直立、转动灵活。颈斜、长短适中，颈肩结合良好。鬐甲高度适中，长宽适当。前胸发育良好，胸宽一般，肋骨拱圆，腹围大小适中，背腰平直，尻斜。前肢肢势端正，后肢微呈刀状肢势，关节发育良好，肌腱明显，蹄质坚实。鬃、鬣、尾毛浓密且长。

毛色以骝毛、栗毛为多，占74.9%，黑色占7.1%，青色占6.4%，银鬃占5.6%，其他毛色占6.0%。

2. 体重和体尺

2006年10月，由昭通市畜牧兽医站、昭阳区畜牧兽医技术推广中心、镇雄县畜牧兽医站、彝良县畜牧兽医站分别对昭阳区苏甲乡苏甲村，镇雄县泼机乡堵密村、芒部镇庙河村，彝良县荞山乡猴街村、洛泽河乡大河村等5个调查点的14匹成年公马和49匹成年母马进行了体重和体尺测量，结果见表3-18。

**表3-18　成年乌蒙马体重和体尺**

| 性别 | 匹数 | 体重(kg) | 体高(cm) | 体长(cm) | 胸围(cm) | 管围(cm) |
|---|---|---|---|---|---|---|
| 公 | 14 | 246.07 | 126.21±7.34 | 121.92±8.00 | 147.64±9.42 | 17.62±1.58 |
| 母 | 49 | 229.80 | 120.21±5.14 | 112.68±10.70 | 148.41±8.06 | 16.62±1.25 |

## 十六、永宁马

永宁马(Yongning horse)曾用名永宁藏马，属驮挽乘兼用型地方品种。主产于云南丽江市、迪庆藏族自治州等地，中心产区为云南省丽江市宁蒗彝族自治县，永宁乡数量最多。

### (一)品种来源

永宁马产地为青藏高原南延部分。永宁马与金沙江以北的古代野马祖先及古代西藏良种马均有血缘关系，但又有别于今日的西藏马和川西甘孜马。进入人类有史时期以后，云南、西藏地区之间政治、经济、文化等各方面的联系加强,形成重要的牲畜及畜产品交易市场。通过交易,藏马进入宁蒗永宁地区。长期以来,在特殊的生态条件和社会经济条件下,永宁马在宁蒗县永宁等地自群繁育,很少受外来品种马的影响,形成了这一地区品种,遗传性能稳定,且有一定数量。

### (二)品种特征

永宁马具有耐高寒、耐粗饲、抗病虫、合群性强、性情温驯、易饲养的特性,在恶劣气候条件下仍能正常生长繁殖。其运步灵活、善走崎岖山路、富持久力,适合驮载和乘骑,适应高山深谷及气候垂直差异的环境条件。

1. 体形外貌

永宁马体质结实,肌肉丰满,骨骼粗壮,结构匀称。头短而重。额面微凸,耳小而厚、直立灵活,眼大明亮。颈粗短,肌肉发育良好,头颈结合、颈肩结合良好。鬐甲明显。胸宽腰短,背腰平直,腹大而深。尻斜,背腰结合、腰尻结合良好。肢势端正,关节、肌腱发育良好,四肢粗壮,管部长短适中。蹄质坚实,蹄形正常。尾础低,尾毛长而稀疏。全身被毛粗厚,毛长浓密,距毛多。

毛色以栗毛、骝毛居多,分别占41%和23%;黑毛次之,占19%;青毛占9%,其他毛色占8%,头部和四肢无白章。

2. 体重和体尺

2006年11月,丽江市宁蒗彝族自治县畜牧站在永宁乡的落水、永宁、温泉、拖支、木底箐等地对成年永宁马的体重和体尺进行了测量,结果见表3-19。

**表3-19 成年永宁马体重和体尺**

| 性别 | 匹数 | 体重(km) | 体高(cm) | 体长(cm) | 胸围(cm) | 管围(cm) |
|---|---|---|---|---|---|---|
| 公 | 10 | 219.9 | 122,30±4.19 | 115.70±6.24 | 143.20±4.73 | 17.70±0.82 |
| 母 | 50 | 252.4 | 122.24±3.67 | 123.14±5.33 | 148.18±9.01 | 17.15±1.27 |

## 十七、云南矮马

云南矮马(Yunnan pony)属山地驮挽乘兼用型地方品种。中心产区为云南省红河哈尼族彝族自治州屏边苗族自治县的湾塘乡和白河乡,屏边县其他乡镇及毗邻的文山壮族苗族自治州麻栗坡、富宁和马关等县也有分布。

### (一)品种来源

云南矮马形成和饲养历史相当悠久,苗族等少数民族群众长期居住在山高坡陡、道路崎岖、交通不便的山区,矮马一直是人们驮挽及骑乘的主要交通运输工具。同时,在苗族每年的传统节日"花山节"等重大节日中,"赛马会"往往是重要的活动之一。因此,云南矮马是在特殊的自然环境与社会环境中,在相对封闭的山区,经长期的自然与人工选择而形成,并适应当地炎热、湿热的气候和陡峭山地、以驮运骑乘用为主的地方品种。

云南矮马未进行系统选育,也未引入过其他品种杂交,马群处于相对封闭、自繁自养状态,遗传性能稳定。

### (二)品种特征

云南矮马是在当地自然环境条件下,经劳动人民长期选育形成的典型山地驮乘兼用型矮马,具有体小灵活、行动敏捷、性情温顺、耐粗饲、耐劳役等特点,与邻近地区的其他马种有明显差异。云南矮马的适应性较强,耐粗饲,各种野草及秸秆均可采食,在海拔200~1900m的地区皆能生长繁殖。

1.体形外貌

云南矮马体形矮小紧凑。头部清秀,轮廓清晰为直头。额宽,鼻孔大,眼大有神,耳薄、短而立。颈粗短,颈肩结合良好。背腰短而平,腹部大小适中、充实良好,多呈圆尻、稍斜。四肢结实,蹄小而圆,蹄质坚实。全身被毛短密,鬃、鬣、尾毛多而长。

据对91匹云南矮马的统计,毛色有骝毛、栗毛、青毛、黑毛、花毛、斑毛

等，以骝毛、栗毛居多，骝毛占53.8%、栗毛占10.99%、青毛占7.7%。

2. 体重和体尺

2006年，红河哈尼族彝族自治州和文山壮族苗族自治州畜牧局对成年云南矮马的体重和体尺进行了测量，结果见表3-20。

表3-20　成年云南矮马体重和体尺

| 性别 | 数量 | 体重(kg) | 体高(cm) | 体长(cm) | 胸围(cm) | 管围(cm) |
|---|---|---|---|---|---|---|
| 公 | 29 | 145.53 ±31.30 | 104.40 ±4.60 | 108.99±8.97 | 120.09 ±7.17 | 13.90±1.20 |
| 母 | 62 | 142.50 ±41.10 | 105.83±6.48 | 107.39 ±6.22 | 119.71 ±9.28 | 13.39 ±0.93 |

## 十八、中甸马

中甸马(Zhongdian horse)原属于藏马的一个类群，属高原驮挽乘兼用型地方品种。主产于云南省迪庆藏族自治州香格里拉县(原中甸县)的建塘镇、小中甸镇、格咱乡、洁吉乡四地，生活在海拔3 200m以上的高寒山区和坝区。在香格里拉县的东旺乡、三坝乡、五境乡，德钦县的升平镇、佛山乡、羊拉乡和维西傈僳族自治县等高寒山区有零星分布。

### (一)品种来源

中甸马主产于海拔3200m以上的高寒地区，为高原小型山地马的一个古老品种。据史料记载，汉代以前中甸就已经养马。由于产区交通不便，当地群众习惯用马驮、挽、乘，以及千余年的赛马与马上技巧的传统比赛均对中甸马的形成起到了促进作用。中甸马就是在此特殊的自然经济条件下，经过藏族劳动人民长期精心培育形成的。近20年来，中甸马与丽江马、甘孜马、西藏马杂交，受到一定程度的外血影响。

### (二)品种特征

香格里拉县山高坡陡、路窄沟深、河流湍急、交通不便，中甸马在当地主要用于驮、挽、乘，善走山路，持久力强，运步灵活。中甸马抗病力强，极耐严寒、耐低氧、耐粗放管理,是较好的高寒地区乘驮挽兼用型马种。

1. 体形外貌

中甸马体短小、精悍,体质细致紧凑,骨骼坚实。头小。额较窄,耳小灵活,眼大、明亮有神。颈部肌肉发育良好,头颈结合良好,颈肩背结合良好。鬐甲稍低。前胸宽,背腰短而平直,腹圆而微收。前后躯匀称,后躯发育良好,尻短而圆。四肢强健、结实有力,四肢关节结实,蹄质坚硬。尾础高,尾毛长而浓。

毛色以栗毛、骝毛为多,黑毛次之,其他毛较少。

2. 体重和体尺

2006 年,迪庆藏族自治州畜牧兽医站对成年中甸马体重和体尺进行了测量,结果见表 3-21。

**表 3-21　成年中甸马体重和体尺**

| 性别 | 匹数 | 体重(kg) | 体高(cm) | 体长(cm) | 胸围(cm) | 管围(cm) |
|---|---|---|---|---|---|---|
| 公 | 10 | 277.57 | 128.40 | 126.40 | 154.00 | 16.15 |
| 母 | 50 | 252.61 | 120.22 | 128.62 | 145.64 | 15.54 |

## 十九、西藏马

西藏马(Tibetan horse)原属于藏马的一个最主要类群,是我国青藏高原高海拔地理环境中特有的马种,属乘驮挽兼用型地方品种。主产于西藏自治区的东部,以昌都、那曲和拉萨三个地区最多,西部和南部较少,分布于自治区全境。

### (一)品种来源

从史料可知,西藏人民繁育良马至少已有 2000 余年的历史。随着畜牧业生产的发展,西藏良马源源不绝地输入四川、陕西一带,为开发内地农业生产做出贡献。西藏高原地域广阔、交通不便,西藏马在藏族人民长期按一定目标选育、牧养下,形成具有一定特点的地方品种。西藏马曾被认为是西南马的一部分。1949 年以前,西藏马多集中在寺院,就地进行闭锁选育。1980 年经普查后,被确定为一个独立的品种。

从 20 世纪 60 年代初开始,西藏自治区曾先后引入顿河马、阿尔登马等,在一些国营农牧场和配种站饲养繁殖,并与西藏马杂交产生了一定数量的后代。近 20 年来基本未引入外血。

## (二)品种特征

西藏马对高原的适应能力很强,适应范围广,在西藏各种生态环境下都有分布,善奔跑,吃苦耐劳,在海拔 4700m 的草场放牧,可扒开深雪觅草。抗病力强,很少患病。

1. 体形外貌

图 3-15 藏马

西藏马体形与其他品种有别。体质结实、干燥,性情温顺,结构匀称。头较小、多直头。眼大有神,耳小灵活,鼻孔大,嘴头方。颈长短适中,头颈、颈肩结合良好。鬐甲微凸、厚实。胸宽,肋拱圆。心、肺发达,红细胞数和血红蛋白含量均高于平原地区的马。背腰平直,背宽广,腰尻宽,腹部充实、不下垂,尻长而斜。四肢干燥有力,后肢呈刀状肢势,关节明显,蹄质坚实。鬃、鬣、尾毛长,较浓密,距毛不多,后肢管部有的生有长毛。

毛色中骝毛占 41.5%,青毛占 20.8%,栗毛占 15.5%,其他毛色占 22.2%。部分马有白章。青毛马一直受藏族人民的喜爱。

2. 体重和体尺

1982 年,在日喀则、昌都、拉萨、那曲、山南等 5 个城市 25 个县对成年西藏马的体重和体尺测量,见表 3-22。

表 3-22　成年西藏马体重和体尺

| 性别 | 匹数 | 体重(kg) | 体高(cm) | 体长(cm) | 胸围(cm) | 管围(cm) |
|---|---|---|---|---|---|---|
| 公 | 545 | 258.7 | 129.4+6.9 | 130.0+6.9 | 146.6+6.6 | 16.1+0.7 |
| 母 | 438 | 245.5 | 127.0+4.4 | 128.4+9.7 | 143.7+5.8 | 15.6+0.7 |

## 二十、宁强马

宁强马(Ningqiang horse)属山地驮挽兼用型地方品种。主产于陕西省西南部宁强县境内,中心产区在秦岭南坡嘉陵江流域的曾家河、巨亭、苍社、太阳岭、巩家河、燕子砭、安乐河、青木川等乡镇的狭长地带,在南郑县亦有少量分布。

### (一)品种来源

据《后汉书·西南夷传》记载,汉代时的宁强马就已经比较著名。宁强马产于宁强,原名宁羌,自古以来就为兵家必争之地。几千年来,古羌人带来的青海马,经长期的自然选择和人工选择形成了宁强马这一地方品种。1949 年以前,国民政府曾在宁强设军马采运所。宁强马一直没有进行过有计划的系统选育,主要是随机就近配种。

### (二)品种特征

宁强马短小精悍,体形较好,行动敏捷,运步轻巧,善解人意,性情温顺,易于调教;蹄质坚硬,汗腺发达,不畏严寒酷暑。对牧草食性广,四季放牧,母马常合群放牧,可与牛、羊合群放牧,也可与猪、牛、羊同圈喂养,饮水选择较为严格。宁强马适应本地区潮湿、温暖的气候,不同海拔高度的田间和缓陡坡等复杂的地貌均可适应,爬坡能力强。善吃短草,耐粗饲,抗病能力强。善行山路,容易适应环境,在崎岖山路上能驮、能骑,在不良的便道上可挽用,避险能力强,耐力好。

1. 体形外貌

宁强马体格较小，体质结实紧凑，短小精悍，气质温顺，悍威良好，步态稳健。头部清秀，不少马血管显露。额宽眼大，耳小灵活。颈短小，多为直颈，头颈结合良好，颈础低，颈肩结合一般。鬐甲低平，肩短直立，鬃毛较厚。胸宽深，腹平、也有垂腹，背腰短而平直、有部分凹背、多呈斜尻。四肢干燥，筋腱发达，前肢端正，后肢多呈外弧和刀状肢势，少数卧系，有距毛。多正蹄，蹄质坚实。尾毛长而浓密，尾础较高。

宁强马毛色繁杂，以骝毛和栗毛为主，骝毛占66%，栗毛占21%，青毛占8%，其他为黑毛、沙毛、银鬃毛、兔褐毛等，占5%。头部和四肢白章少见。

2. 体重和体尺

2007年1月，宁强畜牧兽医站对宁强县良种场、苍社、安乐河和燕子砭四点的成年宁强马进行了体重和体尺测量，结果见表3-23。

表3-23　成年宁强马体重和体尺

| 性别 | 匹数 | 体重(kg) | 体高(cm) | 体长(cm) | 胸围(cm) | 管围(cm) |
|---|---|---|---|---|---|---|
| 公 | 20 | 175.73 | 110.1 ±5.1 | 111.1±4.7 | 130.7 ±5.5 | 14.4±0.9 |
| 母 | 51 | 179.58 | 111.8±4.7 | 112.5 ±5.9 | 131.3 ±8.0 | 14.3 ±0.6 |

## 二十一、岔口驿马

岔口驿马(Chakouyi horse)为甘肃省河西地区的一个古老品种，以善走对侧步而闻名，属乘挽兼用型地方品种。中心产区在甘肃省天祝藏族自治州的岔口驿、石门、大柴沟等乡镇，在永登、古浪、武威、山丹、肃南等县的部分地区也有很少量分布。

### (一)品种来源

甘肃省河西地区自古以产马著称，盛行于北魏。岔口驿马的中心产区正是通往西域的要道，自南向北，驿站相连，用于传递军报文书，这就需要有快速的乘马，岔口驿马成为驿道长途旅行最理想的马匹。当时驿马需要与岔口驿马品种的形成不无关系。1957 年 9 月根据中国农业科学院的指示，对岔口驿马深入产地调查，肯定了岔口驿马为独立的地方品种。后曾引进外来品种马对其改良，但岔口驿马的核心产区仍然保持了一定数量的纯种繁育，因此，岔口驿马仍然保持了较纯正的血统。

### （二）品种特征

岔口驿马具有良好的适应性，产区高寒，形成了极耐粗饲 、乘挽兼宜、以善走对侧步、骑乘平稳舒适、抗病能力强的特性，多年来向省内外输出，分布地域广，反映良好。

图 3-16　岔口驿马

1. 体形外貌

岔口驿马体质结实，体形多呈正方形。头形正直、中等大，眼大眸明，耳长中等、尖而立，鼻孔大，颜面部较干燥，颌凹、宽度适宜。颈形良好，大多呈 25°～30°斜度，颈长中等，肌肉不够发达，颈肩结合较差。鬐甲适度高长。前胸宽，胸廓深、长广适中，背长中等，腰短宽而有，背腰平直。腹部充实，尻广稍斜，肌肉尚发达。肩较短直，上膊短，肌肉发达，前膊长短适中。四肢稍短，管较短粗，系短立。四肢关节、肌腱强大，蹄质坚硬。前肢肢势端正，后肢多外弧，蹄稍呈外向。鬃、鬣、尾毛长而不粗，但距毛少而短，尾础稍低。

毛色以骝毛居多，据鉴定 600 匹岔口驿马中，骝毛占 43. 7%，青毛、黑毛、栗毛次之，部分马匹头部有白章。

2. 体重和体尺

2007 年,甘肃省畜牧总站、武威市畜牧兽医局和天祝藏族自治县畜牧站测量了成年岔口驿马的体重和体尺,结果见表 3-24。

表 3-24 成年岔口驿马体重和体尺

| 性别 | 体重(kg) | 体高(cm) | 体长(cm) | 胸围(cm) | 管围(cm) |
|---|---|---|---|---|---|
| 公 | 340.20 | 134.5±3.72 | 140.00±5.171 | 162.00±7.02 | 18.50±0.62 |
| 母 | 336.05 | 130.57±6.52 | 138.79±8.80 | 161.71±12.24 | 17.46±1.20 |

## 二十二、大通马

大通马(Datong horse)因产于青海省海北藏族自治州境内大通河流域而得名,曾用名浩门马,属挽乘兼用型地方品种。主要分布于青藏高原东北部的祁连山南麓海北藏族自治州境内,环青海湖地区、湟水流域以及邻近甘肃地区也有分布,中心产区在大通河流域的门源、祁连两县。

### (一)品种来源

大通马起源于原始的高寒山地草原马。先后受蒙古马、藏马、哈萨克马、河曲马等的影响,血统比较复杂。更主要的是大通马长期繁衍在水草丰美的高寒山地的草原环境中,形成了较独特的品种特性,遗传性能稳定,具有一定数量,是蒙古马系中的一个优良地方品种。

1958 年组成大通马调查队,对大通马进行全面的调查,并将其定为独立的地方品种。1969 年开始进行本品种选育, 20 世纪 50 年代末,引入卡巴金马等种公马对大通马进行改良,至 20 世纪 70 年代,因政策调整、马匹销路不畅而全面停止。

### (二)品种特征

大通马终年生活在高寒山地草原上,仅靠野草维持生存,管理粗放。经过长期人为选育,大通马对高寒山地草原环境和粗放群牧条件极为适应,形成吃苦耐劳、耐粗饲、恋膘性好、抗病力强、繁殖力高、遗传性能稳定的特点。

1. 体形外貌

门源、祁连产的大通马外貌俊美，海晏、刚察产的次之。大通马有乘挽和挽乘两种类型。乘挽型头部较干燥，四肢略长，管部较干燥，距毛少，体质结实，有较好的速力，门源、祁连产的大通马多属此类。挽乘型头部较粗重，四肢略短，管部多粗糙，距毛较多，蹄小而圆，体质多粗糙松弛，适宜挽用，海晏、刚察、仙米所产的大通马多属此类。

大通马体躯粗长，整体结构匀称，禀性温顺，悍威中等。体质以粗糙型为主，体型为兼用型，有偏挽用趋势。头略显重，多直头，部分呈半兔头，兔头或凹头。耳长中等，眼大而圆，额较宽，鼻孔大，唇较厚，颌凹宽。颈水平略斜、稍显短薄、颈肌公马较壮，母马稍少，颈础中等，颈肩结合部多有凹陷。鬐甲宽广度较好，有低短之感。肩较直、胸宽广、发育好、深度中等，肋拱圆。背宽广、平直，个别马呈鲤背，腰部稍长，多有凸腰或凹腰。腹部一般略大。尻稍短斜，腰尻结合欠佳。四肢中等长，管部稍细、较干燥、系长中等，部分马距毛较多，关节强大。蹄中等大，蹄质坚实。后肢多呈刀状、内向或外向。鬃、鬣毛较粗长。

毛色较整齐一致，以骝毛为主，黑毛、栗毛、青毛次之，其他毛色极少。

2. 体重和体尺

2006 年 12 月和 2007 年 7 月，青海省畜牧总站测量了大通马的体重和体尺，结果见表 3-25。

**表 3-25　成年大通马体重和体尺**

| 性别 | 匹数 | 体重(kg) | 体高(cm) | 体长(cm) | 胸围(cm) | 管围(cm) |
|---|---|---|---|---|---|---|
| 公 | 28 | 342.18 | 135.27±5.39 | 146.86±6.30 | 158.63±7.30 | 17.02±1.46 |
| 母 | 106 | 306.32 | 129.61±7.70 | 140.46±7.16 | 153.47±7.98 | 15.68±0.87 |

## 二十三、河曲马

河曲马(Hequ horse)旧称南番马，1954 年由原西北军政委员会畜牧部正式定名,属于挽乘兼用型马种。产于甘肃、四川、青海三省交界处的黄河第一弯曲部,中心产区为甘肃省甘南藏族自治州玛曲县、四川省阿坝藏族羌族自治州若尔盖县、阿坝县和青海省河南蒙古族自治县。甘肃的夏河、碌曲,四川的红原、松潘、壤塘,青海的久治、泽库等县均有分布。

### (一)品种来源

据文献记载,公元1世纪时,产区已开始养马。唐朝及以前,河曲马主要养于陇右一带牧监,安史之乱之后,被劫流入河曲马产区。到了元代,蒙古大军南下,将大量蒙古马带入产区,这对河曲马的形成影响很大。元代以后,产区再无外来马进入,自群繁殖。由于该产区高寒、湿润、雨量充沛、地势开阔、牧草丰茂,加之当地各族人民对马匹十分需要,一贯重视选择培育和精心管理,从而形成了适应性强、体格较大的品种。

### (二)品种特征

河曲马在群牧条件下培育,合群性好、恋膘性强、耐粗饲、性情温驯、易调教,对海拔较高、气压较低、气候多变的高山草原少氧环境有极强的适应性。河曲马肺活量大,胸宽、深,胸围早期生长发育快。血液中红细胞和血红蛋白含量均高;能跨越4000m以上的高山,能在平原沼泽地骑乘,剧烈运动后20~40min呼吸、脉搏就能恢复正常。曾被推广到河南、河北、山东、山西、福建、广东、云南等20多个省、自治区和直辖市,均能良好适应。

河曲马抗病能力较强,很少发生胃肠疾病和呼吸系统疾病,但某些地区寄生虫病较多。此外,青海一些地区的河曲马常发生前肢跛行、管部韧带炎症和蹄病,这和当地潮湿、水草滩多以及夜间三马连绊的饲养管理方式有密切关系。

1. 体形外貌

河曲马体质结实干燥或显粗糙,体形匀称,结构良好。公马有悍威,母马性温驯。头较大,多直头及轻微的兔头或半兔头。耳长而尖,眼中等大,鼻孔大,颌凹较宽。颈长中等,多斜颈,肌肉发育不够充分,颈肩结合较好,肩稍立。鬐甲高长中等。胸廓宽深，背腰平直，少数马略长。腹形正常，有部分垂腹，尻宽、略斜。肢长中等，关节、肌腱和韧带发育良好。前肢肢势正常或稍外向，部分后肢略显刀状或外向。系中等长，有弹力而软，卧系少见。蹄大、较平，蹄质略欠坚实，有裂蹄。

毛色以黑毛、骝毛、青毛为主，栗毛次之，其他毛色较少，部分马头和四肢下部有白章。

河曲马由于分布面广，各地自然和经济条件不同，在甘肃、四川、青海三省形成了不同的类群。主要有乔科马、索克藏马和柯生马。

图 3-17　河曲马

2. 体重和体尺

2006 年 8 月与 2007 年 9 月，甘肃省畜牧技术推广总站、四川省畜禽繁育改良总站和青海省畜牧总站分别对各自省内成年河曲马进行了体重和体尺测量，结果见表 3-26。

表 3-26　成年河曲马体重和体尺

| 性别 | 匹数 | 体重(kg) | 体高(cm) | 体长(cm) | 胸围(cm) | 管围(cm) |
|---|---|---|---|---|---|---|
| 公 | 26 | 398.72 | 140.63±4.55 | 146.94±4.69 | 171.19±6.64 | 20.04±0.52 |
| 母 | 118 | 375.74 | 138.13±5.10 | 145.40±5.05 | 167.06±6.89 | 19.48±0.36 |

## 二十四、柴达木马

柴达木马(Chaidamu horse)因产于柴达木盆地而得名,属挽乘兼用型地方品种。主产于青海省柴达木盆地境内,中心产区在青海省柴达木盆地中东部的都兰县、乌兰县、德令哈市和格尔木市的沼泽地区,盆地西部也有少量分布。

### (一)品种来源

据史料记载,柴达木马起源于古代时当地的原始草原马,在历史发展过程中,受蒙古马影响极大,近代部分地区有新疆马渗入,在柴达木盆地及沼泽草场的气候和环境影响下,经过长期自然和人工选择,形成具有特点的柴达木马。

1958年以后,该产区曾引进阿尔登马、顿河马等国外种公马与当地马杂交,影响较深;还曾少量引进伊犁马、大通马、河曲马。20世纪70年代选育工作停止。如今,在农业发达地区和交通沿线马匹多已混杂。

### (二)品种特征

由于受产区独特的自然条件影响,柴达木马对盆地内荒漠、沼泽草场和冬季寒冷、夏季炎热、昼夜温差大、干旱少雨、日照长、枯草季节长的自然生态环境极为适应,不仅表现为抗蚊虻、抗盐碱,而且表现较突出的恋膘能力。在全年昼夜群牧、粗放管理的条件下,柴达木马夏秋抓膘迅速,掉膘慢。此外,柴达木马还表现出皮厚毛密,体质多粗糙、疏松,皮下囤积脂肪能力好、抗病力和适应性强等特点。

1. 体形外貌

柴达木马体格中等,体躯粗壮,四肢稍短,中躯偏长,骨量较好,结构较协调,体质多粗糙,湿润。头短粗、略显小,多直头,少数马呈楔头,盆地东部马较西部马头干燥。眼中等大,耳小翼厚,下颚嚼肌欠发达,额凹稍小,口吻部小而圆。颈短略薄,多水平颈,头颈、颈肩结合较好,少数马有开肩。鬐甲较低、短而宽,西部马较东部马鬐甲略显高长。胸深但胸宽稍差,肋骨开张良好,腹部过大,背腰平直,腰较长,背腰结合尚好。尻宽中等、较短斜,多呈圆尻,尾础较低。四肢关节发育较好,强而有力。管部短粗,骨量较大,东部马比西部马管部略显细且稍干燥。系中等长,部分马飞节和系部稍弱。前肢肢势端正,少数马略呈广踏、狭踏、内向、外向,后肢刀状、外弧、外向占有较大比例。蹄中等长、低而圆,蹄质较差,东部马多有裂蹄。鬃、鬣、尾毛长且浓密,全身被毛粗长。

毛色较杂,以骝毛为主,栗毛、青毛和黑毛次之,其他毛色较少。

2. 体重和体尺

2006 年 6 月,青海省畜牧兽医科学院在海西蒙古族藏族自治州德令哈市戈壁乡、克鲁克镇、尕海镇、畜集乡、查汗哈达乡对成年柴达木马进行了体重和体尺测量,结果见表 3-27。

表 3-27 成年柴达木马体重和体尺

| 性别 | 匹数 | 体重(kg) | 体高(cm) | 体长(cm) | 胸围(cm) | 管围(cm) |
|---|---|---|---|---|---|---|
| 公 | 23 | 373.23 | 139.52±5.81 | 148.13±5.85 | 164.96±9.55 | 18.48±1.12 |
| 母 | 21 | 346.98 | 136.05±5.21 | 144.05±6.77 | 161.29±10.46 | 17.76±1.00 |

## 二十五、玉树马

玉树马(Yushu horse)当地又称高原马、格吉马、格吉花马,原属于藏马的一个类群,属乘挽兼用型地方品种。主要分布在青海省玉树藏族自治州。中心产区在澜沧江支流——解曲、扎曲、子曲和通天河流域一带,包括杂多、囊谦、玉树、多四县,治多和曲麻莱两县也有分布。

### (一)品种来源

据史料记载和考古发现,玉树马起源于当地高寒山地草原马,由于该地区地处偏僻,社会经济基本闭锁,故受外来马种的影响极小。但随着民族往来逐渐增多，尤其是吐蕃和蒙古族强盛以后，外地良马有可能引入玉树，对玉树马的形成产生一定影响。因此，玉树马是在当地特殊生态环境中，长期繁衍形成的一个古老马种，有可能部分马渗入少量的外血。

20世纪60年代，产区曾从青海省海北、海西等地调进成批马匹，多和玉树马杂交，至20世纪80年代基本停止。2005年调查发现，在产区内较偏远的牧业区，玉树马尚未受到杂交影响，而交通方便，农牧业较发达的地区，马匹多已杂交。玉树马以杂多县产的格吉花马为最好，善走对侧步。格吉花马是以优良公马后代为基础，长期选育的结果。

### （二）品种特征

玉树马为高寒山地草原马种，对产区高山缺氧、寒冷的气候有很强的适应性，形成了耐粗放，耐艰苦，采食快，扒雪觅食能力强的特性，完全适应青藏高原4 500m上下的特殊生态环境，但其易患内外寄生虫病。

1. 体形外貌

玉树马体格较小，偏轻，体躯略窄，骨量轻，外貌较清秀，结构较匀称。公马体躯显短，母马体躯长度中等。体质类型以紧凑型和粗糙型为主。性格较温顺，悍威一般。头稍重，尚干燥，多直头。耳中等长，眼中等大，颌凹较宽。颈长中等，多水平颈，母马颈较短薄，颈肩结合欠佳，较低平，宽度适中。胸较深，宽中等，背腰平直，长短适中。尻短斜。四肢较干燥，关节较强大，肌腱较明显，管骨偏细，，前肢肢势较显后踏，后肢多呈外弧和刀状肢势，距毛不多。蹄中等偏小，蹄质坚实，鬃尾毛长且较丰厚。毛色以青、骝为主，兼有黑、栗、兔褐、银鬃等多种毛色。

2. 体重和体尺

2006年11月，青海省畜牧总站对玉树县，称多县的成年玉树马进行了体尺和体重测量，结果见表3-28。

表 3-28　成年玉树马体重和体尺

| 性别 | 匹数 | 体重(kg) | 体高(cm) | 体长(cm) | 胸围(cm) | 管围(cm) |
|---|---|---|---|---|---|---|
| 公 | 34 | 313.25 | 131.21±4.38 | 135.21±8.16 | 158.18±6.83 | 17.09±1.26 |
| 母 | 91 | 307.87 | 129.75±5.86 | 131.92±7.13 | 158.76±10.14 | 17.52±0.93 |

## 二十六、巴里坤马

巴里坤马(Barkol horse)属乘挽兼用型地方品种,主产于新疆维吾尔自治区巴里坤哈萨克自治县各农乡牧场,在伊吾县和哈密市部分农乡牧场也有分布。

### (一)品种来源

巴里坤县与蒙古国接壤,养马历史悠久,曾是蒙古族游牧的场所,巴里坤马是以蒙古马为基础马,与哈萨克马等其他品种马杂交繁育,经风土驯化,逐渐形成了巴里坤马地方品种。

近20年来,由于交通条件改善,马匹原有功能衰退,巴里坤马选育基本停止。

### (二)品种特征

在当地四季牧场自然放牧条件下,巴里坤马对寒、暑、风、雪等气候变化以及各种劣质草场和饲草具有很强的适应能力。在严寒缺草的冬、春季节能保持体重,掉膘缓慢,能在无棚圈设施,无补饲条件下,在30~40cm厚积雪上刨雪觅草生存。近年由于气温变化较大,草场过度放牧现象严重,干旱少雨,草场产草量降低,使巴里坤马体格逐渐变小,生产性能有所降低。

1. 体形外貌

巴里坤马体制粗糙结实,有气质,有悍威。头中等大,较粗重,多为半兔头和直头,眼明亮有神,耳尖而小。颈粗壮,中等长,头颈结合良好,多为正颈,部分马颈础稍低,略呈水平颈。鬐甲中等高,略宽。胸较宽而深,肋骨拱圆。背腰平直，中等长。尻长中等，腰尻结合稍差，尻短而斜。四肢粗壮、有力，肌腱发育良好，前肢肢势较为端正，个别后肢出现刀状肢势，蹄中等大，蹄质坚实。鬃尾毛发达，被毛浓密。

毛色主要为骝毛、栗毛，也有部分青毛和花毛，个别马头部和四肢有白章。

2. 体重和体尺

2007 年 10 月，哈密地区家畜育种站和巴里坤畜牧局联合对巴里坤县的海子沿，萨尔乔克，花园等乡的成年巴里坤马进行了体重和体尺测量，结果见表 3-29。

**表 3-29　成年巴里坤马体重和体尺**

| 性别 | 匹数 | 体重(kg) | 体高(cm) | 体长(cm) | 胸围(cm) | 管围(cm) |
|---|---|---|---|---|---|---|
| 公 | 29 | 337.51 | 131.83±5.44 | 142.03±6.67 | 160.21±11.30 | 20.28±1.69 |
| 母 | 52 | 325.59 | 130.80±6.74 | 140.04±6.44 | 158.46±7.63 | 19.21±1.47 |

## 二十七、哈萨克马

哈萨克马(Kazakh horse)属乘挽兼用型地方品种。产于新疆维吾尔自治区天山北坡、准噶尔盆地以西和阿尔泰山脉西段一带，中心产区在伊犁哈萨克自治州各直属县市，塔城地区五县两市、塔额盆地、昌吉回族自治州、阿勒泰地区等地也有分布。该马产区是我国重要的产马区之一。

### (一)品种来源

据考证，哈萨克马的前身是乌孙马，产于新疆，与伊犁马分布于同一地区，当地习惯上称近代改良过的马为伊犁改良马(现已定名为伊犁马)，而称未经改良、体尺较小的土种马为哈萨克马。哈萨克马生活在天山山脉北麓丰茂的草原上，历史上曾渗入外血，经哈萨克族人民长期培育形成。

### （二）品种特征

哈萨克马具有适应大陆性干旱、寒冷气候的特性。春秋在水草丰盛的草原上放牧时能快速增重，而在冬春牧草枯黄季节体重降低缓慢。

1. 体形外貌

哈萨克马体质结实粗糙，骨骼粗实，体型较粗重，结构匀称。头中等大、略长、显粗晕。眼大而明亮，耳较厚。颈长短适中或略短，多直颈，颈肩结合良好。鬐甲中等高、短厚。前胸宽广，胸廓深长，背腰平直，腹部圆大，尻宽而斜。四肢结实，关节明显，系长短适中，后肢呈刀状肢势，部分马有外向肢势。蹄中等大小，蹄质坚实。哈萨克马的缺点是足后躯发育较差、朊稍长。

毛色以骝毛、栗毛、黑毛为主，青毛次之，其他毛色较少。

图 3-18　哈萨克马

2. 体重和体尺

2007 年，对塔城地区塔城市特勒克特乡的成年哈萨克马进行了体重和体尺测量，结果见表 3-30。

表 3-30　成年哈萨克马体重，体尺

| 性别 | 匹数 | 体重(kg) | 体高(cm) | 体长(cm) | 胸围(cm) | 管围(cm) |
|---|---|---|---|---|---|---|
| 公 | 15 | 369.13 | 138.10±2.06 | 142.48±2.39 | 167.39±2.86 | 18.17±0.43 |
| 母 | 60 | 317.09 | 131.42±2.56 | 135.58±1.48 | 158.93±2.56 | 16.71±0.49 |

## 二十八、柯尔克孜马

柯尔克孜马(Kyrgyz horse)因柯尔克孜族而得名,属乘挽兼用型地方品种。中心产区位于新疆维吾尔自治区克孜勒苏柯尔克孜自治州、乌恰县乌鲁克恰提乡、克孜勒苏柯尔克孜自治州三县一市的广大牧区以及周边地区均有分布。

### (一)品种来源

柯尔克孜马是一个古老原始的地方品种。柯尔克孜马的饲养历史可追溯到公元前209年。柯尔克孜马是经过柯尔克孜人民长期辛勤培育形成的,现在的柯尔克孜马广泛分布于新疆西南部的大山、昆仑山和帕米尔高原,几乎处于一个半封闭的状态,正是这种特殊的自然环境和生产条件,使得柯尔克孜马一直没有与外来品种马混血,保留着我国古代马的原始特征 同时也造就了柯尔克孜马适应性好,能抵抗各种恶劣自然条件,善于在山路奔驰的独特性能。

### (二)品种特征

柯尔克孜马对产区高海拔、低气压的自然环境条件和高山草地具有广泛的适应性,体质结实,遗传性稳定,耐粗饲,抗寒,抗病力强。

1. 体形外貌

柯尔克孜马体质干燥结实,有悍威。头中等大、清秀。下颌宽,眼大有神,耳大小中等、直立而灵敏,嘴唇薄软,鼻孔大,鼻翼簿。颈长适中。鬐甲中等高。胸廓较深,多为平胸,胸宽适中。腹紧凑、不下垂,背腰平直。多为斜尻,尻部长短、宽窄适中。四肢骨骼粗壮,关节、肌腱、韧带轮廓明显。前肢为正肢势,系部长度约为管长的1/3,倾斜度为45°~50°;后肢略呈刀状肢势。蹄中等大,蹄质致密、坚实。鬃、鬣、尾毛浓密发达。

毛色主要以骝毛、栗毛为主,黑毛、青毛次之,有个别沙骝毛个体。据

2007年对乌恰县150匹柯尔克孜马毛色统计，骝毛占32.7%、栗毛占30%、黑毛占18%、青毛占11.3%，其他毛色占8%。个别马头部和四肢有白章。

2. 体重和体尺

2007年，对乌恰县乌鲁克恰提乡的成年柯尔克孜马体重和体尺进行了测量，结果见表3-31。

**表3-31　成年柯尔克孜马体重和体尺**

| 性别 | 匹数 | 体重(kg) | 体高(cm) | 体长(cm) | 胸围(cm) | 管围(cm) |
|---|---|---|---|---|---|---|
| 公 | 41 | 322.80 | 143.00±4.5 | 147.00±4.70 | 154.00±6.50 | 17.60±1.33 |
| 母 | 109 | 309.12 | 136.00±2.80 | 147.00±4.80 | 150.70±4.04 | 16.70±0.90 |

## 二十九、焉耆马

焉耆马(Yanqi horse)属乘挽兼用型地方品种。主产于新疆维吾尔自治区巴音郭楞蒙古族自治州北部的和静县、和硕县、焉耆回族自治县和博湖县，其中以和静、和硕两县为中心产区，分布于产区附近地区。

### (一)品种来源

焉耆马是以当地蒙古马为基础，掺入少量中亚地区古代马种的血液。近百年来，苏联种马对焉耆马具有一定的影响。焉耆马是在山地自然条件下，在民族马文化促进下，经群众长期选育形成的地方良种。

### (二)品种特征

焉耆马以群牧为主，盆地型马在海拔1000m高的干旱盐碱地或沼泽地放牧，山地型马在3000m的高山草场放牧。经长期选育，形成耐粗饲、持久力强、善于登山涉水、耐热抗寒、体质结实、恋膘性强的特点，对各种环境条件有良好的适应性。在南方和西藏也能较好地适应。

1. 体形外貌

焉耆马体质结实,结构匀称,骨骼粗壮,具有明显的乘挽兼用体型。头较长而干燥,多为直头,部分为半兔头,眼大有神,鼻孔大,耳长竖立,颌凹宽大。颈长中等,呈直颈,倾斜适度,颈肌发育适度。鬐甲高长适中。胸部发育良好、宽深适中,背较长直,腰中等长,腰尻结合较差,腹形良好。尻宽、略显短斜。四肢关节明显,肌腱发育良好,前肢肢势端正,后肢多呈轻度刀状肢势,蹄质坚实。

毛色以骝毛、栗毛、黑毛为主,少量为青毛。

盆地型马头较干燥、清秀,蹄形小而立,被毛稍短。山地型马头较粗重,体质粗糙结实,蹄大而低,距毛少,尾粗厚,被毛厚。

图 3-19　焉耆马

2. 体重和体尺

2007 年,在巴音郭楞蒙古自治州和静县巴音布鲁克总场、巴音郭楞乡、巴音乌鲁乡测量了成年焉耆马的体重和体尺,结果见表 3-32。

**表 3-32　成年焉耆马(山地型)体重和体尺**

| 性别 | 匹数 | 体重(kg) | 体高(cm) | 体长(cm) | 胸围(cm) | 管围(cm) |
|---|---|---|---|---|---|---|
| 公 | 29 | 371. 39±35. 13 | 138. 76±4. 33 | 143. 97±3. 50 | 166. 76±6. 28 | 17. 90±1. 18 |
| 母 | 33 | 341. 43±38. 55 | 135. 15±2. 68 | 141. 24±4. 82 | 161. 58±6. 94 | 17. 27±0. 79 |

# 第三节 中国主要培育品种

## 一、三河马

三河马(Sanhe horse)因原产于内蒙古自治区呼伦贝尔市的三河(根河，得尔布尔河，哈乌尔河)而得名，是我国历经百余年培育的乘挽兼用型品种。

据行业部门统计，2016 年牧业年度全区存栏 72809 匹，其中基础母马 30579 匹，配种公马数 2330 匹，其他 39900 匹。

### (一)品种来源

三河马的形成已有百余年的历史，主要产区是呼伦贝尔市。由当地蒙古马和后贝加尔马混牧杂交形成，受含有奥尔洛夫马和丘比克马血液的后贝加尔改良马、盎格鲁诺尔曼马、盎格鲁阿拉伯马、阿拉伯马、奇特兰马、英纯血马、美国快步马等的影响。同时，三河马的形成受到当地主要社会因素和文化因素的影响。1955 年农业部组织了调查队，对三河马进行全面调查，发现三河马存在轻、中、重三种体型，各型特征明显，确定三河马是我国的一个优良品种，并提出本品种选育的育种方针。1955 年后进行了有计划的选育。1986 年经农业部验收合格，宣布新品种育成。之后，随着机械化的发展，社会需求的转变，所有制变化，三河马纯繁场转产，核心群解体，种马全部散落流失。

### (二)品种特征

三河马适应性、抗逆性强，突出表现为耐寒、耐粗饲、恋膘性好、抗病力强、代谢机能旺盛、血液氧化能力较强、能够经受严寒、酷暑、风雪、蚊虻叮咬

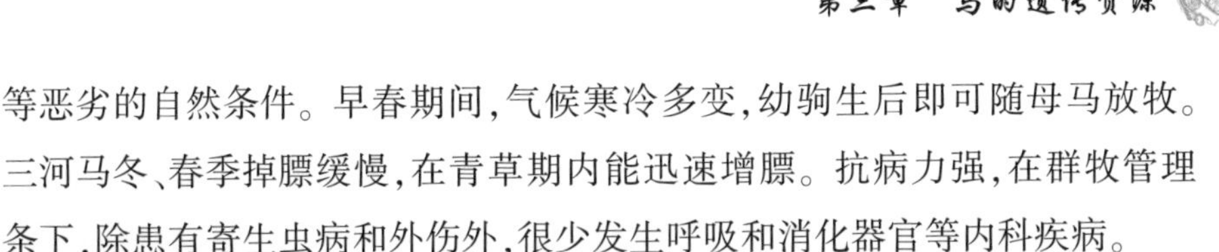

等恶劣的自然条件。早春期间，气候寒冷多变，幼驹生后即可随母马放牧。三河马冬、春季掉膘缓慢，在青草期内能迅速增膘。抗病力强，在群牧管理条下，除患有寄生虫病和外伤外，很少发生呼吸和消化器官等内科疾病。

1. 体形外貌

三河马体质结实干燥，结构匀称，外貌俊美，肌肉结实丰满，气质属平衡稳定型，富有悍威，性情温驯。头干燥、大小适中，多为直头，部分呈微半兔头。眼大有神，耳长而灵活，鼻孔开张，颌凹宽。颈略长，直颈。鬐甲明显。胸宽而深，肋拱腹圆，背腰平直、宽广。尻较宽、略斜。肩长短适中，倾斜适度。四肢干燥、结实有力，骨量充实，肢势端正，部分马匹后肢呈外向，关节明显，肌腱、韧带发达，飞节发育良好，管骨较长，系长中等。蹄大小适中，蹄质坚实。

毛色整齐一致，主要为骝毛、栗毛两色，杂色毛极少。头和四肢多有白章。

图 3-20　三河马

2. 体重和体尺

2006 年 8 月，内蒙古自治区家畜改良工作站与呼伦贝尔市畜牧工作站、额尔古纳市畜牧工作站测定了成年三河马 10 匹公马和 42 匹母马的体重和体尺，结果见表 3-33。

表 3-33 成年三河马体重和体尺

| 性别 | 匹数 | 体重(kg) | 体高(cm) | 体长(cm) | 胸围(cm) | 管围(cm) |
|---|---|---|---|---|---|---|
| 公 | 10 | 436.04 | 147.70±3.74 | 152.20±2.24 | 175.90±1.13 | 20.05±0.82 |
| 母 | 42 | 413.76 | 145.86±2.23 | 149.67±4.29 | 172.79±6.75 | 18.80±0.62 |

3. 运动性能

三河马骑乘性能在国内培育马种中堪称一流。1949 年以前,海拉尔马在上海赛马场 1.6km 最快 2min。中华人民共和国成立后,经计划选育,三河马的骑乘速度不断提高,有多项骑乘速度打破全国纪录,如袭步 1km 为 1min 7.4s,1.6km 为 1min 15.8s,3km 为 3min 53s,5km 为 6min 23.4s,10km 为 14min 12s。另原三河和大雁两马场对三河马进行的长距离骑乘测验,50km 为 2h 3min 29s,100km 为 7h 10min。据 1972 年测验记录,5km 快步为 10min 18.5s,10km 快步为 22min 13s;5km 对侧步为 10min 19s。

## 二、锡林郭勒马

锡林郭勒马(Xilingol horse)因产于锡林郭勒草原而得名,1987 年由内蒙古自治区验收命名,属乘挽兼用型培育品种。中心产区为锡林浩特市白音锡勒牧场和正蓝旗黑城子种畜场(原五一种畜场),其他旗县数量很少。

1986 年全区有锡林郭勒马 14175 匹,其中繁殖母马 3224 匹,白音锡勒和五一种畜场共 9119 匹,占锡林郭勒马总数的 64.3%,其余主要分布在正蓝旗、多伦县、太仆寺旗一带。据 2009 年内蒙古资源调查报告数据显示,全自治区有锡林郭勒马不足 1000 匹,目前处于濒危状态。

### (一)品种来源

锡林郭勒马是以当地蒙古马为母本,以苏高血马、卡巴金马和顿河马为父本,采用育成杂交,经 30 多年培育形成。1952~1987 年锡林郭勒马的育种工作历经杂交改良、横交固定和自群繁育三个阶段。

杂交改良阶段(1952~1964 年):从 1952 年开始,以当地蒙古马为母本,引用苏高血马、顿河马和卡巴金马为主的公马进行杂交改良。五一种畜场以苏高血马、顿河马、卡巴金马为主，白音锡勒牧场以卡巴金马为主。在杂交一代母马的基础上，继续用良种公马改良，以获得理想型个体。从杂交改良效果看，体尺进一步提高，体型与外貌进一步得到改进并出现了较多理想型公、母马。

横交固定阶段（1964~1972）：1964 年白音锡勒牧场开始横交，五一种畜场从 1968 年开始进行横交。以杂交二代中理想体型公、母马互为主要形式。由于母本一致、父本类型相同，其后代较为整齐，这是横交固定的良好基础，通过横交试验效果明显。

自群繁育阶段（1972~1985）：一般都是以群牧群配为主。该阶段的技术工作着重进行鉴定、整群和群配公马的选择。饲养管理以终年放牧为主。在这样的自然条件下行成了锡林郭勒马耐寒、耐粗饲、抗病力强等特性。1973 年 1 月锡林郭勒盟家畜改良工作会议进一步明确了锡林郭勒马目标培育，南部以五一种畜场为中心，北部以白音锡勒牧场为中心。经过广大科技人员和农牧民群众 30 多年有计划育种，是锡林郭勒马对于当地的生存条件已具有较强的适应性和较一致的外貌特征，逐步形成了现在的品种。

1987 年 6 月 18 日经专家组验收通过后，内蒙古自治区人民政府以内政函[1987]83 号《关于锡林郭勒马品种验收命名的决定》文件命名为“锡林郭勒马”。

### （二）品种特征

锡林郭勒马终年放牧，冬春刨雪寻草食，暴风雪天气无避风设施，母马野外自然分娩，不需特殊照料，增膘快、贮集脂肪能力强。在一年四季牧场营养极不平衡的条件下，形成了锡林郭勒马耐粗饲、耐严寒、抗病力强的适应性，培养了锡林郭勒马合群、护群、圈群、配种能力强的性能。

1. 体形外貌

锡林郭勒马体躯发达，结构匀称，干燥结实，性情温驯，富有悍威，清秀俊美。头大小适中，呈直头或半兔头。眼大有神，耳小而直立。颈长短适中，多呈直颈,颈部肌肉发育良好,头颈、颈肩结合良好。鬐甲高低适中。胸宽深,肋拱圆,多为良腹,公马有卷腹,背腰平直、结合良好。尻长短、宽窄适中,尻略斜。肌腱韧带发育良好,关节结实、明显。尾础中等高,尾毛浓稀适中。

毛色以骝毛、栗毛、黑毛为主,青毛次之,约占95%以上,杂毛极少。

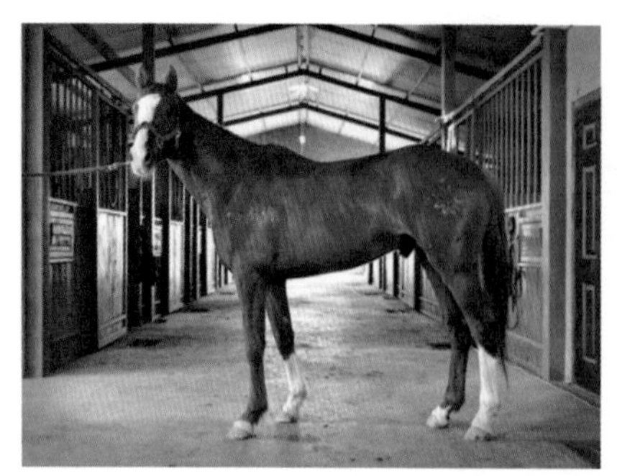

图 3-21　锡林郭勒马

2. 体重和体尺

2006年8月,内蒙古自治区家畜改良工作站、锡林郭勒盟畜牧工作站、锡林浩特市畜牧工作站在白音锡勒牧场测量了成年锡林郭勒马的体重和体尺,结果见表3-34。

**表 3-34　成年锡林郭勒马体重和体尺**

| 性别 | 匹数 | 体重(kg) | 体高(cm) | 体长(cm) | 胸围(cm) | 管围(cm) |
| --- | --- | --- | --- | --- | --- | --- |
| 公 | 5 | 416.70 | 145.50±1.94 | 143.00±1.73 | 177.40±2.88 | 19.40±0.65 |
| 母 | 31 | 373.60 | 140.65±4.41 | 139.45±4.41 | 170.10±4.13 | 17.55±0.64 |

3. 运动性能

五一种畜场测定锡林郭勒马速力,1km需用时2min 46s,3.2km需用时4min 18s。1959年全国运动会上,一匹锡林郭勒马以5km用时7min 6.6s获得冠军。后经长距离测验,16h跑完170km。

## 三、伊犁马

伊犁马(Yili horse)1958年正式命名,属乘挽兼用型培育品种。产于新疆维吾尔自治区伊犁哈萨克自治州,中心产区在昭苏县、尼勒克县、特克斯县、新源县及巩留县等。分布于伊犁哈萨克自治州的其他各县及其邻近地区。伊犁昭苏种马场、昭苏马场为伊犁马的核心育种场。

### (一)品种来源

伊犁是“天马”的故乡,自古以来就以盛产良马而著称。伊犁马的母本为哈萨克马,育成及发展经历了近百年历史。当地群众曾称含有外血的马为伊犁改良马,与哈萨克马相区别。

从1910年开始,通过英顿马(后改名为布琼尼马)、顿河马和奥尔洛夫马改良当地的哈萨克马,不断进行杂交改良。1958年确认为一个新品种,定名为“伊犁马”。从1958年开始先后制定了伊犁马五年(1958~1962)、八年(1963~1970)育种计划,育种工作以培育挽乘兼用型马为主,适当培育乘挽兼用型马。从1970年开始,伊犁马进入本品种选育阶段,使伊犁马的质量和数量有了较快的发展。伊犁马经杂交改良、横交固定、本品种选育三个育种阶段之后,形成了力速兼备的优良乘挽兼用型培育品种。20世纪80年代以后随着社会环境的变化,马匹滞销,一度放松了育种技术工作,致使伊犁马的品质有所下降。1989年又制定了伊犁骑乘马培育计划,先后引入纯血马、俄罗斯速步马、奥尔洛夫马、库斯塔奈依马等品种公马与伊犁马母马或杂种母马杂交培育骑乘马,也取得一定效果。2000年昭苏种马场和昭苏县引入阿尔登马公马与伊犁马母马杂交,开展伊犁肉用型马的培育工作。2006年昭苏种马场又引入乳用型新吉尔吉斯马公马与伊犁母马杂交,开展伊犁乳用型马的培育工作。

### (二)品种特征

伊犁马是在放牧管理条件下育成的乘挽兼用型培育品种。它既保持了哈萨克马耐寒、耐粗饲、抗病力强、善走山路、适应群牧条件的优点,又吸收了培育过程中引进的国外良种马的体形结构和性能,适应性强、遗传性能稳定,种用价值高。1984年伊犁马作为国礼赠送给摩洛哥哈桑二世国王,在当地适应性良好。

1. 体形外貌

伊犁马属乘挽兼用型。体形基本一致,体质结实干燥,富有悍威,性情温驯,结构匀称。头中等大、较清秀、为直头。面部血管明显,额广,眼大有神,鼻孔大。颈长适中,肌肉充实,颈础较高,颈肩结合良好。鬐甲较高。胸廓发达,肋骨开张良好,腹形正常,背腰平直而宽。尻宽长中等、稍斜。四肢干燥,关节明显,肌腱发育良好,前肢肢势端正,管部干燥,系长中等。蹄质结实,运步轻快。鬃、尾、距毛中等长。

毛色主要为骝毛、栗毛、黑毛,其他毛色较少。2007 年对伊犁种马场 90 匹马的毛色统计,其中骝毛 38.9%、栗毛 34.4%、黑毛 23.3%、青毛 2.2%、其他毛色 1.2%。

图 3-22　伊犁马

2. 体重和体尺

2008 年,在伊犁种马场进行了伊犁马体重和体尺测量,结果见表 3-32。

**表 3-35　成年伊犁马体重和体尺**

| 性别 | 匹数 | 体重(kg) | 体高(cm) | 体长(cm) | 胸围(cm) | 管围(cm) |
|---|---|---|---|---|---|---|
| 公 | 10 | 524.24 | 154.20±1.69 | 161.6.00±6.00 | 181.50±11.07 | 19.31±0.85 |
| 母 | 124 | 427.25 | 147.04±3.65 | 152.11±7.28 | 174.17±7.60 | 17.79±0.57 |

3. 运动性能

据 2007 年在昭苏马场实测,伊犁马速力测试成绩 1km 用时 1min

11.66s,1.6km 用时 2min 16s,3.2km 用时 4min 17s,5km 用时 6min 35s,50km 用时 1h 42min 31s,100km 用时 7h13min 25s。驮重测验行程 20km、载重 40kg,用时 2h 53min 16s。

## 四、金州马

金州马(Jinzhou horse)是在辽宁省南部农区培育的乘挽兼用型马种。中心产区为辽宁省辽东半岛南端的大连市金州区,分布于大连市所属各区县,辽宁省的其他市、县也曾有少量分布。

### (一)品种来源

1926 年日本军国主义者在金州建立了“关东种马所”,以当地蒙古马为基础母马,到 1941 年期间,曾引入哈克尼马、安格鲁诺尔曼马和奥尔洛夫快步马等品种进行改良。1942 年又引进贝尔修伦马等重型挽马,进行杂交改良,并淘汰了全部含有轻型马血液的种公马。这是金州马形成过程中的重要转折。1945 年开始金州马的选育工作在断断续续中进行,直到 1963 年建立金州种马场,从民间选购优良的横交母马 19 匹,组成育种群,有计划地繁育优良种马,供应农村社队,并以育种场为核心,指导和带动群众性的选育工作,取得了良好的选育效果。随后,建立了金农、金生和金师三个品系。经过 20 年左右的多品种杂交和 30 多年的自群繁育,形成和巩固了金州马匀称体形、轻快步伐和结实体质等特点,并具有以玉米秸为饲料的耐粗饲特性,遗传性能比较稳定。1982 年经辽宁省鉴定,确定金州马为乘挽兼用型新品种。后来,由于农业机械化和农业生产方式的转变以及其他因素,导致金州马育种工作的全面停止。2005 午金州种马场关闭,当时存栏母马 5 匹,无公马。

### (二)品种特征

金州马适应性良好。金州马与本地母马杂交所产生的一代杂种,其体高比本地蒙古马提高 5cm 以上,体尺指数相应增加,体形外貌表现出金州马的特点。曾推广到吉林、黑龙江和山东等省金州马种马 500 余匹,对当地的自然和饲养管理条件都能很好地适应。

1. 体形外貌

金州马体质干燥结实,性情温驯,结构匀称,体形优美。头中等大、清秀,多直头,少数呈半兔头。额较宽,耳立,眼大明亮。颈长短适中,多呈斜颈,部分个体呈鹤颈,颈肩结合良好。鬐甲较长而高。胸宽而深,肋拱圆,背腰平直,正尻为多、肌肉丰满。四肢干燥,关节明显,管部较长,肌腱分明、富有弹性,球节大而结实,肢势端正,步样舒畅而灵活。蹄大小适中,蹄质坚韧,距毛少。

毛色以骝毛最多,栗毛和黑毛较少。

图 3-23　金州马

2. 体重和体尺

2006 年 4 月,大连市金州区畜牧管理总站对金州马进行了体尺测量,但因中心产区金州区内已无金州马公马,故仅测量符合金州马特征的 27 匹母马的平均体重和体尺,见表 3-36。

**表 3-36　成年金州马母马体重和体尺**

| 体重(kg) | 体高(cm) | 体长(cm) | 胸围(cm) | 管围(cm) |
|---|---|---|---|---|
| 501.48 | 148±7.25 | 151.3±6.04 | 189.2±5.81 | 19.5±0.62 |

## 五、铁岭挽马

铁岭挽马(Tieling horse)1958 年由农业部正式命名,为挽乘兼用型的培育品种。铁岭挽马产于辽宁省铁岭县铁岭种畜场,曾分布于辽宁省其他各县、市。现在铁岭市经济开发区的刺沟铁岭挽马保种场进行集中保种。

### (一)品种来源

铁岭种备场于 1949 开始,用盎格鲁诺尔曼系和贝尔修伦系马杂种公马进行杂交,1951 年将全部母马改用阿尔登马种公马杂交。到 1958 年大部分母马已含外血达 75%以上,并开始横交试验,主要使用了阿尔登马种公马“友卜”号的三个儿子——农山、农云、农仿。1961 年 10 月以横交试验结果为依据,制定育种规划。1962 年将理想型母马转入横交固定,同时为了疏宽血缘和矫正体质湿润、结构不协调的缺点,对非理想型的母马,先后导入苏维埃重挽马、金州马和奥尔洛夫马的血液。

从 1968 年开始,使用第一代横交公马配种,进行自群繁育。在此过程中,建立了三个品系:含苏维埃重挽马血 25%的“锦娟”品系,含阿尔登马血 50%的“锦江”品系,含奥尔洛夫马血 25%的“飘好”品系。1973 年以后,场内马群压缩,选择“飘好”“锦江”两品系中的骝毛、黑毛马匹,逐渐向一个类型的综合品系发展。1980 年 90%以上的母马和公马是农山、农云、农仿的后代。在选配中使群体的血量逐渐统一在含重种血 50%~62. 5%、中间种血 9%~12%、轻种血 2. 13%~6. 25%、蒙古马血 20%~25%。

铁岭挽马虽然来源于 7 个品种马的血液,但经过严格的选种选配和淘汰,以及合理的培育,已经形成几个亲本品种的融合体,群体特点基本一致,遗传性能稳定。

### (二)品种特征

铁岭挽马育种过程中,注意保持了本地马适应性强的特点,同时加强使役锻炼,使本品种马有较强的适应性。在辽宁省广大农村饲养、使役条件下,能保持较好的膘情和正常的繁殖性能。在黑龙江和吉林两省半舍饲条件下,表现出较好的抗寒、耐粗饲的特性。

1. 体形外貌

铁岭挽马体质结实干燥,体形匀称优美,类型基本一致,性情温驯,悍威中等。头中等大、多直头,眼大,耳立,额宽,咬肌发达。颈略长于头,颈峰微隆,颈形优美。鬐甲适中。胸深宽,背腰平直,腹圆,尻正圆、略呈复尻。四肢干燥结实,关节明显,蹄质坚实,距毛少,肢势正常,步样开阔,运步灵活。

毛色以骝毛、黑毛为主,占 90%左右,栗毛很少。

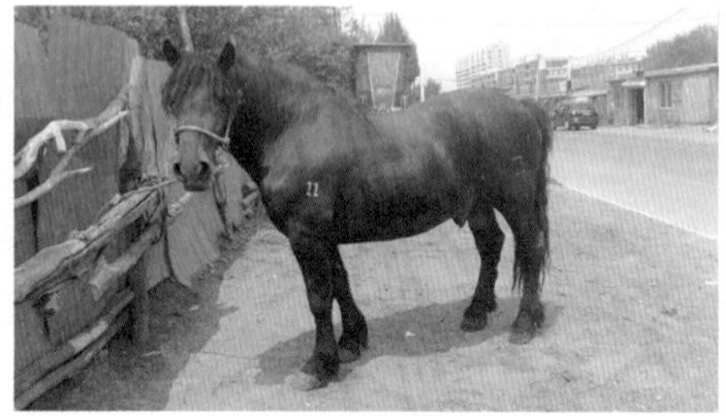

图 3-24　铁岭挽马

2. 体重和体尺

2006 年 4 月,对铁岭挽马进行了体尺测量,但因铁岭县盘龙山刺沟铁岭挽马育种基地所养公马体形外貌已不符合本品种标准,故仅测量 14 匹母马的平均体重和体尺,结果见表 3-37。

**表 3-37　成年铁岭挽马母马体重和体尺**

| 体重(kg) | 体高(cm) | 体长(cm) | 胸围(cm) | 管围(cm) |
| --- | --- | --- | --- | --- |
| 501.05 | 143.4±8.12 | 157.6±5.47 | 185.3±6.02 | 18.2±0.57 |

## 六、吉林马

吉林马(Jilin horse)是我国培育的挽乘兼用型品种。主要产于吉林省长春、四平和白城三市。分布于长春市的农安县、德惠市、九台市、榆树市，四平市的公主岭市、双辽市、梨树县，白城市的镇赉县以及松原市的前郭尔罗斯蒙古族自治县和吉林市的舒兰市、蛟河市等。

### （一）品种来源

从1950年开始，先后主要用阿尔登马、顿河马公马与当地母马杂交，产生大批轻、重型一代杂种马。在此基础上进行轮交和级进杂交，产生了大批轻、重轮交和重型级进二代杂种马，体格增大，役用性能显著提高，为培育吉林马奠定了基础。在此基础上，由吉林省农业科学院和吉林农业大学做技术指导，主要在白城国营及乡镇的牧场，组成吉林马育种协作组，制定了统一的育种方案。

从1962年开始，在二代杂种的群体中，选择体尺符合育种指标、理想型的公、母马，以同质选配为主、异质选配为辅的繁育方法进行横交。同时进行严格的选择和淘汰，扩大理想型类群。使马群的特征趋于一致，具备了挽乘兼用马的特点，效果非常显著。

1966以后，除进行严格选择和淘汰外，继续采用以同质选配为主、异质选配为辅的繁育方法，巩固提高其优点，矫正缺点。经过横交固定和自群繁育，1978年通过省级鉴定验收，宣布育成吉林马。该新品母本保持本地马25%、轻型马25%、重型马50%（或蒙古马25%、重型马75%）的血液，是几个亲本品种的融合体，遗传性能稳定，群体特点基本一致。1978年获全国科学大会奖。

### （二）品种特征

吉林马适应性强、耐粗饲、繁殖力强、挽力大、遗传性能稳定。在培育过程中，为了保持本地马适应性较强的优点，除有意识地保留25%的本地马血液外，曾充分利用了育种地区的自然条件和粗放的饲养管理条件，加强锻炼，在精料较少（每年400~500kg），终年半舍饲、粗放饲养管理条件下，吉林马膘度保持较好。

1. 体形外貌

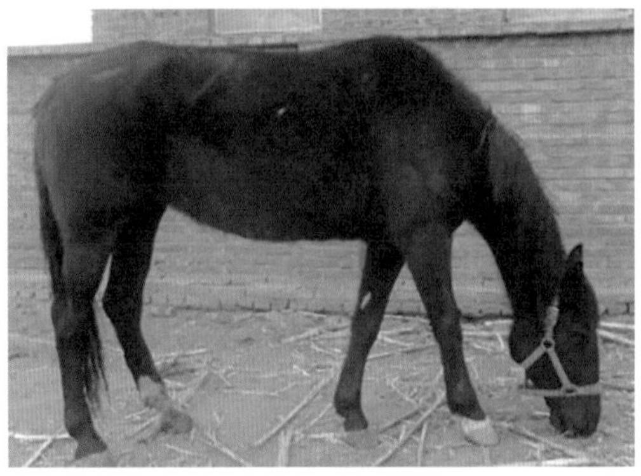

图 3-25　吉林马

吉林马体质结实、干燥,性情温驯,有悍威,结构匀称,类型基本一致。头较清秀,眼大小适中。颈长中等,呈斜颈。鬐甲较厚。肋拱圆,背腰平直且宽,尻较斜。四肢肌腱发育良好,肢势正常,少数个体后肢有轻度曲飞外向和卧系,步样开阔,运步灵活,蹄质坚实。部分个体距毛较多。

毛色主要为骝毛,栗毛次之,黑毛较少。

2. 体重和体尺

2007 年 5 月,吉林省畜牧总站测量了成年吉林马的体重和体尺,结果见表 3-38。

**表 3-38　成年吉林马体重和体尺**

| 性别 | 匹数 | 体重(kg) | 体高(cm) | 体长(cm) | 胸围(cm) | 管围(cm) |
|---|---|---|---|---|---|---|
| 公 | 4 | 492.1 | 150.5 | 158.5 | 183.1 | 21 |
| 母 | 8 | 433.5 | 143.9 | 152 | 175.5 | 20 |

## 七、关中马

关中马(Guanzhong horse)曾用名关中挽马,是我国在陕西省关中地区育成的挽乘兼用型品种。产于陕西省关中渭河平原,即宝鸡、渭南、咸阳三个市的陇县、眉县、凤翔、陈仓、临渭区、合阳、大荔、乾县、长武等县区及西安市郊县，在安康市有少量分布。

### （一）品种来源

1942年，国民政府农林部开办了直辖“第一役马繁殖场”，1946年改组为西北役畜繁殖改良场，至新中国成立前夕，场内仅有基础母马26匹，品种包括焉耆马、蒙古马、青海马以及杂种马，血统混杂。1949年以后整顿、扩建为西北畜牧部武功种畜场。

20世纪50年代初，为满足关中地农业等发展的需要，政府决定引用良种公马对当地马进行多品种复杂育成杂交，以期培育一个能适应当地自然条件的挽乘兼用型新马种。培育工作从陕西省柳林滩种马场开始，后以此为中心扩大到全产区。

从1950年开始，采取了先轻后重的多品种杂交方式。杂交到三代或四代杂种马时，其在体尺、体型、外貌和工作能力等方面，基本上达到原定育种指标。在本品种形成中，卡拉巴依马和阿尔登马起了主要作用。

1965年开始，选择达到育种体尺指标、理想型的杂交种公、母马，以同质选配为主、异质选配为辅的选育方法，进行横交，结果使马群的体尺体型结构、外貌特征趋于一致，具备了力速兼备的挽乘兼用马的特点。1970年起，全部母马转入自群繁育后，采用闭锁繁育，用三个不同血统的公马，以中亲选配为主，适当进行近亲选配，逐步巩固所获得的优良遗传性状，使群体达到基本一致。核心马群的自群繁殖三个世代以上，母马群近交系数多为3.38%。马群基本保持本地马种10.9%的血液，含轻型品种马和重挽型品种马的血液分别为25.9%和63.2%，遗传比较稳定，并初步有计划地试行品系繁育。1982年10月由陕西省农业厅组织“关中马品种鉴定小组”，对育种核心场——柳林滩种马场的关中马进行品种鉴定和验收，认为符合育种指标，具有预定特征，确认为一个新品种，命名为“关中马”。

20世纪90年代后，由于多种因素，柳林滩种马场的关中马核心群压缩后全部转入土岭分场集中保种，成立宝鸡市农牧良种场关中马场。近年来，在选育方法上坚持纯种繁育为主、适度引进外血为辅的原则。关中马场在纯种选育的基础上,2004 年引入一匹偏轻型黑色奥尔洛夫马公马进行冲血,以降低近交系数。陇县关山牧场多次从关中马场引进种公马进行血液更新,从而保证了整个群体品种性状的基本一致。

### (二)品种特征

关中马在我国农区舍饲品种中具有一定的代表性,体形中等、结构匀称、四肢健壮,具有较强的适应性,在 15℃~38℃均表现良好,对寒冷的气候比炎热的气候更能适应,耐粗饲,繁殖率高,合群性强。关中马早熟、骨量小,具有产肉的遗传潜力;体质细致,后躯长广,泌乳力良好;头部干燥,颈部灵活,躯干舒展宽阔,四肢肌腱明显;力速兼备,重而不笨,具有发展为游乐马的良好前景。

1. 体形外貌

关中马体质干燥结实,结构良好,禀性温驯,有悍威。头中等大、干燥清秀,耳竖立。颈长中等、斜度适中,颈础高。体躯舒展粗实,背腰平直,多正尻、斜度适中。肩斜长,四肢正,关节发育良好,肌腱明显,蹄质坚韧。无距毛或距毛很少。

毛色以粟毛、骝毛为主,分别占群体的 56.9%和 27.6%。

图 3-26　关中马

2. 体重和体尺

2007 年 1 月,由宝鸡市畜牧兽医中心组织,在宝鸡市农牧良种场关中马场、陇县关山牧场、千阳县草碧村对成年关中马进行了体重和体尺测量,结果见表 3-39。

表 3-39 成年关中马体重和体尺

| 性别 | 匹数 | 体重(kg) | 体高(cm) | 体长(cm) | 胸围(cm) | 管围(cm) |
| --- | --- | --- | --- | --- | --- | --- |
| 公 | 15 | 509.47 | 152.8±5.26 | 160.96±6.61 | 184.89±23.15 | 18.56±3.61 |
| 母 | 50 | 506.35 | 151.86±4.47 | 160.72±6.78 | 184.46±9.21 | 20.32±0.93 |

## 八、渤海马

渤海马(Bohai horse)是我国挽乘兼用的培育品种。培育时期主产于山东省东北部的滨州市、东营市、烟台市和潍坊市沿渤海各县,以广饶、寿光和垦利三县为中心产区。分布于产区周围各县,并被引入到外省。现以东营市的利津县明集乡、垦利县胜坨镇、东营区龙居镇和蓬莱大辛店镇为主产区。

### (一)品种来源

20 世纪 50 年代为满足当地农村和国营农场农耕、运输的需要,于 1952 年开始引入外来良种公马,对当地马进行杂交改良,其形成历经三个改良育种阶段。

第一阶段:于 1952 年,山东省农林厅从河北省察北牧场引入 10 匹轻型苏纯血公马和苏高血公马利用人工授精方法改良本地马。

第二阶段:建立良种繁育体系,利用轻、重良种公马,以复杂杂交方式,进行轮交。1956~1960 年引入苏高血马、顿河马、阿尔登马、奥尔洛夫马和苏维埃重挽马,拨给各个农场和种马场进行纯种繁育和杂交培育。到 1962 年时产区 15 个县共拥有苏高血马、阿尔登马和苏维埃重挽马等品种公马 104 匹。1963 年,广北农场和原山东农学院在该场已进行多年改良工作的基础上,研究制定出渤海挽马的育种计划,并付诸实施,当年利用含有贝尔修伦马血液的杂交公马与轻杂和苏杂母马杂交。1963 年,原五一农场也提出了类似的育种设想。此后,渤海农垦局为所辖各农场制定了渤海轻挽马育种计划，从而形成了在产区以国营农场为基地，带动各县全面开展群众性的马匹改良育种工作，每年改良马匹多达 5 000 匹以上。

第三阶段：明确育种目标，开展横交固定。1974 年山东省组成马匹改良效果调查组，根据对广北农场、五一农场等 4 个农场及 12 个县的马匹改良调查结果，制定出培育挽乘兼用渤海马育种方案，次年建立山东马匹育种协作组，组织产区各县和农牧场协作，联合育种。1983 年 11 月国家有关部门和全国七省市有关专家学者在济南军区军马场召开渤海马鉴定会，参观了广饶县六户公社渤海马育种基地，经国家马匹育种委员会鉴定通过，正式命名为渤海马。

### （二）品种特征

渤海马对产区的自然环境有良好的适应能力，耐粗饲、恋膘性强、抗病力强、挽力大、步伐轻快。但是由于近些年来农业机械化水平提高，渤海马的役用功能降低，性能下降较多。

1. 体形外貌

渤海马体质结实，结构匀称，性情温驯，富灵活性。颈长中等，颈肩结合良好。鬐甲明显，中等高。胸宽而深，肋拱圆，腰背平直。尻部发育良好，多正尻，偏重型马略复尻，宽长而稍斜。四肢干燥粗壮，关节明显，肢势良好，体质坚实。尾毛长且浓密。

毛色以骝毛、栗毛为主，有少量青毛、黑毛，头部多有白章。

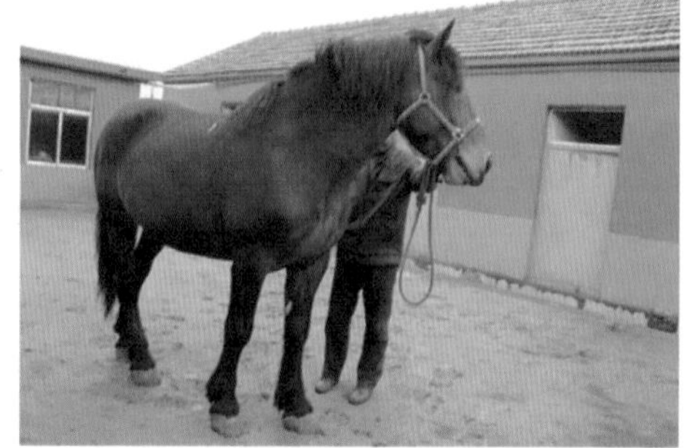

图 3-27　渤海马

2. 体重和体尺

2006 年 8 月，对成年渤海马的体重和体尺进行了测量，结果见表 3-40。

表 3-40　成年渤海马体重和体尺

| 性别 | 匹数 | 体重(kg) | 体高(cm) | 体长(cm) | 胸围(cm) | 管围(cm) |
|---|---|---|---|---|---|---|
| 公 | 10 | 448.0 | 148.7 | 154.6 | 176.7 | 20.8 |
| 母 | 50 | 442.7 | 147.7 | 153.9 | 177.6 | 19.8 |

## 九、山丹马

山丹马(Shandan horse)为原兰州军区军马场(现名甘肃中牧山丹马场)培育的军马品种。1984 年通过，品种鉴定委员会审定，鉴定为“适合我国军需民用的一个军马新品种”。1985 年，中国人民解放军总后勤部经农牧渔业部将其正式命名为“山丹马”，属乘挽驮兼用型培育品种，分为驮挽和驮乘两个类型。

山丹马的中心产区在甘肃省张掖市中牧山丹马场，集中分布于周边农牧区，全国其他省、市、自治区(除台湾省外)也有零星分布。20 世纪 80 年代以前，主要输送到部队及地方农牧区，此后部队用马减少，转向牧区、山区农村及旅游娱乐景点和生物制品基地。

### (一)品种来源

1934 年，以祁连山北麓草原上的马场故址设立山丹军牧场，场内原有的马匹都属祁连山区草原的地方马种，养马 8 000 余匹，这些马曾导入伊犁马、岔口驿马、大通马、河曲马的血液，但体型不能满足当时生产要求。1939～1947 年，山丹军牧场曾引进伊犁种公、母马和摩尔根马公马 1 匹对本场母马加以改良，但效果不显著。1953 年开始，采用人工授精方式，引入顿河马公马进行杂交，产生一代杂种。但一代杂种马对自然环境的适应性有所降低，二代、三代杂种马适应性下降尤为显著。1961 年 10 月成立山丹马育种委员会。从 1963 年起，用本地优秀种公马回交一代杂种母马，或用一代杂种优秀公马配本地母马，后代能符合军需民用的要求。1971 年 11 月，西北军马局召开军马工作会议,制定了山丹马育种计划。按照该计划,从1972年开始对已达到育种目标的一部分优秀杂种马采用非亲缘同质选配法进行横交。1980年开始品系繁育,通过选种选配,建立核心群,进一步巩固和提高马匹质量,稳定其遗传性能,解决回交、横交阶段遗留的尻、腰及后肢发育不足等问题。1984年7月经鉴定验收,确定为适合我国军需民用的、以驮为主的军马新品种,并定名为山丹马。

### (二)品种特征

山丹马具有适应性强,亲和力高,易调教,耐粗饲、耐高寒、耐缺氧、耐高热高湿,抗病能力强,合群性较强,对异地饲养适应快,持久力和耐力强,恋膘性强等优点,作为军马较其他马种有明显优势。这与培育环境及饲养管理条件有密不可分的关系。

1. 体形外貌

山丹马体质干燥,公马粗糙结实型占50%,母马粗糙结实型占36.6%.体格中等大,躯干粗壮,体形方正,结构匀称,气质灵敏,性格温驯。头型较轻,为直头,额宽,眼中等大,耳小、两耳相距较宽,鼻孔大。颈长中等、较倾斜,颈础不高,颈肩结合较好。鬐甲明显。胸宽深,肋拱圆,腹部充实,背腰平直,腰较短,尻较宽、稍斜。肩稍长而斜,四肢干燥,中等长,肢势端正,后肢轻度外向,关节强大,肌腱明显。蹄大小适中,蹄质坚实。

毛色以骝毛为主,其次为黑毛和栗毛,少数马头部和四肢下部有白章。

图3-28　山丹马

2. 体重和体尺

2005 年，甘肃省畜牧技术推广总站、甘肃省张掖市畜牧技术推广站在中心产区甘肃中牧山丹马场测量了成年山丹马的体重和体尺，结果见表 3-41。

**表 3-41　成年山丹马体重和体尺**

| 性别 | 匹数 | 体重(kg) | 体高(cm) | 体长(cm) | 胸围(cm) | 管围(cm) |
|---|---|---|---|---|---|---|
| 公 | 10 | 427.20 | 145.2±5.6 | 147.6±6.0 | 176.8±2.8 | 19.9±1.0 |
| 母 | 60 | 355.19 | 137.9±5.1 | 142.8±5.6 | 163.9±3.0 | 17.5±10.9 |

## 十、伊吾马

伊吾马(Yiwu horse)曾命名为新巴里坤马，属以驮为主、驮挽乘兼用型培育品种，产于新疆维吾尔自治区哈密地区巴里坤草原东半部的原伊吾军马场，主要分布在伊吾军马场以及巴里坤和伊吾县的部分农场。

### （一）品种来源

伊吾马是以哈萨克马为基础，导入部分伊犁马血液培育形成，即采用国内马种间互交育成。1955 年，由新疆军区阿勒泰军分区马场引入哈萨克马 1200 余匹，1957~1958 年又先后由伊犁和石河子地区引入伊犁马 600 余匹、哈萨克马 1500 余匹。1959 年以前，分别对哈萨克马和伊犁马进行本品种选育。1960~1961 年曾引入顿河马和卡拉巴依马对伊犁马和哈萨克马进行杂交改良，后因其后代不适应于军用而停止杂交，以后又将引入的顿河马公马和卡拉巴依马公马及其杂种后代及时淘汰处理，因此，伊吾马基本未受上述外来品种的影响。根据 1962 年全军军马选种会议精神，结合马场实际情况，制定出哈萨克马作基础与伊犁马杂交，育成以驮为主、驮挽乘兼用马的方针。1962 年后，用伊犁马公马与哈萨克马母马杂交，或用哈萨克马公马与伊犁马母马杂交，所得后代含哈萨克马血液 75.0%~87.5%，含伊犁马血液 12.5%~25%，然后进行横交固定。伊吾马既保持了哈萨克马耐粗饲、适应性强、驮载力大、能爬山的特点，又具备了伊犁马体格大、结构匀称、前胸发达、背腰平直、骑乘速度较快的特性，较多地保留了我国地方马种的优良特点。

选育措施上，除适量进行伊犁马和哈萨克马杂交繁育外，主要采用严格选择种公马和组建母马核心群进行选配，小群固定配种，加强断乳驹的饲养管理，二三岁育成马在山区放牧锻炼，并在冬春季节进行补饲，从而保证了伊吾马选育工作取得良好效果。

1984 年 7 月 10~25 日，原全国马匹育种委员会在伊吾马场召开品种鉴定验收会，确认培育的马已具备了各项品质要求，宣布品种育成，由原农牧渔业部正式命名为“伊吾马”。

### （二）品种特征

伊吾马具有善走山路、吃苦耐劳、富持久力等特点，能良好适应当地的自然环境，对气候变化以及各种劣质草场和饲草具有很强的适应能力。历年向外省、自治区输出，供军需民用，均能很好适应。

1. 体形外貌

伊吾马体质结实，躯体粗壮，结构协调，体形成方形，性情温驯，有一定的悍威。头中等大、稍干燥、多为直头，少数为半兔头。鼻孔大，眼饱满，耳短厚。颈长中等，头颈、颈肩结合良好。鬐甲宽厚，长短、高低适中。胸宽而深，背腰平直，长短适中，腹部充实。尻中等长，较宽、少斜。前肢肢势端正，后肢有刀状肢势。四肢粗壮，关节强大，系长短适中，坚强有力。蹄大小中等，体质结实，多正蹄。鬃、鬣、尾毛厚密。

毛色多为骝毛，有部分栗毛、黑毛，其他毛色极少，部分马头部和四肢有白章。

2. 体重和体尺

2007 年，在哈密地区巴里坤草原东半部的伊吾马场对成年伊吾马的体重和体尺进行了测量，结果见表 3-42。

表 3-42　成年伊吾马体重和体尺

| 性别 | 匹数 | 体重(kg) | 体高(cm) | 体长(cm) | 胸围(cm) | 管围(cm) |
|---|---|---|---|---|---|---|
| 公 | 15 | 399.30 | 139.60±6.12 | 146.7±8.40 | 171.47±7.32 | 19.67±1.29 |
| 母 | 50 | 377.78 | 137.02±5.99 | 146.67±7.46 | 166.78±7.04 | 19.00±0.83 |

## 十一、科尔沁马

科尔沁马(Kerqin horse)因产于科尔沁草原而得名,属乘挽兼用型培育品种。产于内蒙古自治区科尔沁草原,中心产区在通辽市科尔沁右翼后旗和科尔沁左翼中旗,科尔沁区、奈曼旗等其他旗县也有少量分布,原高林屯种畜场是核心培育场。

### (一)品种来源

通辽市养马历史悠久,马一直是当地人民赖以生存的生产、生活资料。原有的蒙古马适应不了当地农牧业用马的需求,因而自 1950 年开始,以本地马为基础,用三河马、顿河马、苏高血马、奥尔洛夫马、卡巴金马、阿尔登马、苏重挽马等品种公马,采取级进杂交、复杂杂交方式进行改良。为了保持本地马适应性强、耐粗饲料的优良特性,除三河马可级进到三代外,其他品种杂交未超过二代,杂交两次仍达不到育种指标的,选用理想型遗传性能稳定的公马选配横交提高。杂交一代母马体尺符合育种指标也可横交繁育,最终逐步培育出乘挽兼用型科尔沁马新品种。

### (二)品种特征

科尔沁马适应性、抗病抗逆能力强,恋膘性好,母性强,体质结实、干燥,外观清秀,结构紧凑,有持久力,耐粗饲,生长发育快,能够经受严寒、酷暑、风雪、蚊虻叮咬等恶劣的自然条件。冬春季草场被积雪覆盖,马群白天放牧,扒雪觅食枯草或作物秸秆,也能忍受极端低温。早春期间,气候寒冷多变,幼驹生后即可随母马放牧。

1. 体形外貌

科尔沁马属于乘挽兼用型马,由于在育种过程中引入重型马血液,因此少数马表现偏重。体质干燥紧凑,结构匀称,温驯有悍威。头较清秀,为直头,有少数微半兔头。眼大有神,额宽,鼻直、鼻孔大,耳中等大小。颈肌丰满,颈肩结合良好。鬐甲高而厚,胸宽而深,肋骨拱圆,背腰平直,尻宽稍斜。四肢肢势端正、干燥结实,关节明显,蹄质坚实,运步灵活。鬃、鬣,尾毛较为稀疏。

2009 年对 1 231 匹马的调查,骝毛占 43.9%、栗毛占 38.7%、黑毛占 12.8%,其他毛色较少。

图 3-29 科尔沁马

2. 体重和体尺

2009 年 6 月,在科尔沁左翼后旗、科尔沁左翼中旗、科尔沁区、开鲁县和高林屯种蓄场分别测量了成年科尔沁马的体重和体尺,结果见表 3-43。

**表 3-43 成年科尔沁马体重和体尺**

| 性别 | 匹数 | 体重(Kg) | 体高(cm) | 体长(cm) | 胸围(cm) | 管围(cm) |
|---|---|---|---|---|---|---|
| 公 | 36 | 362.54 | 147.69±8.38 | 150.81±9.30 | 161.13±10.97 | 18.94±1.12 |
| 母 | 96 | 341.94 | 143.55±7.34 | 147.00±7.03 | 158.50±9.38 | 18.24±1.07 |

## 十二、张北马

张北马(Zhangbei horse)因产于河北省张家口以北地区而得名,是我国培育的挽乘兼用型品种。产于河北省张家口市的张北、康宝、尚义、沽源四

县,中心产区为张北县。

### (一)品种来源

张北县原产蒙古马,自1951年开始引入苏高血马种公马,改进当地蒙古马的体型、体力不足,是我国最早推行马匹改良的地区之一。至1958年,全县母马改良配种率达到62%,杂交后代被山西省农林厅命名为张北马。随后引入苏维埃重挽马和俄罗斯重挽马改良其体型偏轻、骨量较小的缺点,获得成功。1964年修订了张北马育种方案,正式开始用苏维埃重挽马、俄罗斯重挽马等重型公马进行杂交改良,得到了兼用而偏挽用的理想型。1972年按照张家口地区下达的张北马定型育种方案进行自群繁育(横交固定),从中选择符合育种要求、遗传性能稳定的后代定名为张北马。横交后代外血含量一般不超过75%,保持了良好的适应性。至20世纪70年代末期,产区四县已有杂种马20 000匹以上,大多数已达到育种指标的要求,有部分被推广至黑龙江、吉林、内蒙古、河北、天津等十多个省、自治区、直辖市。但20世纪80年代以后,因经济政策调整,农业机械化的普及,产区养马、用马大量减少。

### (二)品种特征

张北马经多年人工选育杂交和自然选择育成,已充分适应坝上高原地区的自然条件和饲养条件,抗病、抗寒能力强,遗传性能稳定。

1. 体形外貌

张北马体质较干燥结实,体形粗重,结构匀称紧凑,骨骼坚实。头大小适中,额宽广,颊稍厚,耳小直立。颈较薄,颈长适中,颈肩结合良好。背腰平直而宽,尻较短斜,胸廓深广,腹围适中。四肢坚实、长短适中,关节明显,系短而立,蹄形稍平广,蹄质不够坚实。全身肌肉丰满,肌腱发育良好。

毛色以栗毛、骝毛为主,黑毛次之,头部常有白章。

2. 体重和体尺

2006年10月,在张北县单晶河、海流图等乡镇,对成年张北马进行了体重和体尺测量,结果见表3-41。

图 3-30 张北马

表 3-44 成年张北马体重和体尺

| 性别 | 匹数 | 体重(kg) | 体高(cm) | 体长(cm) | 胸围(cm) | 管围(cm) |
|---|---|---|---|---|---|---|
| 公 | 4 | 430.09 | 148.50±7.50 | 157.01±6.50 | 172.00±2.00 | 20.50±0.50 |
| 母 | 2 | 377.98 | 142.00±8.16 | 147.13±3.20 | 166.57±7.92 | 18.70±1.50 |

## 十三、新丽江马

新丽江马(New Lijiang horse)为驮挽兼用型培育品种。原产于云南省丽江纳西族自治县(2003 年分为古城区和玉龙纳西族自治县),现主产于丽江市玉龙纳西族自治县。丽江市古城区七河、金山、束河等乡镇均有分布。

### (一)品种来源

新丽江马产地的本地马属山地驮乘品种,善于爬山越岭,吃苦耐劳、耐粗饲、繁殖力高,能适应复杂的山区自然条件,但体型小、役力弱。为了适应经济发展的需要,从 1953 年开始先后引入阿拉伯蒙古杂种马、阿拉伯马、阿半血马、卡巴金马、河曲马、伊犁马和小型阿尔登马等品种,以本地母马为基础,采取两元一次杂交(经济杂交)和三元二次杂交(轮替杂交)的方法,生产大量杂种马并培育了保持本地马 1/4(1/8~1/2)、轻种马 1/4(阿蒙杂种马、卡巴金马、河曲马)、重种马 1/2(小型阿尔登马)遗传组成,群体特点基本一致、遗传性能稳定的新丽江马。

### (二)品种特征

1. 体形外貌

新丽江马体格粗壮紧凑,体质干燥结实,结构匀称协调,秉性灵活温驯,有悍威。头中等大、清秀,额宽,眼大明亮,鼻孔大、鼻翼薄,耳小。颈长短适中、高举向前,颈肩结合良好,肩长斜。鬐甲发育良好,胸宽深不足者多,腹大小适中,背腰平直且宽,尻斜长。前肢较为端正,后肢呈轻度刀状和外弧肢势。蹄质坚实。尾础高,尾毛长、浓密。

毛色多为骝毛、栗毛,黑毛、青毛次之,骝毛约占 42.2%,栗毛约占 17.2%,并常出现花背。

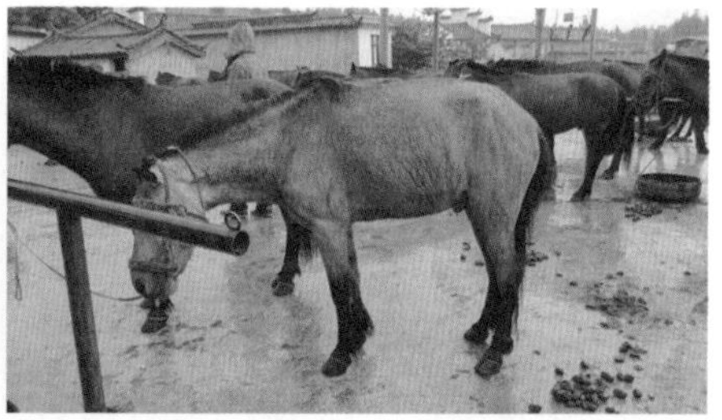

图 3-31　新丽江马

2. 体重和体尺

2006 年 11 月,由丽江市古城区和玉龙县畜牧兽医站在玉龙县拉市、白沙、古城区七河、金山、束河五个点抽查正常饲养管理条件下的成年新丽江马,进行了体重和体尺测量,结果见表 3-45。

**表 3-45　成年新丽江马体重和体尺**

| 性别 | 匹数 | 体重(kg) | 体高(cm) | 体长(cm) | 胸围(cm) | 管围(cm) |
|---|---|---|---|---|---|---|
| 公 | 7 | 275.61 | 131.90±4.50 | 133.00 | 100.83 | 113.42 |
| 母 | 57 | 276.78 | 126.90 | 4±7.10 | 4±7.70 | 152.70±7.50 |

# 第四节　中国主要引入马品种

## 一、纯血马

纯血马(Thoroughbred)为典型的乘用型马,原产于英国,是世界上短距离速度最快的马种,其分布遍布世界各地,主要用于商业赛马和杂交改良本地马种及培育温血马等。我国曾将纯血马按产地分别称为英纯血马、苏纯血马等。

### (一)培育简史

为发展骑乘赛马,始终以速度作为纯血马选育的最主要目标。纯血马的三大祖先,即贝雷·土耳其(Byerley Turk,1689)、达利·阿拉伯(Darley Arabian,1704)、高多芬·阿拉伯(Godolphin Arabian,1728)。这 3 匹公马的后裔基本囊括赛场上的冠军,其他公马的后裔逐渐被淘汰,其后代形成了三大主要品系和若干支系。1770 年以后不再引入外血,一直保持本品种选育,因此纯血马为高度亲缘繁育的种群。纯血马是世界上 800m 以上短距离速度最快、分布最广、登记管理最为严格的马种。

19 世纪中叶,随着英国殖民主义扩张,赛马文化也向世界各地迅速普及,纯血马随之引入世界各地,并按照统一规则进行繁衍。纯血马扩繁与赛马业的兴起有直接的关系,并按照称为“巴黎共利法”(Pari-mutuel)的赛马奖金分配方法发展至今。至 2009 年,世界共有约 60 万匹纯血马。我国自 19 世纪末开始引入纯血马。

## (二)品种特征

### 1. 体形外貌

纯血马整体体态轻盈,干燥细致,悍威强,皮薄毛短,皮下结缔组织不发达,血管、筋腱明显,体躯呈正方形或高方形,体高一般大于体长。头中等大小、为正头型,面目清秀、整洁,眼大有神,耳尖、转动灵敏,鼻孔大、鼻翼薄、开张良好。颈多为正颈。鬐甲高长。肩长而斜,运动步幅大且能耗低。胸深而长,背腰中等宽广。中躯稍长,腹形良好、收腹,后躯强壮,尻为正尻。前肢干燥细长,前膊肌肉强腱,腕关节大而平缓,管部一般少于 20cm,系部较长。后肢修长,股胫部肌肉发达有力,飞节明显强健。肌腱强壮显露。蹄中等偏小,蹄形正,无距毛。

毛色主要有骝毛、黑毛、栗毛、黑骝(或褐骝)毛和青毛 5 种。骝毛和栗毛最多,黑毛和青毛次之。头和四肢下部多有白章。

图 3-32　纯血马

### 2. 体重和体尺

纯血马体 408~465kg,体高 162. 56~172. 72cm,平均体高 163cm。

### 3. 生产性能

(1)运动性能:纯血马以其短距离竞赛速度快而闻名于世,速度是纯血马的主要性能指标。其步法确实、步幅大,轻快而有弹性,创造和保持着 800~5000m 以内各种距离的世界纪录。沙地跑道世界纪录见表 3-46。

表 3-46　纯血马速度世界纪录

| 距离(m，沙道) | 马名 | 年龄（岁） | 骑手重（kg） | 赛马场/日期 | 计时 |
| --- | --- | --- | --- | --- | --- |
| 1000 | Preflorada | 4 | 56.23 | Argentina ( Arg ), 1995.9.2 | 54.1s |
| 1600 | Dr Fager | 4 | 60.77 | Arlington ( AP ), 1968.8.24 | 1min 32.1 s |
| 2000 | Spectacular Bid | 4 | 57.14 | Santa Anita(SA),1980.2.3 | 1min 57.4s |
| 4800 | Farragut | 5 | 51.24 | Ascot(AC),1941.3.9 | 5min 15s |

2009 年，在山东省济南市举行的第十一届全国运动会上，6 岁冠军骟马，12000m 沙地速度赛马纪录为 15min 34.52s。

纯血马跳远世界纪录为 8.40m，跳高纪录为 2.47m。纯血马的悍威强，极易兴奋，虽然速度很快，但持久力稍差。

（2）繁殖性能：纯血马比较早熟，4 岁时结束生长发育。公马 5 岁开始参加配种，一个繁殖期内配 30～50 匹母马。母马 12～16 月龄达到性成熟，初配年龄为 3 岁，发情周期 21.9～22.9 天，发情持续期平均 6.29 天，受胎率 80%～85%，正常产驹率 50%～60%。为控制纯血马的数量，维持其血统的纯正性。纯种繁殖只采用自然交配，不允许采用人工授精、胚胎移植、克隆或其他生物技术。种公马和繁殖母马的选择依据主要是其速度成绩和后裔鉴定成绩。

### （三）引入利用情况

我国曾多次陆续引进过纯血马。19 世纪末以后，俄国修筑中东铁路时，带入我国东北一部分纯血马。1910 年由德国赠给察哈尔两翼牧场纯血马公马 1 匹，用于改良该场的模范马群，1934 年句容种马牧场购入澳大利亚产的纯血马半血母马 20 匹。1947 年购入美国产的纯血马幼驹 3 匹，由清镇牧场作种用。20世纪以来,纯血马不断输入我国香港,用作赛马。到1950年从苏联购入苏纯血马和苏高血马375匹,分配在河北省察北牧场、黑龙江原山市种马场、双城种马场和内蒙古各地马场,以后被调转和推广到辽宁、吉林、陕西、山东、河南、安徽和湖北等省,用于杂交改良当地马种。至20世纪90年代,这些马的纯种数量已很少,种群皆已散失。

1995年从新西兰引入纯血马公马1匹、母马10匹,在广东深圳繁育;从爱尔兰引入纯血马公马6匹、母马3匹,在内蒙古锡林郭勒盟与卡巴金马及其杂种母马杂交。1997年北京华骏育马公司从澳大利亚等地大量引进纯血马,存栏曾达到2500余匹,提供给新疆、甘肃、内蒙古等地作种用,改良效果良好,深受养马界欢迎。2000年由日本引入母马50匹在北京龙头牧场繁育。进入21世纪后,我国民间购马日益活跃,形成以北京地区为核心的纯血马繁育、竞赛中心,辐射全国。至2009年,全国大部分省、自治区、直辖市都有纯血马分布。20世纪80年代以来,我国马术队及个体马场陆续引入香港和澳门退役纯血马,训练后作为马术运动用马使用,少量作为种用。

为便于纯血马管理和与世界对接,1995年经国家农业部和民政部批准,同意成立我国的纯血马登记管理组织,并于2002年成立中国马业协会纯血马登记委员会(CSB),同年得到ISBC正式批准,这是我国纯血马登记管理的唯一合法机构,也是ISBC的正式成员国,负责对我国大陆境内出生的和国外进口的马匹进行确认、登记和管理。我国于2007年12月发布了《纯血马登记》农业行业标准NY/T 1562-2007。

## 二、阿拉伯马

阿拉伯马(Arabian horse)为热血马,是一个历史悠久的世界著名品种,以阿拉伯地区育成而得名,属于乘用型品种。

### (一)培育简史

阿拉伯马的育成,经历了五个阶段:创始、育种、从皇室到民间保种、由产地流入世界、由地方马种到现代马种,约经1300多年。阿拉伯马对改良其他马种的效果显著,也是流入世界各地的主要原因之一。英国纯血马形成中三大奠基种公马中有两匹就是阿拉伯马。阿拉伯马最早有5个品系:凯海兰(Kachlan)、撒格拉威(Seglawi)、阿拜央(Abeyan)、哈姆丹尼(Hamdani)和哈德拜(Hadban)。自古至今的长期混合,已使这些品族的特点很不明显。阿拉伯马的血统转袭大多依从母系,这与其他品种不同。

### (二)品种特征

1. 体形外貌

阿拉伯马属典型乘用品种,体形清秀,体质干燥结实。头轻而干燥,前额宽广,向鼻端逐渐变狭,多呈凹头。眼大有神,耳短直立,两耳距离宽,鼻孔大,颌凹宽。颈长,呈优美的鹤颈。鬐甲高而厚实。肩较长而斜。胸廓深长,肋拱圆,背腰短有力,多数马腰椎较其他品种少一枚(只有5枚),尾椎少1~2枚(16~17枚)。尻长而近于水平,尾础高,后驱肌肉发达。四肢细长,肌腱发育良好,关节强大,肢势端正,管短平、干燥,系长斜、富弹性。蹄中等大,蹄质坚实。毛色主要为骝毛、青毛、栗毛,黑毛较少,偶有沙毛,白毛。在头和四肢下部常有白章。

图3-33　阿拉伯马

2. 体重和体尺

阿拉伯马体格中等,一般体重385~500kg,体高140~153cm。成年阿拉伯马的平均体尺见表3-47。

表3-47 成年阿拉伯马体尺

| 性别 | 体高(cm) | 体长(cm) | 胸围(cm) | 管围(cm) |
|---|---|---|---|---|
| 公 | 146.2 | 151.1 | 157.9 | 19.5 |
| 母 | 141.1 | 147.6 | 165.5 | 18.4 |

3. 生产性能

阿拉伯马适应性较好,寿命长,繁殖率高,遗传力强。

阿拉伯马以吃苦耐劳和富有持久力而闻名,是世界耐力赛主力马种。2006年世界马术运动会(World Equestrian Games)耐力赛冠军阿拉伯马160km用时9h 12min 27s。在2010年国际马术联合会(FEI)耐力赛中,一匹11岁阿拉伯青毛骟马,在阿拉伯联合酋长国创造的世界纪录为160km用时5h45min 44s。

在美国、俄罗斯等国有专门的阿拉伯马品种平地速度赛,其速力纪录为1.6km用时1min 45s,2km用时2min 13s。

### (三)引入利用情况

我国于1934年和1937年两次自伊拉克引进阿拉伯马公马17匹、母马19匹、幼驹3匹,饲养在江苏省句容种马牧场,后迁往湖南常德又转至贵州省清镇种马牧场,用于改良贵州、广西、云南等地本地马。1994年和1995年又由日本友人从美国引入18匹阿拉伯马,养在北京种畜公司良种场,后转入天津中牧马场。20世纪90年代阿拉伯马引人甘肃山丹马场、内蒙古红山军马场,与当地马进行杂交,也取得一定效果。2000年后,从美国、欧洲等国陆续引入数十匹阿拉伯马种马,饲养于北京、上海、东北、山东等地,并输往国内多个地区,用于纯种繁殖或改良其他马种。

## 三、阿哈—捷金马

阿哈—捷金马(Akhal-Teke)简称阿哈马,我国民间又称汗血马,原产于土库曼斯坦，是一个历史悠久、具有独特品质的古老品种。

### （一）培育简史

据我国马种历史考证，张骞通西域时，曾在西域发现大宛马及苜蓿。《史记·大宛传》所记载，证明阿哈马就是在公元前101年汉武帝时代输入我国的大宛马，直到唐代仍有大量进贡。1929年，苏联政府组织了马匹资源调查队，才对本品种予以极大的重视。1941年，苏联出版了第一卷阿哈马登记册，全部采用封闭式血统登记，至今俄罗斯仍在进行本品种登记业务。目前总数仅3 500匹左右。阿哈马与我国马文化结有悠久的历史和文化渊源。

### （二）品种特征

1. 体形外貌

阿哈马具有适应沙漠干热气候条件的良好形态。其体质细致、干燥，体型轻而体幅窄，姿态优美。头轻、稍长，头高颈细，眼大，耳长薄。颈长，颈础高。鬐甲高。胸窄而浅，肋扁平、假肋短，背长而软。尻长、多为正尻。肩长。四肢长而干燥，筋腱明显，前肢呈正肢势，后肢多直飞节。无距毛，系长。

图3-34　阿哈—捷金马

2. 体重和体尺

阿哈马平均体尺见表3-48。

表 3-48　成年阿哈马平均体尺

| 性别 | 匹数 | 体高(cm) | 体长(cm) | 胸围(cm) | 管围(cm) |
|---|---|---|---|---|---|
| 公 | 60 | 154.4 | 154.2 | 167.2 | 18.9 |
| 母 | 52 | 152.7 | 154.4 | 165.1 | 18.1 |

3. 生产性能

(1)运动性能:阿哈马悍威强,灵敏而易受刺激。慢步有弹性,快步自由,跑步轻快且步幅大,平地速度纪录 1km 为 1min 07s。1982 年在呼和浩特市举行的全国少数民族运动会上,只有 1 匹阿哈马参加竞赛,1.6km 为 2min 01s,2km 为 2min 26.03s。阿哈马在短途竞赛上速度不及纯血马,但长途骑乘表现出良好的速度和持久力。1935 年夏,从阿什哈巴德到莫斯科,距离 4300km 用时 84 天,其中有缺少水源的 960km 的沙漠岩石地,有 3 天经过 360km 的卡拉库姆沙漠。

(2)繁殖性能:阿哈马一般 3 岁性成熟,5 岁产驹,一般一年产一驹。

### (三)引入利用情况

20 世纪初期,部分阿哈马随苏联的一些牧场主进入我国新疆伊犁,与当地的哈萨克马杂交,对伊犁马的培育产生了很大的影响。1950 年,我国由苏联引入阿哈马 112 匹,分配给内蒙古自治区 52 匹,繁育在锡林郭勒盟白音锡勒牧场,1973 年时尚有纯种马 66 匹,其余种公马用于改良乘用马。但这些纯种马现在都已绝迹,且没有高代杂种留下或杂交改良效果的记载,也有与我国地方马种杂交组合不理想或不适应引入地风土环境的说法。1990 年新疆维吾尔自治区利用从苏联引进的阿哈马与伊犁马进行杂交,培育乘用马,改良效果明显。2002 年、2006 年和 2014 年,土库曼斯坦作为国礼先后向江泽民主席、胡锦涛主席、习近平主席各赠送种公马 1 匹。2007 年以来我国民间马场又先后从俄罗斯引入少量种马,养于北京、河北、新疆、东北等地。

## 四、夸特马

夸特马是美国培育出来的马种,被宣称为是全世界最普及的马。在美国夸特马协会登记注册的已达300万匹。

育种　夸特马属于温血马。它的血统基础是在1611年进口到弗吉尼亚州的英国马和前几个世纪带到美国的西班牙马的血统。它能用于各种工作:种地、拖犁、赶牛群、驾车和骑乘。英国移民常用它们进行1/4英里的赛跑,从此就叫成夸特马(英语中quarter的意思是1/4)。这种马具有全速跑过1/4英里的能力。在西方,夸特马曾是最优秀的牧牛小型马,赶牛群有一种不可思议的本能。

特点　夸特马的体高约为152~162cm,毛色为各种单一颜色,主要用于乘用。它的头部是短而宽的,吻部小而凹陷,有结实的嘴。它的鬐甲很强壮,肩部延伸到背部,很适宜放鞍具。它的髋部很宽,四肢在大腿和臀部肌肉发达。夸特马曾以它肌肉发达的臀腰部而闻名,这就是它能从起点全速奔跑的原因所在。近来使用了更多纯血马的血统,目的在增加它竞赛的速度。

图3-35　夸特马

## 五、奥尔洛夫快步马

奥尔洛夫快步马(Orlov trotter)简称奥尔洛夫马,原产于苏联,是世界著名的快步马品种,属于轻挽兼用型马种。

### (一)培育简史

奥尔洛夫快步马由 A. T. 奥尔洛夫于 1777 年开始培育,并因此而得名。他去世后,由其助手薛西金和巴诺夫继续进行育种工作,先后经历半个多世纪才培育而成。先后与阿拉伯马、丹麦马、荷兰马进行交配,于 1789 年获得一匹体高达 162.5cm 的青毛快步公马 Bars I,用其作种公马达 17 年之久,留下很多后代,奠定了本品种培育的初步基础。其后与多地的品种采用复杂杂交方式,进行严格的选种选配以固定其理想型,同时加强饲养管理与快步调教,定期进行速力和持久的测验,进行综合选种。19 世纪末开始向西欧输出,经由 1898 年和 1900 年的国际展览会而闻名于世。1927 年,前苏联出版了《奥尔洛夫马登记册》第一卷,至今俄罗斯仍在进行本品种的登记业务。现已形成 12 个品系、16 个品族,但总体体型并不一致。

奥尔洛夫马分布于全俄罗斯及其他苏联加盟共和国,曾多次输入我国。

### (二)品种特征

1. 体形外貌

图 3-36　奥尔洛夫快步马

奥尔洛夫马体质结实、头中等大小、干燥。颈较长,公马稍成鹤颈,颈础高。鬐甲明显。前胸较宽,胸廓较深,背较长,腰短。尻较长,呈圆尻。四肢结实,肌肉发育良好,前膊发育良好,前膊和胫较长。系较短,距较少。蹄质坚实。毛色以青毛为主,黑毛和栗毛次之,骝毛较少。

2. 体重和体尺

成年奥尔洛夫快步马的平均体尺见表 3-49。

**表 3-49　成年奥尔洛夫快步马平均体尺**

| 性别 | 匹数 | 体高(cm) | 体长(cm) | 胸围(cm) | 管围(cm) |
|---|---|---|---|---|---|
| 公 | 38 | 163.7 | 165.7 | 183.8 | 21.3 |
| 母 | 213 | 156.0 | 159.8 | 182.5 | 20.2 |

3. 运动性能

奥尔洛夫马可用于各种工作,快步伸长而轻快。早年在哈尔滨测验,公马 4 岁时,1.6km 为 2min 11s,成年时,3.2km 为 4min 34s。

### (三)引入利用情况

1897 年俄国在我国修建中东铁路,带入大量奥尔洛夫纯种及其杂种马,分布在以哈尔滨为中心的滨州铁路沿线和黑河地区。在哈尔滨的马匹主要用作轻驾赛马。1905 年哈尔滨建立了赛马场,这是我国当时唯一有轻驾赛马的赛马场。奥尔洛夫马多用于改良当地马,对三河马和黑河马的形成有很大影响。在 1948 年以前,新疆也输入大量奥尔洛夫马及其杂交马,用于改良哈萨克马,其对伊犁马的形成也有很大影响。1949 年,散养的奥尔洛夫马由东北农学院(现东北农业大学)和黑龙江省公安厅分别收购,繁育在香坊实验农场和安达畜牧场。1953 年和 1954 年,中国人民解放军总后勤部又由苏联选购奥尔洛夫马,对黑龙江省的原有马匹集中繁育,幼驹得到了合理的培育。山东省广饶县畜牧场从 1958 年开始,利用纯种奥尔洛夫种公马,与苏联引入的部分奥尔洛夫马杂种母马进行级进杂交,至四代以上,同时又从北京东风农场引入 10 余匹纯种母马,组成奥尔洛夫马纯繁母马群。1990 年新疆昭苏马场又从苏联引进奥尔洛夫马用于改良伊犁马,效果显著,同时进行纯种繁育。2009年新疆再次引入奥尔洛夫马25匹。该品种在改良我国地方品种和培育快步竞赛用马方面起了重要作用。

## 六、汉诺威马

汉诺威马是德国竞赛马中的领先者，它是跳跃表演马，也是有名的花式骑术表演马。

育种　汉诺威马属于温血马。有选择的培育开始于1735年。当时，汉诺威的先帝侯乔治二世和英格兰的国王建立了塞尔种马场。最初，用14匹荷尔斯泰因马的公马与当地的母马交配，产生农庄用马。后来又用纯血马来产生品质更好的马。第二次世界大战后，重点转移到竞赛马，特雷克纳马和纯血马都被用于提高品质，但异型杂交则经过仔细控制。

图3-37　汉诺威马

特点　汉诺威马体高约为164cm，毛色为各种单一颜色，主要用于乘用。虽然它不是以速度见长，但是以身体结构的力量来说，中段身体是卓越的，而且有着有力且对称的四肢和大的关节。它有异乎寻常的力量、华贵而正确的动作和特别良好的性格。

## 七、标准马

在很多国家，轻驾车比赛比平地障碍赛马更普遍，标准马是最高级的驾车竞赛马,它能在1分55秒内跑1.6km。这一品种在1897年被命名,确立了登记注册时的速度标准。

1.育种　标准马属于温血马。它是以英国的纯血马梅森吉尔为基础,它是在1788年进口的,与诺福克快步马有很强的关联性。这种标准种马的奠基公马是梅森吉尔的后代,名叫汉伯莱顿10,生于1849年。从1851年到1875年间,它生了1355个后代。汉伯莱顿以其高臀部的体型结构,成为成功的驾车马种马。

2.特点　标准种马的体高约为154cm,毛色为骝色、棕色和栗色,主要用于挽用。他的臀部通常比鬐甲高,带给臀腰部强大的推进力。标准马既可用传统的快步来行走,也可用对侧步。在美国,人们喜爱溜蹄马,因为它比较快,很少会中断其步态。在欧洲,则是快步马的数量比较多。它们都有钢铁般牢固的四肢和良好的蹄子。

图3-38　标准马

## 八、卡巴金马

卡巴金马(Kabarda)原产于苏联北高加索地区,是一种步伐稳健、机敏、耐力好的山地马,属乘挽用型品种。

### (一)培育简史

最初卡巴金马是从地方品种马中经过选育体高而逐步发展形成的。在

1918~1922 年的苏联国内战争时期,因高加索处于战争状态,卡巴金马损失严重,因此在第二次世界大战后的第一个五年计划中,苏联着手恢复并增强卡巴金马的繁育场,经过系统选育,其品种质量明显提高。1935 年,苏联出版了《卡巴金马的登记册》第一卷。本品种马除纯种繁育外,曾用纯血马进行杂交,以增进其速力,并保存其固有的特性,形成了盎格鲁卡巴金新品种群,其中含有纯血马的血液 5/8~3/4,1966 年该品种群被正式认可。如今产区的纯种卡巴金马数量已不多。输入我国主要用于改良本地马种和培育新品种。

### (二)品种特征

1. 体形外貌

图 3-39　卡巴金马

卡巴金马体质结实,结构协调。头长而干燥,多为半兔头。耳长、耳尖向内扭转,眼大有神。颈长中等,肌肉发达,下缘稍垂,颈础低。鬐甲高长中等。胸廓深,背长直,腰结实。尻斜、有的呈尖尻。四肢发育良好,多曲飞、外向,距毛较少。蹄质坚实。

2. 体重和体尺

据黑龙江省原山市种马场、繁荣种畜场和内蒙古自治区白音锡勒种畜场的测量,成年卡巴金马平均体尺见表 3-50。

表 3-50　成年卡巴金马平均体尺

| 性别 | 体高(cm) | 体长(cm) | 胸围(cm) | 管围(cm) |
|---|---|---|---|---|
| 公 | 157.9 | 160.0 | 183.3 | 20.3 |
| 母 | 155.0 | 159.5 | 122.2 | 19.4 |

3. 运动性能

据 1960 年在黑龙江省畜牧生产运动会上的测验,成年母马骑乘 2km 为 2min 47.2s。据 1982 年在呼和浩特市举行的全国少数民族体育运动会上的骑乘记录,1.6km 为 1min 56.3s,2km 为 2min 26.03s。

#### (三)引入利用情况

1950 年,我国由苏联北高加索斯达夫罗波尔边区 163 号马场引入卡巴金马 148 匹,大部分都含有纯血马血液,公马几乎全有,最少含 1/16,有的高达 1/2。这些马被分配在黑龙江、内蒙古和贵州等省、自治区。当时分配给黑龙江公马 49 匹,用于改良拜泉县本地马,母马 47 匹繁育在原山市种马场。分配给内蒙古种公马、母马各 25 匹,繁育在包头市麻池种马场,1956 年将该场繁育的 100 匹迁往锡林郭勒牧场(现白音锡勒牧场),用于培育锡林郭勒马。其余在贵州省。1952 年由苏联引入公马 10 匹,分配在辽宁省原辽阳种马场。1961 年和 1963 年又由苏联引入一部分,后者分配在辽宁省小东种马场(公马 5 匹、母马 25 匹)。

### 九、阿尔登马

阿尔登马(Ardennes)原产于比利时东海与法国毗邻的阿尔登山区,为挽用型品种。

#### (一)培育简史

比利时的重挽马过去分大小两个品种:大型为布拉帮逊,分布在平原区,体格较大;小型即阿尔登。后因国际市场要求大型重挽马,阿尔登被布拉邦逊吸收杂交，统称为比利时重挽马。在19世纪中期，阿尔登马曾输入俄国，主要繁育在波罗的海沿岸、乌克兰和乌拉尔等地。在纯种繁育的同时，通过杂交育种培育俄罗斯阿尔登马，1952年正式命名为俄罗斯重挽马。1950年，我国开始从苏联引入该马种。

### （二）品种特征

1. 体形外貌

阿尔登马属于重挽马类型。体质结实，比较干燥。头大小适中。小型马额宽、眼大、大型马呈直头或微凸。颈长中等，肌肉发达，公马颈峰隆起。鬐甲低而宽。前胸宽，肋拱圆，胸廓深宽。背长宽、有时呈软背，腰宽。尻宽而斜、呈复尻。四肢粗壮，较干燥，关节发育良好，距毛比其他重挽马品种少。系短立，蹄质不够坚实。毛色多为栗毛和骝毛，其他毛色较少。

图3-40　阿尔登马

2. 体重和体尺

阿尔登马的平均体尺见表3-51。

**表3-51　成年阿尔登马的平均体尺**

| 类型 | 性别 | 匹数 | 体高(cm) | 长(cm) | 胸围(cm) | 管围(cm) |
|---|---|---|---|---|---|---|
| 大型 | 公 | 61 | 157 | 168.5 | 198.0 | 23.9 |
| | 母 | 360 | 155.1 | 166.1 | 199.3 | 22.5 |
| 小型 | 公 | 19 | 150.4 | 162.0 | 201.7 | 22.4 |
| | 母 | 137 | 150.9 | 159.1 | 193.3 | 21.4 |

3. 生产性能

阿尔登马富有悍威，性情温顺，运步较轻快，挽曳能力好。根据记载，载重 700kg，7min 行走 2km，最大挽力 476. 8kg。据在原上市种马场测验，锦英号公马 2 岁时，以 50kg 挽力挽曳拽，行走距离为 415m。

### （三）引入利用情况

1950 年我国由苏联波罗的海的沿岸的拉脱维亚、立陶宛和爱沙尼亚引入阿尔登马 225 匹，其中公马 108 匹、母马 117 匹，全部分配给东北地区。利用公马改良本地马，母马繁育。1958 年和 1960 年又引入一部分俄罗斯重挽马，我国统称阿尔登马，因其体格较小，又称小型阿尔登马，利用改良当地马。至 1973 年黑龙江省共有大型阿尔登马 2076 匹，其中繁殖母马 880 匹；小型阿尔登马 78 匹，其中繁殖母马 31 匹。2001 年，有部分阿尔登马引入到新疆进行纯种繁育，并对当地马进行杂交改良，主要用于放牧肉马生产。其杂交后代放牧适应性强，生长发育速度快，早熟，体重大，肉用性能好。

## 十、新吉尔吉斯马

新吉尔吉斯马（New Kirgiz horse）主产于吉尔吉斯共和国奥什地区，属乘驮挽兼用型品种。

### （一）培育简史

原吉尔吉斯马其体格小，无法适应 19 世纪后期当地社会经济发展的需要。在原有品种的基础上，先后经历了以军用为目的、引入纯血马公马与吉尔吉斯马母马杂交为主、引入顿河马公马进行复杂杂交，杂交效果良好，后代符合育种目标，因此选择其中的优秀公、母马进行横交固定，即进入第三阶段自群繁育。1954 年宣告品种育成，1989 年开始引入我国。

## (二)品种特征

1. 体形外貌

新吉尔吉斯马按体型可分为基本型、重型和骑乘型。基本型马品种数量最多,体质结实干燥,肌肉发育良好;重型马体格强大,骨骼发育良好,体质结实,适于役用与肉、乳生产;骑乘型马不很高,较为粗重,带有原吉尔吉斯马的外形特征。新吉尔吉斯马体质干燥结实,悍威强。头小而清秀。颈长较直,肩长而斜,颈肩结合良好。鬐甲较高。胸较宽深,肋骨开张良好,背腰平直。尻较长、稍斜。四肢干燥,肌腱明显,四肢端正,关常发育良好,管部干燥,蹄质结实,运步轻快而确实。毛色以骝毛、栗毛、青毛为主。

2. 体重和体尺

成年新吉尔吉斯马的平均体重和体尺见表 3-52。

**表 3-52 成年新吉尔吉斯马平均体重和体尺**

| 性别 | 体重(kg) | 体高(cm) | 体长(cm) | 胸围(cm) | 管围(cm) |
|---|---|---|---|---|---|
| 公 | 501 | 155 | 158 | 185 | 20 |
| 母 | 467 | 150 | 154 | 181 | 19 |

3. 生产性能

新吉尔吉斯马乘驮挽用均适宜,为优良的山地品种。载重 1400kg,慢步每小时行进 7km。载重 500kg,快步每小时行进 17~18km。最大载重量达 6500kg。

新吉尔吉斯马中的重型马对当地自然条件适应性强,主要用于产肉和产奶。产奶饲料报酬高,平均日产奶量 15kg,5 个月泌乳量 2250kg 左右。骑乘型马主要用于比赛和骑乘娱乐,经测定,骑乘速力纪录 1.6km 用时 1min 48s,2.4km 用时 2min 44.2s。

## (三)引入利用情况

1989 年 11 月,新疆维吾尔自治区伊犁昭苏种马场引人新吉尔吉斯马骑乘型 3 匹公马和 7 匹母马,用于伊犁马的改良,培育轻型骑乘马,效果明显。

2006年,新疆维吾尔自治区昭苏马场引进新吉尔吉斯马乳用型,用于伊犁马的改良,培育乳用型马,目前初步改良效果显著。

## 十一、温血马

温血马(Warmblood)是世界现代马术运动用马主要品种的统称,广泛分布于世界多个国家。

### (一)培育简史

温血马起源、育成于欧洲,一般由三个或三个以上的品种杂交育成,其中一定含有热血马(纯血马或/和阿拉伯马)的血统,气质类型多属上悍,性情温和、气质稳定,以参加马术运动为主要目标经长期专门化培育形成。

温血马中各品种的培育历史长短不一,形成过程有所差异,但其共同特点是不同时期为适应不同用途而分阶段培育,育种目标与标准处于一个动态的发展演变过程。经历了体型较重、挽力较大满足战争和农业用马,到培育体型相对较轻、步伐轻快、骑乘舒适、弹跳力好的运动用马。温血马现分布于世界多个国家,主要用于马术运动中的跳跃障碍、盛装舞步、三项赛、马车赛等项目,以及改良其他马种,也有少量仍用于农业、交通运输及军警骑乘。

20世纪后育成的温血马品种进行连续登记,定期出版登记册。我国自1993年开始引入温血马有关品种。

### (二)品种特征

1. 体形外貌

温血马体格较大,结构匀称,体质干燥结实,悍威强。气质温和,步伐轻快,动作灵敏。头中等大,多卣头,也有少量微兔头。额宽,眼大有神,耳长中等,鼻孔大。颈较长、多呈鹤颈。鬐甲高长。肩长而斜,头颈、颈肩结合良好。胸深而宽,背腰平直,长度中等,腹部充实,腰尻结合良好。多正尻,后躯肌肉发达。四肢长而干燥,关节、肌腱明显,多正肢势。系部较长,蹄中等偏大,蹄质坚实。鬃、鬣、尾毛中等长,距毛少。

毛色主要有骝毛、栗毛、黑毛、青毛等,头和四肢下部多有白章。

2. 体重和体尺

温血马平均体高 163~173cm,体重 450~600kg,各品种体型外貌大体相当,某些品种稍有差异,有偏重或偏轻之别。

3. 生产性能

温血马各品种以弹跳性能优越、动作协调轻快且优美柔顺而闻名于世,是奥运会马术三个项目的主要参赛用马,尤以跳跃障碍和盛装舞步性能最为突出,此外也是马车赛等项目的主要用马。2008 年北京奥运会马术比赛(香港),荷兰温血马获得跳跃障碍个人赛的金、银、铜牌,汉诺威马获得盛装舞步个人赛的金、银、铜牌。

2006 年在北京举行的全国马术(跳跃障碍)精英赛总决赛上,一匹 13 岁青毛汉诺威马骟马跳高纪录为 185cm。

### (三)引入利用情况

我国从 1993 年开始陆续引入温血马。温血马的引人伴随着我国跳跃障碍、盛装舞步、三项赛等马术项目的推广普及而迅速展开。为提高全国运动会马术项目的竞技水平,我国各主要地方马术队及民间马术俱乐部多次引入多个温血马品种,主要用于马术运动和生产部分半血马。近几年来,部分民间马场或个人也引入温血马用于休闲骑乘、初级跳跃障碍学习。北京、内蒙古、新疆、河北、浙江、广东、山东等省、自治区、直辖市,有部分温血马也作种用,纯繁或与其他品种杂交。至 2009 年末,我国引入温血马各品种共约 600 匹以上。

## 十二、萨德尔马

萨德尔马,过去叫肯塔基乘用马,是美国最著名且数量最多的步行品种。它最早是在美国南方各州培育作为多用途的实用马，现在被认为是一种有才华、不做作的表演用马，既可用于骑乘也可用于驾车。

1. 育种

萨德尔马属于温血马。这种美国骑乘种马最初是从古老的纳拉甘西特马、罗德岛上种植园中的工作马和加拿大的溜蹄马发展而来的，后两者都是天生的步行品种。经过引入摩根马和纯血马的血统，这一品种得到提升和优质化，产生令人瞩目的外貌、速度和优雅的动作。

2. 特点

萨德尔马的体高约为 152～162cm，毛色为各种单一颜色。它有着高品质的头部，耳朵被精心整理过，是端正尖挺的。双眼相距较宽，有小巧的吻部和宽阔张开的鼻孔。其颈部高挺在肩膀上，增加了挺拔的姿态。它的躯干是高雅的典型，肋骨有特殊的弹性。它有着平的臀部，尾巴长得较高，而且切短马尾以显示风采。它的四肢是轻型而优雅的，在跳跃骑乘时很舒服，一般脚都长得很长。这种美国骑乘马是一种仪态大方、精神焕发的良马，能够用一种高昂振奋的动作表演慢步、快步和慢跑（三种步态）。另外还有由五步态的马表演的几种步法，如四拍的腾跃式“慢步态”和全速且惊人的“轻跑”。

图 3-41　萨德尔马

## 十三、美国设特兰马

美国设特兰马是北美洲最流行的小型马。它在 1885 年第一次由苏格兰

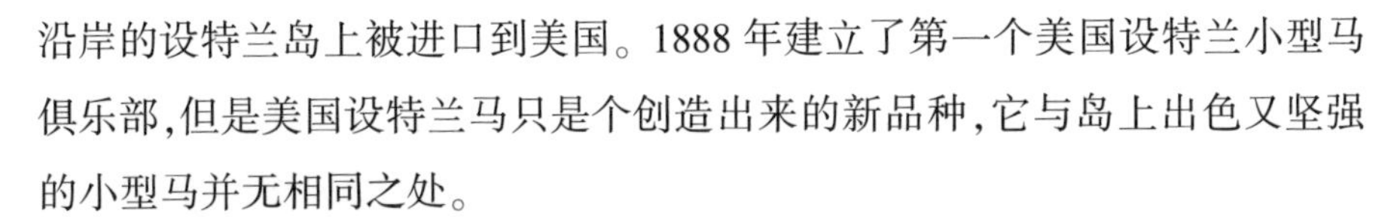

沿岸的设特兰岛上被进口到美国。1888 年建立了第一个美国设特兰小型马俱乐部,但是美国设特兰马只是个创造出来的新品种,它与岛上出色又坚强的小型马并无相同之处。

1. 育种

美国设特兰马属于温血马。美国新型的设特兰马,是以岛上的小型马与哈克尼马杂交育种出较好品种的例子,后者又是用小的阿拉伯马和纯血马杂交育种的后代。虽然这些小型马并未继承纯粹的小型马,如传奇般土生土长的健壮体格,但是它们是多用途的,它主要是挽用的小型马,也用于驾车比赛,有些被称为狩猎型的,也可骑着做跳跃动作。

2. 特点

美国设特兰马的体高约为 113cm,毛色为各种单一颜色。它有着长的头和直线形的轮廓,耳朵比较长,颈部的长相很像哈克尼马,与总体相比较,身躯较长而窄,有宽而强壮的腰部,特征性的细长腿,倾向于有较长的胫骨,尾巴的毛和鬃毛都比较长而且浓密,姿态舒展,具有挽用小型马的典型特征。这种聪慧且脾气好的美国设特兰马,在外形轮廓和体格上很像哈克尼马,比真正的设特兰小型马窄一点,在比例上长一点,而且较长的头缺少小型马的特点,给人精致的印象。

图 3-42 美国设特兰马

## 十四、克莱兹代尔马

克莱兹代尔马协会是 1877 年成立于英国，之后几年美国也建立了克莱兹代尔马协会。在短短的时间里，这个品种在美国和加拿大已稳定地发展起来，海外的销售业务成为克莱兹代尔马的养马业的著名特色。克莱兹代尔马也出口到德国、俄罗斯、日本、南非、澳大利亚和新西兰。

1. 育种

克莱兹代尔马属于冷血马。这种马的培育工作最初发源于兰开夏的克莱德河谷。在 18 世纪，仅汉米尔顿伯爵和住在洛克里克的约翰·帕特森进口了法兰德斯的种马，其目的是增加矮小的本地挽马的体型尺寸。夏尔马的血统也曾经广泛地使用，直到 19 世纪，育种家们才生产出一个全新的挽马品种。

2. 特点

克莱兹代尔马的体高约为 164cm，毛色为骝色和菊花青色，主要用于重挽用。它的头部比多数挽马都端正，有一个直线形而略微凸起的轮廓。它的颈部比希尔马长一些，肩部倾斜度很好，确保了快速、高步动作等特点，鬐甲明显比臀部高。如母牛般的踠关节是它的特点，但不被认为是体型结构上的缺点。它的四肢发育良好，边毛很浓但不粗糙。克莱兹代尔马比夏尔马的体型结构轻一些，它以非常积极的步法而著称。虽然是为农业工作而培育的，但是这种多用途的品种特别适合城市里重型的拖运工作。

图 3-43　克莱兹代尔马

## 十五、弗里斯兰马

黑色的弗里斯兰马是古老的冷血马,在它的故乡,受到极大的赞扬。如同有力的夏尔马在英国受欢迎一样。虽然它可以骑乘而且表现出很好的机动性,但是现代的弗里斯兰马是以漂亮、灵活的挽马而出名。性格和外貌使它与马戏团训马员相处得很融洽,而它的外表和毛色在丧葬业中也有一定的市场。

1. 育种

弗里斯兰马是原始欧洲森林马的后代,主要是在丹麦北部海岸的弗里斯兰培育的。曾经载着德国和弗里斯武士参加十字军东征,用作全能的战马。最初它透过与东方马的杂交而得到改善,后来直到 1609 年,丹麦从西班牙独立以前,主要是受到引入的西班牙血统影响。弗里斯马是古罗马军团的一部分,曾为培育英国的戴尔斯马和费尔小型马起过作用,后来它又透过英国老黑马影响了夏尔马。奥登堡马和多勒 · 康伯兰德马都曾与弗里斯兰马有很强的关联。

2. 特点

弗里斯兰马体高约为 152cm,毛色为黑色,主要用于挽用。它的头部很长,耳朵短,表情很机敏和善良,颈部呈圆弧形,显得很神气,鬃毛非常浓密,强壮的肩部是其特征,下肢有浓密的边毛,蓝角质的蹄子非常硬。弗里斯马是以它可爱和平易近人而著名。它的身体是很结实的,而且可以很经济地豢养它。

图 3-44　弗里斯兰马

## 十、中国马种发展趋势

我国民族众多，地理气候多样，决定了我国马种的多样性。随着我国马业从传统马业向现代马业的发展，我国马业发展呈现出多层次、多方位、多系统的发展趋势，这对马匹的种类又有了新的要求，我国马种发展趋势如下。

地方品种保种：以保护开发地方品种特色为中心，开展以生物产品和传统马产品为主、兼顾休闲娱乐的马产业体系。内蒙古等地以培育提高地方品种质量为手段，以马产品产业化生产为手段，以高质量的马产品服务于社会。未来地方品种也是我国主要马种资源，这是中国马业可持续发展的真正原动力。

专门化品种(品系)培育：利用我国现有的品种资源，以当前和未来社会发展的需要为方向，培育专门化品种(品系)，为我国马术运动产业提供马种资源。从传统马产品来看，可培养乳用型、肉用型的专门化品种(品系)。

竞技运动用马培育：我国马业的发展必须与世界接轨，必须与世界马产业同台竞技，而中国目前没有这样的马种。培养以温血马为主的国产体育竞技用马，在未来一个时期应是马匹育种的主要发展方向之一。采用科学培育方法，能很快地育成中国国产竞技运动用马品种，来满足未来市场的需要。

休闲骑乘用马培育：从消费者偏好来讲，总有一部分人喜爱骑马。骑马是健康、文明的消费方式。产马区选育的和竞技运动用马退役的马匹最适合休闲骑乘。休闲骑乘用马销售也是农牧民最经济、最直接的收入之一。休闲骑乘用马主要分布于旅游带和经济发达区。

# 第五节　马的参考基因组研究

现在公布的马的参考基因组共有四个版本，涉及3个品种，分别为纯血马、蒙古马和利皮扎马，纯血马的参考基因组由美国的基因组组装团队完成，蒙古马的参考基因组由内蒙古农业大学马属动物研究中心完成，利皮扎马的参考基因组由奥地利维也纳动物育种和遗传学研究所完成。由于纯血马的参考基因组质量较高，经常被人们所应用，但值得注意的是，纯血马的参考基因组是来自一匹被称之为黎明的母马，而蒙古马和利皮扎马的参考基因组均来自于公马。

据2007年公布的纯血马的参考基因组数据EquCab2，基因组大小为2.33Gb，GC含量为41.6%，2014年该基因组在新技术的支持下进行更新，2018年正式公布EquCab3，更新后的基因组大小为2.41Gb，GC含量为41.5271%。希望在新的参考基因组的支持下，能够挖掘出与马的经济性状密切相关的基因，为解析人类驯化马的过程和今后充分开发和利用马这个对人类贡献最伟大的动物而奠定基础。

图3-45　被测定基因组的纯血马“黎明”

马的基因组研究除了参考基因组的研究，为了研究其进化的过程和相关性状基因的调控，还做了大量的重测序工作，比如普氏野马、夸特马、马瓦丽马、雅库特马、纯血马和冰岛马等，通过将这些现代马的基因组与古 DNA 进行结合研究，发现了现在仅存的野马—普氏野马并非是家马的祖先。马的背线、虎斑等标识的形成与 TBX3 基因有关，马瓦丽马内翻式的耳朵的形成与 TSHZ1 基因有关，冰岛马的对侧步的形成与 DMTR3 基因有关，还解析了与雅库特马的抗寒能力有关的基因集合。相信在未来，随着对马基因组学的进一步深入研究，定将能够越来越多的解析马的不同性状形成的分子机理。

世界马品种遗传资源丰富，遍布于世界的各个角落，为了能充分地保护先辈们留下来的优秀遗传资源并能传承和发扬，建立世界马综合资源库势在必行。

世界马遗传资源库的建立主要搜集构建内蒙古、中国和全球马的基因库，保存近 784 个品种的血液和遗传信息，可以通过三步来实现。

第一步：收集内蒙古的马种遗传资源，包括：乌珠穆沁马、乌审马、百岔铁蹄马、阿巴嘎黑马、巴尔虎马、锡尼河马、鄂伦春马、锡林郭勒马、三河马、科尔沁马。

第二步：收集中国马种遗传资源，包括 29 个地方马品种遗传资源。29 个地方马品种遗传资源包括阿巴嘎黑马、鄂伦春马、蒙古马、锡尼河马、晋江马、利川马、百色马、德保矮马、甘孜马、建昌马、贵州马、大理马、腾冲马、文山马、乌蒙马、永宁马、云南矮马、中甸马、西藏马、宁强马、岔口驿马、大通马、河曲马、柴达木马、玉树马、巴里坤马、哈萨克马、柯尔克孜马、焉耆马。

第三步：逐步的搜集全球马种资源：全球现共有马种 784 个。我们将逐步地完善，尽量建立全球最大的马品种资源库。随后将采集到的所有资源变为基因组数据信息，用于现代马的进化和选择研究。建立全球最完善的马数据资源库。

# 第四章 马的解剖与生理

解剖是指利用工具将动物体剖开的过程,是研究马体的构造、组成和形态等的常用方法。生理学是指马体各器官的功能及其相关的科学,这些都是马学的基础知识,只有充分了解马匹的结构和机能,才能真正掌握马的生命活动规律,并充分发挥马的性能潜力。

# 第一节　马的运动系统

运动系统由骨、关节和肌肉组成。马体以骨骼为支架,借助骨连接(包括关节、结缔组织和软骨等),在神经系统的调节下,通过肌肉的收缩和舒张,牵引骨及关节的活动,形成了运动。

## 一、骨骼

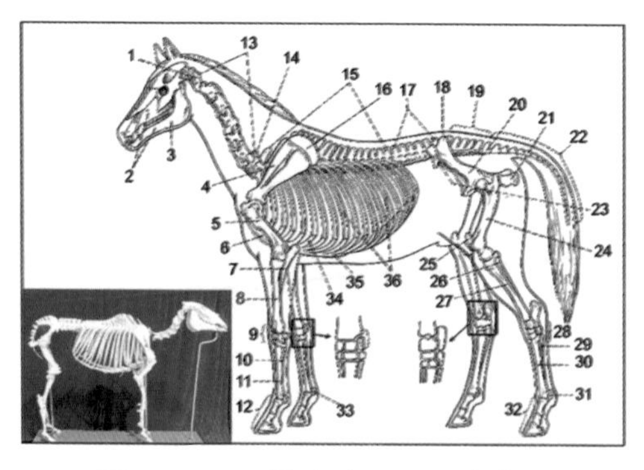

图 4-1　马的全身骨骼(左侧)

1. 环椎　2. 头骨(上、下颌骨)　3. 下颌骨　4. 肩胛骨　5. 肱骨　6. 胸骨(前部)　7. 尺骨　8. 桡骨　9. 腕骨　10. 第 4 掌骨　11. 第 3 掌骨　12. 指骨(包括系骨、冠骨、蹄骨)　13. 颈椎　14. 第 7 颈椎　15. 胸椎　16. 肩胛软骨　17. 腰椎　18. 腰椎棘突　19. 荐椎　20. 髂骨　21. 坐骨　22. 尾椎　23. 髂骨突起　24. 股骨　25. 膝盖骨　26. 腓骨　27. 胫骨　28. 跗骨　29. 第 4 跖骨　30. 第 3 跖骨　31. 近侧籽骨(后肢)　32. 趾骨(包括系骨、冠骨、蹄骨)　33. 近侧籽骨(前肢)　34. 肋软骨　35. 胸骨(后部)　36. 肋骨马的全身骨骼共约有 210 块,可分为主轴骨骼(包括头骨、躯干骨、尾骨)和四肢骨骼(包括前肢骨和后肢骨)两大部分。各骨之间借助韧带、软骨相互连接形成骨骼。不同品种的马,其骨骼总数常有不等,如阿拉伯马比其他马少 1 个胸椎、1 个腰椎和 1 对肋骨。

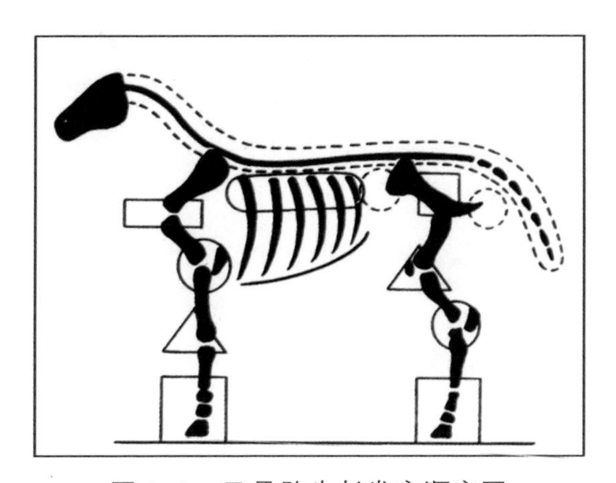

图 4-2　马骨骼生长发育顺序图

注:□表示 2 岁,○表示 3 岁, △表示 4 岁,▭表示 5 岁, 表示 6 岁

### (一)主轴骨骼

1. 头骨　主要由颅部骨骼、面部骨骼组成,共有 34 块。

(1)颅部骨骼:构成头部坚硬的骨匣,是形成颅腔的基础。包括:枕骨、蝶骨、颞骨、顶间骨、顶骨、额骨、筛骨。

(2)脸部骨骼:构成鼻腔和口腔,包括:鼻骨、泪骨、颧骨、上颌骨、颌前骨、腭骨、翼骨、犁骨、鼻夹骨、下颌骨、舌骨。

2. 躯干骨　由椎骨(包括颈椎、胸椎、腰椎、荐椎)、肋骨和胸骨组成。

(1)椎骨:从颈椎到尾椎,可以保护脊髓,是连接肋骨和四肢骨的基础。

颈椎:有 7 块,第 1 颈椎为寰椎,第 2 颈椎为枢椎,这 2 块颈椎与其他 5 块差异较大。

胸椎:约有 18 块,具有发达的棘突和连接肋骨的关节面,其中第 3 ~ 12 胸椎构成鬐甲的基础。

腰椎：约有 6 块，腰椎骨具有发达的横突，有利于增大腹腔的容积。

荐椎：有 5 块，彼此相连形成坚固的三角形。

(2) 肋骨：分为真肋和假肋。真肋下端与胸骨相连，假肋下端不与胸骨直接相连。肋骨共有 36 块，其中真肋 8 对、假肋 10 对。

(3) 胸骨：前端为胸骨柄，中间为胸骨体，后端为剑状软骨。

3. 尾骨　由 15~21 个尾椎骨构成，，距离荐椎越远，尾椎骨越小。

### （二）四肢骨

1. 前肢骨　由肩胛骨、臂骨、桡骨、尺骨、腕骨、掌骨、籽骨、指骨（包括系骨、冠骨、蹄骨）组成。

(1) 肩胛骨：上附于肩甲软骨，下连肱骨，构成肩关节。

(2) 臂骨：又称肱骨，为前肢中的大骨，上端具有和肩胛骨关节相连的关节小头，下端有和前臂骨（包括桡骨和尺骨）相连的关节滑车，构成尺骨关节。

(3) 桡骨：位于尺骨前方的长骨，连接上臂骨和腕骨的中心关节。

(4) 尺骨：位于桡骨的后上方，比桡骨小。上端具有尺骨突，是固着肌肉的杠杆。

(5) 腕骨：位于桡骨的下端，是构成腕关节的两列短小骨头，每列有 4 块小骨头。

(6) 掌骨：马只有 1 块发育好的掌骨，即第 3 掌骨，是马骨骼发育、骨量大小的主要测量部位。第 3 掌骨两侧有 2 块不发育的小骨。

(7) 籽骨：有 3 块，其中 2 块位于系骨的后上方，称为近侧籽骨；另一块位于蹄骨的后上方，称为远侧籽骨。

(8) 系骨：即第 1 指骨，位于掌骨下端。

(9) 冠骨：即第 2 指骨，与系骨相连构成冠骨关节。

(10) 蹄骨：即第 3 指骨，与冠骨相连构成蹄关节。

2. 后肢骨　由髂骨（包括髂骨、耻骨、坐骨）、股骨、小腿骨（包括膝盖骨、胫骨、腓骨）、跗骨、跖骨、籽骨、趾骨（系骨、冠骨、蹄骨）组成。

（1）髂骨：由髂骨、耻骨和坐骨愈合形成。左、右髂骨相连形成盆骨，保护盆腔内的生殖器官。

（2）股骨：为长骨中最大的骨，是姿势和运动的功能中心，表面有强大的肌肉、肌腱附着的起点和明显的骨质隆突、沟。

（3）小腿骨：分为膝盖骨、胫骨和腓骨，由前上方斜向后下方。

（4）跗骨：共有 6 块，分上、中、下三列。上列内侧是距骨、外侧是跟骨；跟骨近端粗大称为结节。中列是中央跗骨，下列是第 2、3、4 跗骨。

（5）跖骨：形态与前肢掌骨相似，但较掌骨细而长。

（6）籽骨：与前肢籽骨相同。

（7）趾骨：与前肢指骨相似，但第 1 趾骨稍短且广，第 3 趾骨尖而窄，较前肢的小。

图 4-3　马与人的四肢骨骼比较

## 二、肌肉

肌肉主要由骨骼肌组织构成，骨骼肌与起支持作用的结缔组织连接成一个整体，血管、淋巴管和神经沿结缔组织延伸，共同构成肌器官。在肌肉的收缩和舒张活动中，有筋膜、黏液囊、腱鞘等辅助肌肉的活动，这些结构称为肌肉的辅助器官。马的全身骨骼肌分为皮肌、头部肌、躯干肌和四肢肌。

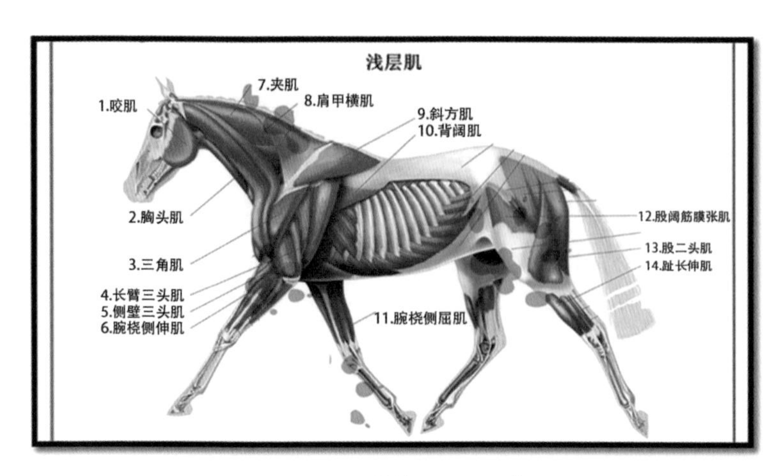


图 4-4　马的浅层肌示意图

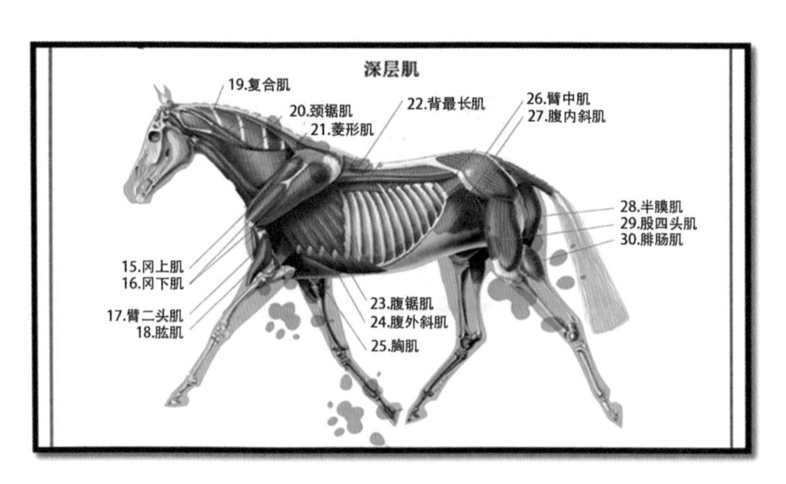


图 4-5　马的深层肌肉示意图

## （一）皮肌

皮肌指分布于浅筋膜内的薄板状肌肉，只分布于面部、颈部、肩臂部、胸腹部。皮肌收缩时，可使皮肤震动，以驱赶蚊蝇和抖掉皮肤上的灰尘。

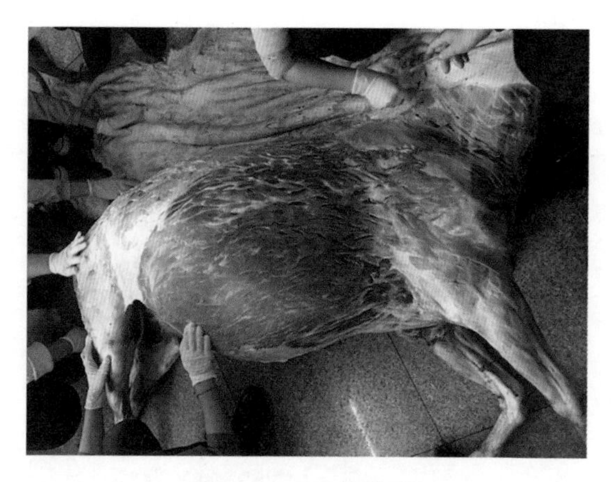

图 4-6　马的皮肌

## （二）头部肌

头部肌由颜面肌和咀嚼肌组成。

1. 颜面肌　位于口和鼻腔周围，主要包括口轮匝肌、犬齿肌、上唇固有提肌、颊肌、鼻唇提肌、耳腹侧肌、颧肌、下唇降肌、唇皮肌等。

2. 咀嚼肌　包括咬肌、颞肌等。

## （三）躯干肌（去除皮肌）

躯干体由脊柱肌、颈腹侧肌、胸廓肌、腹壁肌组成。

1. 脊柱肌　主要支配脊柱活动的肌肉。主要包括夹肌、背最长肌、髂肋肌、头半棘肌、颈多裂肌等。

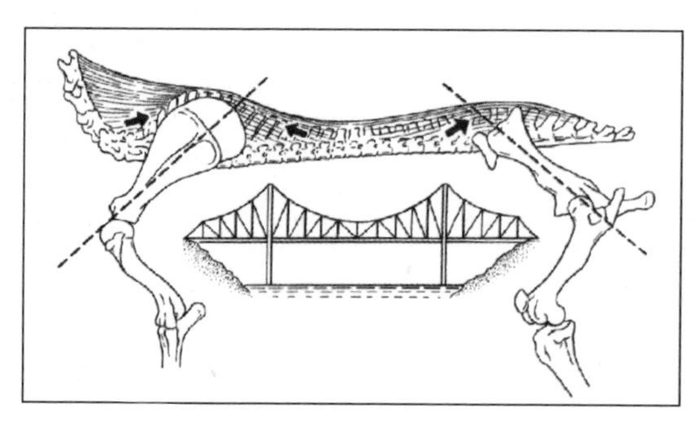

图 4-7　马背最长肌受力图

2. 颈腹侧肌　主要包括胸头肌、颈下锯肌、肩甲舌骨肌等。

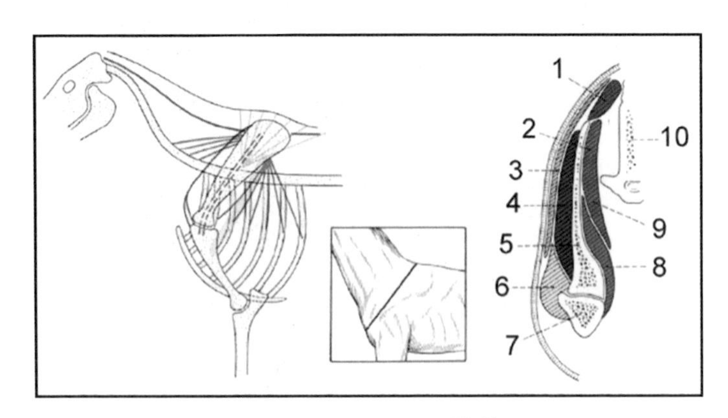


图 4-8　马颈部肌肉横截面

3. 胸廓肌　位于胸侧壁和胸腔后壁，参与呼吸，分为吸气肌和呼气肌。主要包括肋间外肌、呼气上锯肌、膈肌、吸气上锯肌、肋间内肌等。

4. 腹壁肌　构成腹侧壁和底壁。腹壁肌外包的深筋膜含有大量的弹性纤维，呈黄色，称为腹黄膜，可以加强腹壁的强韧性。包括腹外斜肌、腹内斜肌、腹直肌、腹横肌等。

图 4-9　马的腹壁肌

## （四）四肢肌

1. 前肢肌　由肩带肌、肩部肌、臂部肌、前臂部肌和前脚部肌组成。

(1)肩带肌：是连接前肢与躯干的肌肉。多数起于躯干，止于肩部和臂部。强大的肩带肌将前肢与躯干连接起来(肌肉连接)，构成动态的悬吊结构，在马站立时将躯体悬挂于两前肢间，在运动时控制肢体的摆动。主要包括斜方肌、背阔肌、臂头肌、菱形肌(分为颈菱形肌和胸菱形肌)、胸肌等。

(2)肩部肌：起于肩胛骨，止于臂骨，跨越肩关节，分为外侧肌和内侧肌。主要包括：冈上肌、三角肌、大圆肌、肩胛下肌等。

(3)臂部肌：分布于臂骨周围，主要作用在肘关节，可分伸、屈肌。主要包括，臂三头肌、前臂筋膜张肌、臂肌、臂二头肌等。

(4)前臂部肌和前脚部肌：均起于臂骨远端和前臂骨近端，分布于前臂骨的背侧、外侧和掌侧面。在腕关节上部向下变为腱质。作用于腕关节的肌肉腱短，作用于指关节的肌肉腱较长。除腕尺侧屈肌外，其他各肌的肌腱在经过腕关节时，均包有腱鞘。主要包括，腕桡侧伸肌、指总伸肌、指外侧伸肌、腕尺侧伸肌、拇长展肌、腕尺侧屈肌等。

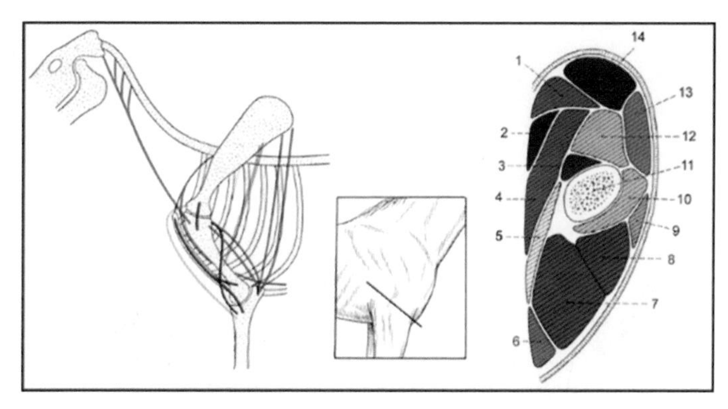


图 4-10　马的肩部肌肉横截面

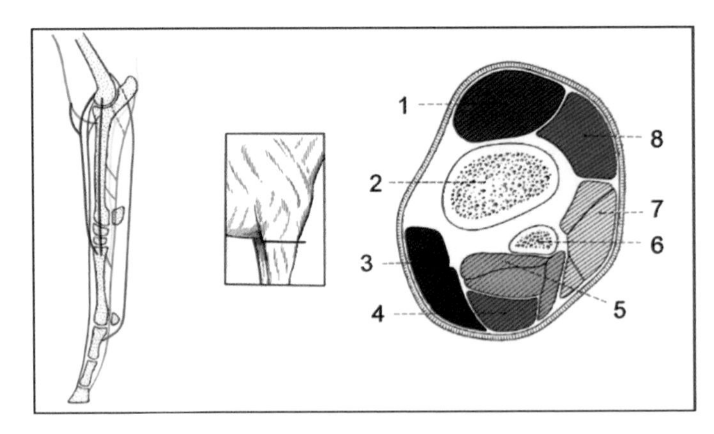


图 4-11　马的臂部肌肉横截面

肩部肌、臂部肌、前臂部肌和前脚部肌的作用是控制关节的伸屈,同时依据其影响的关节的结构也可控制外展、内收和转动。臂二头肌有屈肘关节、伸肩关节和固定肩关节的作用,对马特别重要。

2. 后肢肌　后肢肌肉较前肢肌肉发达,是推动身体前进的主要动力。包括臀部肌、股部肌、小腿和后腿部肌。

(1)臀部肌:分布于臀部,跨越髂关节,止于股骨,可伸、屈髂关节及外旋大腿。主要包括臀浅肌、臀中肌、臀深肌等。

(2)股部肌:分布于股骨周围,可分为股前、股后和股内侧肌群。包括股四头肌、股二头肌、半腱肌、半膜肌、股阔筋膜张肌等。

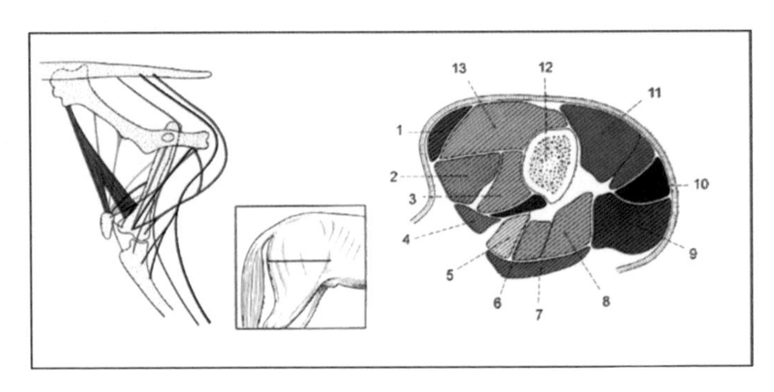


图 4-12　马的后肢肌横截面

(3)小腿和后腿部肌:多为纺锤形肌,肌腹位于小腿部,作用于跗关节和趾关节,可分为背外侧肌群和跖侧肌群。包括趾长伸肌、趾外侧伸肌、腓肠肌、趾深屈肌、趾短伸肌、比目鱼肌等。

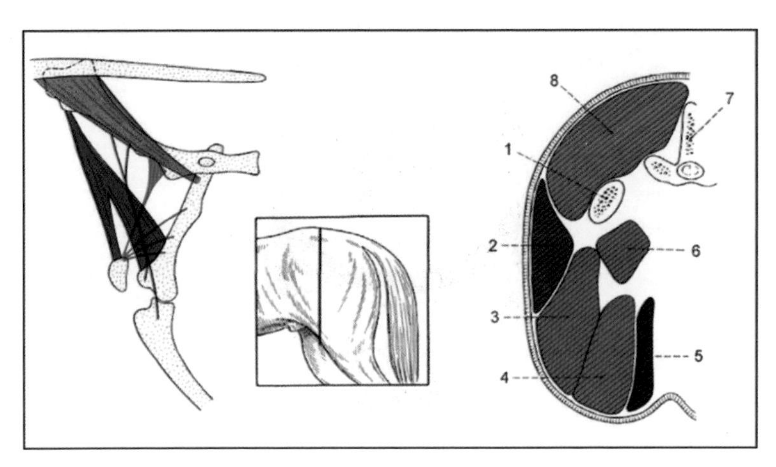


图 4-13 马的后肢肌纵截面

## 三、骨连接

骨连接包括关节、结缔组织和软骨等。骨与骨之间的连接称为骨连接,分为可动连接、微动连接和不动连接。

### (一)可动连接

可动连接的活动范围较大,又称关节。关节由关节面、关节软骨、关节囊和关节腔构成。

1. 关节面　是两块或两块以上的骨互相接触的光滑面。

2. 关节软骨　是关节面上覆盖着的一层透明软骨,能减少运动时候的摩擦。

3. 关节囊　是包围在关节周围的结缔组织囊,可分为内、外两层,外层为纤维层,由致密结缔组织构成;内层为滑膜层,表面被覆单层扁平细胞。

滑膜层能分泌淡黄色的滑液,润滑关节面和关节囊,可减少运动时的摩擦。

4. 关节腔　是关节面和关节囊之间的腔隙,腔内有少许滑液。

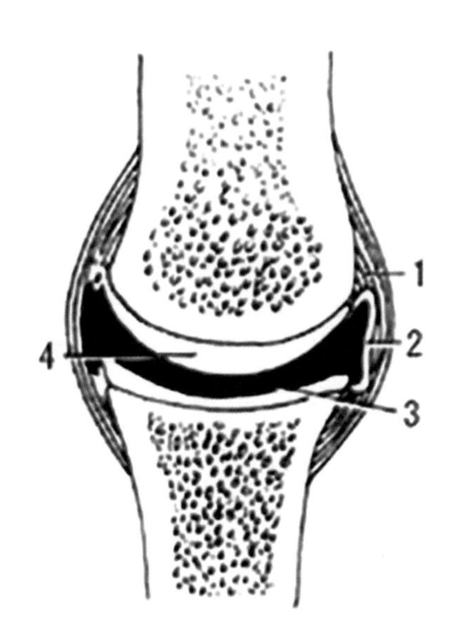


图 4-14　马的关节构造模式图

1. 关节囊纤维层　2. 关节囊滑膜层　3. 关节腔　4. 关节软骨

### (二)微动连接

微动连接的活动范围很小,一般缺乏关节腔,有的关节面之间有软骨或软骨板填充,如椎体间关节。

### (三)不动连接

不动连接是骨与骨之间借助于结缔组织或软骨的连接。在幼龄动物时只能进行小范围活动,成年后大部分结缔组织或软骨均已骨化,成为骨性结合,不能活动,如枕骨与顶骨连接等。

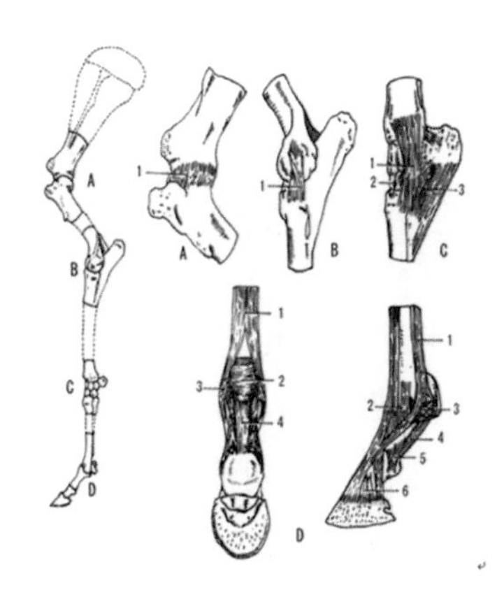

图 4-15 马的前肢关节

A 肩关节 1. 关节囊

B 肘关节 1. 侧韧带

C 腕关节 1. 外侧韧带 2. 骨间韧带 3. 副腕骨下韧带

D 指关节

左侧:指关节掌侧面。1. 悬韧带 2. 籽骨间韧带 3. 籽骨侧韧带 4. 籽骨下韧带

右侧:指关节侧面。1. 悬韧带 2. 系关节侧韧带 3. 籽骨侧韧带 4. 籽骨下韧带 5. 冠关节侧韧带 6. 蹄关节侧韧带

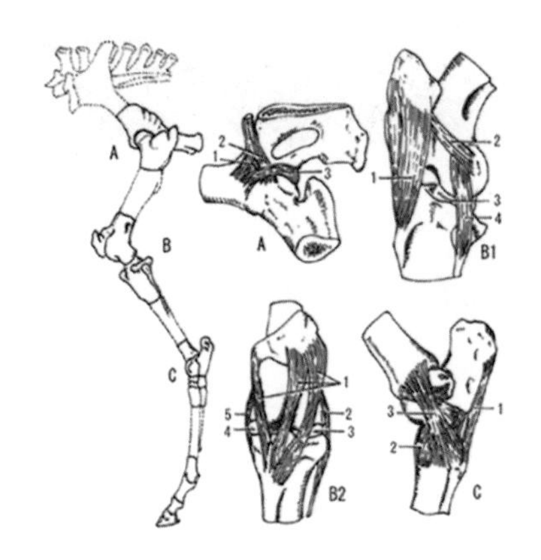

图 4-16 马的后肢关节

A 髋关节 1. 圆韧带 2. 副韧带 3. 横韧带

B1 膝关节侧面观 1. 膝外侧直韧带 2. 股膝外侧韧带 3. 半月状板 4. 股胫外侧韧带

B2 膝关节前面观 1. 膝直韧带 2. 股胫外侧韧带 3. 半月状板 4. 半月状板 5. 股胫内侧韧带

C 跗关节 1. 跖侧韧带 2. 背侧韧带 3. 外侧韧带

## 四、马的蹄子

蹄是指趾端着地的部分,由皮肤演变而成。在结构层次上,蹄的结构与皮肤相似,由表皮、真皮和少量皮下组织构成。表皮因高度角质化而称角质层,构成坚硬的蹄匣(由蹄缘、蹄冠、蹄壁、蹄底和蹄叉的角质共同构成),无血管和神经;真皮层含有丰富的血管和神经末梢,呈鲜红色,感觉灵敏,通常称肉蹄。按部位分,蹄分为蹄缘、蹄冠、蹄壁和蹄底四部分。蹄壁和蹄底没有皮下组织。

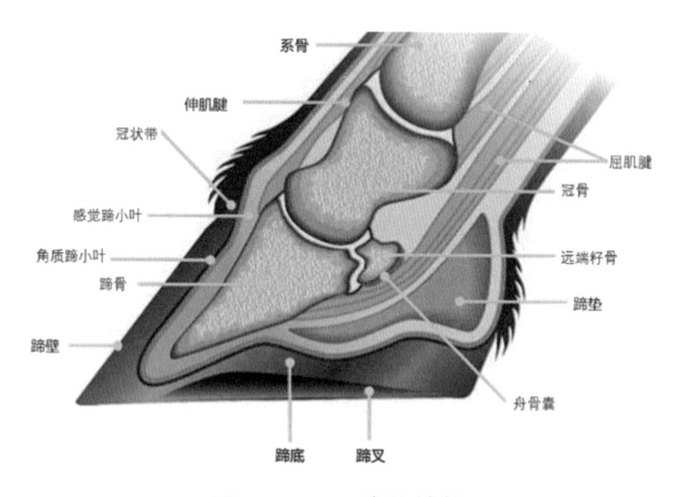


图 4-17　马蹄的结构

### (一)蹄缘

蹄缘是蹄与皮肤相连的无毛部分,呈半环形,前部窄(3~5mm),向后逐渐变宽。蹄缘真皮形成非常稀疏的细乳头,乳头的顶端下垂。蹄缘表皮生发层产生的角质,向下覆盖着蹄壁,形成蹄壁的最外层,称为釉层或蹄漆。蹄缘角质内表面有许多角质小管开口,蹄缘真皮乳头伸入其中。蹄缘的皮下组织较薄。

### （二）蹄冠

蹄冠位于蹄缘下方，蹄壁上方。在蹄冠角质内有一宽约 1.5cm 的蹄冠沟，以容纳蹄冠真皮，沟底有无数角质小管开口，丝状的肉冠真皮乳头伸入角质小管内。蹄冠真皮表面有很多乳头，乳头呈圆锥状，顶端向下，乳头的表面被覆表皮的生发层产生的角质形成蹄壁的保护层。蹄冠真皮部分分布有丰富的血管和神经末梢，感觉敏锐。蹄冠的皮下组织较薄。

### （三）蹄壁

蹄壁构成蹄匣的背侧壁、内侧壁和外侧壁。蹄壁表皮最厚，可分为三层：釉层、保护层（冠状层）和角质小叶层。角质小叶嵌在真皮小叶（相当于真皮乳头）之间，使蹄壁角质和蹄壁真皮牢固结合。蹄壁角质分三个部分，前为蹄尖壁，两侧为蹄侧壁，后为体踵壁。体踵壁向蹄底折转的部分称为蹄支，其折转角称为蹄支角。蹄壁无皮下组织。

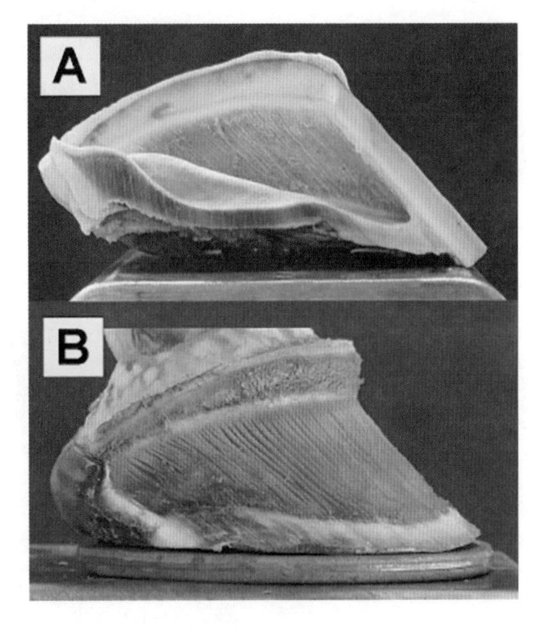

图 4-18　蹄壁角质和蹄壁真皮

角质小叶能产生淡黄色的角质，因而在蹄壁的内缘上形成淡黄色的白线，也称淡黄线。白线是确定蹄壁角质厚度的标准，也是给马钉蹄时下钉的定位标志；如果白线分解可导致蹄壁剥离和蹄底下沉，引起蹄病。蹄底缘是由蹄底外缘、白线和蹄壁管状层的下缘共同构成，是担负马体重的部分。

（四）蹄底

位于蹄的底面，蹄叉的前部，前缘和内、外侧缘凸，近似半圆形，通过蹄白线与蹄壁角质的底缘相连。蹄底面角质的前部为蹄底体，后部形成两个蹄底支，并与蹄叉和蹄支相连。蹄底真皮与蹄骨表面的骨膜紧密结合，表面的细长真皮乳头向下深入蹄底角质小管内。蹄底无皮下组织。

蹄叉位于蹄底的后方，呈前尖后宽的楔形，嵌于蹄底角质和内、外侧壁蹄之间，前部尖为蹄叉尖，后部宽为蹄叉底。蹄叉底正中有蹄叉中沟，在蹄叉两侧与蹄支之间各形成一条蹄叉侧沟。蹄叉角质层较厚，富有弹性，蹄叉真皮乳头伸入蹄叉角质的角质小管内。蹄叉皮下组织特别发达，有丰富的弹性纤维和胶原纤维构成，富有弹性，构成指（趾）端的弹性装置，当四肢着地时有减轻冲击和震荡的作用。

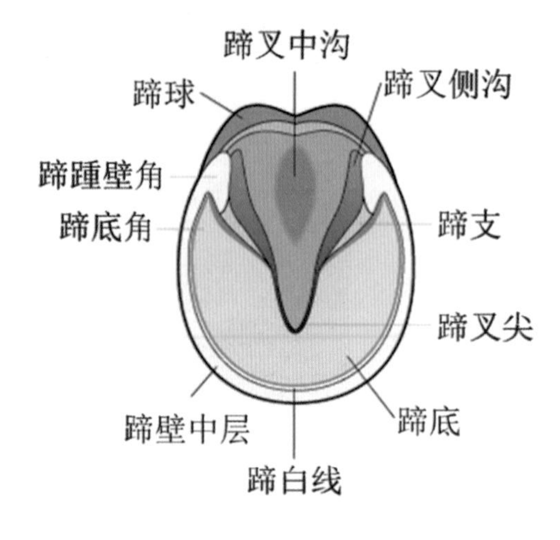


图 4-19　马蹄底结构

# 第二节　马的呼吸系统

呼吸系统由鼻、咽、喉、气管、支气管和肺等器官组成，胸膜腔等作为辅助装置。呼吸系统的特点是由骨和软骨作为支架，构成中空的管道，以便空气顺利通过。临床上通常把鼻、咽、喉、气管和支气管称为上呼吸道。肺是气体交换的器官。

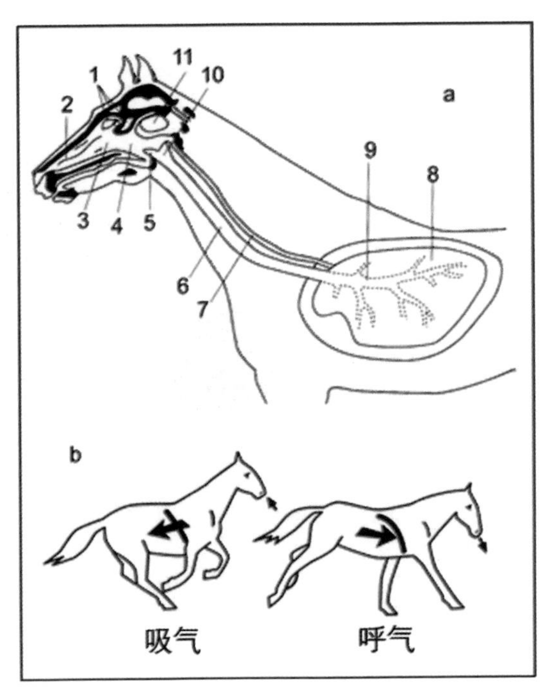


图 4-20　马的呼吸系统及运动时的气流走向

## 一、鼻

鼻位于面部中央，既是气体出入肺的通道，又是嗅觉器官。鼻包括鼻腔和鼻旁窦。

1. *鼻腔* 是呼吸道起始部,呈长圆筒状,以面部骨骼作为支架,前端以鼻孔与外界相通,后端以鼻后孔与咽相通,内面被覆黏膜。鼻腔前部被覆皮肤的部分称为鼻前庭,表面有色素沉着,并生有短毛。鼻前庭背侧皮下有一盲囊,向后达鼻颌切迹,称为鼻憩室或鼻盲囊。在鼻前庭外侧,靠近鼻黏膜的皮肤上有鼻泪管口。鼻黏膜具有产嗅觉、温暖、湿润、净化吸入的空气等作用。鼻腔由鼻中隔分为左、右两半。每侧鼻腔以上、下鼻甲分为上、中、下三个鼻道。鼻中隔与鼻甲之间的空隙又称为总鼻道。鼻孔的内侧壁称为鼻内翼,外侧壁称为鼻外翼,鼻翼以翼状软骨为基础。

2. *鼻旁窦* 又称副鼻窦或鼻窦,鼻旁窦包括上颌窦、额甲窦、蝶腭窦和筛窦。这些窦都是头部一些骨骼的两层骨密质之间的空隙,空隙内被覆黏膜,黏膜较薄,血管少,与鼻腔黏膜相连。因此,当鼻腔黏膜有炎症时,会蔓延到鼻旁窦黏膜,引起鼻窦炎。鼻旁窦可温暖、湿润吸入的空气,减轻头骨重量,对发声起共鸣作用。

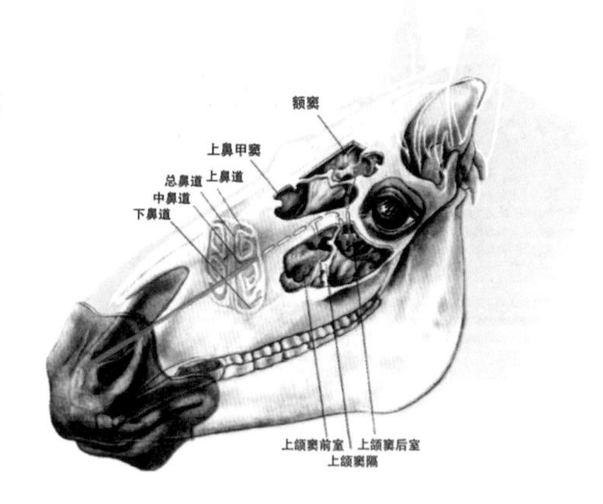

图 4-21　马的鼻旁窦模式图

## 二、咽

位于鼻腔和口腔的后方,喉和气管的前上方,分为鼻咽部、口咽部和喉咽部。咽是消化道和呼吸道的共同通道,以咽肌为基础,内被覆黏膜,外包结缔组织。呼吸时,软腭下垂,空气经咽到喉或鼻腔;吞咽时,软腭提起,关闭鼻咽部,同时会厌翻转盖封喉口,食物由口腔经咽入食管。在咽的后上方,马的耳咽管中部膨大,形成黏膜囊,称为耳咽管囊或喉囊,左右各一。

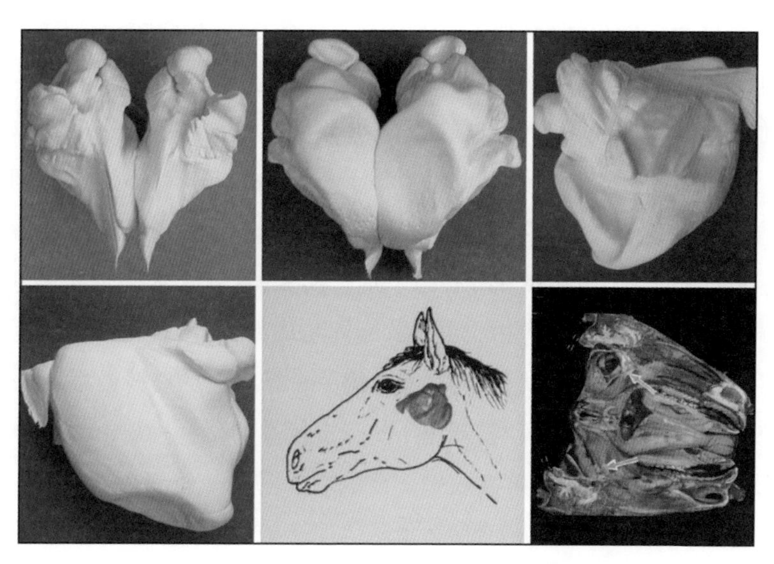

图 4-22　马的喉囊位置及模型(芒来教授制作)

马喉囊〔咽鼓管囊(guttural pouch),也称耳管憩室(auditory tube diverticulum)〕形态学特征研究

在家畜中,只有马和驴拥有咽鼓管囊。特别是参赛马(竞技马)经常患咽鼓管囊炎或咽鼓管囊鼓胀症等五种疾病。对于这种疾病,最近采用内窥镜进行检查、诊断及治疗和利用外科咽鼓管囊切开手术时,对其解剖学及组织学结构的了解不可缺少。进而,在了解解剖学结构的基础上获得生理学的数据也非常重要的。但关于马咽鼓管囊,现存的兽医解剖学或兽医组织胚胎学书籍中记载还不够充分,在对马咽鼓管囊进行检查时,不能确定解剖学的准确位置,而使兽医师们常常感到不便。

2000 年,芒来教授制作出世界上第一个马咽鼓管囊的模型,即喉囊的“地图”,填补了世界上缺少马咽鼓管囊模型的空白,在国内外马业科学界引起了很大轰动。

马属动物具有一对喉囊开口于耳咽管,沟通中耳与咽腔。现代赛马所用品种——纯血马的喉囊中通常有脓性分泌物积聚,从而引发喉囊炎的发生,喉囊炎发病时间短,危害极大,终生不愈。芒来教授查阅了大量关于马属动物喉囊炎的资料与文献,并进行了很多病理解剖检验,要想弄清喉囊炎的发病机理与诊断机制，必须先要弄清楚马喉囊的形态特性，所以芒来教授以此作为切入点，进行了深入细致的研究。

喉囊是一个薄膜器官，马匹在平静状态下，喉囊内充满气体，呈鼓胀状态，一旦马匹停止呼吸，喉囊马上就紧缩干瘪，无法探知其真实构造，且囊壁的厚度不到一毫米，制作模型难度极大。芒来教授找到了合适的实验材料——硅(Silicon)，马匹在麻醉状态下进行实验，这就大大降低了马匹气管的气流强度，利于喉囊灌注物质更好的凝固与成型，再结合 CT、MRA 等现代科技手段的分析与检测，就这样，世界上第一个马喉囊的硅铸模型诞生了！

芒来教授的“马咽鼓管囊(喉囊)形态学特性的研究”成果，成为国际上马咽鼓管囊研究领域的突破性成果。该成果为马咽鼓管囊生物学特征的解析、马咽鼓管囊疾病的诊断、治疗和预防等诸多方面提供了新颖而翔实的实验数据。

芒来教授的兽医学博士学位指导教师林良博(Hayashi Yoshihiro)教授评价道：“芒来制作出了世界上第一个马咽鼓管囊的模型，并准确地测定出马咽鼓管囊的体积，明确了马咽鼓管囊与头部骨骼、肌肉、血管、神经的位置关系，这一成果是世界一流的基础生物学研究。马咽鼓管囊的‘地图’，将会被世界各国家畜解剖学和马学教科书摘登，具有划时代的意义。”

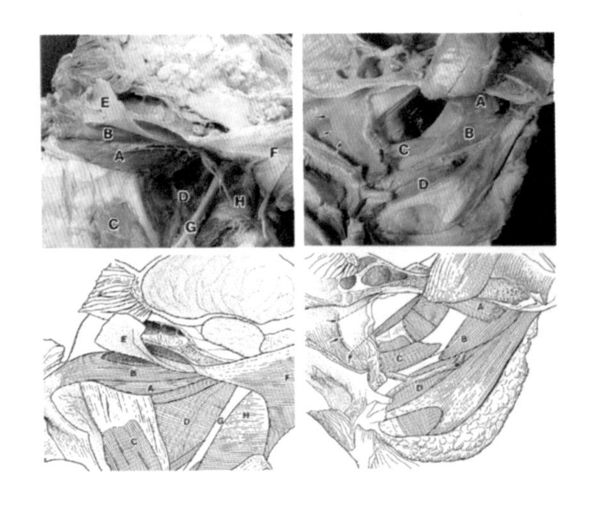

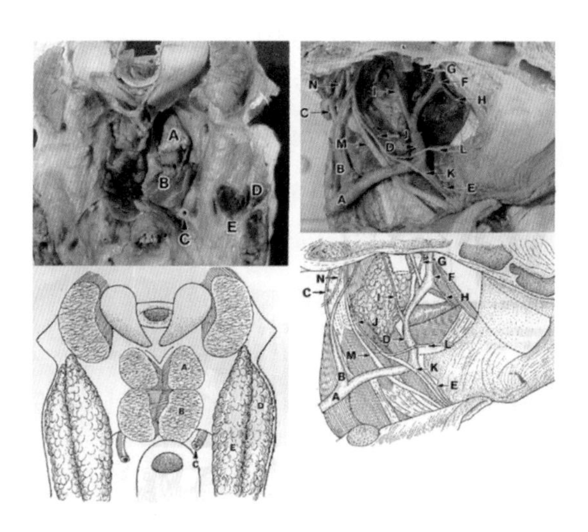


图 4-23　喉囊与周围组织的关系示意图

研究的研究思路及方法和技术路线概括为如下：

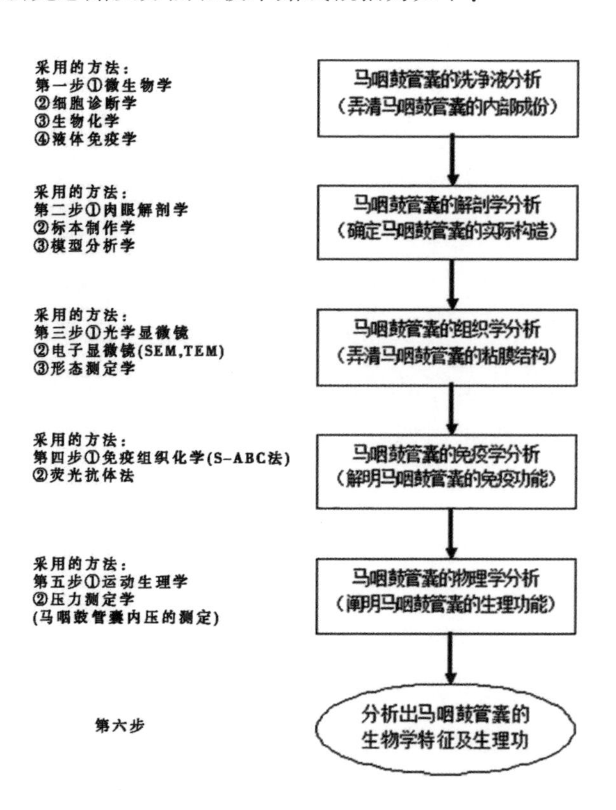

本研究以阐明马咽鼓管囊解剖及组织学的细微构造的生物特征及生理功能作为目的。因此,本研究内容所采用的研究方法主要有:

第一,为了解明马咽鼓管囊生理机能的目的,分析了健康马咽鼓管囊洗净液中的真菌、细菌的种类、数量及各种细胞的数量、种类及蛋白质、磷等生理生化指标的生理范围值,明确了标准。

第二,为了详细掌握马咽鼓管囊肉眼解剖学的特征,首先制作了马咽鼓管囊的硅铸模型,能够立体地观察到马咽鼓管囊主要的邻接动脉、神经、骨骼及肌肉的走向,明确了马咽鼓管囊与这些器官组织之间的位置关系及测定马咽鼓管囊的容积(大小)。

第三,为了明确马咽鼓管囊组织学构造的特征和对清除异物的能力作形态学方面的评价,利用光学显微镜及电子显微镜作了组织学分析。明确了马咽鼓管囊黏膜是否作为持有清除异物能力的器官,并判断了其在不同部位间有无存在功能上的差别。

第四,为了得到阐明马咽鼓管囊生理机能的线索,进行了咽鼓管囊黏膜的各种同型免疫球蛋白分布情况的检测分析。通过此项实验证明了马咽管囊是否具备感染防御机能的器官。

本研究所获得的成果将为对马咽鼓管囊内窥镜检查及外科手术以及各种咽鼓管囊疾病的诊断、治疗等方面提供了有效的新情报。同时,为加深对马咽鼓管囊生理机能方面的了解做出了突破性贡献。重点解决的关键问题有两点:一是阐明马咽鼓管囊生物学特征及生理功能。二是世界上首次制作出马咽鼓管囊的"地图",即硅铸模型。

具体成果如下:

(1)首次弄清了健康马咽鼓管囊(喉囊)洗净液中的真菌、细菌的种类、数量以及细胞的数量、种类和蛋白质、磷生理常值的明确量化指标。

(2)本研究首次制作出了马咽鼓管囊的硅铸(silicon)模型,并能够立体地观察到了主要的邻接动脉、神经、骨骼及肌肉的走向以及位置关系。从而准确地测定出马咽鼓管囊的容积(积体大小)的目的。

(3)本研究利用光学显微镜及电子显微镜对马咽鼓管囊黏膜结构进行

了组织学分析,弄清了马咽鼓管囊黏膜不同部位的组织学结构,并找出了不同部位间功能上的差别。

(4)本研究利用了免疫组织化学方法对马咽鼓管囊黏膜的各种同型免疫球蛋白分布情况进行了全面的检测。

## 三、喉

喉是一个双侧对称的管状肌性、软骨器官,位于咽的后下方,下颌间隙的后部,前通咽腔,后接气管。喉是空气出入肺的重要通道,保护气管的入口,防止异物进入下呼吸道,又是发声器。喉由喉软骨、喉黏膜和喉肌等组成。喉软骨包括不成对的会厌软骨、甲状软骨、环状软骨和对称的勺状软骨。喉腔以喉软骨作支架,借韧带互相连接,并有喉的肌肉进行运动。喉的内腔被覆黏膜,与咽黏膜相连。喉腔的中部有"V"型的声门裂,声门裂下部的黏膜形成褶皱,称为声带。

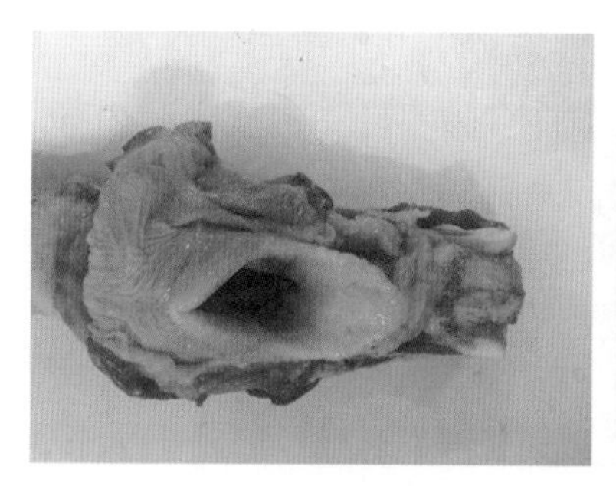

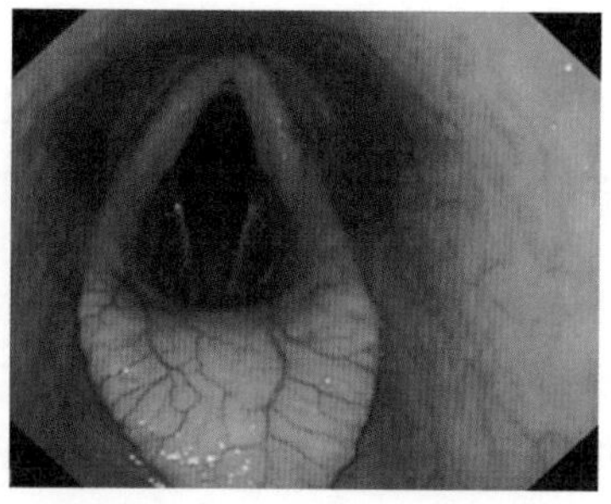

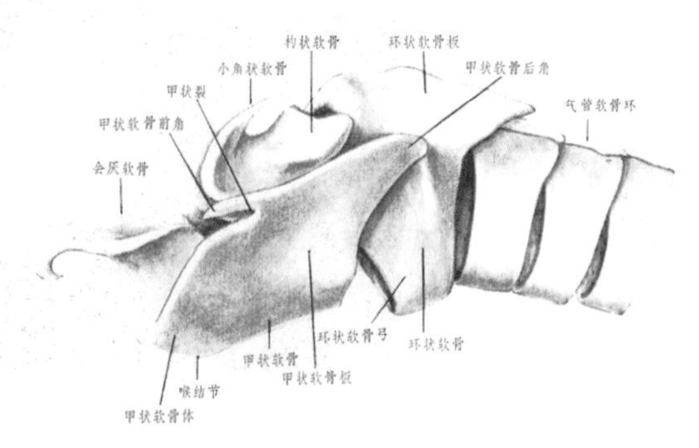


图 4-24　马的喉及会厌软骨

## 四、气管和支气管

气管为圆筒状管道，长约 1m，由 50~60 个 U 形软骨环做支架，以气管环状韧带连接起来。气管由喉起始，沿颈部颈长肌的腹侧入胸腔到心基的上方第 6 肋骨平位处，分为左、右支气管。左、右支气管的结构与气管基本相似，只是管腔较细小。

## 五、肺

位于胸腔内、纵隔的两侧，左右各一，右肺通常比左肺大。健康的肺呈粉红色，柔软而富有弹性。左、右肺均呈半圆锥体型，肺尖向前，在胸腔前口处，肺底向后，与膈相贴。

肺由被膜和实质构成。被膜为肺表面的一层浆膜，称为肺胸膜，其深部为结缔组织，内含血管、神经、淋巴管、弹性纤维和平滑肌纤维，结缔组织伸入肺的实质内，将实质分为一些肺段和许多肺小叶。实质由肺内导管部和呼吸部组成。导管部为支气管经肺门入肺后的反复分支，依次为肺叶支气管、肺段支气管、细支气管、终末细支气管，统称为支气管树，是气体在肺内流通的管道。呼吸部由终末细支气管的逐级分支组成，包括呼吸性细支气管、肺泡管、肺泡囊和肺泡，其作用是与血液间进行气体交换。

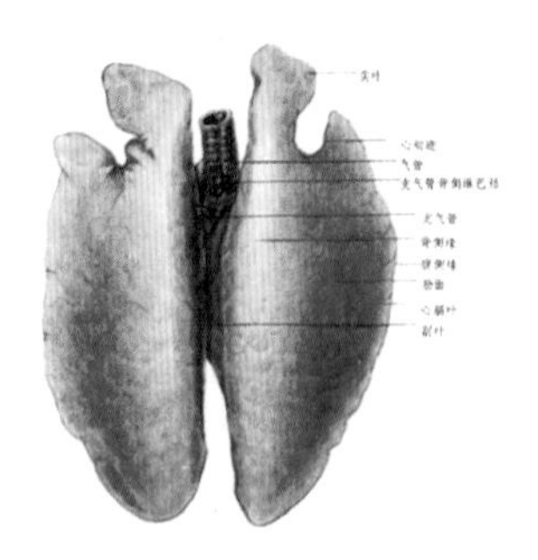

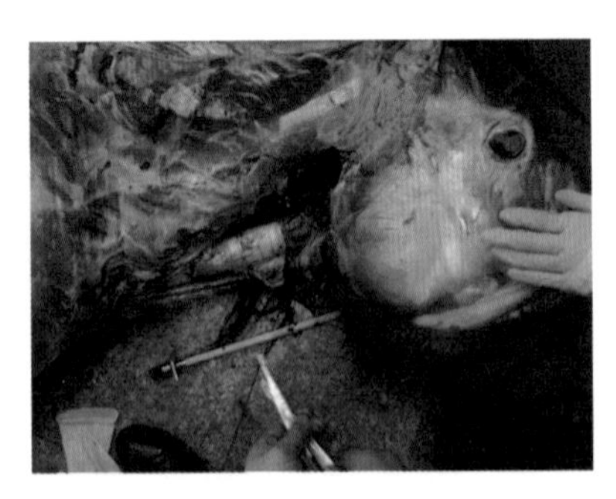

图 4-25　马的气管和肺

### 六、胸膜和纵隔

胸膜是覆盖在肺的外表面和衬贴于胸壁内表面的一层浆膜。马的左、右胸膜腔间的纵隔较薄，常见有效的孔道相通，打开一侧胸膜腔，造成气胸，会使另一侧同时发生气胸，使肺组织塌陷，失去呼吸功能。临床手术时，应注意这个特点。

纵隔位于左、右胸膜腔之间，有两侧的纵隔胸膜以及夹在其间的心脏、心包、食管、气管、大血管、淋巴结、胸导管及神经和结缔组织构成。包在心包外面的纵隔膜又称为胸包膜。

## 第三节　马的循环系统

循环系统是机体内的细胞外液（包括血浆、淋巴和组织液）及其借以循环流动的管道组成的系统，包括血液循环系统和淋巴循环系统。机体内营养物质和氧的运送及废物的排出，均是通过循环系统进行。此外，内分泌腺产生的激素、组织的代谢产物进入血液后，通过血液循环调节机体各组织器官的活动，因此，血液循环还起着体液调节的作用。

### 一、血液循环系统

血液循环系统由心脏、动脉、毛细血管、静脉和血液组成。心脏是血液循环的主要动力器官。血管是输送血液的管道。将血液由心脏运送至躯体各个部分的血管称为动脉，将血液由躯体各个部分运回心脏的血管称为静脉。血液从心脏出来，经动脉到达毛细血管，然后再经静脉返回心脏，血液的这一运行过程称为血液循环。

哺乳动物在胎儿时期，由于肺脏不执行呼吸机能，因此血液由胎盘经脐静脉运送到胎儿，再由胎儿的脐动脉把血液送回胎盘。胎儿出生后脐静脉变为肝圆韧带，脐动脉变为膀胱圆韧带。

血液循环是以心脏为中心，包括小循环（肺循环）和大循环（体循环），这两种循环同时进行，形成一个完整的血液循环。小循环是指血液由右心室出来，进入肺动脉，肺动脉在肺脏内反复分支，形成肺的毛细血管网，进行气体交换，然后汇合成小静脉，小静脉再汇合成 7~8 条大的肺静脉，流入左心房。大循环是指血液从左心室出来后，进入主动脉；主动脉再分为小动脉，分散在躯体各部，最终分为毛细血管，通过毛细血管进行气体及营养物质交换；由毛细血管集合成小静脉，小静脉最后汇合成两条大的前、后腔静脉，再流回右心房。

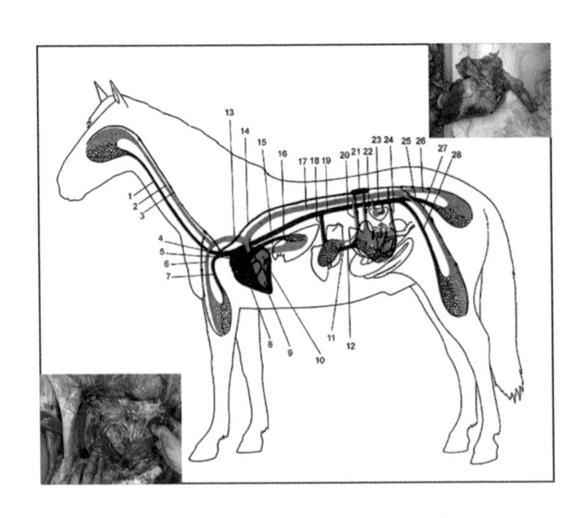


图 4-26　马的循环系统模式图

1. 颈静脉　2. 颈动脉　3. 左气管导管　4. 前腔静脉　5. 右心房　6. 腋动脉　7. 腋静脉　8. 右心室　9. 左心室　10. 左心房　11. 肝动脉　12. 门静脉　13. 臂头动脉总干　14. 胸导管　15. 肺静脉　16. 肺动脉　17. 主动脉　18. 肝静脉　19. 后腔静脉　20. 腹腔动脉　21. 乳糜池　22. 前肠系膜动脉　23. 肾动脉、静脉　24. 后肠系膜动脉　25. 髂内静脉　26. 髂内动脉　27. 髂外动脉　28. 髂外静脉

### （一）心脏

心脏是一个具有内腔的肌质器官，呈圆锥形，锥底称为心基，锥尖称为心尖，外由心包包裹。心脏夹在左、右肺之间，约在第 3 肋骨（或第 2 肋骨间隙）至第 6 肋骨之间，略偏左侧。

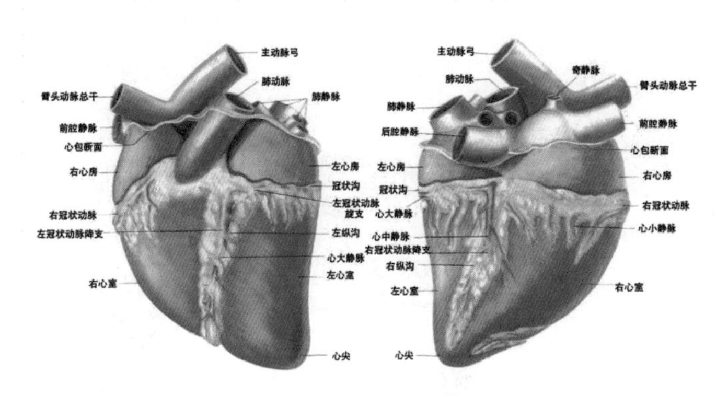


图 4-27 马的心脏（左侧）（右侧）

心脏表面有 3 条沟——冠状沟和左、右纵沟，作为心脏的外表分界。冠状沟是靠近心基的一条环绕心脏的沟，把心脏分为上、下两部分，上部为心房，下部为心室。左、右纵沟把心室分为左、右心室，纵沟前方的心室部分为右心室，纵沟后方的心室部分为左心室。心房的内腔有房中隔，将心房分隔为左心房和右心房。同侧的心房与心室经房室口相通，房室口有瓣膜结构，防止血液倒流。右房室口为三尖瓣，左房室口为二尖瓣。

心脏传导系统是由特殊的心肌纤维构成，能调节心房和心室的舒缩运动。心脏传导系统包括窦房结、房室结、房室束和刺激传导纤维。

### （二）动脉、毛细血管和静脉

从心室分支出大动脉，供机体所需要的血液流动。大动脉通常是指接近心脏的动脉，如主动脉，臂头动脉总干等。大动脉的构造特点是管壁的弹性纤维很发达，所以又称为弹性动脉，可以承受和缓冲心脏收缩时从心室输出的强大血流的压力和冲击；当心脏舒张时，由于弹性纤维的弹性回缩，维持血压,使血液连续、均速的流动。大动脉分支为中动脉、小动脉,以毛细血管的方式深入各种组织细胞,进行气体交换;毛细血管血液汇集成静脉,小静脉、中静脉继续汇集成大的静脉。在体内某些部位的静脉,特别是四肢静脉管壁上有一个特殊结构的组织叫作静脉瓣,可以防止血液内流。

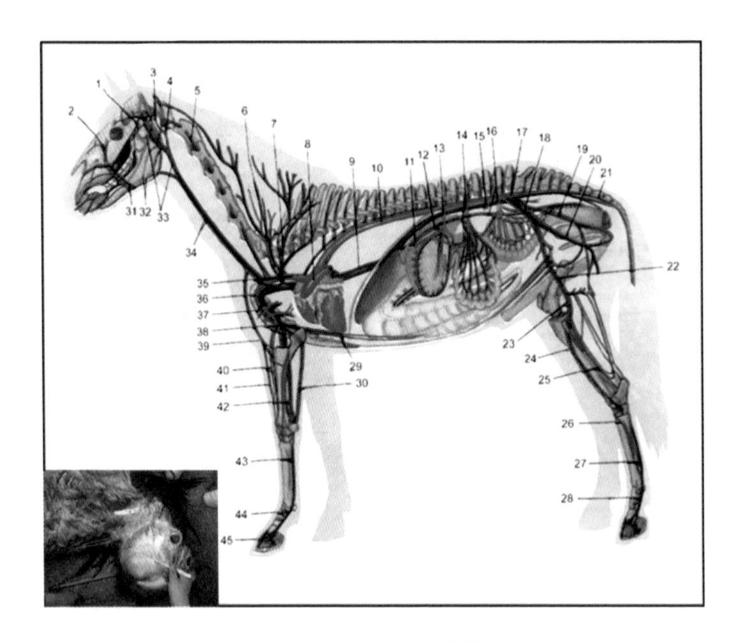

图 4-28 马全身血管模式图

1. 面横动脉、静脉 2. 眼角动脉、静脉 3. 颈内动脉、大脑腹侧静脉 4. 枕动脉、静脉 5. 椎动脉、静脉 6. 颈深动脉、静脉 7. 肋颈动脉、静脉 8. 肺动脉 9. 后腔静脉 10. 胸主动脉 11. 门静脉 12. 脾静脉 13. 腹腔动脉 14. 直肠系膜动脉、静脉 15. 肾动脉、静脉 16. 后肠系膜动脉、静脉 17. 髂内动脉 18. 髂外动脉、静脉 19. 阴部内动脉、静脉 20. 闭孔动脉、静脉 21. 尾动脉、静脉 22. 股动脉、静脉 23. 腘动脉、静脉 24. 胫前动脉、静脉 25. 胫后动脉、静脉 26. 跖背外侧动脉 27. 跖底浅外侧动脉、静脉 28. 跖外侧动脉、静脉 29. 胸外动脉、静脉 30. 尺侧副动脉、静脉 31. 面动脉、静脉 32. 颌外动脉、静脉 33. 颌内动脉、静脉 34. 颈动脉、静脉 35. 臂头动脉总干、前腔静脉 36. 左锁骨下动脉 37. 腋动脉、静脉 38. 臂动脉、静脉 39. 臂头静脉 40. 桡侧副动脉、静脉 41. 前臂头静脉 42. 正中动脉、静脉 43. 掌心浅内侧动脉、静脉 44. 指外侧动脉、静脉 45. 蹄静脉丛

### （三）血液

血液是液体状态的结缔组织，由血浆、血细胞和血小板组成。

1. 血浆　呈淡黄色，大部分是水分，还含有纤维蛋白原和血清，主要作用是运载血细胞。

2. 血细胞　分为红细胞和白细胞，白细胞又可分为有粒白细胞和无粒白细胞。有粒白细胞是指中性、嗜酸性和嗜碱性粒细胞，无粒白细胞是指淋巴细胞和单核细胞。红细胞为两面凹陷的圆盘状细胞，可以运输氧和二氧化碳。

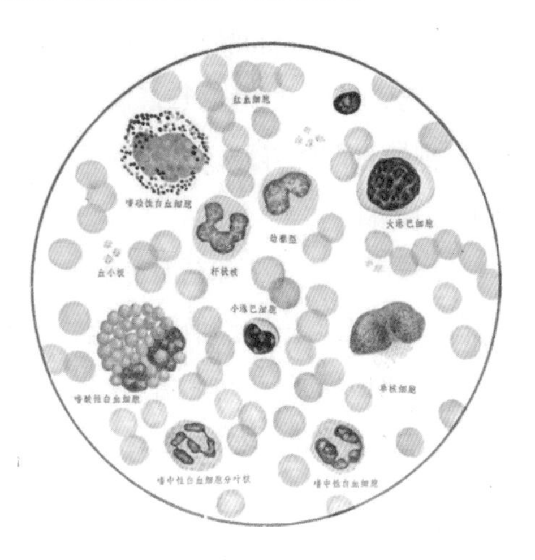


图 4-29　马的血液涂片

3. 血小板　为无色透明小体，对机体的止血功能极为重要。

血液在流动的过程中将营养物质、氧、激素等运送到全身各组织器官，供其生命活动的需要；同时又将组织器官的代谢产物（二氧化碳、尿素、尿酸和一部分水分、无机盐等）运送到肺、肾和皮肤排出体外，以维持机体正常的新陈代谢。

## 二、淋巴循环系统

淋巴循环系统由淋巴、淋巴管、淋巴组织和淋巴器官构成。淋巴循环系统不断地把组织液、淋巴细胞和小肠吸收的脂肪微粒送入血液，进入血液循环，参与机体的系统免疫。因此，淋巴循环系统是机体的主要防御系统。

1. 淋巴　是无色或微黄色的液体，由淋巴（浆）和淋巴细胞组成，在未通过淋巴结的淋巴中，没有淋巴细胞。

2. 淋巴管　是收集淋巴回流的管道，始于组织间隙，结构与静脉相似，管道内有淋巴液,最终汇入静脉,是血液循环的辅助结构。淋巴管可分为毛细淋巴管、集合淋巴管和淋巴导管。通常所说的淋巴管是指集合淋巴管,集合淋巴管在延伸的途中都要通过淋巴结。淋巴管的分布很广,但在上皮组织、软骨组织,角膜和晶状体内没有淋巴管。淋巴导管是由淋巴管汇合而成的大淋巴管,全身的淋巴管最后汇合成两条大淋巴导管,即胸导管和右淋巴导管,都通过前腔静脉。胸导管是全身最大的淋巴管,收集除右淋巴导管以外的全身淋巴。

3. 淋巴组织　是含有大量淋巴细胞的网状组织,包括弥散淋巴组织、淋巴孤结和淋巴集结。弥散淋巴组织的特点是淋巴细胞呈弥散性分布,与周围组织无明显界线。淋巴小结是由淋巴细胞构成的密集圆形或卵圆形结构,轮廓清晰。淋巴孤结为单独存在的淋巴小结,淋巴小结成群存在时称为淋巴集结,如回肠黏膜内的淋巴孤结和淋巴集结。淋巴组织主要分布于消化系统、呼吸系统、泌尿生殖系统黏膜及其他部位的结缔组织中。

4. 淋巴器官　是由被膜包裹淋巴组织形成的独立器官,可产生淋巴细胞,参与免疫活动。按其功能不同,可分为中枢淋巴器官(或初级淋巴器官)和外周淋巴器官(或次级淋巴器官)。中枢淋巴器官主要为胸腺,在胚胎发育过程中出现较早,其原始淋巴细胞来源于骨髓的干细胞,在此类器官的影响下,分为成 T 淋巴细胞和 B 淋巴细胞。外周淋巴器官包括淋巴结、脾、扁桃体和血淋巴结,是引起免疫应答的主要场所。

胸腺位于胸腔前部纵隔内,呈红色或粉红色。马驹胸腺发达,性成熟时体积最大,在 2~3 岁时开始退化,到老年几乎被脂肪组织所替代,但不完全消失。胸腺是 T 淋巴细胞增殖分化的场所,是马免疫活动的重要器官;具有内分泌功能,可分泌胸腺素、胸腺生成素、胸腺素等多种激素,有促进胸腺细胞分化的作用。

脾是马体内最大的淋巴器官,位于左季肋区,沿胃大弯左侧附着,呈扁平镰刀形,上宽下窄,蓝红色或铁青色。前缘凹,其内侧有一纵沟,为脾门所在处。脾由被膜和实质组成。被膜由结缔组织、平滑肌纤维和弹性纤维构成,附于脾表面,伸入实质形成小梁。实质分为白髓和红髓。脾是血液循环中重要的过滤器，能清除血液中的异物、病菌以及衰老死亡的细胞，特别是红细胞和血小板。

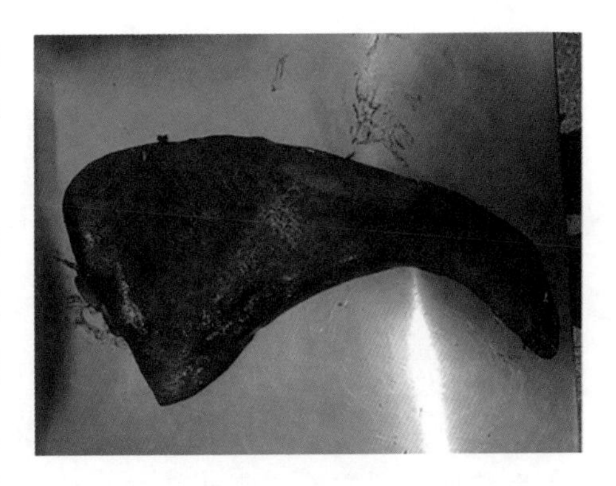

图 4-30　马的脾脏

淋巴结是马淋巴回流途径中的次级淋巴器官，由结缔组织被膜包裹淋巴组织而形成，是产生免疫应答的器官之一。淋巴结大小不一，直径不等，呈球形、卵圆形、肾形、扁平状等，多聚集成群存在。一侧凹陷为淋巴结门，是输出淋巴管、血管及神经出入处，另一侧隆凸，有多条输入淋巴管进入。淋巴结由被膜和实质构成，表面有结缔组织被膜，伸入实质内形成小梁，构成淋巴结的支架。实质分为外周的皮质部和中央的髓质部。淋巴结主要功能是产生淋巴细胞，滤过淋巴，清除侵入体内的细菌和异物以及产生抗体，还具有造血等功能。马全身有 19 个淋巴中心，体表淋巴结主要有下颌淋巴结、肩前淋巴结、腹股沟浅淋巴结（或母马的乳房上淋巴结）和膝上淋巴结。

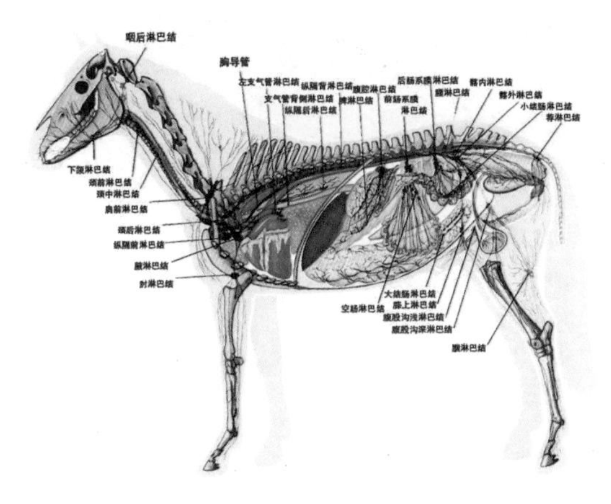


图 4-31　马的全身淋巴结模式图

# 第四节　马的神经系统

神经系统由脑、脊髓、神经节和分布于全身的神经组成，分为中枢神经系统和外周神经系统。神经系统能接受来自体内器官和外界环境的各种刺激，并将刺激转变为神经冲动进行传导，一方面调节马各器官的生理活动，保持器官之间的平衡和协调；另一方面保持马与外界环境之间的平衡和协调一致，以适应环境的变化。神经系统在马调节系统中起主导作用。

神经系统的基本活动方式是反射，即机体接受内外环境的刺激后，在神经系统的参与下，对刺激做出应答性反应。完成一个反射活动需要通过称为反射弧的神经通路。反射弧由感受器、传入神经、中枢、传出神经和效应器五部分组成，其中任何部分遭受破坏，反射活动都不能进行。临床诊断上常根据反射活动情况作为判断神经系统疾病的重要依据。

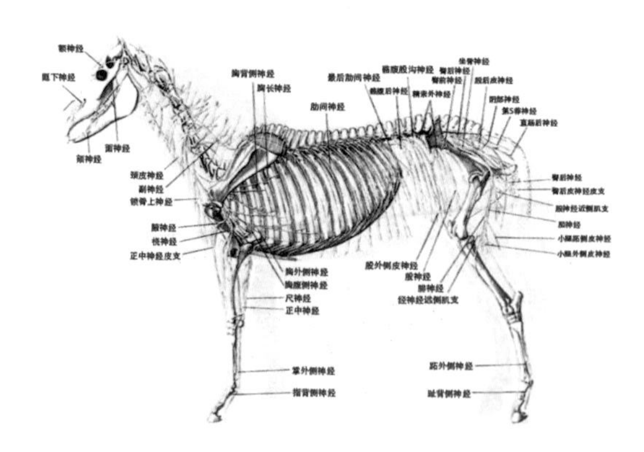


图 4-32　马的全身神经分布图

## 一、中枢神经系统

中枢神经系统由脑和脊髓组成，主要是协调器官自主和非自主的功能，

使机体适应外界环境。

### (一)脑

脑位于颅腔内,是神经系统中的高级中枢,在枕骨大孔与脊髓相连。脑可分大脑、小脑、间脑、中脑、脑桥和延髓6部分,通常将延髓、脑桥和中脑称为脑干。大脑与小脑之间有大脑横裂将二者分开。

1. 大脑　或称端脑,位于脑干前上方,被大脑纵裂分为左、右两大脑半球。大脑的功能有很多,如情绪控制、记忆等。包括嗅球、穹窿、前联合、胼胝体等结构。

2. 小脑　近似球形,位于大脑后方、在延髓和脑桥的背侧,其表面有许多沟和回。小脑的功能是参与平衡和骨骼肌群共济活动调节,与身体的姿势和运动有关。

3. 间脑　位于中脑和大脑之间,被两侧大脑半球所遮盖,内有第三脑室。主要分为丘脑和丘脑下部。间脑的功能主要是参与视觉、听觉、运动、记忆等。

4. 脑干　位于大脑与小脑之间,联系着视、听、平衡等专门感觉器官,是内脏活动的反射中枢,是联系大脑高级中枢与各级反射中枢的重要径路,也是大脑、小脑、脊髓以及骨骼肌运动中枢之间的桥梁。

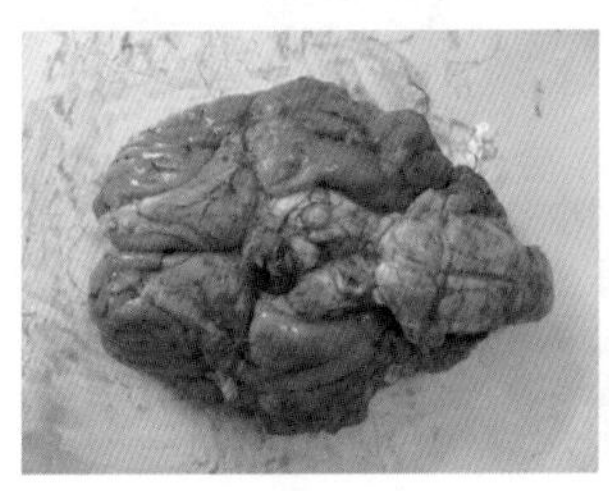

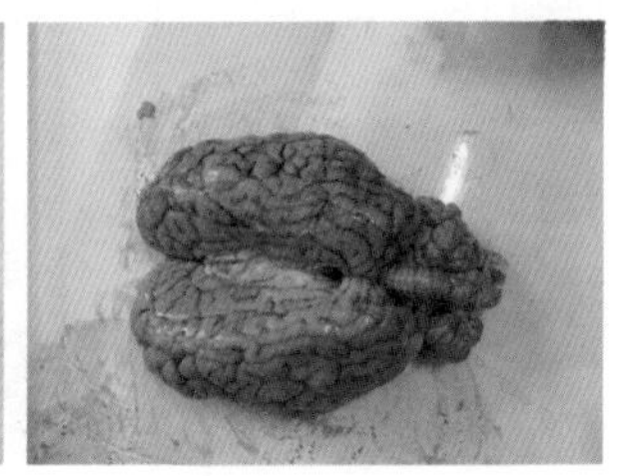

实体图(上观)

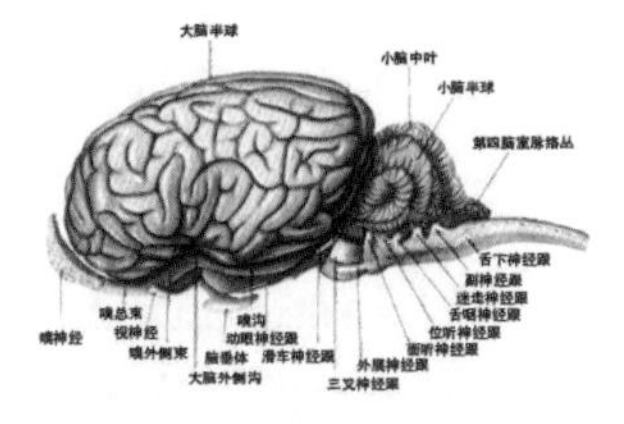


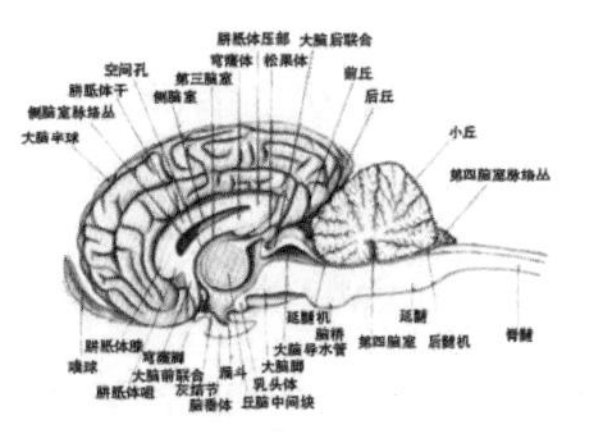


模式图(左侧)模式图(正中矢面)

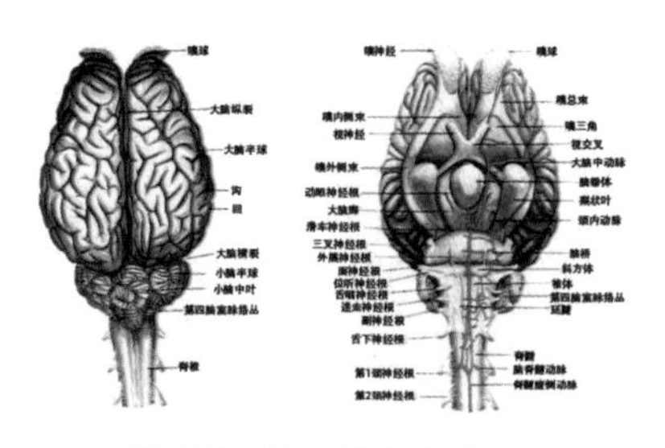

模式图(背侧)模式图(腹侧)

图 4-33　马的中枢神经(脑)

### (二)脊髓

脊髓位于椎管内,呈上下略扁的圆柱形。前端在枕骨大孔处与延髓相连,后端到达荐骨中部,逐渐变细呈圆锥形,称脊髓圆锥。脊髓各段粗细不一,在颈后部和胸前部较粗,称颈膨大;在腰间部也较粗,称腰膨大,为四肢神经发出的部位。脊柱比脊髓长,荐神经和尾神经要在椎管内向后延伸一段,才能到达相应的椎间孔。

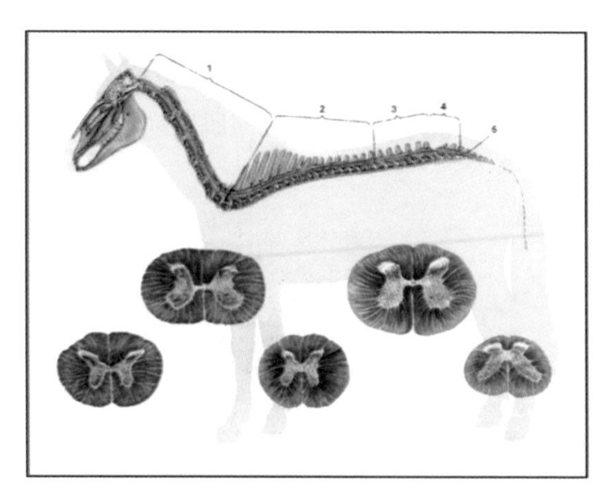

图 4-34　马的中枢神经(脊髓)

脊髓中部为灰质,周围为白质,灰质中央有一纵贯脊髓的中央管。脊髓具有传导功能,全身(除头部外)深、浅部的感觉以及大部分内脏器官的感觉都要通过脊髓白质才能传导到脑,产生感觉。若脊髓受损,其上传下达的功能便发生阻滞,引起一定的感觉障碍和运动失调。脊髓也具有反射功能,在正常情况下,脊髓反射活动都是在脑的控制下进行的,刺激一段脊髓的感觉纤维,能引起本段或邻近各段的反应。此外,在脊髓的灰质内还有许多低级反射中枢,如肌肉的牵张反射中枢和排尿、排粪和性功能活动的低级反射中枢等。

## 二、外周神经系统

外周神经是由联系中枢与外周器官间的神经纤维组成的，呈白色的带状或索状，包括脑神经、脊神经和内脏神经。

1. 脑神经　是指由脑发生的外周神经，共有12对，按其与脑相连的部位先后次序以罗马数字的Ⅰ～Ⅻ表示。脑神经通过颅骨的一些孔出入颅腔，根据所含神经纤维的种类，可分为感觉神经（Ⅰ、Ⅱ、Ⅷ）、运动神经（Ⅲ、Ⅳ、Ⅵ、Ⅺ、Ⅻ）和混合神经（Ⅴ、Ⅶ、Ⅸ、Ⅹ）（见表4-1）。

**表4-1　脑神经名称及支配器官**

| 名称 | 与脑联系部位 | 纤维成分 | 支配的器官 |
|---|---|---|---|
| 嗅神经（Ⅰ） | 嗅球 | 感觉神经 | 鼻黏膜 |
| 视神经（Ⅱ） | 间脑外侧膝状体 | 感觉神经 | 视网膜 |
| 动眼神经（Ⅲ） | 中脑和大脑脚 | 运动神经 | 眼球肌 |
| 滑车神经（Ⅳ） | 中脑 | 运动神经 | 眼球肌 |
| 三叉神经（Ⅴ） | 脑桥 | 混合神经 | 面部皮肤，口，鼻黏膜、咀嚼肌 |
| 外展神经（Ⅵ） | 延髓 | 运动神经 | 眼球肌 |
| 面神经（Ⅶ） | 延髓 | 混合神经 | 面，耳，眼睑肌和部分味蕾 |
| 前庭耳蜗神经（Ⅷ） | 延髓 | 感觉神经 | 前庭、耳蜗和半规管 |
| 舌咽神经（Ⅸ） | 延髓 | 混合神经 | 舌、咽和味蕾 |
| 迷走神经（Ⅹ） | 延髓 | 混合神经 | 咽、喉、食管、气管和胸、腹腔内脏 |
| 副神经（Ⅺ） | 延髓和颈部脊髓 | 运动神经 | 咽、喉、食管以及胸头肌和斜方肌 |
| 舌下神经（Ⅻ） | 延髓 | 运动神经 | 舌肌和舌骨肌 |

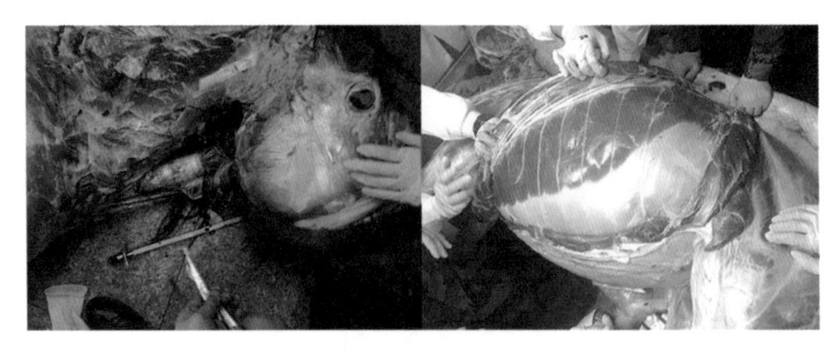

图 4-35　马的面部神经与腹壁神经

2. 脊神经　为混合神经，含有感觉纤维和运动纤维。按照从脊髓所发出的部位，分为颈神经、胸神经、腰神经、荐神经和尾神经。脊神经由椎管中的背侧根（感觉根）和腹侧根（运动根）自椎间孔或椎外侧孔穿出形成，分为背侧支和腹侧支，分布到邻近的肌肉和皮肤，称为肌支和皮支。背侧支自椎间孔发出后，分布于颈背侧、鬐甲、背部、腰部和荐尾部的肌肉和皮肤；腹侧支粗大，分布于颈侧、胸壁、腹壁以及四肢肌肉和皮肤。

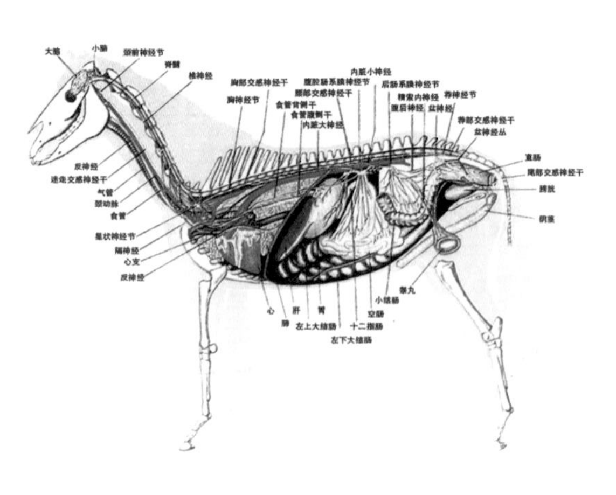


图 4-36　马的全身植物性神经

3. 内脏神经　分布在内脏器官、血管和皮肤的平滑肌以及心肌、腺体等的神经，也分为感觉神经（传入）纤维和运动神经（传出）纤维。前者与躯体神经中的感觉神经相同，后者（即内脏神经中的运动神经）称为植物性神经。植物性神经支配平滑肌、心肌和腺体，在一定程度上不受意识直接控制，具有相对的自主性。植物性神经根据形态和机能的不同，分为交感神经和副交感神经。

# 第五节　马的泌尿系统

泌尿系统包括肾、输尿管、膀胱和尿道组成，主要功能是排出马新陈代谢过程中产生的废物和多余的水分，维持马内环境的平衡和稳定。肾是生产尿液的器官，输尿管是输送尿液的肌性管道，膀胱是暂时储存尿液的器官，尿道是排出尿液的通道。

## 一、肾

### （一）形态与位置

马肾属于平滑单乳头肾，左右各一，红褐色。右肾略大，呈近似钝角的等边三角形，位于最后 2~3 肋骨的椎骨端及第 1 腰椎横突的腹侧。马属动物中只有马右肾横径大于纵径。背侧面凸，与膈和腰肌相连；腹侧面稍凹，与胰和盲肠等相邻接。肾的内侧缘中部有凹陷，为肾动脉、肾静脉、淋巴管、神经和输尿管的出入之门户，称为肾门。肾门向深部延续为肾窦，内有肾盂、肾血管、淋巴管和神经，这些结构周围有脂肪组织填充。右肾前端接于肝的肾压迹，腹侧面位于盲肠底的上面，其外缘和后端与十二指肠邻接。

左肾呈长椭圆形，位置较右肾偏后，位于最后肋骨上端和前 3 个腰椎横突下方的腹侧。背侧面凸，与膈的左肌脚和腰肌接触；腹侧面亦凸，大部分被腹膜覆盖，与十二指肠末端、小结肠起始端、胰的左端等接触。内侧缘长而直，较右肾内侧缘厚，与腹主动脉、肾上腺和输尿管接触。外侧缘与脾的背侧端接触。左肾肾门位于内侧缘，约与右肾后端相对处。

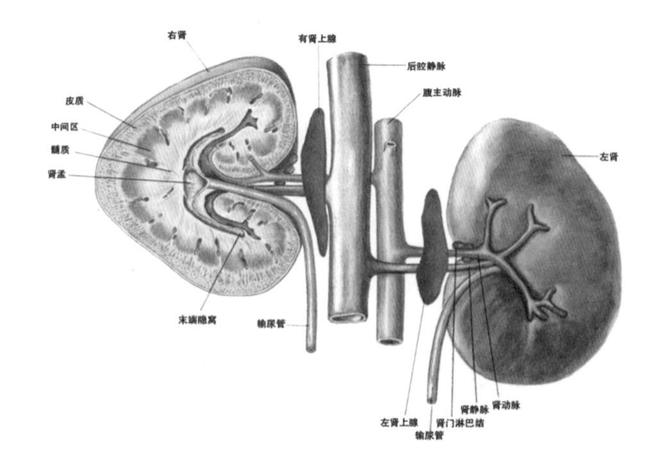


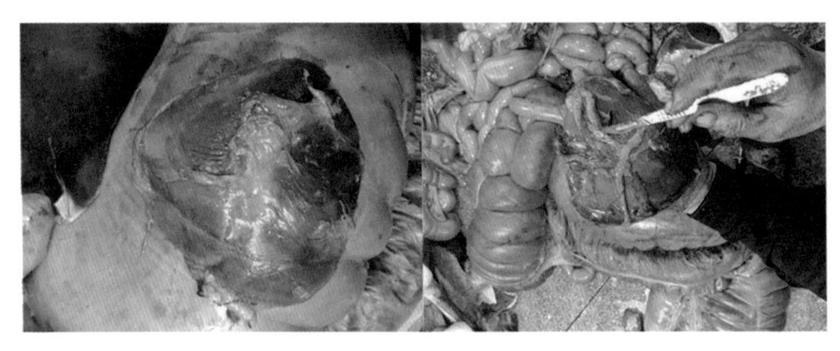

图 4-37　马的肾脏

### （二）结构

肾是实质性器官，由被膜、实质和肾盂构成。

1. 被膜　覆于肾的表面，是一层白色坚韧的纤维膜。

2. 实质　由皮质、中间区和髓质构成。

（1）皮质位于被膜下，中间区的外围。肾皮质由肾小体和肾小管组成，新鲜标本呈红褐色，可见许多红色点状细小颗粒，即为肾小体。

（2）中间区位于皮质和髓质之间，呈深红色，可明显看到一些较大的血管断面。

（3）髓质位于肾的内部，淡红色，呈圆锥形称肾锥体，锥底与皮质相接，锥尖向肾窦。肾锥体的尖端称为肾乳头，肾乳头顶端有许多小孔呈肾乳头孔。肾叶指一个肾锥体及其周围的皮质。

肾的基本单位是肾单位,由肾小体和与其相连的肾小管构成,是尿液形成的结构和功能单位。肾小体中形成的原尿经肾小管和集合管的重吸收,形成终尿。

3. 肾盂　是输尿管前端的膨大部,位于肾窦内,呈漏斗状,肾盂中部较宽大,肾乳头凸入肾盂内,肾乳头孔是肾小管将尿导入肾盂的通路。来自肾两端的乳头孔不开口于肾盂,而开口于末端隐窝。

## 二、输尿管、膀胱和尿道

### (一)输尿管

输尿管是将尿液从肾盂不断输送到膀胱的细长管道,左、右各一条,起于肾盂,出肾门后,沿腹腔顶壁向后伸延(公马输尿管在尿生殖褶中,母马输尿管沿子宫阔韧带背侧缘继续伸延),最终到达膀胱颈的背侧,斜向穿入膀胱壁。输尿管于膀胱壁内要向后走几厘米,这种结构可以保证膀胱内充满尿液时不会逆流。

### (二)膀胱

膀胱是暂时储存尿液的肌膜性囊状器官,略呈梨形。马的膀胱约拳头大小,位于骨盆腔内。膀胱充满尿液时,顶端可突入腹腔内。公马的膀胱背侧与直肠、尿生殖褶、输精管末端、精囊腺和前列腺相接,母马的膀胱背侧与子宫和阴道相连。

膀胱分为膀胱顶、膀胱体和膀胱颈三部分。膀胱的前部为钝圆的盲端,称为膀胱顶,朝向腹腔,幼龄马膀胱顶有脐尿管的遗迹,胚胎时期脐尿管与尿囊相通。膀胱的中部为膀胱体,膀胱的后部为膀胱颈,膀胱颈延续为尿道,两者经尿道内口相通。

### (三)尿道

是膀胱内尿液向外排出的肌性管道。尿道内口起始于膀胱颈,以尿道外口通外界。公马的尿道很长,兼做排精之用,尿道外口开口于阴茎头,以尿道突凸出于龟头的前方;母马尿道较短,位于阴道腹侧,尿道外口开口于阴道与阴道前庭的交界处,在阴瓣的后方。马的尿道黏膜有尿道腺。

## 第六节　马的消化系统

消化系统包括消化管和消化腺两部分。消化管(消化道)由口腔、咽、食管、胃、肠和肛门等器官组成。消化腺包括壁内腺和壁外腺,壁内腺位于消化管壁内,如食管腺、胃腺、肠腺等。壁外腺位于消化管壁之外,以导管开口于消化管壁上,如唾液腺、肝和胰。马以相对较小的胃和极其发达的大肠为显著特征。

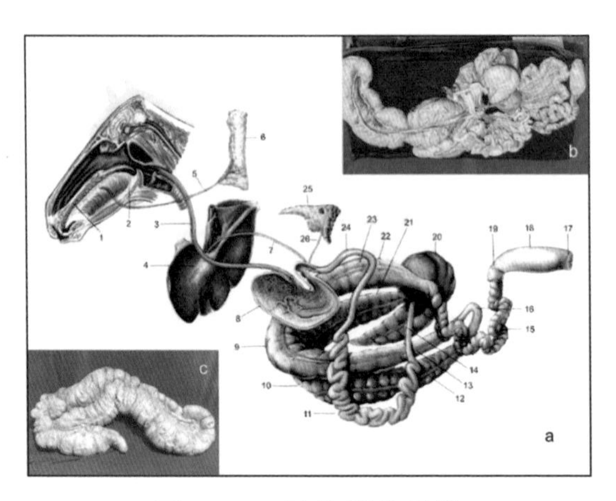

图 4-38　马的消化系统

1. 口腔　2. 咽　3. 食管　4. 肝　5. 腮腺管　6. 腮腺　7. 肝管　8. 胃　9. 膈曲　10. 胸骨曲　11. 空肠　12. 左下大结肠　13. 左上大结肠　14. 回肠　15. 小结肠　16. 骨盆曲　17. 肛门　18. 直肠　19. 直肠狭窄部　20. 盲肠　21. 右下大结肠　22. 胃状膨大区　23. 右上大结肠　24. 十二指肠　25. 胰　26. 胰管

## 一、口腔和咽

马的口腔较狭长,黏膜柔软光滑,缺锥状乳头。包括唇、颊、硬腭、软腭、舌、齿和唾液腺等结构。

1. *唇和颊* 唇薄而灵活,是采食的主要器官,分为上唇和下唇,构成口腔的前壁。上唇正中的人中为一条浅缝,下颏圆隆而突出。唇表面密生短被毛,并掺杂有长的触毛。颊以颊肌为基础,形成口腔的侧壁。唇和颊部黏膜薄为粉红色,常有色素斑。在唇黏膜和颊黏膜内分布有唇腺和颊腺,腺管开口于唇和颊的黏膜。

2. *硬腭* 厚而坚实,构成口腔的上壁,有16~18条横行的腭褶,腭缝前端有一扁平的切齿乳头,幼驹的切齿乳头两侧有鼻颌管。

3. *软腭* 位于硬腭后方,构成口腔的后壁。马软腭发达,平均长约15cm,向后下方延伸,其游离缘围绕于会厌基部,将口咽部与鼻咽部隔开,因此马不能用口呼吸,病理情况下逆呕物从鼻腔流出,临床应注意。

4. *舌* 窄而长,舌尖扁平,舌体稍大,柔软而灵活,分为舌尖、舌体和舌根三部分。马舌体无舌圆枕,舌表面有4种乳头:丝状乳头、菌状乳头、轮廓乳头和叶状乳头,其中丝状乳头无味觉功能,仅起机械性作用。

5. *齿* 排成上、下两个齿弓,分别固定在上颌骨、下颌骨和颌前骨的齿槽内。齿分为切齿、犬齿、前臼齿和后臼齿。公马的恒齿为40颗,母马的恒齿为36颗。

6. *唾液腺* 马具有3对大的唾液腺,即腮腺、颌下腺及舌下腺。腮腺是马属动物最大的唾液腺,位于耳根下方,下颌骨支和寰椎翼之间,呈长四边形,灰黄色,腺小叶明显。颌下腺比腮腺小,狭长而弯曲,后端位于寰椎窝,前端位于舌根的外侧,位置略深,在腮腺的深层和下颌间隙,呈褐色,开口于口腔底一对突起即舌下肉阜。舌下腺呈一片状,马只有多口舌下腺而无单口舌下腺。腺管有30多条,直接开口于舌下外侧隐窝。

## 二、食管和胃

1. 食管　食管较长,前部位于喉与气管的背侧,至颈中部渐偏至气管的左侧,止于胃的贲门。

2. 胃　马胃为单室混合型胃,容积约 7~9 L,最大可达 15 L;为横向下弯曲的囊状,位于腹腔前端,膈的后方,大部分位于左季肋部,仅幽门在右季肋部。胃呈前后压扁状,具有两面两缘。壁面凸,朝向左前上方,与膈、肝接触;脏面朝向右后下方,与大结肠、小结肠、小肠、胰和大网膜相接触。胃的腹缘凸向下方,从贲门延伸至幽门,为胃大弯,其左侧部有脾附着;背缘凹陷而短,为胃小弯。胃的左端向背侧膨大,形成胃盲囊。胃的右端较细,称为幽门窦。胃具有暂时容纳食物、分泌胃液、进行食物初步消化和推送食物进入十二指肠的作用。

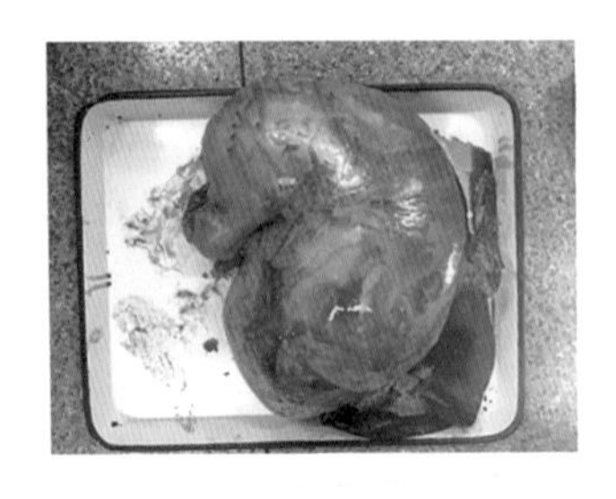
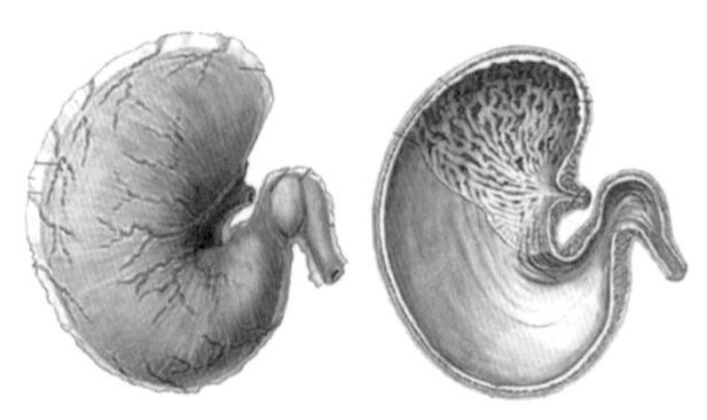

图 4-39　马的胃

## 三、肠

肠分为小肠和大肠两部分。小肠包括十二指肠、空肠和回肠。大肠包括盲肠、结肠和直肠。

图 4-40　马的肠道实体图

**（一）小肠**

1. 十二指肠　为小肠的第 1 段，长约 1m，大部分位于右季肋部，起始于幽门，后方接于空肠。全程分为前部、降部和升部。前部由幽门向右侧弯曲成 2 个曲，第 1 曲小而凸向上方，其管腔膨大，称为十二指肠壶腹；第 2 曲凸向右下方，称为十二指肠肝门曲，其黏膜面具有一纽扣状突起，中央凹陷，称为十二指肠憩室，内有胰管和肝总管的开口。由于第 1 曲和第 2 曲排列成"S"状，因此前部也称"乙"状弯曲或"S"状弯曲。降部最长，从"S"状弯曲向后，由肝右叶腹侧沿右上大结肠的背侧面向后伸延，至右肾和盲肠底。约在最后肋骨水平折转向左，转为升部，至空肠系膜根部后方，然后向前至左肾腹侧接空肠。十二指肠与小结肠（降结肠）起始部之间有短的浆膜褶相连，称为十二指肠结肠韧带，为十二指肠和空肠的分界标志。

2. 空肠　最长，约 20m 左右，壁薄宽大，迂回盘曲，系于空阔的空肠系膜上，位置变化大，移动范围广，常与小结肠（降结肠）混在一起。在马发生肠变位和肠管穿过网膜孔进入网膜囊时，会导致疝痛。

3. 回肠　位于左髂部，长约 1m。与空肠比较，回肠壁内含大量淋巴组织，因而壁较厚，肠管较直。在回肠与盲肠之间有三角形的回盲韧带相连，为一双层浆膜褶。

### （二）大肠

1. 盲肠　十分发达，容积约25～30L，整个外形呈逗点状，分为盲肠底、盲肠体和盲肠尖。盲肠底为盲肠后上方的弯曲部分，位于腹腔背侧，与腰部腹腔顶壁接触，形成腹膜外附着。盲肠底背缘隆凸呈盲肠大弯、腹缘凹陷称盲肠小弯。在盲肠小弯处有回盲口和盲结口。盲肠体最初与右腹壁相对，随着其向前腹侧延伸，盲肠体向内侧行于升结肠腹侧部之间，最终以盲肠尖止于腹底壁，靠近剑状软骨。

2. 结肠　分为升结肠、横结肠和降结肠。升结肠特别发达，体积庞大，通常称为大结肠。降结肠体积较小，通常称为小结肠。

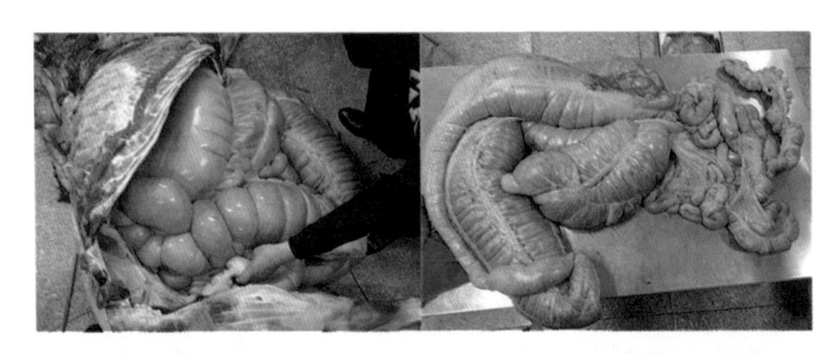

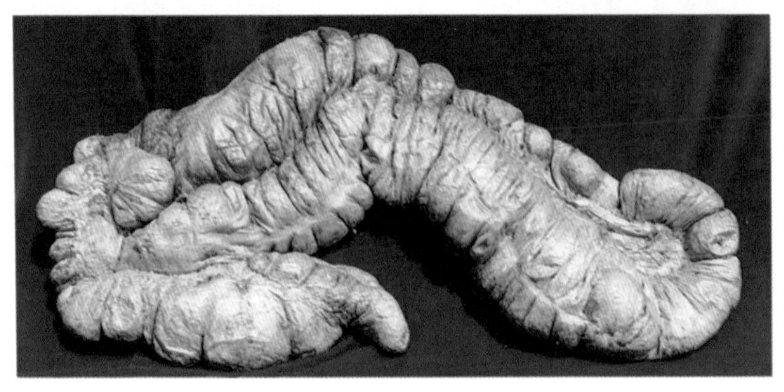

图4-41　马的大肠实体图

升结肠：起始于盲结口，长约3～3.7m，盘曲成双层马蹄铁形，可分为四段三曲，即右下大结肠→胸骨曲→左下大结肠→盆骨曲→左上大结肠→膈曲→右上大结肠。

横结肠:较短,为大结肠(升结肠)向小结肠(降结肠)之间的移行部。

降结肠:粗细结构与横结肠相仿,长约3m,直径为7.5~10cm,由降结肠系膜连系于腹腔顶壁,降结肠系膜起初很窄,以后变宽,因此降结肠的可移动范围很大,常与空肠混在一起。

3. 直肠　自骨盆口起至肛门止,长约30cm,位于盆腔内,直肠的前部由降结肠延续而来,有直肠系膜悬吊于盆腔顶壁,后部膨大,称直肠壶腹,表面无浆膜被覆。

## 三、肛门

肛门为消化道末端,位于尾根下方,在第4尾椎正下方。肛门前方为长约5cm的肛管,肛管由括约肌收缩,黏膜形成褶状紧密闭锁。肛管黏膜呈灰白色,缺腺体,上皮为复层扁平上皮。

## 四、肝和胰

### (一)肝

马肝较扁,质脆,呈棕褐色。斜位于膈的后方,大部分在右季肋部,右上端位置最高,与右肾前端接触,左下端最低,平于第7、8肋骨的胸骨端。肝的壁面(前面)隆凸,紧贴膈的后面,与膈相对应;脏面朝向后方,与胃、十二指肠、膈曲、右上大结肠、盲肠相接触。在脏面中央的肝门有门静脉、肝动脉、神经、淋巴管和肝总管出入肝脏。马无胆囊,胆汁经肝总管直接注入十二指肠。

### (二)胰

马胰呈三角形,柔软,呈淡红色,约在16~18胸椎水平横位于腹腔顶壁下方,大部分在体中线右侧。胰可分3叶:胰体(也称中叶)位于胰的右前部,附着于十二指肠前部和肝的脏面;左叶伸入胃盲囊和左肾之间;右叶较钝,位于右肾腹侧。胰具有内分泌和外分泌功能,内分泌部产生胰岛素、胰高血糖素和生长抑素。

## 第七节　马的生殖系统

### 一、公马的生殖系统

公马生殖系统包括睾丸、附睾、输精管、副性腺、尿生殖道、阴茎、包皮。

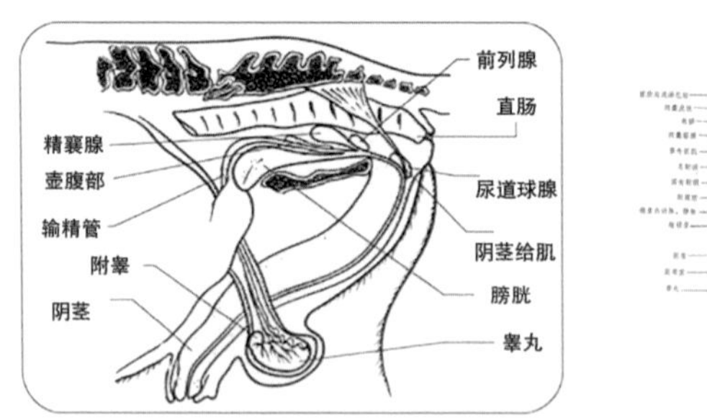


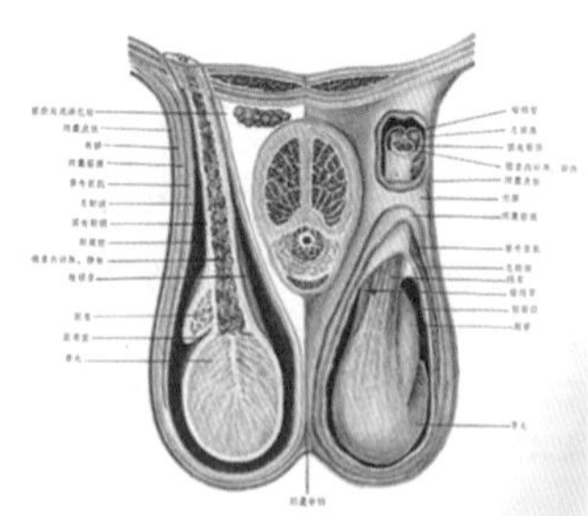

图 4-42　公马生殖系统结构

1. 副性腺(Accessory Sex Glands)　这些腺体为精液提供液体和凝胶,但不是种马生育的关键因素。

2. 精囊腺(Vesicular Glands)　是辅助性腺体,并将凝胶部分添加到精液中。

3. 尿道球腺(Bulbourethral Glands)和前列腺(Prostate Glands)　是辅助性腺,为精液增加液体量。

4. 输精管(Deferent Duct)　输出管道,将精子从附睾输送到副性腺区域。

5. 附睾(Epididymis)　将精子从睾丸输送到输精管,是精子浓缩、成熟和储存的区域。

6. 阴茎(Penis)　是交配器官。尿生殖道也贯穿阴茎,将精液(或尿液)传导到外侧。

7. 阴茎龟头(Glans Penis)　阴茎的敏感末端,在激发和交配期间膨大。

8. 阴囊(Scrotum)　主要功能是保护睾丸并将其保持比体温低几度的温度。

9. 睾丸(Testes)　阴囊内有两个睾丸。睾丸产生精子细胞和雄性激素睾酮。睾丸在阴囊内自由移动,并具有相同的大小,形状和纹理(尽管右侧通常略小于左侧)。

## 二、母马的生殖系统

母马生殖系统包括卵巢、输卵管、子宫、阴道、外生殖器等。

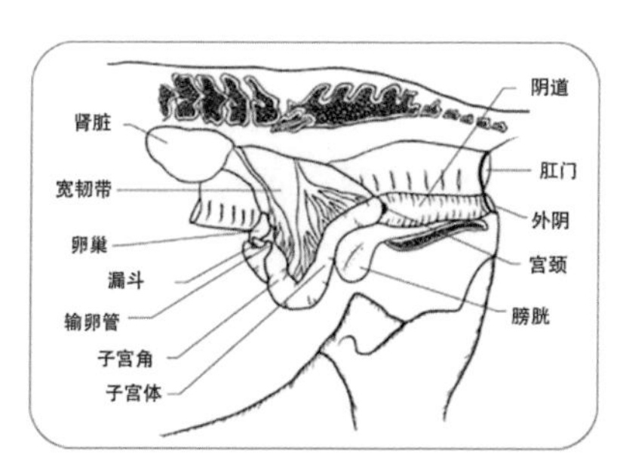


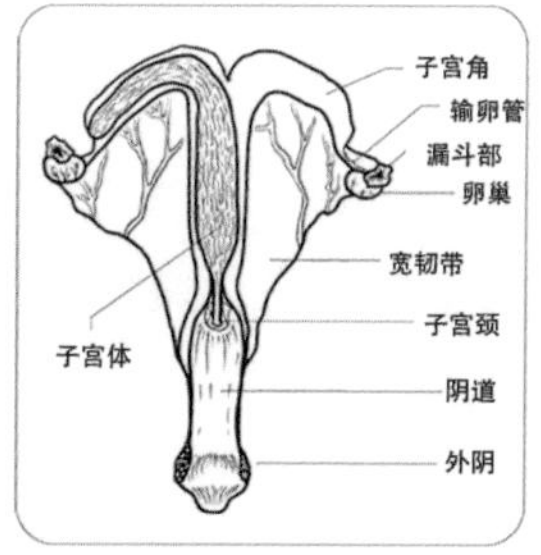


图 4-43　母马繁殖系统结构

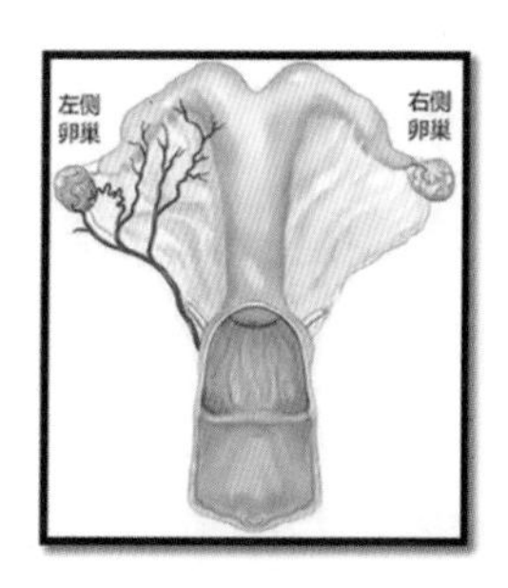


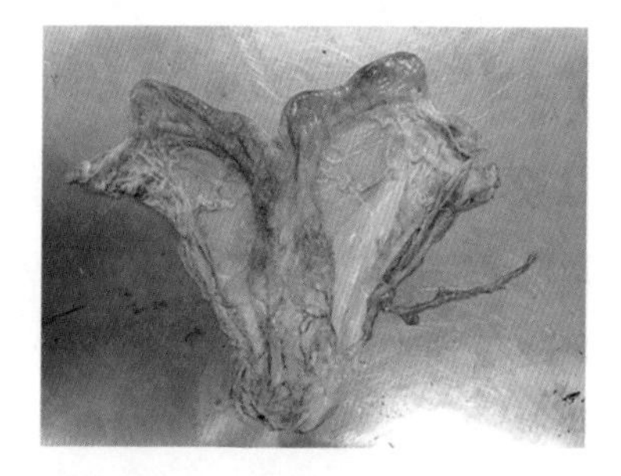

图 4-44　母马繁殖结构的正面视图

1. 宽韧带(Broad ligament)　一层坚韧的纤维组织,含有血管和神经,用于悬挂腹部的大部分生殖道。

2. 子宫颈(Cervix)　阴道和子宫之间长约10cm的结构。它是"通往子宫的门",用于维持子宫内的无菌环境。它在母马处于高温时会松弛,在不发热或怀孕时会关闭。

3. 漏斗(Infundibulum/fimbria)　输卵管末端的"捕手的手套"结构,在排卵时从卵巢中获取卵子并将其输送到输卵管中。

4. 卵巢(Ovary)　母马的主要性器官、性腺。卵巢产生卵子,并作为内分泌腺产生雌激素和黄体酮。

5. 输卵管(Oviduct)　一种从漏斗部延伸到子宫角末端的长而复杂的管道。它用于将精子和卵子运送到输卵管上三分之一的受精部位,然后将受精的卵子运送到子宫。

6. 子宫(Uterus)　一个大的子宫体,位于子宫颈前面,两个相对较短的子宫角终止于输卵管。子宫产生激素,是自然繁殖过程中精液沉积的容器,是大多数胚胎发育和孕育的地方。

7. 阴道(Vagina)　骨盆中位于外阴和子宫颈之间的产道的一部分。

8. 外阴(Vulva)　泌尿生殖道的外部开口。它是产道的一部分,也是尿液排出的区域。

## 第八节　马的内分泌系统

内分泌是机体内一个重要的调节系统,由散布在身体各部的内分泌腺(器官)和内分泌组织构成。内分泌系统通过血液循环将激素输送到身体特定的组织和细胞而发挥作用,这种调节称为体液调节。内分泌系统通过体液调节的方式,对马匹的新陈代谢、生长发育和繁殖等生理活动起着重要的调节作用。内分泌功能过剩或降低均可引起马的功能紊乱,出现病理变化

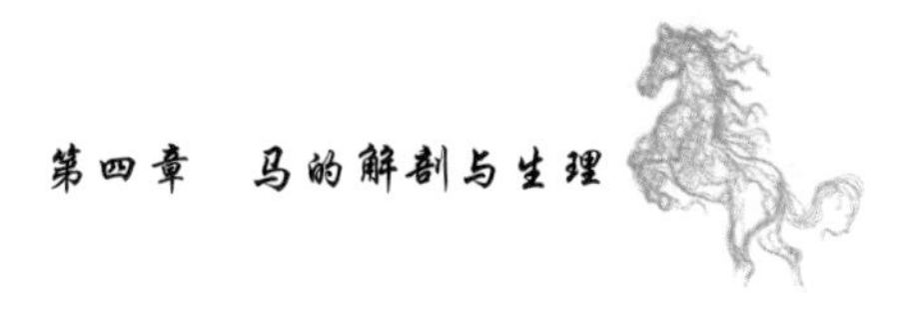

和临床症状。

## 一、内分泌腺(器官)

内分泌腺为独立的器官,包括甲状腺、甲状旁腺、垂体、肾上腺和松果体(腺)等。内分泌腺在形态结构上有共同的特点:一是腺体的表面被覆一层被膜;二是腺细胞在腺小叶内排列成索、团、滤泡或腺泡;三是没有排泄管;四是腺内富有血管,腺小叶内形成毛细血管网或血窦,激素进入毛细血管或血窦内,进入血液循环。

### (一)垂体

垂体是马体内最重要的内分泌腺,结构复杂,产生的激素种类很多,作用广泛,不但与身体骨骼和软组织的生长有关,而且与其他内分泌腺关系密切,在中枢神经系统控制下,调节其他内分泌腺(甲状腺、肾上腺等)的功能活动。

垂体是一个卵圆形或扁圆形的小体,呈褐色或灰白色,位于蝶骨体颅腔面的垂体窝内,借漏斗与丘脑下部相连,其表面被覆结缔组织膜。根据垂体发生和结构特点可分为腺垂体和神经垂体两大部分。腺垂体包括远侧部、结节部和中间部,神经垂体包括神经部和漏斗部。通常将远侧部称为前叶,而把中间部和神经部称为后叶。远侧部分泌生长素、催乳素、促卵泡激素、促黄体激素、促甲状腺激素、促肾上腺皮质激素和促甲状旁腺激素等。结节部分泌少量促性腺激素和促甲状腺激素。神经部本身无腺细胞,其分泌物由下丘脑视上核和室旁核的神经细胞分泌。视上核分泌抗利尿素(加压素),室旁核分泌催产素。这些激素沿丘脑垂体束的神经纤维运送到神经部,并常聚集成大小不等的团块,暂时贮存起来,当母体需要时便释放,入血液,发挥其生理作用。

### (二)甲状腺

甲状腺是致密的实质性器官,呈红褐色或黄褐色,位于喉的后方,第2~

3气管环的两侧面。甲状腺由左、右两个侧叶和中间的腺峡组成,侧叶呈卵圆形,腺峡不发达,由结缔组织构成。

甲状腺是富有弹性、质地较硬的腺体,表面被覆含弹性纤维的结缔组织膜。被膜结缔组织深入腺体内,把腺分隔成许多小叶,小叶内含有大小不一的滤泡,其周围有丰富的毛细血管和淋巴管。甲状腺接受下丘脑—垂体的调节,主要分泌甲状腺素,促进机体生长发育,此外,甲状腺的滤泡旁细胞或者C细胞还分泌降钙素,具有增强成骨细胞活性、促进骨组织钙化、降低血钙的作用。

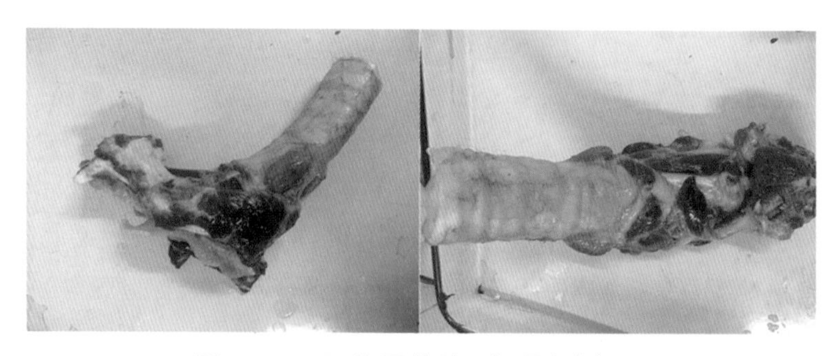

图4-45 马的甲状腺(上观和侧观)

### (三)甲状旁腺

甲状旁腺较小,呈圆形或椭圆形,黄褐色,有前、后两对,前甲状旁腺多数位于甲状腺前半部与气管之间;后甲状旁腺位于颈后部,气管腹侧。甲状旁腺的表面被覆一层致密结缔组织膜,被膜结缔组织伸入腺内将腺实质分为若干小叶,但小叶分界不明显。

甲状旁腺分泌甲状旁腺素,具有调节体内钙磷代谢,维持正常血钙水平的作用。若甲状旁腺分泌功能低下,血钙浓度降低,出现抽搐症;如果功能亢进,则引起骨质过度吸收,容易发生骨折。甲状旁腺功能失调会引起血中钙与磷的比例失常。

### (四)肾上腺

肾上腺呈扁椭圆形,左、右各1个,位于肾的前内侧缘、靠近肾门处,通常右肾上腺较大。腺体的表面有致密结缔组织被膜,被膜结缔组织深入腺实质;腺体的实质可分为皮质和髓质两部分,皮质呈红褐色位于周围,髓质呈黄色位于中央。肾上腺实际与肾脏无关,肾上腺皮质占腺体大部分,分泌具有调节盐类平衡的盐皮质激素和调节糖类代谢的糖皮质激素,对马极其重要,若摘除皮质,可引起死亡。髓质分泌肾上腺素和去甲肾上腺素,前者可提高心肌的兴奋性,使心跳加快加强;后者可促进肝糖原分解和升高血压,并能使呼吸道和消化道的平滑肌松弛。

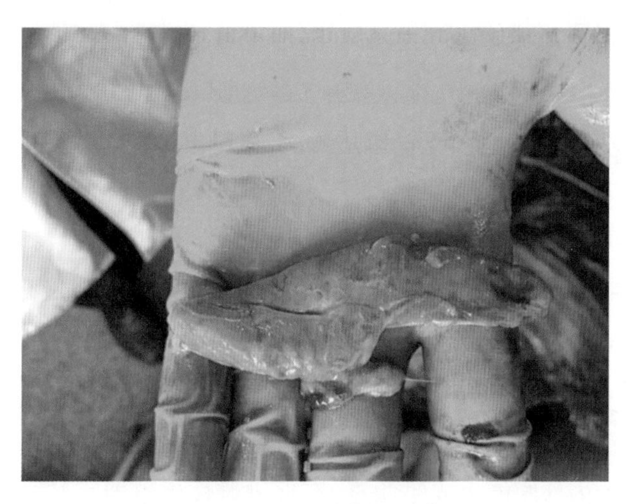

图 4-46　马的肾上腺

### (五)松果体

松果体又称脑上腺,呈卵圆形,红褐色,位于间脑背侧中央、在大脑半球的深部,连接于丘脑上部。松果体分为前、后两部,前部与丘脑背侧相连,后部与前丘相连。松果体表面有一层结缔组织被膜,被膜的结缔组织伸入实质内部,分隔成许多不明显的小叶。小叶的实质由松果体细胞和神经胶质细胞组成,还常有钙质沉积物,称脑砂。松果体分泌褪黑激素,其功能与垂体中间部分泌的促黑色素细胞激素相对抗。此外,还可抑制促性腺激素释放,抑制性腺活动,防止性早熟。

## 二、内分泌组织

### （一）胰岛

胰岛位于胰腺内，是胰腺的内分泌部，由分散在外分泌部腺泡之间的不规则细胞团素组成，形如岛屿。分泌的主要激素有胰岛素、胰高血糖素和生长抑素。其中，胰岛素有促进糖原合成、降低血糖的作用。胰高血糖素，与胰岛素功能相反，可促进糖原分解，升高血糖。生长抑素，具有抑制胰岛素和胰高血糖素的作用。

### （二）睾丸的内分泌组织

睾丸内的内分泌组织为睾丸间质细胞，分布在曲细精管之间的结缔组织中，细胞体积大，常三五成群，能分泌雄激素（主要是睾酮），有促进雄性生殖器官发育和第二性征出现的作用，同时可以促使生殖细胞的分裂和分化。

### （三）卵泡的内分泌组织

成熟卵泡内外膜能生成雌激素，有促进雌性生殖器官和乳腺发育的作用。排卵后的黄体能分泌孕酮和雌激素，刺激子宫腺分泌和乳腺的发育，并保证胚胎的附植或着床，同时可抑制卵泡生长。

# 第九节　马的感觉系统

感觉系统感知机体内外刺激，并将刺激传递给神经系统。感觉器官是指机体与外界相联系的器官，能将内外环境的刺激传导到中枢神经，发生适应反应。感觉器官分为外感受器、内感受器和本体感受器三大类。外感受器位于机体表面，能接受外界环境的各种刺激，如皮肤的感觉、舌的味觉等。内感受器分布于内脏以及心、血管等处，能感受体内各种物理、化学的变化，如渗透压等。本体感受器分布于肌肉、肌腱、关节和内耳，能感受运动器官所处状况和身体位置的刺激。

## 一、视觉器官

视觉器官能感受光波的刺激，经视神经传至视觉中枢而产生视觉。视觉器官包括眼球和辅助器官。

### （一）眼球

眼球是视觉器官的主要部分，位于眼眶内，后端有视神经与脑相连。眼球包括眼球壁和眼球内容物两部分。

1. 眼球壁　从外向内由纤维膜、血管膜和视网膜三层结构。纤维膜又叫白膜，位于眼球壁外层（形成眼球的外壳），分为前部的角膜和后部的巩膜，具有保护眼球内容物的作用。血管膜是眼球壁的中层，富有血管和色素细胞，由前向后分为虹膜、睫状体和脉络膜三部分，具有输送营养和调节进入眼球的光线、改变光线的折射程度等功能。虹膜中央有横卵圆形的瞳孔，受副交感神经和交感神经支配，在瞳孔括约肌和瞳孔开大肌作用下调节瞳孔的大小。视网膜又叫神经膜，位于眼球壁内层，分为视部和盲部，具有感光和分辨颜色的功能。

2. 眼球内容物　主要是折光体，包括晶状体、眼房水和玻璃体。其作用是与角膜一起，将通过眼球的光线经过曲折，使焦点集中在视网膜

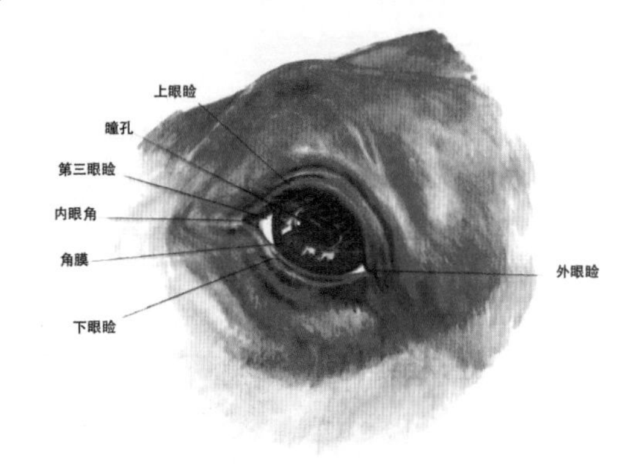


图 4-47　马的眼睛

上,形成影像。

### (二)眼的辅助器官

眼的辅助器官是指眼睑、泪器、眼球肌和眶骨膜。

1. 眼睑　位于眼球前面,分为上眼睑和下眼睑。眼睑内面衬有黏膜,称为睑结膜。睑结膜折转覆盖于巩膜前部,为球结膜。睑结膜和球结膜共同称为眼结膜,正常时眼结膜呈淡粉红色,在某些疾病时常发生变化,可作为诊断的依据。第3眼睑又称瞬膜,位于内眼角的半月状结膜皱褶,褶内有三角形软骨板。

2. 泪器　由泪腺和泪道组成。泪腺分泌泪液,有湿润和清洁结膜和角膜的作用。泪道是泪液排出的通道,分为泪管、泪囊和鼻泪管。

3. 眼球肌　是一些使眼球灵活运动的横纹肌,位于眼骨膜内,含有眼球退缩肌、眼球直肌和眼球斜肌。

4. 眶骨膜　为圆锥状纤维鞘,又称眼鞘,包围着眼球、眼肌、眼的血管和神经及泪腺,与眼眶共同构成眼的保护器官。

马的眼睛位于头部两侧,视野呈圆弧形,全景视面为300°~330°,尻部后方为盲区,因此接近马匹的时候要特别注意不要从后方接触,以免引起马匹的恐慌,对人造成伤害。马在夜间视力比人好,而且马对强光敏感,使用照相机时应注意关闭闪光灯,以防止马匹受惊。

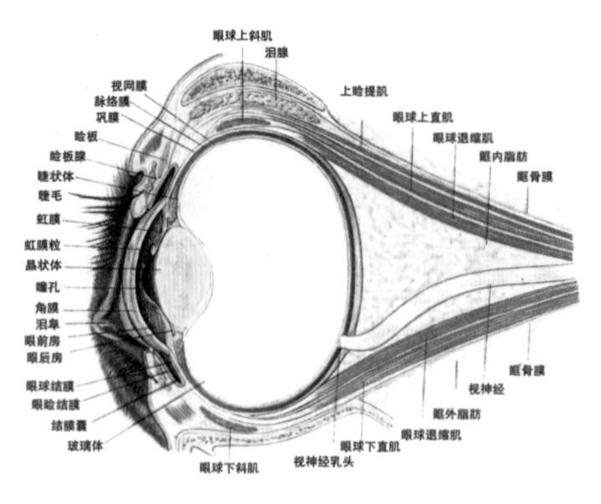


图4-48　马的眼睛纵断面

## 二、位听器官

位听器官包括位觉器官和听觉器官两部分。位听器官由外耳、中耳和内耳三部分构成。外耳收集声波,中耳传导音波,内耳是听觉感受器和位置觉感受器所在部位。

### (一)外耳

图 4-49　马的耳朵

外耳是声波传导的通路,包括耳廓、外耳道和鼓膜。

1. 耳廓　以耳廓软骨为基础,内、外均覆有皮肤。耳廓内面的陷凹称为舟状窝,耳廓外面隆凸称为耳背;耳廓前、后缘向上汇合形成耳尖,耳廓下部叫耳根,在腮腺深部连于外耳道。耳廓软骨基部外面附着有许多耳肌,故耳廓转动灵活,便于收集声波。

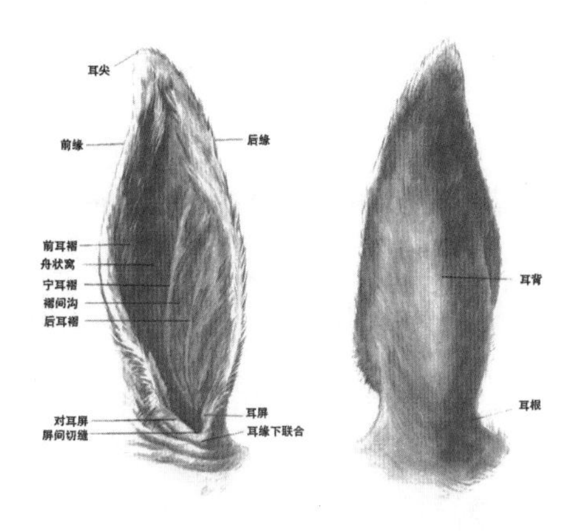


图 4-50　马的耳廓(内侧)(外侧)

2. 外耳道　是从耳廓基部到鼓膜的通道,由软骨性外耳道和骨性外耳道两部分构成。软骨性外耳道上部与耳廓软骨相接,下部固着于骨性外耳道的外口。骨性外耳道即颞骨的外耳道,呈漏斗状。

3. 鼓膜　是一片椭圆形的纤维膜,坚韧而有弹性,位于外耳道底部,是外耳和中耳的分界。鼓膜厚约 0.2mm,外表面呈浅凹面,内表面隆凸。

### (二)中耳

中耳包括鼓室、听小骨和咽鼓管。主要功能是将空气中声波振动的能量高效率地传递到内耳淋巴液,其中鼓膜和听小骨链在声音传递过程中起到重要的作用。

1. 鼓室　是颞骨里一个含有空气的骨腔,内面被覆黏膜。鼓室的外侧壁是鼓膜,内侧壁是骨质壁或迷路壁。在内侧壁上有一隆起称为岬,岬的前方有前庭窗,被镫骨底和环状韧带封闭;岬的后方有蜗窗,被第 2 鼓膜封闭。鼓室的前下方有孔通咽鼓管。

2. 听小骨　位于鼓室内,从外向内由锤骨、砧骨和镫骨以关节连成一个骨链,一端以锤骨柄附着于鼓膜,另一端以镫骨底的环状韧带附着于前庭窗。鼓膜接受声波而震动,再经此骨链将声波传递到内耳。

3. 咽鼓管　起自鼓室而开口于咽腔。空气从咽经此管到鼓室,以调节鼓室内压与外界气压的平衡,防止鼓膜被冲(震)破。

### (三)内耳

内耳又称迷路,因结构复杂而得名,分为骨迷路和膜迷路两部分。它们是盘曲于鼓室内侧骨质内的骨管,在骨管内套有膜管。骨管称骨迷路,膜管称膜迷路。膜迷路内充满内淋巴,在膜迷路与骨迷路之间充满外淋巴,起到传递声波刺激和马体体位变动刺激的作用。

1. 骨迷路　位于鼓室内侧的骨质内,由前庭、骨半规管和耳蜗三部分构成。前庭是位于骨迷路中部较为扩大的空腔,向前下方与耳蜗相通,向后下方与骨半规管相通。前庭的外侧壁(即鼓室的内侧壁)上有前庭窗和蜗窗,前庭的内侧壁是构成内耳道底的部分。

2. 膜迷路　套于骨迷路内互相通连的膜性囊和管(由纤维组织构成,内

面衬有单层上皮)，形状与骨迷路相似，由椭圆囊、球囊、膜半规管和耳蜗管组成。在耳蜗管的基底膜上有感觉上皮的隆起，称为螺旋器，又称柯蒂氏器，为听觉感受器。声波经一系列途径传到耳蜗后，由耳蜗管内的螺旋器将其转化为神经冲动，再经前庭耳蜗神经的耳蜗支传到脑，而产生听觉。

### 三、其他感受器

嗅觉感受器主要位于鼻腔后部嗅区的黏膜内，由嗅细胞组成。当接受某种物质刺激后，由嗅神经传导到大脑皮质而产生嗅觉。

味觉感受器主要是味蕾，有味细胞、支持细胞和基底细胞组成。味细胞的顶部有纤毛，是味觉感受器的关键部位。当食物进入口腔，由味细胞的味毛感受刺激产生冲动，由面神经、舌咽神经传导到大脑皮质，产生味觉。

皮肤内主要有触觉、温觉、痛觉等感受器。

## 第十节　马的常见生理指标

### 一、马的体温

马属于恒温动物，具有相对恒定的体温。正常的体温是马进行新陈代谢和生命活动的必要条件。

马各部分的温度并不相同，可分为体表温度和体核温度。体表温度是指体表及体表下结构(如皮肤、皮下组织等)的温度。由于易受环境温度或马散热的影响，体表温度波动幅度较大，各部分温度差也大。体核温度是指马深部(如内脏)的温度，比体表温度高，且相对稳定。由于代谢水平不同，各内脏器官的温度也略有差异。血液是体内传递热量的重要途径，由于血液不断循环,使马深部各个器官的温度趋于一致。

生理学所说的体温是指身体深部的平均温度。通常用直肠温度来代表马体温,马的体温在 37.2 ℃~38.5 ℃。

马驹的体温比成年马略高,公马较母马略高。母马在发情期和妊娠期的体温较平时稍高,排卵时则体温降低。肌肉活动时代谢增强,产热增多也可使体温升高。采食后体温可升高 0.2℃~1℃,并持续 2~5h,长期饥饿后体温降低,大量饮水后也能使体温下降。

体温在一昼夜之间常做周期性波动,清晨 2:00~6:00 体温最低,午后 1:00~6:00 最高。这种昼夜周期性波动称为昼夜节律。体温的昼夜节律是由内在的生物节律所决定的,而同肌肉活动状态以及耗氧量等并没有因果关系。

## 二、马的心率和血压

### (一)马的心率

马的心率是指马心脏每分钟跳动的次数。在心动周期(心房和心室每收缩和舒张一次称为一个心动周期)中,不论心房还是心室,都是舒张期长于收缩期。如果心率加快,心动周期缩短时,收缩期与舒张期均将相应缩短。但一般情况下,舒张期的缩短要比收缩期明显,这对心脏的持久活动是不利的。心率因品种、性别、年龄及生理状况的不同而异,调教有素的马,平时心率较慢,剧烈运动时心率加快程度也较小。马的心率范围在 26 次/min~42 次/min。

### (二)马的血压

血压是血管内血液对单位面积血管壁的侧压力即压强,单位为帕(P),1kPa=7.519 mmHg,1mmHg=0.133 kPa。通常所说的血压是指体循环的动脉血压。心脏收缩时,主动脉压急剧升高,在收缩期的中期达到最高值,此时的动脉血压称为收缩压;心室舒张时,主动脉压下降,在心舒末期降至最低,为舒张压。把收缩压和舒张压的差定义为脉搏压,简称脉压,由于心动周期中,每一瞬间的动脉压都是变动的,因此把每一瞬间动脉血压的平均值,称为平均动脉压。由于心缩期和心舒期时程不同,故平均动脉压不等于(收缩压+舒张压)/2,其值约等于舒张压与1/3脉压之和。

成年马的收缩压为17.3 kPa,舒张压为12.6 kPa,通常用17.3/12.6 kPa表示,其脉压则为4.7 kPa,平均约为14.3 kPa。

## 三、马的呼吸

呼吸运动可分为平静呼吸和用力呼吸两种类型。安静状态下的呼吸称为平静呼吸,主要特点是呼吸运动较为平衡均匀,吸气是主动的,呼气是被动的。运动时,用力而加深的呼吸称为用力呼吸,此时吸气和呼气都是主动过程。

根据在呼吸过程中,呼吸肌活动的强度和胸腹部起伏变化的程度将呼吸分为三种类型:胸式呼吸、腹式呼吸和胸腹式呼吸。

马每分钟的呼吸次数叫作呼吸频率。呼吸频率因年龄、外界温度、海拔高度、新陈代谢强度以及疾病等的影响而发生变化。正常成年马的呼吸频率为8次/min~16次/min。马驹呼吸频率高于成年同种马,患某些疾病(如肺水肿)的马呼吸频率高于健康马的4~5倍。

## 四、马的血液指标

### (一)血细胞比容

血液由血浆和悬浮于其中的细胞组成。细胞在血中所占的容积百分比,称为血细胞比容。正常成年马血细胞比容为24%~44%,平均为35%。

### (二)血量

马血浆和血细胞量的总和,即血液的总量称为血量。通常大部分血液在心血管系统内流动，称为循环血量；少部分滞留在肝、肺、脾、皮下静脉丛等储血库中，称为储备血量。成年马的血量为体重的8%~9%。赛马每千克体重血量为109.6mL，役用马每千克体重血量为71.7mL。

### （三）血浆

血浆渗透压主要来自溶解于其中的晶体物质，特别是电解质。马血浆渗透压约为771.0kPa。由晶体物质所形成的渗透压称为晶体渗透压，晶体渗透压80%来自钠离子和氯离子，由蛋白质所形成的渗透压称为胶体渗透压。

正常马血浆pH值为7.40，一般为7.20~7.50，生命能够耐受的pH值极限为7.00~7.80之间。

### （四）马的血细胞

血细胞包括红细胞、白细胞和血小板三类细胞，均起源于造血干细胞。

1. 红细胞　是血液中数量最多的血细胞，正常的红细胞呈双凹圆碟形。成年马的红细胞数量参考范围$5.3\times10^{12}/L \sim 13.0\times10^{12}/L$。红细胞内的蛋白质主要是血红蛋白。红细胞具有可塑性、悬浮性和渗透性，这都与红细胞的双凹圆碟形有关。红细胞膜具有选择通透性，是一种半透膜，氧和二氧化碳等脂溶性气体可以自由通过，尿素也能自由通过；$Cl^-$、$HCO^{3-}$容易通过，正离子不易通过。红细胞主要运输$O_2$和$CO_2$，其中运输氧气的功能是靠细胞内血红蛋白来实现的。

2. 白细胞　是一类有核的血细胞。正常成年马白细胞数量范围为$5.0\times10^9/L \sim 11.0\times10^9/L$。白细胞是一类不均一的细胞群，根据其形态、功能和来源可分为粒细胞、单核细胞和淋巴细胞三大类。白细胞具有趋向某些化学物质游走的特性，称为趋向性。白细胞把异物包围起来并吞入胞浆的过程称为吞噬作用。

（1）粒细胞　大约有60%的白细胞的胞浆具有颗粒，因此被称为粒细胞。粒细胞在体内存在时间很短，一般不超过2d。根据粒细胞胞浆颗粒的

嗜色性质不同分为中心粒细胞、嗜酸性粒细胞和嗜碱性粒细胞。

中性粒细胞:绝大部分的粒细胞属于中性粒细胞。中性粒细胞在血管内停留的时间平均为6~8h。骨髓中存储有大量的成熟中性粒细胞,在马需要时这些中性粒细胞便会进入血液循环。中性粒细胞在非特异性细胞免疫系统中具有十分重要的作用,它处于马抵御微生物病原体,特别是化脓性细菌入侵的第一线。中性粒细胞还具有吞噬和清除衰老红细胞和抗原—抗体复合物的作用。

嗜酸性粒细胞:血液中嗜酸性粒细胞的数目有明显的昼夜周期性波动,清晨细胞数量少,午夜时细胞数量多,可能与肾上腺皮质释放糖皮质激素量的昼夜波动有关。嗜酸性粒细胞基本上没有杀菌作用,其主要作用是限制嗜碱性粒细胞在速发型过敏性反应中的作用,参与对蠕虫的免疫反应。在有寄生虫感染、过敏性反应等情况中,常伴有嗜酸性粒细胞增多现象。

嗜碱性粒细胞:血液中嗜碱性粒细胞平均循环时间为12h,可加快脂肪分解为脂肪酸的过程,使毛细血管壁通透性增强,并使平滑肌收缩和限制嗜酸性粒细胞在过敏反应中的作用。

(2)单核细胞　包体较大,直径约为15~30μm,胞质内没有颗粒。单核细胞来源于骨髓中的造血干细胞,并在骨髓中发育。单核细胞内含有更多的非特异性酯酶和更强的吞噬作用。进入组织的单核细胞称为巨噬细胞,在特异性免疫应答的诱导和调节中起关键作用。

(3)淋巴细胞　是免疫细胞中的一类,在免疫应答反应过程中起核心作用。淋巴细胞可分为T细胞和B细胞两大类。在功能上,T细胞与细胞免疫有关,B细胞与体液免疫有关。

3. 血小板　是从骨髓成熟的巨核细胞胞浆裂解脱落下来的有生物活性的小块胞质。正常马血小板数量为$95\times10^9$/L~$660\times10^9$/L。通常饭后较清晨高,冬季较春季高,静脉血较毛细血管高,剧烈运动后及妊娠中、晚期升高。血小板具有生理止血、参与凝血和保持血管内皮完整性的生理功能。血小板进入血液后,只有开始2d具有生理功能,但平均寿命7~14d。

**表 4-2　血液细胞分析仪检测数据参考值**

| 参数 | 参考范围 |
|---|---|
| 白细胞数目(WBC) | 5.0-11.0×10$^{9}$/L |
| 淋巴细胞数目(Lymph) | 1.4-5.6×10$^{9}$/L |
| 淋巴细胞百分比 | 20.0%-80.0% |
| 单核细胞数目(Mon) | 0.2-0.8×10$^{9}$/L |
| 单核细胞百分比 | 2.0%-8.0% |
| 中性粒细胞数目(Gran) | 2.8-6.8×10$^{9}$/L |
| 中性粒细胞百分比 | 20.0%-70.0% |
| 红细胞数目(RBC) | 5.30-13.00×10$^{12}$/L |
| 血红蛋白(HGB) | 108-150g/L |
| 红细胞压积(HCT) | 28.0%-46.0% |
| 平均红细胞体积(MCV) | 36.0-55.0fL |
| 平均红细胞血红蛋白含量(MCH) | 14.0-19.0pg |
| 平均红细胞血红蛋白浓度(MCHC) | 330-426g/L |
| 红细胞分布宽度变异系数(RDW) | 15.0%-21.0% |
| 血小板数目(PLT) | 95-660×10$^{9}$/L |
| 平均血小板体积(MPV) | 5.0-9.0fL |

注:迈瑞动物血液分析仪。

# 第五章 马的外貌

我国古代劳动人民积累了许多鉴定马的方法和经验,“先除三羸五驽,乃相其余”就是其中的一种快速鉴定方法。从解剖学上讲“三羸五驽”也是严重的缺点。在民间有许多说法如“马包一张皮,各处有关系”“从外看里头,隔肉看骨头”“眼大神足,鼻大不憋气”“站相和走相相结合”等等,还总结了一些相马的口诀:

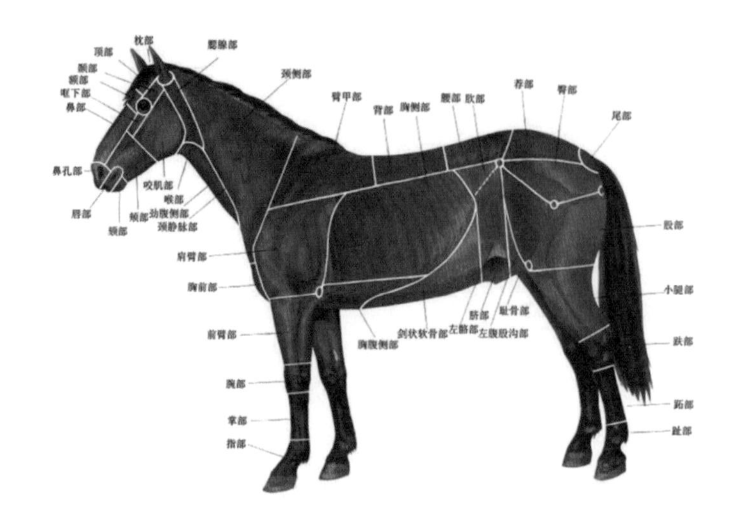


图 5-1　马匹外貌各部位名称

远看一张皮,近看四肢蹄,
前看胸膛宽,后看屁股齐,
当腰掐一把,鼻子捋和挤,
眼前晃三晃,开口看仔细,
赶起走一走,最好骑一骑。

远看一张皮　就是要看马的全貌,包括毛色、营养、体格大小、体型结构、全身是否匀称等。

近看四肢蹄　四条腿是马的运动器官,与马的能力关系极大,因此必须近看、仔细看。要看肢势是否端正,肌肉的多少和坚硬强度,骨棒粗细,蹄系长短,蹄的大小,蹄质的好坏,护蹄毛多少,有无严重损征等。

前看胸膛宽　前面看胸部的宽和肌肉丰满程度。

后看屁股齐　后面看尻部臀部是否强大肉多、形态整齐。

当腰掐一把　检查背部的抗力强不强，同时把鬐甲（前山）和尻（后山）看一看，比较前后的高低，背部是否宽平直，和尻部结合是否自然。

鼻子捋和挤　检查鼻子有无病症，同时看鼻梁高低，鼻孔大小。

眼前晃三晃：使马头向着阳光，用手在马眼前晃三晃，以检查马的视觉好坏，并观察眼球的形状。

开口看仔细　主要是看几岁口，并检查牙齿质量、形状等。

赶起走一走　是为了看走相，蹄子印是否落在一条直线上，腿是否瘸。

最好骑一骑　是为了检查马在负重而且快速前进时有无缺点，尤其检查乘马，更要骑一骑，看运步是否轻快、灵活。

**鉴定的原则和方法**

1. 鉴定马匹应在地势平坦、光线充足的地方。鉴定时应使马匹保持正确的驻立姿势，先对马的类型、外貌、体形结构、主要失格损征大致观察，对马匹外貌形成一个完整的印象，然后再进行各部位的鉴定，最后还要进行步样检查。

2. 确定被鉴定马匹是什么经济类型，以便用不同的标准进行鉴定。因为不同经济类型的马匹，其外貌特点截然不同，鉴定优劣的标准也不相同。要区别对待，不可千篇一律。

3. 应注意到马匹是一个有机的整体，部位是整体的一部分，二者是统一的，互相依存，不可分割。鉴定时，要把局部和整体、外貌与体质、结构和机能结合起来考虑，做出正确的判断。

4. 应注意马匹的品种、性别、年龄特点。因为不同品种、性别、年龄的马匹，其外貌结构上有较大差异，鉴定时要注意到这些。同一经济类型不同品种的马匹，外貌上亦有差异，应该用各品种的标准进行鉴定。例如，同是骑乘型的英纯血马和阿拉伯马，在外貌上的要求就不一样。

5. 检查马匹有无失格和损征，凡严重影响马匹的种用价值和工作能力的失格和损征，必须严格淘汰。

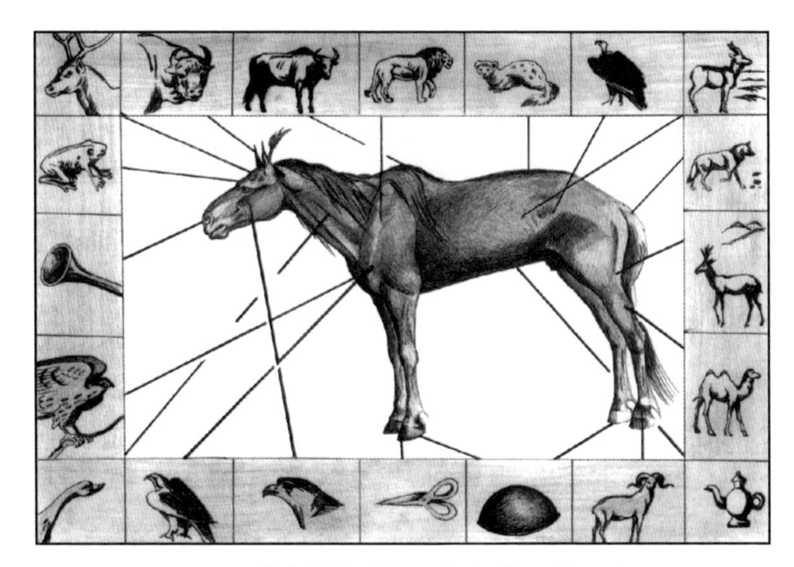

图 5-2　蒙古族传统相马各部位比较示意图

# 第一节　外貌学说的发展及实践意义

## 一、我国马匹外貌学说的发展及实践意义

我国对马匹外貌的研究,早在 2500 年前就有了相当高的水平。例如春秋时期,秦穆公的监军少宰孙阳(伯乐)所著的《相马经》就是一部马匹外貌研究的经典著作。《相马经》指出:"马头为王,欲得方;目为丞相,欲得亮;脊为将军,欲得强;腹为城廓,欲得张;四下为令,欲得长",形象生动地说明了利于发挥马匹工作能力的几个重要部分必须具备的条件,并明确外貌鉴定要从整体出发。《相马经》中还提到马体各部位的相互关系,体表外貌与内脏器官之间,结构与功能之间的相互关系,由表及里来推断马的生产性能,如"心欲得大,目大则心大,心大则猛利不惊;肺欲得大,鼻大则肺大,肺大则

能奔”。这种表里相关、观其外而知其内的思路，是带有朴素的辩证法思想的。

蒙古族作为生活在马背上的民族，自古以来就懂马、相马。有经验的调教师会从马群中选出适合作为赛马的马匹进行调教，会根据马匹的状况为比赛做好准备，就像运动员为大赛备战一样，调教师合理的搭配马匹的饮食、运动。好的调教师可以在比赛当天确认一匹马是否取得好成绩。虽然蒙古人的相马学没有得到科学的考证，相信不久的将来其中的奥秘必定会为世人所称道。

## 二、西欧各国马匹外貌学说的发展及实践意义

马匹外貌学说在西欧开展较晚，比我国至少晚 2400 年。1735 年，法国布尔纠勒(Bourgelat)的《马体对称学说》成为马匹外貌学说的代表作。他以马的头长为标尺来衡量其他部位，以此来判定马体部位是否恰当。19 世纪德国塞得加斯特(Settegast)的《比较外形学说》也是马匹外貌学说的代表作。他认为上面通过鬐甲顶点，下面通过带径底部划两条水平线；前面通过肩端，后面通过臀端划两条垂线；再由肩胛骨后角，腰角前方划两条垂线；再由肩胛骨后角，腰角前方划两条垂线。马体分为前、中、后三躯，这三部分应相等。又以这个平行六面体长度的 1/24 作指标，与马体其他部分作比较，制定出一定的比例关系，来衡量马匹部位的优劣，这些学说都是机械唯物论，脱离实践，对马匹外貌鉴定缺乏实际指导意义。

随着马科学技术的研究，马匹外貌学说得到正确发展。现代马匹外貌学说认为马体是一个统一的整体，既要注意外表，还要重视内部的体质，形态与机能、部分与整体都是相互制约、相辅相成的。因此可根据马体外貌的一般特征来判断马匹的工作能力，体质的结实程度和其他生产性能，从而选出优良的个体。

# 第二节 影响马匹体型外貌的因素

## 一、生态环境

马的体型外貌(马格,conformation)是在遗传的基础上,同化了外界条件,而在个体发育过程中形成的。因此,生态环境对体形外貌有重要的影响。由于各地区的自然条件不同,特别是气候条件的差异,形成了不同类型的马匹。在北纬45°以北地区,气候温凉湿润,牧草繁茂,多汁饲料丰富,逐渐育成了体格大、体质湿润的重型挽马。这种马被毛浓密,长毛发达,皮下脂肪和结缔组织发达。而在干燥炎热的半沙漠地区,由于气候和饲料条件的影响,逐渐育成了体型轻、体质干燥的马匹,这些马皮薄毛稀,皮下脂肪少,汗腺发达,体表血管外露,有利于体热的散发。总之,马匹的生活条件越接近生态环境条件时,生态环境条件对体型外貌的影响越大。

## 二、调教锻炼

调教锻炼是发挥马匹遗传性状的重要条件,可以提高马的新陈代谢,使呼吸、血液循环、体温调节、排泄等机能之间更加协调。据测定,平时不调教锻炼的马匹,心脏只占体重的0.73%,而经过调教锻炼的马匹,心脏可达体重的0.81%.调教可以改变骨骼及肌肉的长短、角度和连接方式,改善各部位的结构,可以改善神经活动类型,使得神经系统与运动器官之间更加协调,运动更加精确。因此,调教和锻炼不仅是正确培育幼驹的重要手段,而且也是改进马匹外貌和品种品质的措施。

## 三、马匹性别

公母马由于第二性征的影响，在体型外貌和神经活动类型方面有一定程度的差别。一般公马的体格较大，体质粗糙结实，悍威较强。头较重大，颈部肌肉丰满，颈脊明显，胸深而宽，中躯较短，骨骼粗壮，犬齿发达，被毛浓密，长毛发达。血液氧化能力强，有效成分较多，容易兴奋，雄性特征表现明显。

母马体格较小，体质偏细致，悍威中等，性情安静。头较轻，颈较细，胸不太宽，胸围率稍大，中躯较长，尻较宽，骨量轻，皮肤薄，被毛细软，长毛稀少，具有雌性特征表现。

## 四、马匹年龄

不同年龄的马，各部位生长发育有不同的表现，在体型外貌上有很大差异。幼驹的四肢较长，躯干较短，胸窄而浅，肋部较平，关节粗大，额部圆隆，鬣短而立，髻甲低短、后肢较高，皮肤有弹性。

壮龄马体躯长宽而深，呈圆筒形，肌肉发达，营养良好，眼窝丰满，被毛光泽，体力充沛，运步稳健。老龄马眼盂凹陷，下唇弛缓，腰角突出，多呈凹背，尾椎横突变粗，肛门深陷，被毛干燥，皮肤缺乏弹性，皮下结缔组织减少，行动迟钝，运步僵硬。

# 第三节　马的气质与体质

## 一、马的气质

气质即马的性格，在马业科学上亦称悍威，是马匹神经活动类型的象征，也是它对周围外界事物反应的敏感性。影响气质的因素有品种、年龄、性别、调教和饲养管理等。

马的气质（temperament）与工作能力及使用价值有密切的关系。不同的个体，气质表现截然不同，特别是种公马和骑乘马更为突出，可分为以下几种：

1. 烈悍神经活动属强而不平衡型。对外界刺激反应强烈，易兴奋暴躁，不易控制和管理，往往因性急而消耗精力和能量，持久力差。对条件反射容易建立也容易消失。

2. 上悍神经活动强而灵活，对外界反应敏感兴奋与抑制趋于平衡。这种马听指挥能力强，动作敏捷，工作持久，容易饲养管理。

3. 中悍神经活动稍迟钝，对外界刺激不甚敏感，容易调教，饲料利用率高，工作性能好。

4. 下悍神经活动类型以抑制为主，对外界刺激不敏感，表现迟钝，动作不灵活，工作效率低。

工作中应把悍威的实质作为神经类型。据研究，“气质”是随环境条件而变的，而神经类型却是不变的，是可以遗传的，并且马的体型结构与其神经类型没有联系。实践中常常遇见用途、体型结构很好的马，但神经类型却不适合，而有些结构不良的马却有很合适的神经类型。侯文通教授在《现代马学》中说道，现行马的鉴定制度在许多方面是主观片面的，作者认为在马匹鉴定中,应该增设一项“神经类型”,也许比“气质”更有用。或者取消“气质”而代之以“神经类型”的鉴定。巴甫洛夫研究动物的高级神经活动的学说里把动物对外界事物的反应分为三类:强而不平衡型(胆汁质或神经质、放肆型),强而平衡型[又分为活泼型(多血质)、安静型(淋巴质即黏液质)],弱型(忧郁质)。

强而不平衡型　是兴奋的、不可遏制,对外界刺激的反应特别强烈的类型。兴奋过程强,抑制过程弱。在训练过程中很容易接受教学,很快形成理想的运动用条件反射并稳固地保持,但是较难抑制它们特有的、不理想的反射,骑乘工作成功率较低。

强而平衡型—活泼型　活泼的、平衡的类型(适度兴奋),兴奋和抑制过程都很强。对刺激反应准确,又很容易安静下来。此型的竞技马很容易形成理想的运动条件反射,也很容易抑制,因此这种马比较快、较易接受训练和调教,很容易按骑手的要求从一种练习转为另一种练习。

强而平衡型—安静型　不活泼的、安静的类型,其神经过程兴奋和抑制都不够灵活。虽然此型马而后也能很牢固地保持兴奋和抑制,并且能准确地加以区分,但通常需要较长的时间,慢慢地形成条件反射。

弱型　是兴奋和抑制过程都很弱的类型,任何强烈的刺激往往都会导致抑制,已形成的条件反射会遭破坏而很快丧失,通常很难形成所需要的习惯。工作量大时,此型马会陷入额外的抑制,因而需要长期休息才能恢复工作能力。

用该方法来反映马的气质比较有效,只有考虑高级神经活动的典型特点,才能正确地为某种马术运动挑选马匹,并且最合理地进行训练和调教工作。而气质性格又是可遗传的,在选择上应加以注意,要选强而平衡型(活泼型)的马。马匹品种在选种选配和培育的影响下,形成了各种神经活动类型。竞争心理很强,气质激烈的赛马难以应付现代马术竞技,尤其是盛装舞步和跳越障碍赛。实践证明高度神经质的马用于跳越障碍赛,多表现性格乖僻,越野时往往粗心大意。马术运动要求马绝对服从人,性格温顺,与骑手配合一致,对人的扶助迅速做出反应。勇气和毅力是障碍马必备的品质,实践证明,脾气古怪和胆小的马极难矫正,应弃用。据研究,马的神经类型与体格没有直接关系,高级神经活动对马的运动用工作能力有特殊的影响,以上这些品质不是用“悍威”一词能够简单概括的。

## 二、马的体质

体质是马体的结构和机能的全部表征状态,是马的外部形态和生理机能的综合体,它体现马匹身体的结实程度。体质和外貌具有密切不可分的关系,外貌是体质在马体外部的表现,体质是外貌在马体内部的反应。马匹体质的优劣决定着马匹的经济性能、种用价值、生产能力和适应性。因此在外貌鉴定时,应同时重视体质的选择。体质依皮肤的厚薄、骨骼的粗细把家畜分为细致型和粗糙型;依据皮下结缔组织和肌肉骨骼坚实程度分为紧凑型(马的叫“干燥型”)和疏松型(马的叫“湿润型”)。细致和粗糙、紧凑和疏松都是相互对立的极端的类型,应该还有一种并不偏向某一极端,而介于中间的类型,称为结实型。

1. 细致型　头小,骨量较轻;肌肉不够发达,皮下结缔组织少;皮薄毛细,关节明显,长毛稀少;感觉敏感,性情暴躁,运动缺乏持久力,适应性较差。

2. 粗糙型　头重,骨粗;肌肉厚实,皮下结缔组织一般;关节肌腱不够明显;皮厚,被毛粗硬,鬃鬣尾、距毛多而浓密。

3. 干燥型(紧凑型)　头部清秀,骨骼结实;肌肉结实有力,皮下结缔组织不发达;关节肌腱明显,头部及四肢血管显露,蹄质坚实;皮薄有弹性,被毛细短,长毛不多;性情活泼,运动敏捷。

4. 湿润型(疏松型)　头大,骨骼粗;肌肉松弛,皮下结缔组织发达;皮厚毛粗,关节肌腱不明显,蹄质较松,长毛较多;性情迟钝,不够灵活。

5. 结实型　头大小适中,骨骼结实;肌肉厚实,腱和韧带发达;皮肤厚,被毛光泽;皮下结缔组织少,无粗糙外观。

在马群中,单一体质类型的马很少,一般都是以某种类型为主的混合型,如湿润粗糙型、湿润细致型、干燥细致型、干燥结实型、粗糙结实型等。干燥细致多见于竞赛骑乘马,以英纯血马为代表。我国的三河马、伊犁马,多属于干燥结实型,而蒙古马、哈萨克马又多属于粗糙结实型。

结实和干燥型体质,对所有的马都是理想的,应多加选留,但对群牧条件下培育的草原品种,粗糙型体质亦未可厚非。

## 第四节 马的头部外貌

### 一、头部

《相马经》说"马头为王欲得方",形容马头居于马体的主宰地位。所以历来鉴定马时,都很重视对马头的鉴定。头是大脑和五官所在地,能协调全身各个系统,所以是一个很重要的部位。同时头与颈是一个杠杆,头部位置的变动,可影响马体运动。

1. 头的大小

头的大小代表着马体骨骼发育情况,并且影响马的工作能力。小而轻的头多为干燥细致体质,大而重的头多为湿润粗糙体质。头的大小,一般是以头与颈作比较,相等者为中等大的头,大于颈长者为大头,小于颈长者为小头,过大过小都不理想。

2. 头的方向(即头的倾斜状态)

(1)斜头:头的方向和地面呈45°角,与颈呈90°角者为斜头是良好的,适于任何类型的马。

(2)水平头:头的方向与地面所成的角度小于45°,头倾向于水平,为水平头。这种头形的马,易远视难视近,感衔不好,难于驾驭。

(3)垂直头:头的方向与地面所成的角度大于45°角,与颈部所成的角度小于 90°角，为垂直头。这种马易视近难视远，感衔好，但往往影响呼吸，不利于速度的发挥。

图 5-3　马头的方向示意图

1. 斜头　2. 水平头　3. 垂直头

3. 头的形状

(1) 正头：侧望由额部至鼻端成一直线，且鼻大、口方、无楔形者为正头，为理想头形，适于各类型的马。

(2) 羊头：额部凸起为羊头，是不良头形。

(3) 楔头：额部正常，但鼻梁和口部显细，形如木楔，为楔头。

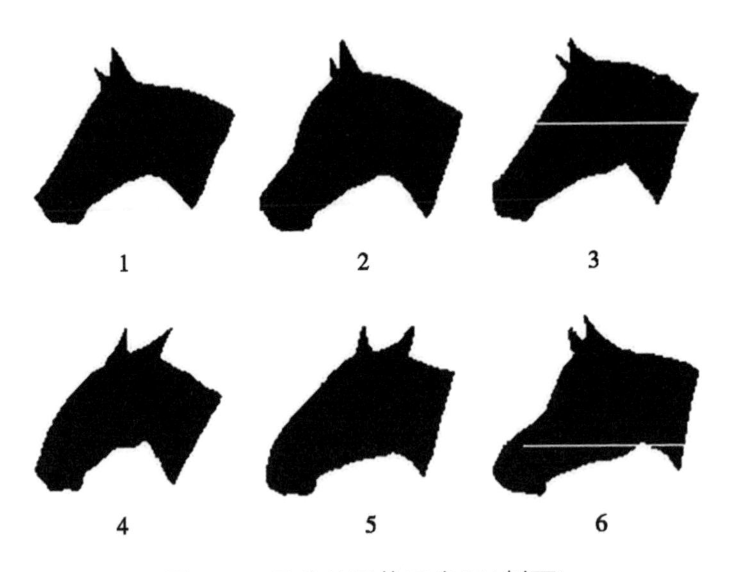


图 5-4　马头的形状示意图(侧面)

1. 正头　2. 羊头　3. 楔头　4. 兔头　5. 半兔头　6. 凹头

（4）兔头：由额部至鼻端的连线，侧望呈显著弓起状态，为兔头。挽用马中多有之。

（5）半兔头：额部平直，仅鼻梁部呈弓起状态，为半兔头。挽用及兼用马中均有之。

（6）凹头：额部正常，额部与鼻梁之间有一凹陷，形似鲛鱼的头，称凹头，乘用型马中偶有之。

4. 头部各部位鉴定

（1）颈：以枕骨嵴和第一颈椎为基础。颈应长广，肌肉发达，颈长则耳下宽，头颈结合良好，同时多伴有宽颚凹，这样头颈灵活，伸缩力强，利于速度的发挥。

（2）头础：头与颈结合的部位叫头础，头颈界限应清楚，耳下和颌后应适当的宽广凹陷，颌凹和咽喉部应宽广，无松弛臃肿状态。

（3）耳：古代相马要求“耳如削竹”，耳应短尖直立，耳距近，如削竹，动作灵活。常见失格有：耳朵过软，如“绵羊耳”；走路上下煽动，又叫“担杖耳”；一上一下，左右不对称，“称阴阳耳”。

（4）眼：古代相马把眼比作丞相，“目为丞相欲得光”。要求“眼似铜铃”，大而有神，眼应大而明亮，角膜和结膜颜色正常，表情温和。眼小，眼睑厚而紧，俗称“三角杏核眼”的马，多表现胆小易惊，性情不驯。

（5）口：古代相马“上唇欲得急，下唇欲得缓”，嘴唇应软薄，致密灵活，上下唇紧闭，牙齿排列整齐，没有异臭。

（6）鼻：古代相马经中有“鼻欲得大，肺大则鼻大，鼻大则善奔”的说法，鼻孔应大，鼻翼应薄而灵活，鼻黏膜粉红色，表明呼吸系统发达和健康。

（7）颚凹：下颚两后角之间的凹陷部分称为颚凹，俗称“槽口”，应宽广。宽颚凹能有利于头自由活动，臼齿发达，以手触摸，能容纳 4 指（8～9cm）以上者为宽，容纳 3 指（6～7cm）者为中等，容纳不下 3 指者为窄颚凹。

（8）口腔上、下颌骨位置应正确，牙齿排列整齐，有上长下短（俗称“天包地”或“鹦鹉嘴”）或上短下长（俗称“地包天”或“倒鹦鹉嘴”）的现象。

# 第五节　马的颈部外貌

颈部以7个颈椎为骨骼基础,外部连以肌肉和韧带。颈是头和躯干的中介,能引导前进的方向,并能平衡马体重心,因此应有适当的长度和厚度。颈部的形状、长短以及和头部、胸部的结合状态,对马的工作能力都有很大的影响。

1. 颈的形状

(1)正颈:颈的下缘近于直线,方向与地面成45°倾斜,为正颈,是理想的颈形,适于任何类型的马。

(2)鹤颈:颈上缘在近头处凸弯,颈下缘凹弯,头倾向于垂直状,为鹤颈。这种颈易于受衔控制,重心向前移动小,步样轻快高举,步态美观,在乘马和轻挽马中多见。

图 5-5　马颈部形状示意图

1. 正颈· 2. 鹤颈　3. 脂颈　4. 鹿颈　5. 水平颈

(3)脂颈:颈上缘结缔组织发达,鬣床隆起,上缘凸弯,有大量脂肪蓄积,有时鬣床倒向一侧,称为脂颈。这种颈形对乘用马来说是较大的缺点。

(4)鹿颈:颈上缘凹弯曲,颈下缘凸弯曲,头易形成水平状,为鹿颈。这种颈短,不易受衔,骑乘难以控制,是不良颈形。

(5)水平颈:颈上缘线方向呈水平状,头成垂直状态,颈短的马多如此,为不良的颈形。

2. 颈的长短

颈的长短决定于颈椎骨的长短,一般分为长颈、短颈和中等颈。颈长与头长相比,超过 12cm(颈长 84cm)以上者为长颈,超过 10cm(颈长 70cm)以上者为中等颈,与头长相等或仅超过一点者为短颈。颈长者,颈的摆动幅度大,利于速度的发挥,对乘马至关重要,对其他类型马来说也是优点。

3. 颈础

颈肩结合处称为颈础,以结合面平顺,没有坎痕者为佳。根据气管进入胸腔的位置,分为高颈础、中等颈础和低颈础。

(1)高颈础　气管进入胸腔的位置高于肩关节的连线者为高颈础。高颈础的马颈脊和鬐甲界线不明显,这是因为肩部长斜所致,是各类马的极大优点,不仅外形美观,而且前肢迈步长远。

(2)中等颈础　气管进入胸腔的位置略高于两肩关节水平线之上,正颈多呈中等颈础,是良好的颈础。

(3)低颈础　气管进入胸腔的位置低于肩关节的连线者为低颈础,低颈础的马,颈脊与鬐甲结合处有明显的凹陷,肩立而短,水平颈,垂直头,发育不良的低能马大致都这样。

## 第六节　马的躯干外貌

躯干包括肩、鬐甲、背、腰、胸、腹及尻股等部分,它的结构好坏,对马的工作能力有一定影响。

1. 肩　以肩胛骨为基础，前肢运动的幅度取决于肩胛的长度和倾斜度。

(1)斜肩：肩胛与水平线的夹角为40°~45°，肩长斜，前后摆幅大，步幅大，速度快，为乘用马最为理想的肩形。

(2)立肩：肩胛与水平线的夹角大于60°，肩短而立，马匹步幅小，是乘用马的大缺点。挽用马、草原放牧的马多为立肩。

2. 鬐甲　以2~12胸椎棘突、韧带、背肌及一小部分肩胛软骨为基础。鬐甲是胸廓肌肉杠杆的集中点，也是前肢头颈韧带和肌肉的固定点及支架，对维持头颈正常姿势和前肢运动有着重要作用。鬐甲的高低长短、厚薄应和马的体型相适应，不同经济类型的马，需要不同形态的鬐甲。

(1)高鬐甲：鬐甲高于尻高者为高鬐甲。鬐甲有适当的高厚长度，肌肉发育良好者为优良鬐甲，特别是乘用马需要有较高长的鬐甲。

(2)低鬐甲：鬐甲低于尻高者为低鬐甲。挽用马多低鬐甲，对乘用马来说是很大的缺陷。

(3)中等鬐甲：鬐甲与尻高大致相等为中等鬐甲，这种鬐甲在兼用型马中多有。

(4)开鬐甲：肩胛骨上端突出，致使鬐甲上面是开裂的，表面有凹沟存在，为开鬐甲。这种不良鬐甲对任何马皆不适宜。

(5)锐鬐甲：鬐甲高而薄者为锐鬐甲，易发生鞍伤，驾挽能力亦差，为不良鬐甲。

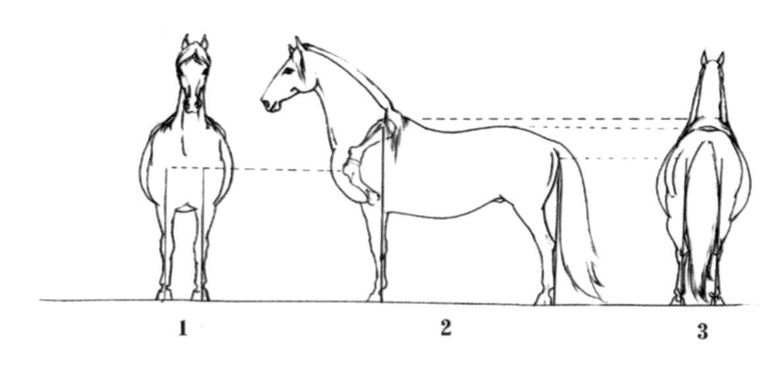


图5-6　马鬐甲高低的测量方法

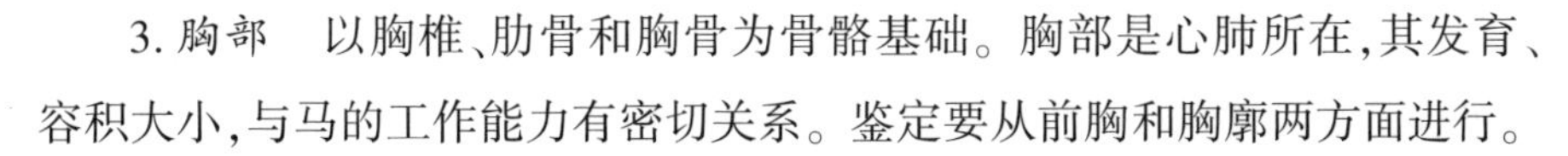

3. 胸部　以胸椎、肋骨和胸骨为骨骼基础。胸部是心肺所在，其发育、容积大小，与马的工作能力有密切关系。鉴定要从前胸和胸廓两方面进行。

（1）前胸

①宽胸，在正肢势站立，两前蹄之间的距离大于一蹄者为宽胸。挽用马的前胸应宽。

②窄胸，正肢势，两蹄间小于一蹄的胸为窄胸，窄胸为不良的胸，对任何马匹都是缺点。

③中等胸，两蹄间距离等于一蹄者为中等胸。乘马以中等胸为宜。

④平胸，胸的前壁与两肩端成一平面，肌肉发育良好，比较丰满者为平胸。为理想之胸形。

⑤凸胸，亦称“鸡胸”，胸骨突出于两肩端之前，类似鸡胸者为凸胸，属不良胸。如果肌肉发育良好尚可。

⑥凹胸，胸的前壁凹陷于两肩端之间的连线，多伴有窄胸和全身肌肉发育不良，属不良胸。

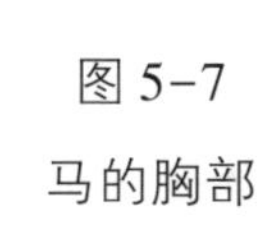

图 5-7
马的胸部

⑦胸深，鬐甲至腹下缘的垂直距离（胸深）大于肘至地面水平线间垂直距离（肢长）。

⑧胸浅，鬐甲至腹下缘的垂直距离小于肘至地面水平线间垂直距离。

（2）胸廓

胸廓是指肩胛后的肋骨部，其发育程度决定于胸骨长度、肋骨的长和拱隆度。长深宽的胸廓，胸腔容积大，心肺发达，对任何用途之马都是理想的。乘用马要求胸廓深长，宽度适中；挽用马胸廓要求深长，宽度充分。

4. 背部　以最后 7~8 个胸椎和肋骨上部为基础。前为鬐甲，后以肋与腰为界。主要功能是连接前后躯，负担重量，传递后躯的推动力。《相马经》说“背欲得短而方，脊欲得大而抗，脊背欲得平而广，能负重”。对任何用途的马，背部以短广、平直、肌肉发达为宜。

(1)直背,背部呈直线或由后向前有轻度倾斜,长短适中,两侧肌肉发育适度为直背,是理想背形。

(2)长背,马胸腔过长可形成长背。长背造成的过长中躯,可减弱背的负担力,降低后肢的推进作用,影响马的速力和驮力,对乘马和驮马都不利。

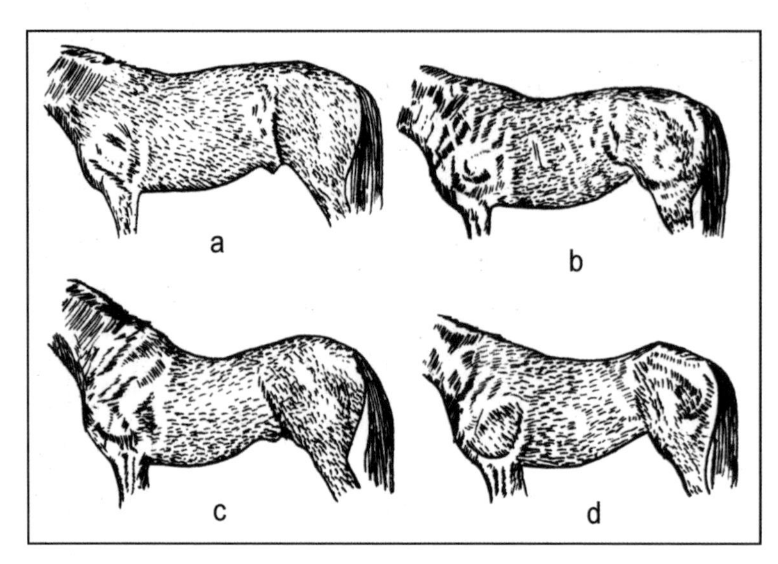


图 5-8　马的背部示意图

a. 长背　b. 短背　c. 凹背　d. 凸背

(3)短背,胸腔过短的背为短背。背过短,多伴随着短躯,致使胸腔容积小,对任何类型的马都不利。

(4)凸背,背部向上拱起,两侧肌肉发育不良,伴随平肋者为凸背,亦称鲤背,为不良背形。

(5)凹背,背部向下凹陷,肌肉和韧带发育不良,称为凹背。凹背的马运步不正确,体力不足,对任何用途的马都不利,亦为不良背形。

5. 腰部　以 5~6 个腰椎为骨骼基础,位于背尻之间。腰为前后躯的桥梁,无肋骨支持,结构更应坚实。腰部应和背同宽,肌肉发达,和背尻结合良好,短宽直者为佳。腰的长短,视最后肋骨到腰角的距离而定。

(1)短腰,距离不超过 8cm 者为短腰。腰短而宽,肌肉发达,负担力强,对任何用途的马均适宜。

(2)长腰,距离达13cm以上为长腰。腰过长,肌肉不发达,是马的严重缺点。

(3)中等腰,距离在9~12cm之间为中等腰。

(4)直腰,腰、背、尻呈一直线者为直腰,是良形腰。

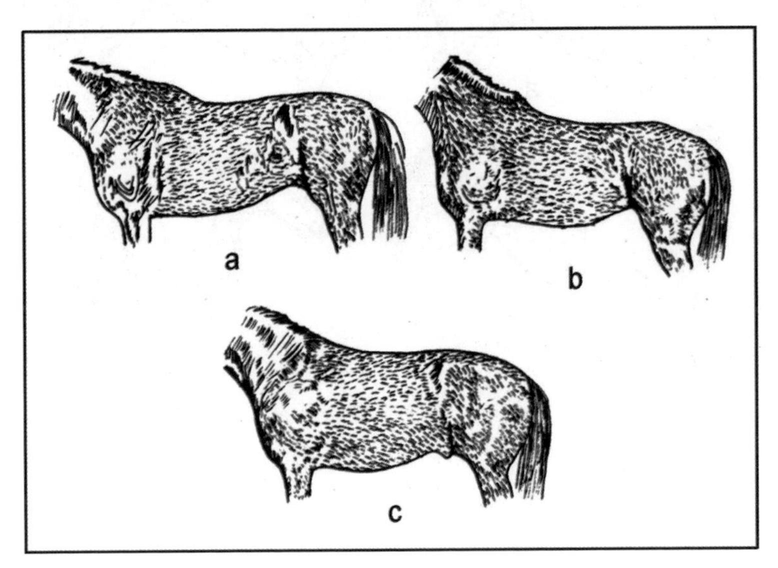


图5-9　马的背部示意图

a.长腰　b.中等腰　c.短腰

(5)凸腰,腰部隆起向上弓,称为凸腰。凸腰影响后肢推进力的传导,破坏前后肢的协调,为不良腰形。

(6)凹腰,腰部向下凹陷,负重力差,影响后肢推进力,破坏前后肢协调性,亦为不良腰形。

腰背与马的耐力有直接的关系。马的动力主要来自后肢,通过腰背传送至全身。传送效率与马的腰背强度、弧度有关。弧度太大不但传送效率不高,而且容易疲劳。因此,选择耐力赛的马匹腰背是关键。

6.腹部　腹部形态与运动和饲料有关,腹部正常的马,腹下线与胸下线应成一直线,逐渐向后上方呈缓弧线,两侧不突出,以适度的圆形移向腰部,称良腹。不良的腹形有垂腹,即腹部下垂,腹下线向下方弯曲;草腹,即腹下线不仅下垂,而且向左右两侧膨大;卷腹(也称犬腹),即腹部外形缩小,呈紧缩状态。

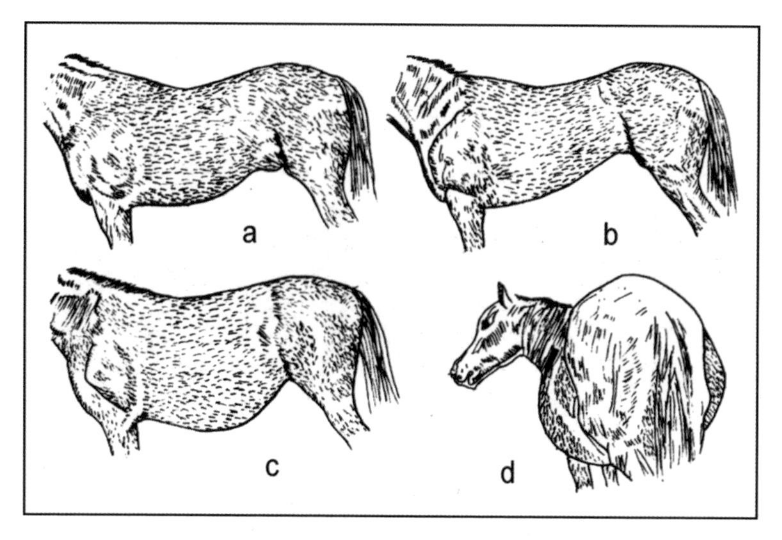


图 5-10　马的腹部示意图

a. 良腹　b. 卷腹　c. 垂腹　d. 草腹

7. 肷部　位于腰两侧,在最后一根肋骨之后和腰角之间,俗称肷窝、饥凹、肷凹、犬窝。肷以短而丰满,平圆看不到凹陷者为佳,长短以容纳一掌为宜。大而深陷者不良。

8. 胁部　即四肢与体躯相接触的部位。前面为前胁,亦叫"腋",后面为后胁,亦叫"鼠蹊"。

9. 生殖器　公马的阴囊、阴筒皮肤要柔软,有伸缩力。睾丸的大小应大致相等,应有弹力,能滑动。单睾和隐睾的马不能作种马用。母马的阴唇应严闭,黏膜颜色正常。乳房应发达,乳头大小均匀,向外开张,乳静脉曲张明显,骨盆腔大。

10. 尻部　尻部以荐骨、髋骨及强大的肌肉为基础,是后躯的主要部分。尻的长度与速力有关,尻的宽度与挽力关系密切,乘用马尻部要长,宽度适中,尻长则附着的肌肉长,伸缩力大,富于速力;挽用马尻部要宽,长度适中,尻宽则附着的肌肉厚,肌肉丰满,利于挽力的发挥。

(1)水平尻侧望,腰角与臀端连线和水平线的夹角小于 20°,荐骨的方向近于水平，为水平尻。这种尻利于发挥速力，适于乘用马。

（2）正尻侧望，由腰角至臀端的连线与水平线的夹角在20°~30°之间，宽度适当，形状正常，为正尻。这种尻形利于速力和持久力的发挥，是理想的尻形。

（3）斜尻腰角与臀端连线和水平线的夹角大于30°者为斜尻。斜尻持久力强，利于挽力的发挥，适于挽用马，但速力差。

（4）复尻后望，尻中线形成一条凹沟，两侧肌肉隆起，呈双尻形为复尻。挽用马多为此尻形。

（5）圆尻后望，两腰角突出不明显，尻的上线呈现浅弧曲线，肌肉发达，形似卵圆状为圆尻，是乘马和速步马的理想尻形。

（6）尖尻后望，荐骨突出明显，两侧呈屋脊形的倾斜面者为尖尻。尖尻肌肉欠缺是严重的缺点，为不良尻形。

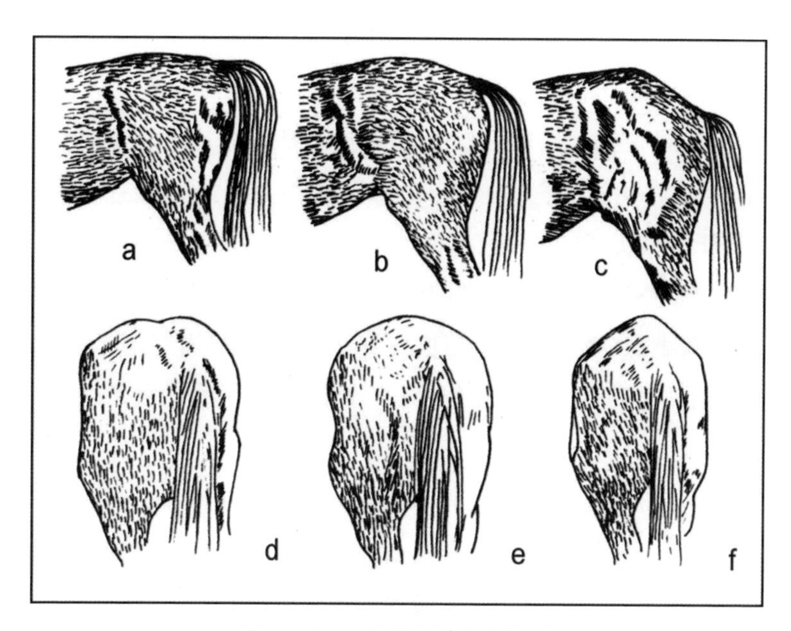


图5-11　马的尻部示意图

a. 水平尻　b. 正尻　c. 斜尻　d. 复尻　e. 圆尻　f. 尖尻

# 第七节　马的四肢外貌

马是运动型的动物,四肢是最重要的器官。民间用"好马好在四条腿上"来说明四肢的重要性。

1. 前肢

前肢的主要功能是支撑躯体,缓解地面的反冲力。其自然站立的状态下,在马肩胛骨结节上方,向下作一重力垂线,通过臂头髁的侧面中心而达于蹄踵部地面。管骨较短,呈扁圆形,有利于支撑。各关节以坚实的肌腱连接,腕骨及指骨的伸屈肌腱靠上部肌肉较小的收缩即可灵活屈伸。前肢主要靠强大的腱性下锯肌以及其他肌与躯干连接,肩、上膊、系部呈倾斜状态,腕关节和球关节活动性强,由下而上逐渐减弱地面对肢体的反冲力,使心、肺等内脏少受震荡。鉴定马前肢,要看其结构是否与此相适应。以肩胛骨、肱骨、前臂骨、腕骨、掌骨、第一趾骨等为骨骼基础。其功能主要是支撑躯体,缓解地面反冲力,同时又是运动的前导部位,因此要求前肢骨骼和关节发育良好,干燥结实,肢势正确。

(1)肩部以肩胛骨为基础,借助韧带和肌肉与前躯相连,肩长则倾斜,与地平线的夹角小,一般55°左右,肌肉发育良好,前后摆幅大,步幅亦大,有弹性,适于乘用马;短而立的肩,步幅小,速度慢,与地平线的夹角达60°左右,挽马多有这种肩。

(2)上膊以肱骨为基础。上膊短、方向正、倾斜角度小,肌肉丰满者,有利于前肢的屈伸,对各种用途的马都是优点。与肩胛的倾斜角度乘用马约为95°角,挽用马一般在98°角。上膊长约等于肩长的1/2为宜。

(3)肘以尺骨头为基础。其大小和方向,对前肢的工作能力和肢势有很大的影响。对肘的要求,应长而大,方向端正,肘头突出于后上方,这样附着的肌肉强大有力,有利于马匹工作能力的发挥。

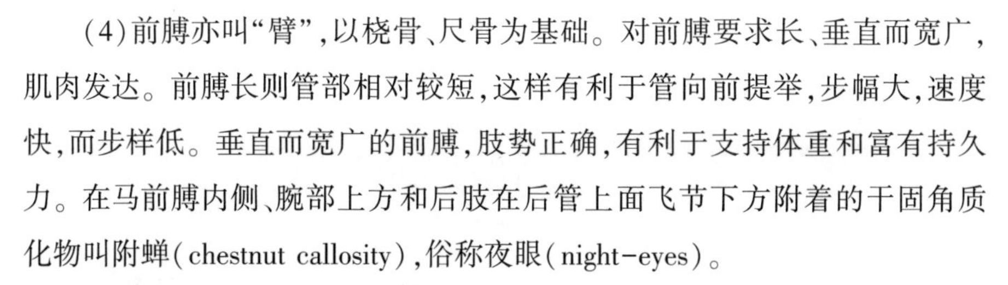

(4)前膊亦叫“臂”，以桡骨、尺骨为基础。对前膊要求长、垂直而宽广，肌肉发达。前膊长则管部相对较短，这样有利于管向前提举，步幅大，速度快，而步样低。垂直而宽广的前膊，肢势正确，有利于支持体重和富有持久力。在马前膊内侧、腕部上方和后肢在后管上面飞节下方附着的干固角质化物叫附蝉（chestnut callosity），俗称夜眼（night-eyes）。

(5)前膝亦叫腕节，以腕骨为基础。前膝能增加前肢的弹性，缓和地面对肢体的反冲力，是重要的关节之一。对前膝的要求，应轮廓明显，皮下结缔组织少，前望宽，侧望厚，后缘副腕骨突出，方向垂直，上与前膊，下与管部呈直线者为优良。窄膝、弯膝、凹膝均为不良的膝形。

凹膝：前膝向后突出，由腱和韧带发育不良或佝偻病引起，不适于紧张工作。

弯膝：前膝向前突出，多由培育条件不良、修装蹄不正确、运动不足、使役过重等引起。运步短缩、不稳，易蹉跌和疲劳。

(6)管部以掌骨和屈腱为基础。管部应短直而扁广，屈腱发达且与骨分开，轮廓明显，中间呈现浅沟，长度约为前膊的 2/3 为宜。鉴定时，必须检查有无骨瘤和腱肥厚等损征。管骨瘤多发生于管内侧上 1/3 处，越接近屈腱，越妨碍运动，危害越大。屈腱肥厚是软肿的结果，严重时伴有跛行，并容易再度发生。

(7)球节是掌骨与第一指骨及籽骨三者构成的关节。球节起弹簧作用，使前肢的冲击力得以缓解。球节应宽厚直正，轮廓清楚，角度在 110°~145°之间，马在运动时球节的腱和韧带十分紧张，如因运动不当，腱会受到损伤，球节向前方突出，称为突球，支持力弱，为严重损征。

(8)前系以第 1 趾骨为基础。其长短、粗细和倾斜度，与腱的负担和运步的弹性有关。一般乘马的系较长细，重挽马的系稍粗短。

①正系：系与地平线的夹角 45°~55°，同时趾骨与蹄轴呈一直线。乘用马角度小，重挽马角度大。

②卧系：系与地平线的夹角小于 45°。腱的负担大，马易于疲劳，支持力差。

③立系：系与地平线的夹角大于55°。这种马运步缺乏弹性，易引起软肿或骨瘤，不适合跳跃和强烈运动。

④突球：因腱受损，球节向前方突出。

⑤熊脚：卧系并伴有高蹄、球节下垂即为熊脚，为严重缺点。

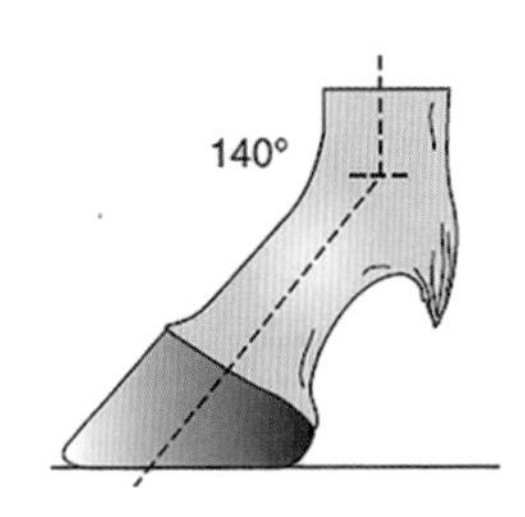

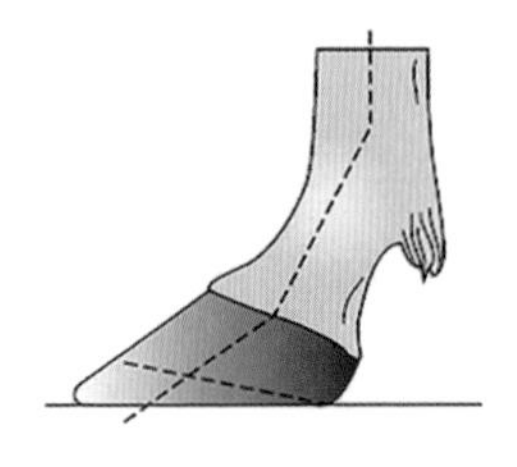
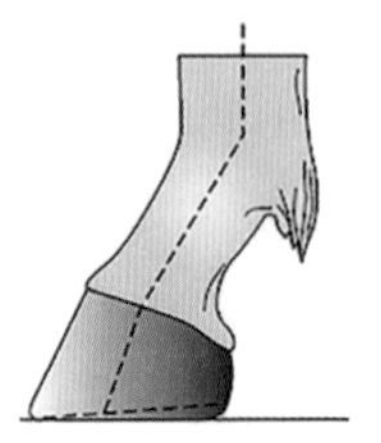

图5-12　马的系部示意图

1. 正系　2. 卧系　3. 立系

2. 后肢

后肢以股骨、胫骨、跗骨、跖骨为骨骼基础，其比前肢高1/5左右。各骨都以关节连接，关节角度多，肌肉与骨骼附着有一定角度，开张幅度大，故能充分发挥肌力；后蹄较前蹄小而底凹，适于蹬地向前推动体躯。髋关节与躯干相连接，可以前后活动。后肢弯曲度大，有利于发挥各关节的杠杆作用，有较大的摆动幅度，可产生较大的动力，推动躯体前进。

(1)股部以股骨为基础。该部为后肢肌肉最多的地方，是后肢产生推动力的重要部位，其状态好坏，关系着后肢的运动能力。股长斜，与地面形成的角度小，附着的肌肉长，伸缩力大，则步幅大，有利于速度的发挥，对乘用马是理想的。股短而峻立，肌肉负担小，有利于发挥力量而持久，适于挽用马。

(2)后膝以膝盖骨、股骨和胫骨构成的膝关节为基础。后膝应大，呈圆形，韧带发育良好，稍向外开张。轻型马一般为112°~118°，重型马为128°。

(3)胫部以胫骨和腓骨为基础。胫长斜，附着的肌肉亦长，步幅大，速度快，胫宽则肌肉发达，后肢推进力大，适于乘用马。胫短立时，肌肉负担小，利于负重和持久，适于挽和驮。胫与地平线的夹角，乘用马以65°、重挽马以70°为宜。

(4)飞节以跗骨为基础。飞节可缓和分散地面的反冲力,是推动躯体前进的重要关节之一。飞节应长、广、厚,轮廓清楚,血管外露,皮下结缔组织少,飞索、飞凹明显,方向端正,乘用马飞节角度约155°,挽用马飞节角度为160°,飞节角度大于160°时为直飞节,后肢弹性小,关节及蹄的负担大;飞节角度小于155°时,称曲飞节,又名刀状肢势,该飞节增加肌腱紧张度,易引起飞节的各种损征。飞节的损征有飞节外肿、飞节内肿、内髁肿等。

(5)后管以跖骨和屈腱为基础。其长度比前管约长1/4,乘用马的后管应比胫部短1/3为佳,重挽马约相等。挽用马的后管与胫部相等者为宜。

(6)后球节应宽圆、结实者为佳,角度为145°~155°。

(7)后系约为后管长的1/3,倾斜度50°~60°。

3. 蹄

蹄是支撑马体重的基础,对马匹工作能力的发挥有重要作用,俗话说:"无蹄则无马"。蹄的大小应与体躯相称,蹄质应坚实致密,表面平滑光泽,蹄壁呈黑褐色,蹄底凹,蹄叉发达,富有弹性。前蹄应比后蹄稍大,略呈圆形,蹄尖壁与蹄踵壁的长度之比约为3∶1,蹄和系的倾斜度一致,与地面的夹角为45°~50°,主要起支撑作用;后蹄较小,呈卵圆形,蹄尖壁与蹄踵壁之比为2∶1,倾斜度与水平夹角为50°~60°,蹄形与肢势有关,不正肢势能造成不正的蹄形。不正的蹄形有立蹄、低蹄、内狭蹄、外狭蹄、内向蹄、外向蹄、烈蹄等,均为不良蹄形。古代相马对马蹄有明确要求,如"蹄欲厚三寸,硬如石,下欲深而明,其后开如鹞翼,能久走"。

4. 肢势

马匹四肢驻立的状态称之为肢势。肢势好坏,对马的工作能力影响很大。正肢势能充分发挥马的工作能力,不正肢势可阻碍马匹工作能力的发挥。因此,在鉴定四肢各部位的同时,必须检查肢势是否正确。

(1)正肢势

①前肢前望,由两肩端引垂线,左右平分整个前肢。侧望,由肩胛骨中线上1/3处引垂线,将前肢球节以上部分前后等分,垂线通过蹄踵后缘落于地面。系和蹄的方向一致,且与地面呈45°~50°的夹角。

②后肢由两臀端和下引垂线，侧望，该垂线触及飞节，沿管和球节后缘落于蹄的后方；后望，这两条垂线将飞节以下各部位左右等分。系和蹄的方向一致，且与地面呈 50°~60°。

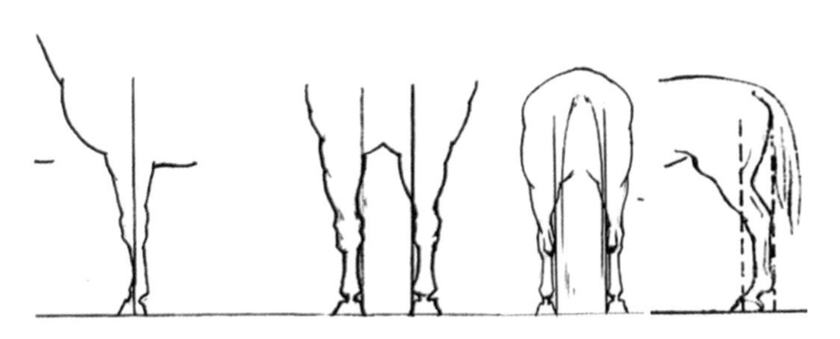

图 5-13　马的正肢势示意图

1. 前肢侧望　2. 前肢前望　3. 后肢后望　4. 后肢侧望

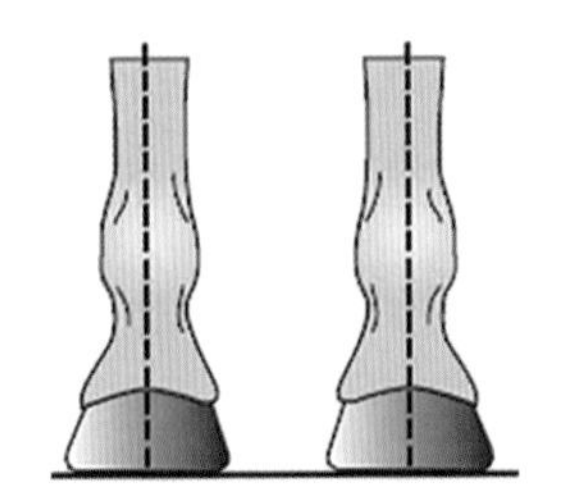

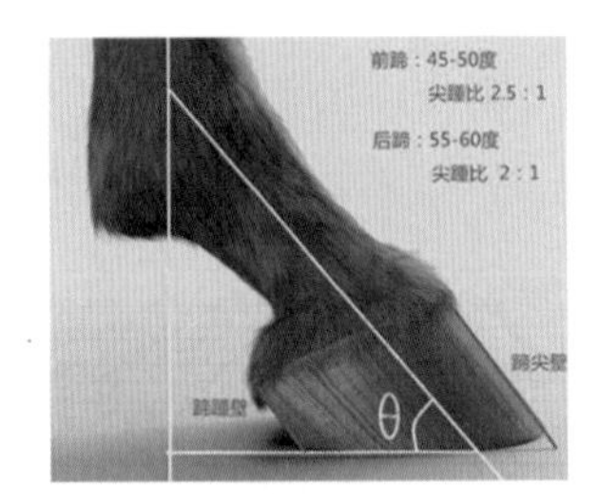


图 5-14　马的系部正肢势示意图

（2）不正肢势

①前踏肢势，前后肢不弯曲，但着地时，落于标准垂线的前方，为前踏肢势。

②后踏肢势，前后肢不弯曲，着地时前肢落于标准垂线的后方，后肢飞节以下落于标准垂线的后方。

③广踏肢势，前后肢均落于标准垂线外侧。

④狭踏肢势，前后肢均落于标准垂线内侧。

⑤"X"状肢势，前膊斜向内侧，管部斜向外侧，两前膝靠近，称为前肢"X"状肢势。后肢两飞节相互靠近，叫后肢"X"状肢势。

⑥"O"状肢势，前膊斜向外侧，管部斜向内侧，两膝距离较远。后肢两飞节远离标准垂线，而两蹄又在垂线上，称为后肢"O"状肢势。

⑦内向肢势，球节以上呈垂直状态，系部以下斜向内侧。

⑧外向肢势，球节以上呈垂直状态，系部以下斜向外侧。

⑨刀状肢势，因曲飞，飞节以下斜向垂线前方，飞节有时在垂线后面。

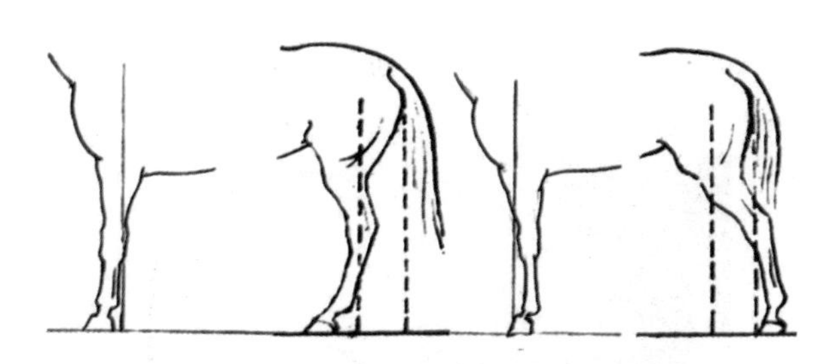

图 5-15　前踏和后踏肢势(前肢、后肢)

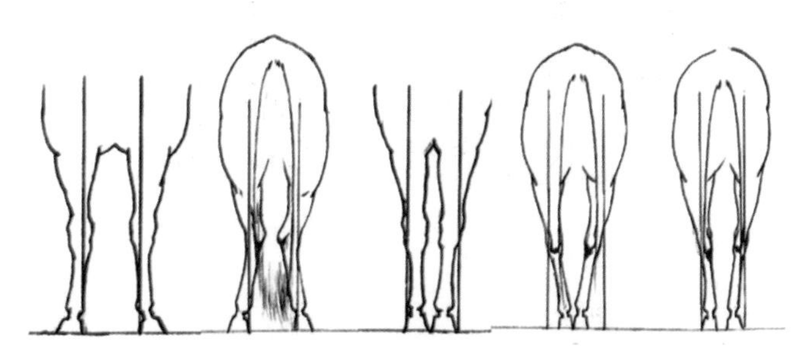

图 5-16　广踏和狭踏肢势(前肢、后肢)

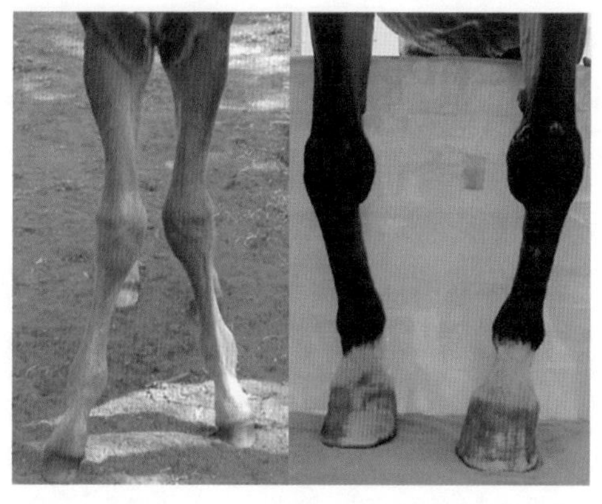

图 5-17　"X"和"O"状肢势

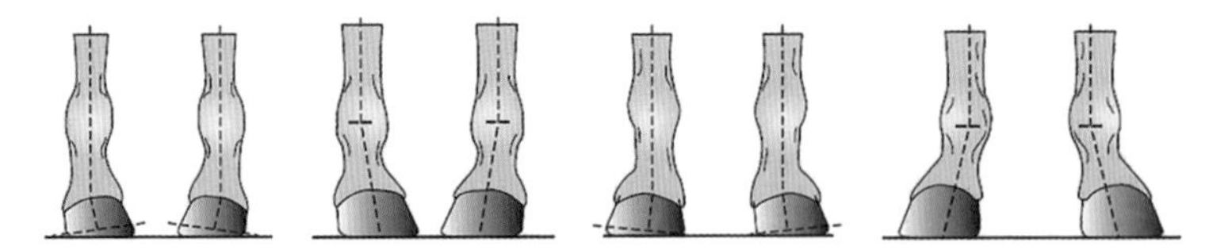

图 5-18　内向和外向肢势

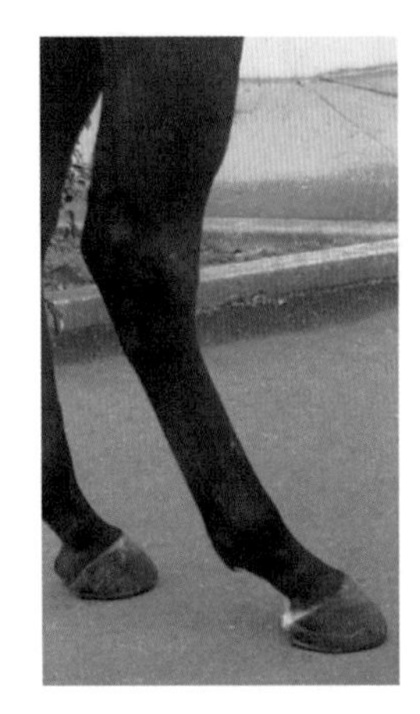

图 5-19　刀状肢势

## 第八节　马的失格和损征

失格和损征主要表现在皮肤表面、皮下组织、肌肉组织、骨关节和肌腱等，通过观察和触摸可以鉴定。失格与损征发生的部分、大小范围会对马体的能力和价值产生不同的影响。

1. 失格　指由遗传造成的马先天性缺陷。马的失格直接影响到自身功能和表现，尤其是气质。主要分为以下两种：

(1)完全失格：马匹不适合任何用途，如关节细小、胸腔狭窄。

(2)关系失格：马的某部位失格不适用于某些工作，然而仍然可以适合其他用途，如头大颈粗的马不适合骑乘但可作为挽用。

2. 失格的补偿 如果和失格部位在作用上相联系的其他部分,表现出较好的状态,可以补偿失格部位的缺陷,减轻不良作用,称为失格的补偿。如头大的马可以通过颈粗来补偿,以减轻不良作用。

**表 5-1 失格补偿效应一览表**

| 失格 | 补偿效应 |
| --- | --- |
| 头过大 | 颈短且颈部肌肉发达 |
| 头过小 | 颈较长 |
| 背过长 | 腰短而宽,背腰肌肉发达 |
| 背过短 | 胸较深 |
| 腹过大 | 肷短,胸阔,腹肌紧张 |
| 前躯过低 | 头颈长,前肢强劲 |
| 后躯过低 | 腰、飞节强健 |
| 肢过长 | 躯干轻,四肢发达 |
| 系过长 | 蹄踵发达良好,肢势正 |

3. 损征 是马后天获得的缺陷,不一定影响马普通功能的发挥。造成损征的原因如下:

(1)机械损伤:由金属、绳索等造成的外伤,直接影响马的气质,

(2)拉伸、压迫:马在重压和重役时,肌腱、关节、韧带受到压迫和拉伸容易引起皮肤、肌肉、骨骼的损伤。

4. 主要的失格与损征

(1)头颈部

①失明:先天失明是马的严重失格。单眼失明往往对马性能的发挥影响不大。

②白内障:角膜灰白,严重影响马的视力,大部分是由遗传导致。

③月盲症:眼睛灰白,主要是缺乏 B 族维生素引起,但是由遗传决定的月盲症基本上不能治疗,属于严重失格。

④天包地:是指上颚的牙齿始终包住下颚的牙齿,上巴凹下去的现象。

⑤地包天:下颌牙把上颌牙盖住的现象。

⑥项韧带炎:项由于外伤等引起炎症,治愈后留下伤疤。这种损征影响马的气质。

(2)躯干部

①鬐甲瘘:鬐甲处一侧或者两侧肿大,炎症和项韧带炎相处,是影响马气质的损征。

②马肩肌萎缩:肩部肌肉萎缩而导致,属于损征,影响马的前肢运动。

③脐疝:脐疝在腹部下端,大部分是由遗传因素造成,属于失格。

④隐睾:幼驹在成长过程中单侧或者双侧睾丸还没有正常地下降到阴囊内,不能作为种用,为失格表现。

(3)前肢

①肘端肿大:肘端肿大,大部分是后天形成的,属于损征。

②屈腱肥厚:管部周围肌腱慢性的增厚症,属于损征,严重影响马的运动性能。

③管骨瘤:常发生于前肢管骨内侧上1/3处,形成不平的骨瘤(前肢、后肢都有),属于损征。

④趾骨瘤/环骨瘤:系部趾骨处,一侧或者周围形成骨瘤。幼驹营养不良是主要原因,具有遗传性。

(4)后肢

①斜臀:马匹站立平稳时,可以观察到臀部一侧低于另一侧,属于失格。

②飞端肿:飞端处肿大,多由运动引起。

③飞端内肿:飞节朝内侧下部肿大,尤见于轻型马。

④飞节软肿:飞节前部胫骨内结节隆起处的近下方肿大,具有很多滑液,日久逐渐变硬,多是马匹急速停止或转弯引起的。

(5)蹄部

①裂蹄:前、后蹄壁均有可能发生,主要由于蹄壁过长或者长时间在雨水和淤泥中站立,属于损征。

②低蹄:主要发生在前肢,蹄壁发生蹄叶炎导致,属于损征。

# 第九节　马的尾部

尾由16~18块尾椎形成的尾干及尾毛构成。主要用于驱逐蚊蝇,对马体后躯起保护作用。尾与尻的接合部叫尾础,俗称尾根。按尾根在尻部附着的位置分为高尾础、低尾础和中等尾础。尾巴高举,尾与体躯分离明显者为高尾础,乘用马多有这种尾础;尾巴夹于尻下股间,为低尾础,挽用马尾多有之;介于以上二者之间的尾形为中等尾础。地方品种马尾较低,尾毛长而浓密,改良品种马尾基较高,尾毛短而稀少,马尾丛生几千根马毛,不同马尾具有不同颜色,为马匹俊美的外貌增添光彩,也是从外貌识别马匹的重要特征之一。马匹逍遥漫步时尾巴左右摆动,更显活力,马匹跑动时尾巴高扬更具悍威,不难设想马匹如果没有尾巴像人没有头发一样不完美。其实马尾巴不只是外貌组成这样简单,它有重要的生理功能。

1. 马尾是马匹的保护器官,地方品种的马匹生活环境恶劣、气候寒冷的牧区,少有棚圈,马尾长约1m,尾毛浓密,可以保护后躯和生殖器官,有防寒和保暖作用。马尾还可驱赶蚊蝇干扰,保证马匹安静采食和休息。

2. 马尾又是重要的平衡器官,马匹快速奔跑时,马尾高扬保持马体重心平衡,利于速力和调节前进方向,正如船和飞机的尾舵。

3. 马尾还与马的体力和健康状况有关,当人们提举马尾时,尾的抵抗力称尾力,据实测最大尾力可达20kg,平均为10.6kg。一般而言,神经敏捷,悍威强,工作能力高的马,平均尾力为12.2kg。

4. 马尾毛还有一些其他功能,如小提琴和蒙古族传统乐器马头琴的弓线均以马尾毛为原料,而用马尾毛做的绳子也是最牢固的,牧区用作套牛绳等高强度用力时使用的绳子。

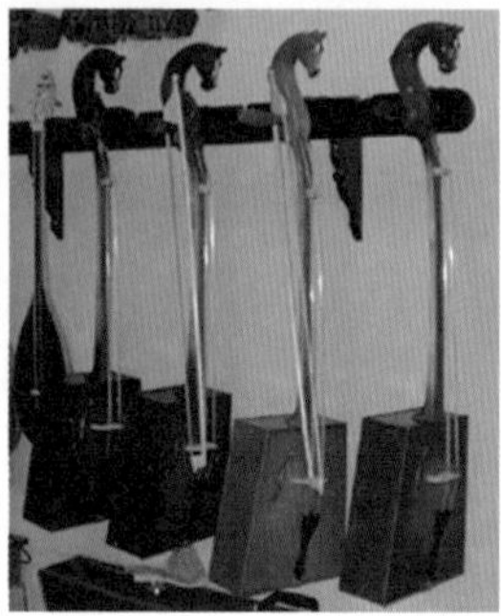

图 5-20　马尾巴的功能示意图

# 第六章

# 马的年龄

# 第一节　马年龄的辨别依据

马的自然寿命通常在25~30岁之间,个别个体可达35岁,有记载最长寿的马的年龄是62岁,是叫“老比利”(Old Billy)的一匹马,1760年出生,1822年离世。骡一般能活30~35岁,驴骡可达40~50岁。马在年满5岁时才发育完成,通常将5岁以前的个体称之为幼龄,6~15岁为壮龄,16岁以上为老龄。马的役用能力和繁殖能力随年龄的变化而不同,以壮龄期最强。从8岁到13岁是使役的最好阶段,18岁以上大多已不堪使役,只有种畜还可以种用。种用年限,公马一般可用到18岁,母马20岁。马的年龄鉴别是从业人员不可缺少的基本知识之一。判断马的年龄一是为了记载,二是按年龄分配工作,三是做调教训练和饲养管理的参考。

马的年龄,不但可根据产驹记录里的出生年月或马场的烙号来准确判断,还可以从外貌和毛色的变化上,大致判断其老幼。例如老龄马皮肤缺乏弹性,眼盂凹陷,下唇松弛等;而幼龄马则皮紧而有弹性,被毛光亮,长肢短躯,眼盂丰满,鬐甲低,鬣毛短而立,胸浅而窄,后躯较高等;壮龄马则躯干丰圆,骨角突出不明显,强壮有力,运步确实而有弹性。尤其是青毛马随年龄增大白毛的比例增多,更有“七青八白九长斑,狗蝇上脸十三年”的年龄判断口诀。另外,从马的眼球中对人的映象大小也可做出一定的判断,站在马的旁边,在马的眼球里能够看到自己的全身,大约是小于5岁的马;只能看到自己的上半身,马的年龄在5~15岁;只能看到自己的头部,说明马已经年老,大约在15岁以上。以上方法虽然可以对马的年龄做出大致的判断,但准确且常用的方法还是根据马的牙齿来判断,俗称“看口齿或看马口”。要想通过马的牙齿准确判断马的年龄,首先要了解牙齿的名称、数目、构造和掌握牙齿的发生、脱换和磨灭的规律。

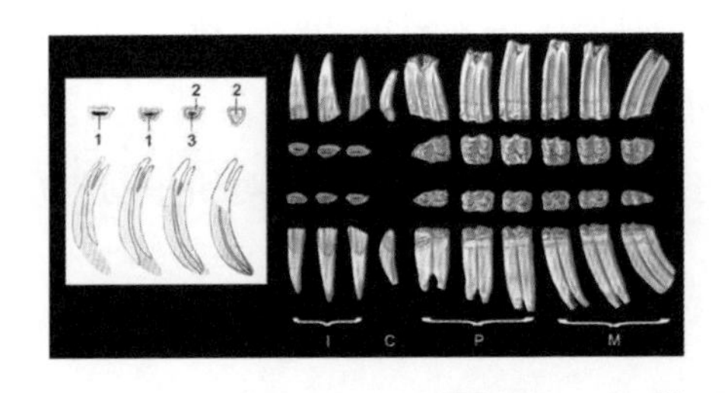


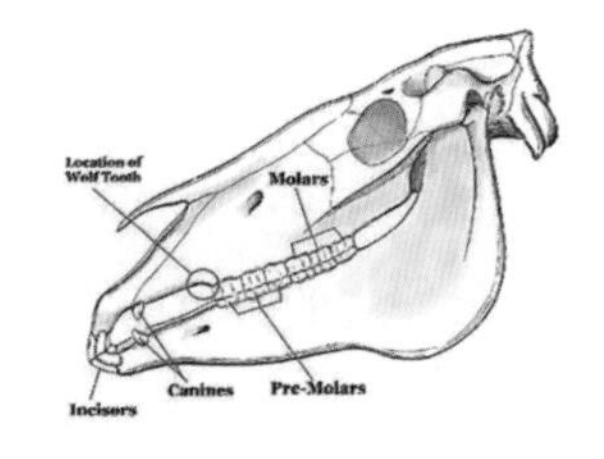


图 6-1　马的牙齿

I. 切齿　C. 犬齿　P. 前臼齿　M. 后臼齿

1. 马齿的名称及排列

马齿(the teeth of horse)分为切齿(incisors)、犬齿(canines)及臼齿(molons)。切齿排列在最前面,上下颌各六枚;犬齿在切齿的两侧,上下颌各二枚,公马的犬齿明显发达,而母马的犬齿潜伏于齿龈黏膜之下,露出甚少;臼齿在两侧的最后,上下颌各十二枚。成年公母马的齿式如下:

臼齿　犬齿　切齿　犬齿　臼齿

（P）（C）（I）（C）（M）

$$♂\ \frac{6}{6}+\frac{1}{1}+\frac{6}{6}+\frac{1}{1}+\frac{6}{6}=\frac{20}{20}\text{ 共 40 枚}$$

$$♀\ \frac{6}{6}+\frac{0}{0}+\frac{6}{6}+\frac{0}{0}+\frac{6}{6}=\frac{20}{20}=\text{共 36 枚}$$

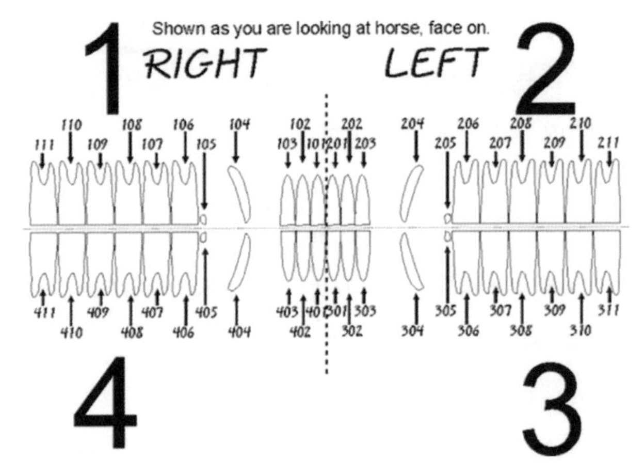


图 6-2　马的齿式及排列

成年公马牙齿共40枚,成年母马因犬齿不露出,共36枚。马臼齿分前臼齿(P)和后臼齿(M)两种。马的牙齿排列见图6-2。

马切齿中央的一对叫门齿(canines),门齿两侧的一对叫中间齿(intermediate),最外边的一对叫隅齿(corner)。(图6-3)

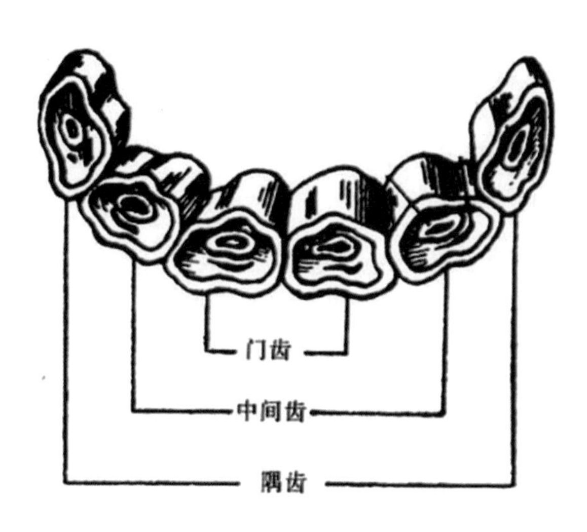


图6-3　马的切齿排列及命名

2. 马齿的构造

将马齿做一纵剖面,可见由三部分组成,见图6-4。

象牙质(齿质):构成牙齿的主体,呈浅黄色。象牙质内有空腔,称齿腔(pulp cavity)。腔内为富有血管和神经的牙髓,俗称齿星。

珐琅质(釉质):包围在象牙质的外面,是一层坚硬、洁白而有光泽的物质,可以抵抗酸碱的侵蚀。在切齿咬面上,珐琅质层向下凹陷,形成环状深窝,称齿坎,亦称齿窝,也称黑窝,农牧民俗称渠眼。下切齿的齿坎深20mm,上切齿的齿坎深26mm。

白垩质(垩质):包围在珐琅质表面,颜色污黄,它起着保护珐琅质和固定牙齿的作用。填充在齿坎空虚部位的白垩质,被饲料的分解物腐蚀而变成黑褐色,形成黑窝,俗称渠眼。

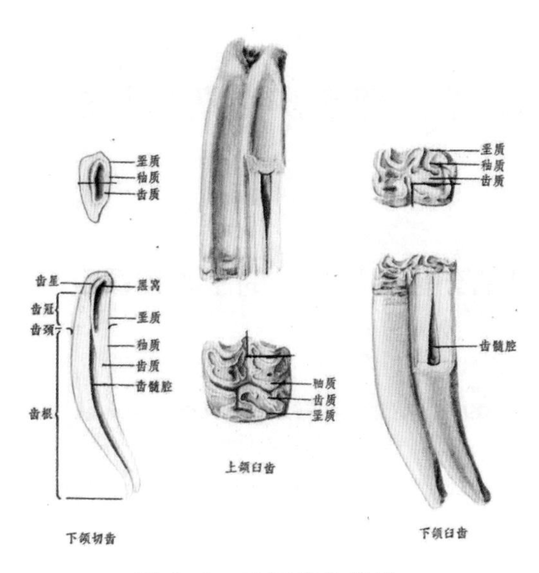


图 6-4 马牙齿的构造

牙齿露于口腔中的部分叫齿冠，深植于齿槽内的部分叫齿根，中间的部分叫齿颈。

3. 乳齿与永久齿的区别

马齿有乳齿和永久齿之分。幼驹出生后第一次所生的牙齿称乳齿。乳切齿洁白，齿形较小，齿根细，齿列间形成较大的空隙，齿唇面有不规律的细的纵沟。到一定年龄后，乳齿依次脱落，生出永久齿。永久齿颜色黄白，齿形粗大，齿根粗，齿列间空隙小，下切齿唇面有一道纵沟，上切齿唇面有两道纵沟。马的切齿和前臼齿发生的早，到一定年龄脱落，长出新的切齿和前臼齿。而后臼齿和犬齿发生的时间较晚，出生时即为永久齿，以后不再脱换。

**表 6-1 乳齿与永久齿的区别**

| 齿别 | 大小颜色 | 齿颈 | 齿冠唇面纵沟 | 齿间隙 | 齿面 | 齿冠 |
| --- | --- | --- | --- | --- | --- | --- |
| 乳齿 | 小而白 | 明显 | 细线数条 | 大 | 规整 | 三角形 |
| 永久齿 | 大而黄 | 不明显 | 粗深 1~2 条 | 小 | 不规整 | 呈楔形 |

# 第二节　牙齿辨别马年龄的方法

## 一、根据马的牙齿判断年龄的主要依据

### （一）乳切齿的发生、磨灭与脱换规律

1. 乳齿的发生

马驹初生时通常没有牙齿，乳门齿在生后1~2周出现，一般上齿稍早于下齿；乳中间齿在生后3~6周出现，平均在一个月左右出现；乳隅齿在生后6~10个月出现。

2. 乳齿黑窝的磨灭

乳齿出现后，上下齿接触即开始磨损，乳门齿黑窝10~12个月磨灭，乳中间齿黑窝12~18个月磨灭，乳隅齿黑窝15~24个月磨灭。乳齿脱落前，俗称奶口或白口驹。

3. 乳齿脱落与永久齿出现

2.5岁时乳门齿由于永久门齿的生长而被顶落。3岁时永久门齿长到与邻齿同高，上下齿开始接触（磨灭）。3.5岁时乳中间齿脱落，永久中间齿出现，并于4岁时开始磨灭。4.5岁时乳隅齿脱落，永久隅齿出现，并于5岁时开始磨灭。至此切齿全部换齐，俗称边牙口或齐口，或新齐口。

### （二）永久切齿的磨灭规律

1. 黑窝（cup）的磨灭

永久齿黑窝的深度，下切齿约为6mm，上切齿约为12mm。上下切牙齿相互接触后即开始磨损，每年约磨损2mm。因此下切齿黑窝需3年磨完，故

其黑窝分别在6岁、7岁、8岁时消失；上切齿需6年磨完，其黑窝分别在9岁、10岁、11岁时消失。

表6-2　马齿的发生与脱换

| 齿别 | 发生期 | 脱换期 |
| --- | --- | --- |
| 门齿 | 生后1~2周 | 2.5岁 |
| 中间齿 | 生后3~4周 | 3.5岁 |
| 隅齿 | 生后6~10个月 | 4.5岁 |
| 犬齿 | 4~5岁 | |
| 第一臼齿 | 生前或生后数日 | 2.5岁 |
| 第二臼齿 | 生前或生后数日 | 2.5岁 |
| 第三臼齿 | 生前或生后数日 | 3.5岁 |
| 第四臼齿 | 10~12个月 | |
| 第五臼齿 | 1~2年 | |
| 第六臼齿 | 3~4年 | |

2. 齿坎痕的磨灭

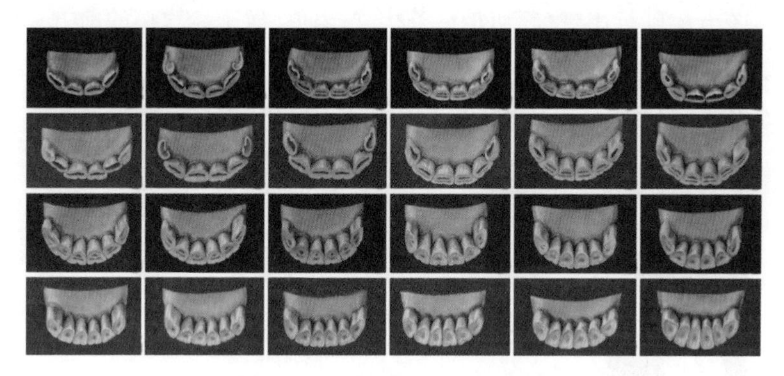

图6-5　马的牙齿磨灭规律

齿坎痕就是齿坎的黑窝以下的部分，即黑窝磨灭后，磨损面所见内釉质轮叫齿坎痕。下切齿的齿坎深20mm，减去6mm黑窝，齿坎痕为14mm，上切齿的齿坎深26mm，减去12mm黑窝，齿坎痕也为14mm。齿坎痕的磨损同样每年约2mm。因此,上、下切齿的齿坎痕都需7年磨完,于是,下切齿的齿坎痕分别在13岁、14岁、15岁磨灭,上切齿的齿坎痕分别在16岁、17岁、18岁磨灭。

## 二、根据马的牙齿判断年龄的辅助依据

1. 燕尾

在牙齿磨损过程中,由于下切齿横径逐渐变短,上隅齿的后侧磨损不着而残留燕尾状突起,称燕尾。燕尾共出现二次,第一次在7岁时出现,8岁明显,10岁前后消失。第二次在12岁出现,13岁明显,而后又消失。

2. 磨面形状

马切齿咀嚼面的形状。3~9岁时,横径长,纵径短,呈扁椭圆形,随年龄的增长,横径逐渐缩短,纵径逐渐增长。9~11岁时,下切齿齿面呈类圆形。12~14岁变为圆形。15~17岁变为三角形。18~20岁变为纵三角形。

3. 齿星

由于切齿的磨损,齿腔顶端露出于磨面,称齿星(dental star)。齿星大约从7~8岁开始陆续出现,起初是窄条状,黄褐色,横于齿坎痕的前方。以后,随着切齿不断磨损,齿坎痕的位置逐渐后移、缩小以至消失,齿星也逐渐后移并变得短、宽和明显,最后变为点状。15岁以后,齿星颜色呈暗褐色,并位于磨面的中央。

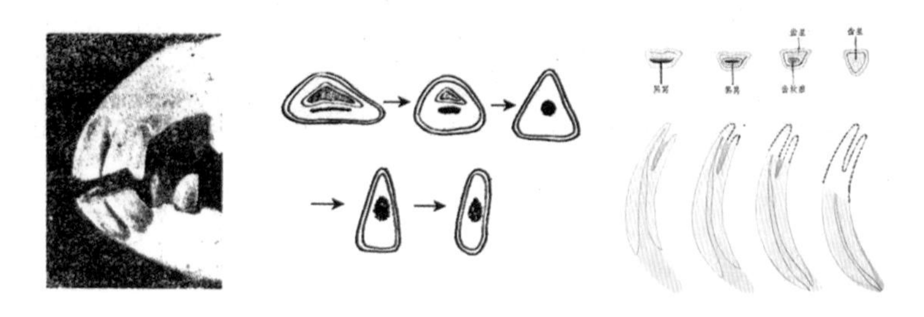

图6-6 燕尾、磨面形状、黑窝、齿坎痕和齿星

4. 齿弓与咬合

马切齿排列的前缘所形成的弧度叫齿弓，马上下切齿合拢所形的角度称为咬合。青年马的切齿上下咬合近乎垂直，齿弓弧度大，呈半月形。随年龄的增长，牙齿咬合出现角度，齿弓的弧形也变浅，老龄时牙齿咬合呈锐角，齿弓几乎变成一条直线(表 2-2)。

5. 纵沟

上颌隅齿齿颈有一较深的纵沟，随着牙齿的生长与磨损，约在 11 岁时，纵沟的下端始露出于齿龈，15 岁达于齿冠中段，20 岁达于咬面，此后纵沟的末端露于齿龈外，25 岁时纵沟仅余下下半部，30 岁左右完全消失。

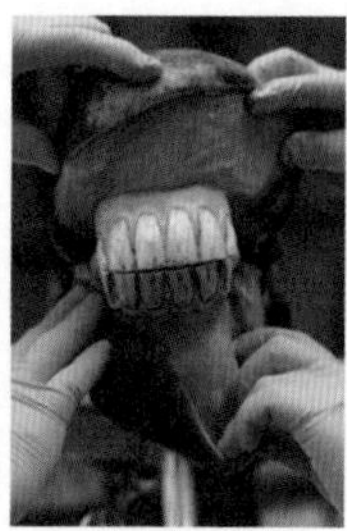
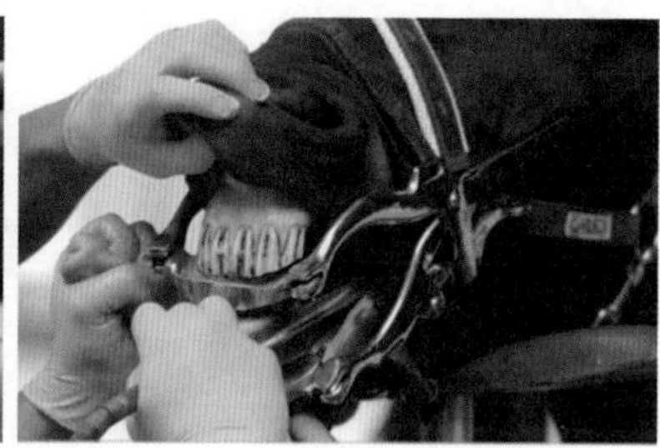

图 6-7　马的齿弓、咬合和纵沟

根据切齿的这些变化规律，即可鉴别马匹的年龄。马匹在不同年龄时切齿变化如下表。

**表 6-3　马不同年龄时切齿形态及生理变化表**

<table>
<tr><th>年龄</th><th>切齿形态特征</th><th>俗称</th></tr>
<tr><td>生后 1~2 周</td><td>乳门齿生出</td><td rowspan="6">马驹在乳齿脱换以前称白口驹(原口驹)</td></tr>
<tr><td>生后 1 个月</td><td>乳中间齿生出</td></tr>
<tr><td>生后 6 个月</td><td>乳隅齿生出</td></tr>
<tr><td>1 岁</td><td>乳门齿黑窝消失</td></tr>
<tr><td>1.5 岁</td><td>乳中间齿黑窝消失</td></tr>
<tr><td>2 岁</td><td>乳隅齿黑窝消失</td></tr>
</table>

| 年龄 | 切齿形态特征 | 俗称 |
| --- | --- | --- |
| 2.5岁 | 乳门齿脱落,永久门齿出现 | 两个牙或一对牙 |
| 3岁 | 永久门齿开始磨灭 | |
| 3.5岁 | 乳中间齿脱落,永久中间齿出现 | 四个牙 |
| 4岁 | 永久中间齿开始磨灭 | |
| 4.5岁 | 乳隅齿脱落,永久隅齿出现 | 五齐口或齐口 |
| 5岁 | 永久隅齿开始磨灭 | |
| 6岁 | 下门齿黑窝消失 | 六岁口或六口 |
| 7岁 | 下中间齿黑窝消失。下门齿出现条状齿星,燕尾出现 | |
| 8岁 | 下隅齿黑窝消失,下中间齿出现齿星,燕尾明显 | |
| 9岁 | 上门齿黑窝消失,下隅齿出现齿星,下门齿磨面呈类圆形 | 七岁口或七口 |
| 10岁 | 上中间齿黑窝消失,下中间齿磨面类圆形,燕尾消失 | |
| 11岁 | 上隅齿黑窝消失,并出现纵沟,下隅齿磨面呈类圆形 | |
| 12岁 | 燕尾第二次出现,下门齿圆形且齿星近于磨面中央 | 新八口 |
| 13岁 | 下门齿坎痕消失,切齿磨面几乎成圆形,燕尾明显 | |
| 14岁 | 下中间齿齿坎痕消失,燕尾消失 | |
| 15岁 | 下隅齿齿坎痕消失,下门齿磨面三角形,切齿咬合渐呈锐角,上隅齿纵沟达于齿冠中部 | |
| 16岁 | 上门齿齿坎痕消失,下中间齿磨面呈三角形 | 16岁以下均称老八口 |
| 17岁 | 上中间齿齿坎痕消失,下隅齿磨面呈三角形 | |
| 18岁 | 上隅齿齿坎痕消失,切齿咬合成锐角,齿弓几乎成一直线,下门齿磨面呈纵椭圆形 | |
| 19岁 | 下中间齿磨面呈纵椭圆形 | |
| 20岁 | 下隅齿磨面呈纵椭圆形,上隅齿纵沟达于咬面 | |

注:马口为俗称,是指北方民间流传并常用的马口齿名称。它是指某一个年龄段,如六岁口,而六岁、七岁或八岁都称六岁口,简称六口。

利用切齿的变化规律鉴别年龄,通常在12岁以前是相当准确的,但也会因个体差异而出现异常,常见异常现象包括黑窝磨灭时间和黑窝色泽等,因此鉴别时需要特别注意。

切齿的磨损快慢程度,受诸多因素的影响,应综合分析判断,不可机械地照搬。磨损速度主要跟个体有关,如切齿宽而短的牙,俗称墩子牙,由于上下牙对的齐,磨面密切接触,磨损快,黑窝易于磨掉;但狭而长的牙,俗称板牙,上下牙的磨面接触不大严密,磨损较轻,老龄时还容易拔缝。同时个别马匹牙齿的珐琅质(齿质)特别坚硬耐磨,俗称铁渠马,磨损慢,黑窝消失迟;还有的马牙齿的黑窝极长(深),贯通整个牙齿,俗称通天渠;有的马上、下切齿接触不齐而形成上颌切齿越过下颌而伸出的鲤鱼口(天包地);还有的马下切齿越过上切齿的,称为掬啮或鹦鹉嘴,俗称包天或地包天。这些情形造成马牙齿磨灭异常,鉴定年龄时就很困难。因此单凭黑窝变化是很难准确鉴别马的年龄。马的牙齿磨损速度还受到饲养管理的影响,如放牧的马匹,牙齿磨损较快;舍饲马匹,特别是轻型马,磨损较慢,往往能差一二岁。

有的马牙齿黑窝不是黑色,而是棕褐色,俗称粉渠,其磨灭正常,不可认为黑窝已经消失。(注意,看马牙齿一定要使用开口板,避免咬伤。)

驴的牙齿发生和磨灭与马略有不同。乳齿脱换并长出永久齿要比马约晚半年,永久齿齿坎深度与马同,但黑窝深,下门齿约为12mm,下中间齿约为14mm,上门齿为22mm,上中间齿为23mm,隅齿无黑窝。黑窝每年磨损约2mm,故下门齿经6年、下中间齿经7年磨灭,也即在10岁和12岁,下门齿和下中间齿黑窝相继消失,俗称“中渠平,十岁零”,比马晚4~5年。上齿黑窝很深,经久不消,每年磨损度尚难找到规律。齿坎痕消灭的时间与马相近似。

## 新马口齿诀

口齿每年有变化　要看下面三对牙
三四五岁换恒齿　黑窝消失六七八
九十进一齿坎小　上齿黑窝也将失
齿坎深有二厘米　十年以后才磨光
齿星落在齿坎前　八九岁时现横纹
十二三四齿面圆　眼看不见齿坎痕
十五六七似三角　只有齿星磨不掉
再老变成纵卵形　而且齿长向前倾

# 第七章

# 马的毛色和别征

# 第一节　马的毛色与别征的类型

毛色和别征是识别马匹品种和个体的重要依据，是马业记载工作中不可缺少的内容之一，如作鉴定卡片或其他记载，都要登记毛色。马的毛色状态，对于马的俊美程度和军用价值也有一定关系，马的被毛洁泽光亮，表示马体生理和营养状况良好；如果被毛粗刚蓬松，暗污无光，则多是饲养管理不良所致。军马多选用深毛色马匹。

## 一、马毛的种类

1. 被毛　指覆盖全身的短毛，每平方厘米约着生 700 根。被毛一年脱换两次，晚秋换成长而密的毛，春末又换成短而稀的毛。

2. 保护毛　就是生长在马体上的长毛，包括鬃毛、鬣毛、尾毛和距毛，这些毛对马体起保护作用，故叫保护毛。轻种马保护毛纤细而少，重种马保护毛粗长而密，土种马保护毛粗硬而多。

3. 触毛　主要分布于口、眼、鼻周围，另外被毛中每平方厘米约着生 3~4 根。这些毛有触觉功能，可感触到外界各种刺激。

## 二、马毛色的形成

形成马匹毛色的物质，一是色原体，另一是氧化酶。色原体又分为黑色素和含铁色素，它们存在于毛的皮质内或皮肤表皮的色素细胞中。黑色素在氧化酶的作用下，形成黑色、黑褐色；含铁色素在氧化酶的作用下，形成橙色、黄色和红色。黑色素和含铁色素颗粒的分布、比例不同，则形成各种颜色的被毛。而氧化酶活性的强弱，决定着马毛颜色的浓淡。光照、低温、高湿及含酪氨酸饲料等条件,都能加速色素的形成。

毛色是受基因支配的。通过色原体基因和着色基因相互作用,而形成各种毛色性状进行遗传。

## 三、马毛色的分类

马的毛色按出生月龄可分为胎毛色和固有毛色两种。胎毛色是指出生至5个月以内的毛色,颜色较深。固有毛色是指6个月龄换毛以后的毛色,经常用于记载的毛色,指的就是固有毛色。马的毛色分为骝毛、栗毛、黑毛、青毛、兔褐、海骝、鼠灰、银鬃、银河、花尾栗、沙毛、花毛(驳毛)、斑毛13种,在实践中,有些马的毛色并不像分类标准那样典型,遇到这种情况,就只能按照它最明显突出的那种毛色来确定。

1. *骝毛*　全身被毛为红色、黄色或褐色,长毛和四肢下部为黑色,称为骝毛。部分个体口眼周围及腹部毛色较淡,四肢下部不全是黑色,仅鬃、鬣、尾毛也属于骝毛。根据被毛颜色的不同可分为以下四种。

(1)红骝毛:全身被毛为黄色,长毛及四肢下部为黑色。

(2)黄骝毛:全身被毛为褐色,长毛及四肢下部为黑色。

(3)褐骝毛:全身被毛为褐色,长毛及四肢下部为黑色。

(4)黑骝毛:全身被毛为黑色或近黑色,但口眼周围、腹部及鼠蹊部为茶褐色或灰白色。

图7-1　骝毛色马

2. *栗毛*　全身被毛和长毛相同,呈栗色,有些个体的长毛比被毛略浓或略淡也称为栗毛。根据被毛颜色可分为以下四种。

(1)红栗毛:全身被毛呈浅红色或暗红色,长毛略浓或淡,俗称赤马。

(2)黄栗毛:被毛和长毛皆为淡黄色,俗称黄膘。

(3)金栗毛:被毛金黄色,日光照射下呈现黄金色的光泽。

(4)朽栗毛:被毛暗而无光,如朽木材色,长毛较浓。

图 7-2　栗毛色马

3. 黑毛　全身被毛及长毛均为黑色,无黑骝毛的特征者为黑毛。依其毛色的浓淡又可分为以下三种。

(1)纯黑毛:被毛和长毛浓黑而富有光泽。

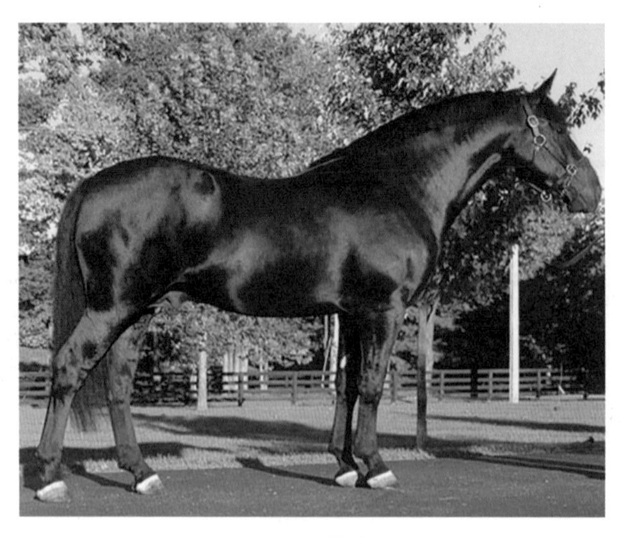

图 7-3　黑色毛

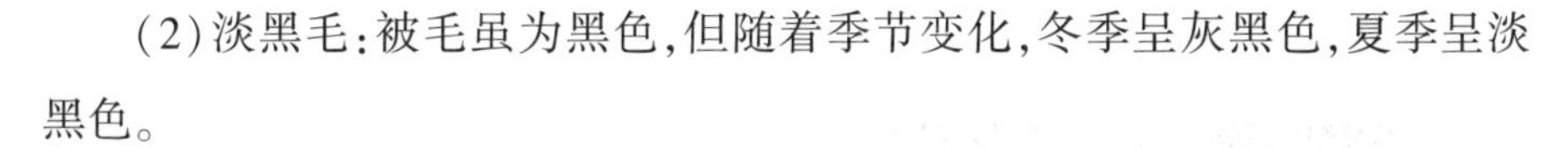

(2)淡黑毛:被毛虽为黑色,但随着季节变化,冬季呈灰黑色,夏季呈淡黑色。

(3)锈黑毛:全身被毛和长毛呈黑色,但毛尖略呈红褐色,类似铁锈色。

4. 青毛　全身被毛和长毛黑白毛混杂。幼年时黑毛较多,白毛很少,随着年龄的增长,白毛增加,最后甚至完全变为白色,但下肢蹄及眼的周围始终全为黑色。青毛分为以下五种。

(1)铁青毛:全身被毛甚多而白毛甚少,为青毛马幼龄时的毛色,这种马出生时一般为黑毛或骝毛。

(2)红青毛:被毛为青色毛,而毛尖略带有红色,这种马出生时为栗毛。

(3)菊花青毛:在青毛马的肩部、肋部、尻部有暗色斑状花纹。

(4)斑点青毛:青毛马年龄到 12~13 岁时,在面部、颈、尻等处,散生许多深色的小斑点,年龄再大即消失。

(5)白青毛:被毛黑毛甚少,白毛甚多,甚至全部为白色,但下肢、蹄及口眼的周围为黑色,这是青毛马老龄时的主要特点。

图 7-4　青色毛

5. 兔褐毛　全身被毛为黄、灰、红等色,长毛表面和被毛同色,中部为黑色,四肢下部近于黑色。兔褐马其背部常有背线,前膝和飞节有斑马纹,肩部有鹰膀,具备 3 种特征或至少 2 种(虎斑和鹰膀)才能成为兔褐毛。兔褐毛又分为以下 4 种。

(1)灰兔褐毛:全身被毛为土褐色,和野兔毛相似。

(2)黄兔褐毛:全身被毛为黄色。

图7-5　兔褐色毛

(3)红兔褐毛:全身被毛大致为黄色。

(4)青兔褐毛:全身被毛为青毛色。

6. 海骝毛　全身被毛为草黄色或深黄色,长毛表面与被毛相似,内部为黑色,四肢下部接近黑色,头部略带黑色。某些个体背部正中有深色骡线,但不是必有的特征。

7. 鼠灰色　全身被毛为鼠灰色,头部为深灰色,长毛和四肢下部近黑色,多数个体有背线,但无鹰膀和斑马纹。

8. 银鬃毛　全身被毛为栗色,鬃、尾、鬣等长毛为白色,四肢下部较躯干亦淡或与被毛同色,但与栗毛有别。

图7-6　银鬃毛

9. 白毛　全身被毛为乳白色,粉红色皮肤,眼睛常常是黑棕色的(除纯白毛之外),长毛及四肢下部为白色或接近白色,与青毛不同,白毛马出生时为白毛并保持一生。白毛又分为以下三种。

(1)纯白毛:皮肤为粉色,眼的虹彩和蹄部都缺乏色素,俗称玉石眼。

(2)污白毛:被毛污黄,蹄暗色,长毛灰白色并有黑色的皮肤和黑色的眼睛。

(3)桃花白色:被毛略带红色。

图 7-7 白色毛

10. 沙毛 在有色被毛中,混生有白毛,但混生的白毛很少,不影响原有的毛色,在头部、鬃毛和尾部白毛较少甚至没有,可依其原有毛色定名。沙毛又分为以下五种。

(1)沙黑毛:在黑毛的基础上散生白毛。

图 7-8 沙毛

(2)沙骝毛:在骝毛的基础上散生白毛,一般头部和四肢下部毛色较深。

(3)沙栗毛:在栗毛的基础上散生白毛,最为常见。

(4)沙青毛:在红青毛基础上散生白毛,且黑毛和白毛的数量不随着年龄而变化。

(5)沙兔褐毛:在兔褐毛的基础上散生白毛。

11. 花毛　在有色毛的基础上,全身各处生有连续性大小不等的白斑,白斑甚至超过基础毛色,称为花毛。按基础毛色的不同,分为黑花马、骝花马和栗花马。但仅有头部或四肢有白斑的,不算花马,应视为白章别征。

12. 斑毛　被毛在白毛色的基础上,全身散生有带色的斑块,斑块的大小和分布没有规律性,称为斑毛。

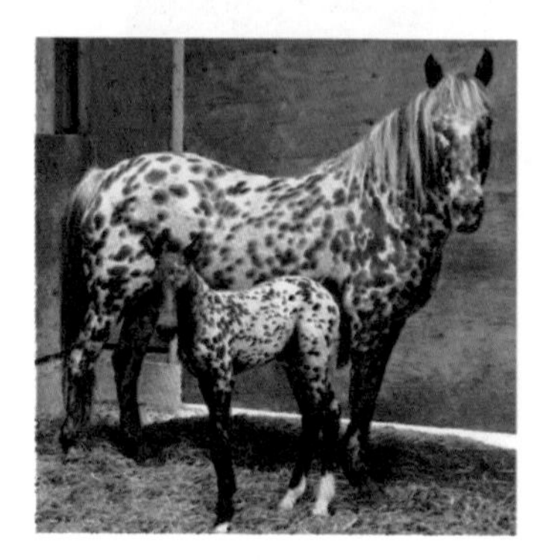

图 7-8　斑毛

13. 花尾栗毛　全身被毛为朽栗色,有的呈现出圆形花纹,头部色泽更暗,鬃、鬣、尾黑白毛混生。

## 四、马别征

马别征是指马体上局部的特异处,如头部和四肢的白章、暗章以及身体上的烙印和瘢痕等。别征在马匹外貌鉴定可以作为马的特殊标志,辅助辨认相同但难以分辨的马匹。马毛色所固有的特点不应列为别征,别征可分为以下几类。

1. 头部别征

(1)额刺毛:额部生有少量分散的白毛。若白毛分散面积较大,称为霜额。

(2)星:是额部中央有近似圆形的白斑。其中,过小的称为飞白,小的称为小星,大的称为大星,过大的称为白额。

(3)流星:向鼻梁延长的星称为流星。按其形状可分为细长流星、长广流星、断流星等。

(4)白鼻:自鼻梁至上唇的长白斑。

(5)白脸:前额、眼、鼻和部分口唇均为白色。

(6)鼻端白:两鼻孔间有白斑,有些马的白斑会延伸至鼻孔内。如果毛是白色的并且皮肤是没有色素时,则称为肉斑。

(7)唇白:指上唇或下唇的小部分白斑,其中上下唇全白的称为粉口。

(8)玉石(玻璃)眼:在眼的正常着色部位呈现白色或蓝白色。

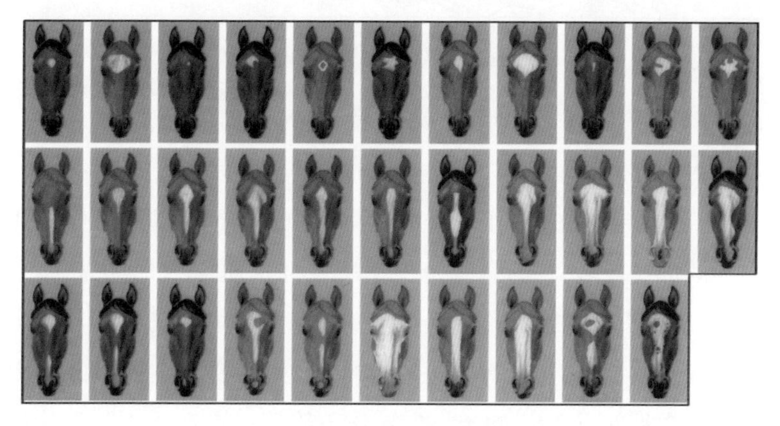

图7-9　头部别征

2. 四肢别征　主要是四肢下部由管部到蹄冠,按白斑的大小和位置而定名,可分为以下几种。

(1)管白:管部全为白色。按白毛面积所占管部的多少称“管白”或“管三分之一白”等。

(2)系白:系部全为白色。

(3)球节白:球节为白色,仅距部为白毛的称为距白。

(4)蹄冠白:仅蹄冠部为白色。

(5)黑斑:指在白色别征上生有黑色斑点,通常多在系部。

(6)条纹蹄:蹄冠上可以看出明显的条纹。

四肢别征有一肢或数肢的,登记时可加以说明。如左(右)后系白,右

(左)前球节白等。描述四肢别征时,一般指描述位置以下全是白斑,如管白表示管部以下全白,包括球节白、系白和蹄白。

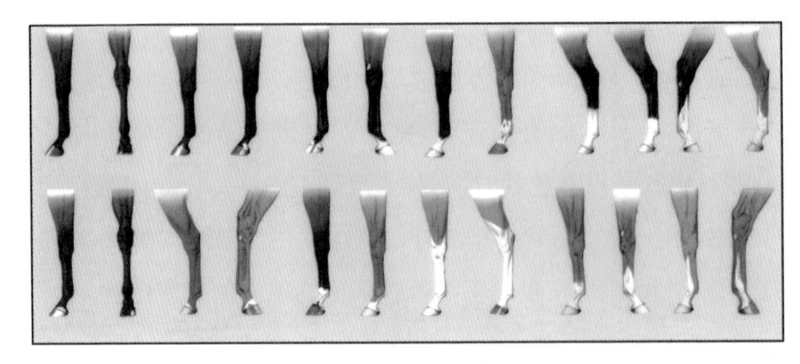

图 7-10　四肢别征

3. 其他别征　指毛色、别征以外的特异情况,如旋毛、暗章、伤痕、烙印等,可以作为标记而记录下来,这是分辨马匹的辅助标志。

(1)旋毛:旋毛是先天性的,通常在马的额、颈脊和前胸处,分成几种类型,但多为圆形或长形,它的名称是根据所生部位而定,如生在额部的称为额旋等。一般在头部和颈部的旋毛必须登记。如果一匹马没有其他明显的特征,或几匹马的毛色、年龄等特征均相同时,则需要对主要部位的旋毛进行详细描述,常见的有额旋、鼻旋、颈旋、胸下旋等。旋毛用"X",羽状旋毛用"X-"表示。

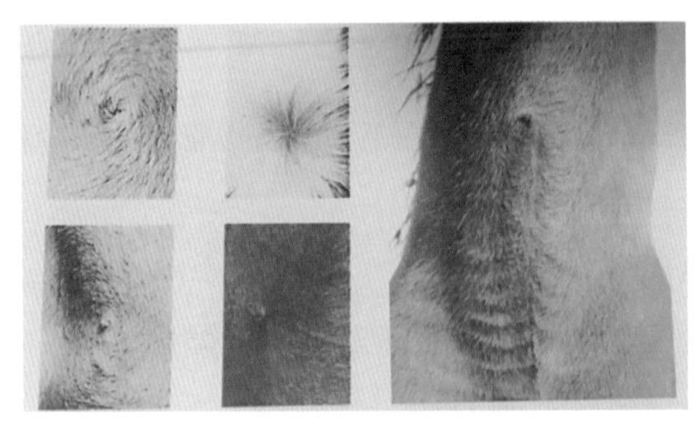

图 7-11　马不同部位的旋毛

(2)暗章:指躯体自然凹陷处、躯干暗色条纹和隐斑等。如背部的深色条纹称为背线或骡线,肩部从顶向下深色带称为鹰膀,四肢中下部显示虎斑纹称为虎斑等。隐斑多发生在黑毛、骝毛、青毛马的体侧部，它是由于被毛排列方向的不同，在阳光照射下显示出菊花状花纹，如菊花青毛马等。

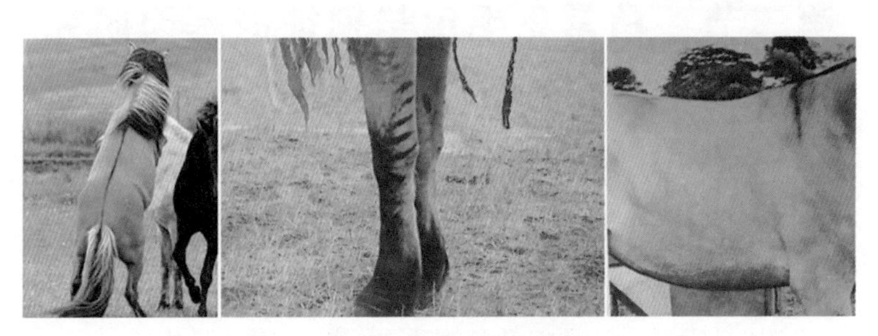

图 7-12　背线、虎斑和鹰膀

(3)伤痕：指马体局部因外界某种原因而遗留下的异毛或痕迹。一般马体局部受伤，在伤处长出的新毛都是异色毛，称为某处异毛，可作为后天性别征来登记。

(4)烙印：通常按照一定的号码顺序给马打上烙印，可以是冷冻烙印或是火烙，一般印在马肩部的平坦部、鞍下部或者后躯，通常是左肩、右肩和左尻，也有烙于颈部或鬐甲的左侧背部，烙印作为马匹鉴别之用，终生不变。

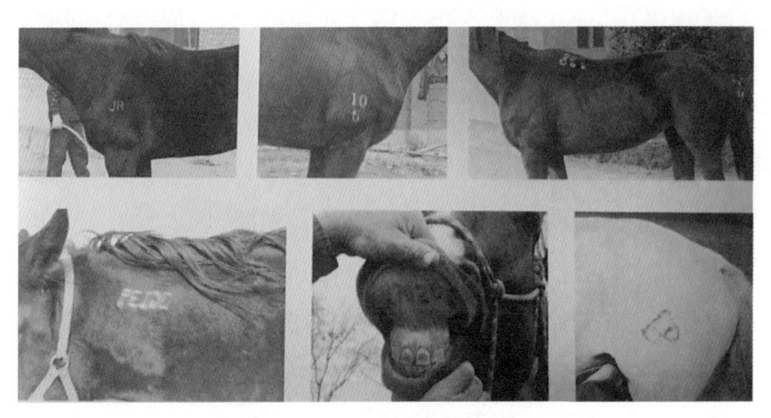

图 7-13　马的不同烙印

# 第二节　马常见毛色与别征的基因研究

马的毛色基本上分为两大类:一种是单毛色,除鬃、尾以及四肢外,全身被毛只有一种颜色;另一种是复毛色,即被毛由两种以上的颜色混合而成。人们习惯将骝、栗、黑、白四种毛色看作是正毛色,其他毛色则看作杂毛色。单毛色除上述四种毛色外,还包括兔褐毛、海骝毛、鼠灰毛等。杂毛色中,又有一些较为特殊的毛色被称为稀有毛色,如花毛、斑毛、沙毛、银鬃、花尾栗毛等。目前马毛色遗传的研究已取得较大进展,多数毛色的遗传关系都可以做出合理的解释。

马的毛色是由于黑色素在毛发中分布差异而形成的。形成毛色的物质一类是色原体,另一类是氧化酶。色原体又分为黑色素和含铁色素,它们存在于毛的皮质内或皮肤表皮的色素细胞中。黑色素在氧化酶的作用下,形成黑色、黑褐色或深蓝色,个别品种马体内的真黑色素为棕色而不是黑色,但是这样的情况较少;含铁色素在氧化酶的作用下,形成橙色、黄色、红色、红棕色或黄褐色。黑色素和含铁色素颗粒的分布及比例不同导致形成各种颜色的被毛。在所有的马匹中真黑色素和褐黑色素可以相互转化,形成黑色毛及棕色毛,在多数马体内褐黑色素可能导致马匹的毛色从深色变化为浅色,氧化酶活性的强弱决定着毛色的浓淡。光照、低温、高湿及含酪氨酸饲料等条件都能加速色素的形成。若体内真黑色素分布较多,则马的毛色颜色较深;褐黑色素分布较多则毛色接近于红色系。骝色系的毛色中真黑素分布较多,栗色系的毛色中褐黑素分布较多,两者均较少则毛色呈现为奶油色系,皮肤中黑色素较少则毛色呈现为沙色毛(由灰色和白色混杂而成),若两种色素均缺乏则毛色呈现为白色。白色毛的形成是由于毛发中缺少黑色素颗粒的分布,皮肤中缺少黑色素颗粒则变为粉色,血管变得细小,血管壁较薄。

真黑色素和褐黑色素间的转化有好几个步骤。一种转化是由于黑色素细胞刺激素(α-Melanocyte-stimulating Hormone,α-MSH)的缺失或表达而引起的,黑色素细胞刺激素可以使受体激活。该类转化较为少见,而且对马的毛色形成影响较小,因为黑色素细胞刺激素是在马的细胞中表达相当常见,很少出现缺失情况。第二种转化与黑色素细胞刺激素受体(Melanocyte-stimulating hormone receptor,MSHR)有关。该受体由毛色扩展位点(Extension,E)以及其余几个位点编码,一些基因位点,比如显性黑色位点可以使受体激活而导致产生真黑色素。在这种情况下受体属于激活状态,即使黑色素细胞刺激素缺失仍不影响真黑色素的合成;另一些多态位点,如栗色位点则使受体失活,无法对黑色素细胞刺激素应答,因此导致褐黑色素的合成。两种黑色素间的第三种转化方式是毛色形成的有关因子将细胞表面的两种色素间的转化通路永久闭锁,该结果导致受体失活,甚至在黑色素细胞刺激素的作用下仍不能够恢复活力。野灰信号蛋白位点(Agouti,A)是一种典型的机制,由于 Agouti 蛋白的生成,导致 MSHR 闭锁,最终导致褐黑色素在机体中大量表达。Agouti 蛋白缺失的区域真黑色素的大量生成,在遗传基因的控制下分布在不同区域。

真黑色素和和褐黑色素的合成分为几个步骤,某些步骤是两者共有的,某些则是不同色素特有的。值得注意的是一些基因位点影响一种或两种色素的合成,另一些位点在分子水平上控制马的黑色素的生成。有关同源位点的功能尚未确定,哺乳动物中各毛色基因的同源性比较一致,对其余物种的毛色遗传的深入了解可以有助于理解马的毛色的形成机理。

1. 黑色素皮质激素受体(Melanocortin 1 receptor,MC1R)基因

MCR(Melanocortin receptor)基因位于哺乳动物的毛色扩展位点(E 位点),编码黑色素皮质激素受体家族,包括 MC1R~MC5R。E 位点共有四种基因型,野生型基因型为 $E^+$时不影响 Agouti 蛋白的表达。隐性基因型 Ee 影响黑色素的生成,双隐性 $E^e/E^e$ 导致毛色出现黑色鬃毛以及遍布全身的栗色毛发。目前有学者推测 E 位点还有两种显性基因型,一种为显性位点 $E^D$,另一种为反荫蔽的毛色位点为 $E^B$。在一些情况下,E 位点可能掩盖 A 位点的

表达,带有 $E^D$ 基因型的马中毛色多为黑色,且不受 A 位点影响;E 位点与 A 位点间存在上位效应的基因互作关系。

MCR 家族成员存在形式多种多样,它们在黑色素细胞、肾上腺皮质细胞、神经系统和免疫系统中呈现不同的药理学特性。与黑色素合成有关的受体主要是 MC1R。MC1R 又称 MSHR,为 G 蛋白耦联受体家族,长度一般为 310 个氨基酸,其基因只有一个外显子。MC1R 蛋白有七个跨膜结构域,为最小的 G 蛋白耦联受体。MC1R 蛋白对黑色素生成的调控是环磷酸腺苷(Cyclic Adenosine 3′, 5′-Monophosphate, cAMP)信号通路,是调节真黑色素形成的关键通路,它的作用机制遵循第二信使学说。α-MSH 及肾上腺皮质激素(Adrenocorticotropic Hormone, ACTH)是 MC1R 蛋白的配体,它们与黑色素细胞膜上的 MC1R 蛋白结合后,使与受体耦联的 G 蛋白由无活性的二磷酸鸟苷(GDP)型转变为有活性的三磷酸鸟苷(GTP)型,激活膜上的腺苷酸环化酶系统,三磷酸腺苷(ATP)转变为 cAMP,cAMP 进一步激活酪氨酸激酶,活化在糙面内质网及游离核糖体上合成的 TYR,TYR 催化黑色素细胞从血液中摄取的酪氨酸,经高尔基复合体变成多巴,多巴在黑素体内聚积到一定的量后,释放出黑色素。如果细胞中的 TYR 过量,多巴及多巴醌将通过各自的通道合成真黑色素。相反,如果黑色素细胞中的 TYR 过少,酪氨酸则经多巴和多巴醌,转化为半胱氨酰多巴,导致褐黑色素的广泛表达。马的 MC1R 基因位于 3 号染色体上,由于 MC1R 基因发生非同义替换突变(TCC→TTC),产生了 Taq I 限制性酶切位点,导致第 83 密码子由丝氨酸突变为苯丙氨酸,该突变产生于第二转膜功能区域,从而使马产生栗色。

2. 野灰位点信号蛋白(Agouti-signalling Protein, ASIP)基因

哺乳动物的 Agouti 位点和 Extension 位点共同控制毛色中真黑色素和褐黑色素的形成。Agouti 位点几乎在所有的哺乳动物中被发现,其编码的蛋白对大部分毛色均有影响,导致红色毛的比例大于黑色毛。$A^a$ 代表隐性黑毛色位点,亦被称为非 Agouti 位点。$A^t$ 影响深褐色的表型(腿部内侧、身体右侧、口鼻部为黑色与褐色),即某些哺乳动物中的棕色位点。AA 代表骝色位点,$A^+$ 即野生型骝色,即红色毛在小腿处分布。ASIP 基因得名于南美刺鼠的

一种,其控制的毛发形状为黑斑纹状毛发,在多种野生动物中均可见。A 位点与真黑色素的分布有关,而真黑色素主要受 E 位点的控制。在马的毛色形成过程中,A 位点在显性纯合时影响带有真黑色素的毛色的分布以及限制了斑点的生成,隐性 $A^a$ 不会限制黑色毛的生成。A 位点的不同等位基因可能导致不同毛色的分布以及毛色阴影的生成,但这一论断还需要分子生物学方面的验证。未发现其余基因与 ASIP 基因连锁的报道。

ASIP 是由野灰位点编码的蛋白,在野生型小鼠的毛囊黑色素细胞内临时产生,诱发褐黑色素的合成,它和 α-MSH 竞争性地与 MC1R 结合。研究表明功能性 MC1R 是哺乳动物黑色素细胞做出应答的必需媒介。野灰位点的显性突变会导致所有组织中野灰信号蛋白的异常或过量表达,进而表现出隐性黄色表型和异常肥胖。

ASIP 基因在多种动物中被发现,并且其对毛色的影响具有相似的调节机制。由于这一蛋白质在 C 末端含有一个富含半胱氨酸的区域,并含有一个中心区域。ASIP 是一种旁分泌的信号因子,由临近于黑色素细胞的真皮乳头细胞所分泌,作用于毛囊微环境,阻止 α-MSH 与其受体 MC1R 的结合,从而拮抗黑色素的产生。ASIP 对毛色色素的调节是通过对抗 MC1R 信号而实现的,其表达会引起褐黑色素的产生,而不表达时则会引起真黑色素的表达,从而调节真黑色素和褐黑色素之间的转换。

马的 ASIP 基因位于 22 号染色体,全长 4994bp,包括 3 个外显子、两个内含子和部分非翻译区。ASIP 基因的突变能够提高黑色素在灰色毛马匹中的表达机率。马的 ASIP 基因所有编码调控序列与其余物种均具有较高的相似性,这些数据显示了马的 ASIP 基因与其余哺乳动物具有较高的同源性。

3. 原癌(Proto-oncogene c-kit,KIT)基因

显性白色位点(Dominat white spotting,W)的突变具有三个影响:毛色色素沉积缺陷,无生殖细胞和贫血。W 突变在胚胎学发育中的作用是导致迁移细胞前体的数量减少甚至为零。在鼠中 W 位点的纯合突变表现为贫血、不育和白化病。W 位点突变引起白色毛马的皮肤粉红色以及棕眼,白色毛

的马是由于皮肤中缺少黑色素细胞而引起的，皮肤以及眼中黑色素的缺乏导致白色毛的马出现以上症状。KIT 基因结构复杂，不仅编码区在黑色素的生成中具有重要作用，且非编码区对性状具有很大的影响，能够决定细胞的生存、分化、增值、迁移，对黑色素细胞的生存以及生长十分重要，并与原始生殖细胞和造血干细胞的发育和成熟有关。马的 KIT 基因位于 3 号染色体上，共有 2919bp 碱基，编码 972 个氨基酸。KIT 基因被认为与马的显性白色毛有关，在胚胎时期影响黑色素的形成。穆斯唐马第 15 外显子处发现了 1 个无义突变，在白色阿拉伯马的第 4 外显子处发现了 1 个无义突变，在卡马里奥白马第 12 外显子检测出缺失突变以及在白色纯血马第 13 外显子中检测到 1 个缺失突变。该结果证明 KIT 基因的多态型与马的白色系毛色形成有关。KIT 序列多态与 Rn 等位基因之间存在显著的连锁不平衡，但这个结论还需要在别的马品种中进行验证。在 KIT 基因第 16 内含子处检测到 1 个单核苷酸多态位点，并由此导致第 17 外显子的缺失以及 SB1 的表现型。SB1 位点与马的 Sabino 毛色形成有关，纯合型 SB1 基因型引起马的近全白色毛。第 13 内含子处检测到多态位点，证明马的 Tobiano 毛色与 KIT 基因的多态有关，可列入 To 毛色的候选基因之内。

4. 酪氨酸酶关联蛋白家族(Tyrosinase-related Protein，TYRP)基因

酪氨酸酶关联蛋白基因家族共包含三个成员：酪氨酸酶(TYR)、酪氨酸关联蛋白 1(TYRP1)和酪氨酸酶关联蛋白 2(TYRP2)。哺乳动物酪氨酸酶是一个Ⅰ型膜结合糖蛋白，其基因组序列包括 5 个外显子和 4 个内含子，编码序列长约 1.6kb。TYR 是色素合成过程中的一个重要的功能酶，与两个相关蛋白(TYRP1 和 TYRP2)一起启动一系列反应，将酪氨酸转化为色素，其中 TYR 在色素合成过程中催化了多巴及多巴醌生成等三个不同的反应。酪氨酸酶是黑色素合成过程中的限速酶，至少具有酪氨酸羟化酶和多巴氧化酶两种活性，同时是黑色素生物合成的第一个酶。黑色素的合成是一个由酪氨酸酶催化体内酪氨酸羟化而启动的一系列生化反应，体内酪氨酸在酪氨酸酶催化下生成多巴，多巴进一步氧化生成多巴醌，多巴醌经多聚化反应与氧化反应生成多巴色素，在多巴色素异构酶作用下，多巴色素羟化为 5,6-

二羟基吲哚羧酸，脱羧成5,6-二羟基吲哚，再在酪氨酸酶催化下氧化成5,6-吲哚醌，最后与其他中间产物结合形成真黑色素。褐黑色素与真黑色素在合成过程中有个别步骤是相同的，即由酪氨酸合成至多巴醌。但在以后的反应中有Cys参加，产生Cys-多巴和Cys-多巴醌，通过闭环、脱羧，最后形成褐黑色素。

马中的Brown位点与栗色毛表型有关，在整群的栗色马匹中的Brown位点发现隐性基因型，有研究表明栗色毛的生成是由于E位点对A位点具有上位作用，而B位点中未发现有基因互作效应。目前一些证据支持B位点与浅栗色毛色有关，但是没有证据显示B位点与其余的毛色生成有关。B位点发生缺失可能导致棕毛色的生成，但是在其余哺乳动物中未发现该突变与棕色毛的生成有关。B位点可能与毛色的多样性无关，该理论需要在今后的研究中进行进一步确认。马的TYRP1基因位于23号染色体，编码区长1626bp。研究人员发现其第2外显子上发生了碱基替换，使苏氨酸变为蛋氨酸；在第2内含子上发现1个单核苷酸多态位点（A1188G）。马呈现范围较广的不同毛色，灰色马与有色马相比，TYRP1基因mRNA的表达水平较低。TYRP1被认为与马的黑栗毛、红栗毛、银白毛及深褐色毛色的表型有关。

5. 内皮素受体B（Endothelins Receptor B，EDNRB）基因

近来的研究表明，内皮素（Endothelins）在神经嵴源黑色素细胞和肠神经系统的发育过程中起着重要的细胞间信号传递媒介的作用，内皮素家族共包括3个成员：EDN1、EDN2和EDN3，它们都是含21个氨基酸的肽链，有三个不同的基因在哺乳动物的不同血管和非血管组织中表达。内皮素作用的受体有7个膜转运功能域，包括两个亚型：内皮素受体A和内皮素受体B。EDN3与其受体B（EDNRB）的功能性信号是鼠神经嵴来源的色素细胞发育所必需的，EDN3在躯干的神经嵴培养物中可以促进单能的黑色素细胞与双能的神经胶质细胞的前体物的存活与增殖。马EDNRB基因位于17号染色体，其多态性与花斑致死症（Lethal white syndrome，LWS）有密切关系，因为其编码序列第118个密码子处异亮氨酸突变为赖氨酸，这个突变正好位于度保守的第一转膜结构域。

6. 突触融合蛋白 17(Syntaxin-17,STX17)基因

马的 STX17 基因位于 25 号染色体,被认为与马的灰色毛及黑色素瘤有关。淡色系马在幼年时期通常为深灰色马,但在 7~8 岁时转变为浅灰色或白色。科学家认为存在一个假设的"灰色基因"使其毛色出现变化。Rosengren 等对 727 匹灰色毛马匹和 131 匹非灰毛色马进行研究,在灰色毛马匹中检测出 STX17 基因内含子中的 4.6kb 的基因片段,但该情况未见于非灰色毛的马中。黑色素瘤是一种皮肤色素沉着细胞的潜在的致命的疾病。通过从患病马肿瘤中的 RNA 进行提取,发现同正常灰色马组织相比,患病马的 STX17 基因在黑素瘤细胞中表达更为活跃。研究人员认为该基因与马的灰色毛及黑素瘤细胞的形成有关,但其机制尚不明确。

7. 膜相关转运蛋白(Membrane-associated transporter protein,MATP)基因

MATP 为跨膜蛋白,含有 12 个跨膜区,在多数黑色素细胞系中表达。MATP 结构与转运蛋白相似,提示其可能具有转运功能,但其确切生物学作用仍在研究中。MATP 基因在转录水平上受 MITF 基因调控,MITF 因子是黑素细胞发育过程中重要的组织限制性转录因子,但染色质免疫沉淀检查发现,MITF 因子并未与 MATP 基因 5′端启动子区域直接结合,提示该因子可能间接发挥调控作用或者是与 MATP 基因的远端调控序列相结合。对于 MATP 基因外显子及外显子-内含子交界区 DNA 的序列进行研究,迄今发现了 8 种非致病性多态性变异,其中 3 种导致 MATP 发生了氨基酸替代,患者的临床表现与眼皮肤白化病 II 型有重叠,呈常染色体隐性遗传。马的 MATP 基因位于 21 号染色体,该基因的不同的基因型可影响毛色的形成,会导致红毛色变成为黄色,红毛色和黑毛色减弱变成奶油色等变化。该基因也同时影响着珍珠毛色的形成。Mariat 等以威尔士马,威尔士柯伯马等不同品种进行了实验,在 MATP 基因第二外显子上发现了一处点突变,导致天冬氨酸突变为天冬酰胺,该处突变同时能够在人和小鼠中检测到。根据遗传连锁图谱及规律可证明该处突变对毛色稀释产生影响。对该基因进行遗传标记后,发现其与 G 位点有较强的联系,能够影响马的鹿色和帕洛米诺毛色(Palomino)的形成,并且可能使其最终变为奶油色。

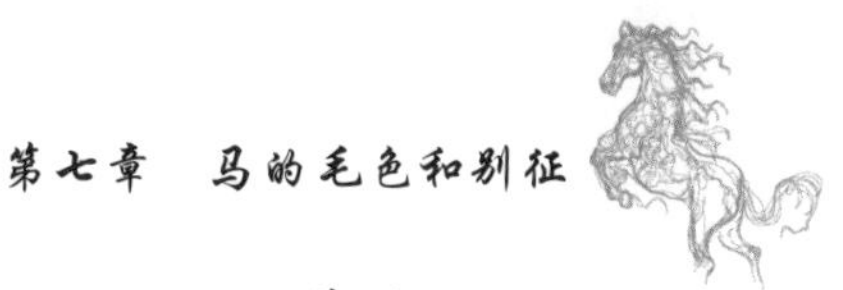

8. 前黑色素体蛋白(Pre-melanosomal protein 17,PMEL17)基因

PMEL17 基因是从鼠的 cDNA 文库中分离得到的,与鼠的 silver 基因是直向同源基因,通过推导的氨基酸序列分析发现,该基因编码一个分子质量为 70 kD,含有 668 个氨基酸的蛋白质。后来发现这一位点还编码另一种蛋白质 GP100,这两种蛋白质是通过基因交替剪接成 2 个竞争性 3′接受位点而产生的,这两个位点具有不同的催化活性而产生以上两种蛋白质。鼠 SILV 突变通过体内黑色素细胞丢失而引起毛发变为银灰色,这种突变被预测为是误导银色蛋白远离黑素体,突变似乎可以使培养的黑色素细胞变黑,影响其生长和发育。

马的 PMEL17 基因位于 6 号染色体,该基因与马的银色毛有关。Brunberg 等对 14 个品种 149 匹银色毛和非银色毛两种类型进行了研究分析,发现银色毛的马匹 PMEL17 基因第 11 外显子处有缺失突变,导致该处氨基酸排列从精氨酸突变为半胱氨酸,在非银色毛马未检出该处突变。在第 9 内含子处也检测出一缺失突变,研究人员认为该基因的多态性与马的银色毛形成有极大的相关性。

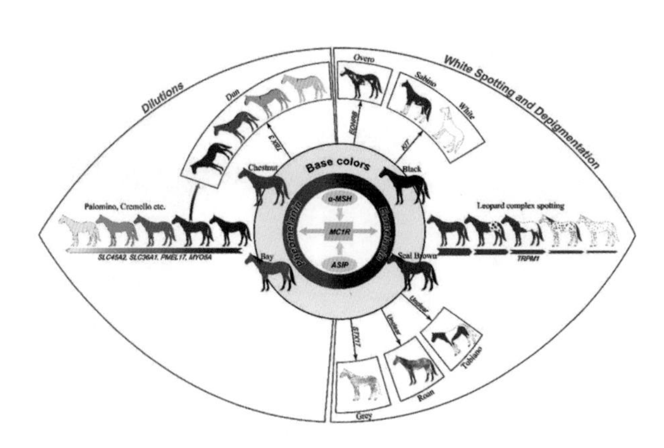


图 7-14　不同马毛色基因调控机理图

# 第八章

# 马的步法

研究马体运动的规律,首先要知道马体的重心(图8-1)的改变规律。静止站立时马的重心位于肩端水平线与剑状软骨后缘所引垂线交叉点上的马体正中间。马匹驻立时,前肢较后肢负重多,前肢负重约占总体重的4/7。

随着运动,马的重心也会发生位置迁移。马匹起动时,首先头颈低垂,通过颈部及前后肢肌肉的收缩活动,使重心前移,当重心移至前肢支持面以外时,为防止跌倒,前肢必须迅速前移,使重心再回到前肢支持面以内,保持平衡,如此不断破坏和恢复重心的平衡,就形成了前进运动。

重心位置的高低及其在运动中变化的范围,对马匹运动和能力的发挥有很大关系。按马的体型来讲,躯干短狭而四肢高长的乘用马,其重心较高,支持面狭小,因而在运动中便于体躯转移;同时在快速运动中,因重心上下和侧方移动的范围小,有利于速度的发挥,不易疲劳。反之,躯体长宽而四肢短的重挽马,则重心较低,支持面较大,因而重心的稳定性亦大,有利于挽力的发挥,但速度慢。

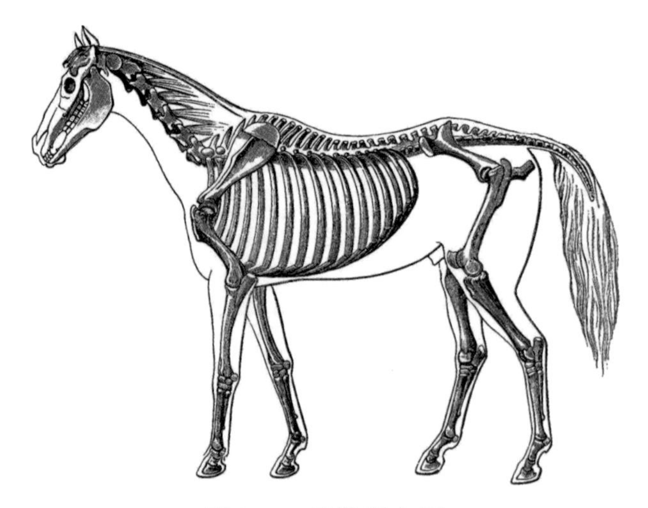

图8-1　马体重心图

马在走慢步时,有三肢支持,一肢伸步,支持面为变换的三角形;快步时,两肢支持,两肢伸步,支持面为一直线;跑步时,以一肢或两肢支持躯体;袭步时,三肢腾空,仅有一肢支持躯体,速度最快,我们称这一系列马匹的运步的方法为马的步法(gait)。

马的步法可分为天然步法和人工步法两大类。天然步法是先天性获得,不教自会的步法,如慢步、快步、跑步等;人工步法是由人工调教而获得的,必须经过训练,才能学会这些步法,如特慢快步、狐式快步、单蹄快步、横斜步等。

在进一步阐述马的运步方法之前读者需要了解以下几个概念。

(1)步速:是指马体运步的速度,如伸畅快步比普通快步的速度大。

(2)步幅:指一步的长度,即同一侧肢前后两蹄足迹之间的距离。

(3)步期:指一肢由离地至着地各项运作阶段。步期一般分为举扬期和负重期两个阶段,细分可分为离地期、举扬期、踏着期、负重期四个阶段。

(4)完步(整步):是指四肢按运步顺序,完全经过一次运动。

# 第一节　马的天然步法

## 一、天然步法(principal gaits)

1.慢步

也叫常步(walk),是马行走的基本步法(图 8-2)。这种步法重心变动范围小,体力消耗少,四肢不易疲劳,适于肌肉锻炼和消除疲劳。其特点是四肢逐次离地,逐次着地,在一个完步中,可听到四个蹄音,有四次三肢负重,四次二肢负重的八个步期。慢步必须有弹性,整齐而确实。根据步幅的长短和四肢的动态,又可分为普通慢步、缩短慢步和伸长慢步。

慢步的步幅,因类型、品种和个体不同而有差别,一般 1.4~1.8m,约 100 步/min。一般马的速度为 4~7km/h,但挽用马只能走 4~5km/h,乘用马可达 6~7km/h。

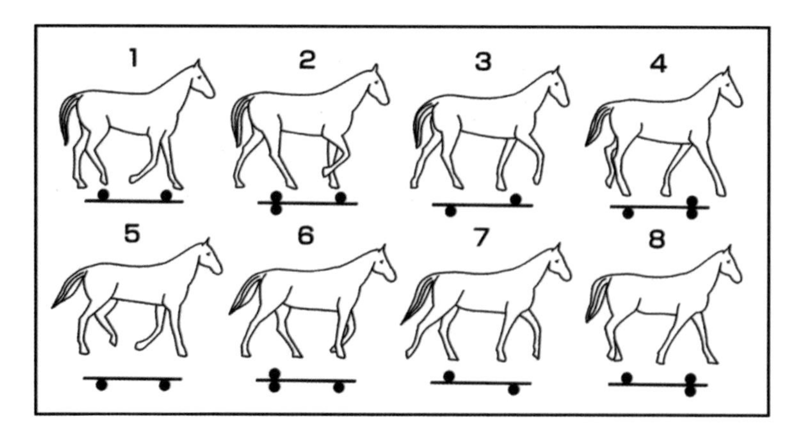


图 8-2　马慢步(常步)的动作和蹄迹

2. 快步

亦称速步(trot),这种步法马体有悬空期,体躯侧动小,颠动大,适于肌肉、韧带和心肺的锻炼,其特点是以对角前后肢同时离地,同时着地,每个完步可听到两个蹄音。根据蹄迹和步幅的不同,快步又分为缩短快步、普通快步、伸长快步和飞快步(图 8-3)。

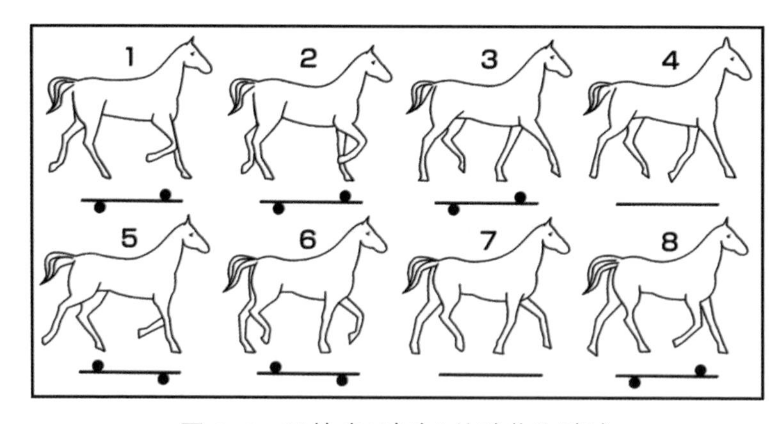


图 8-3　马快步(速步)的动作和蹄迹

(1)缩短快步亦叫慢快步,经常以对角前后肢支持体重,同侧后蹄足迹落于前蹄足迹之后,体躯无浮动期。步幅较小,一般为 2~3m,速度每小时为 9~12km/h。

(2)普通快步,同侧后蹄足迹落于前蹄迹上,四肢在瞬间同时离地,体躯在空中呈现短期悬空。步幅一般 3~4m,每小时速度约 19~20km/h。

(3)伸长快步运步时后蹄迹超过前蹄迹 8~10cm,有悬空期,波动较大。步幅一般为 4~5m,速度大于 20 km/h。

(4)飞快步亦叫竞赛快步,为快步中最快的步法。特点是后蹄迹超过前蹄迹较远,对角后肢的运作稍迟于前肢,悬空期较长,波动更大。步幅大,一般 6~7m,速度为 30~50km/h。

3. 对侧步

对侧步(symmetrical gait)是走马特有的步法,以同侧前后肢同时或先后离地和着地,可听到两个蹄音。对侧步马体左右侧动大,上下颠动小,使骑者感到舒适,不易疲劳,适于长途骑乘和驾轻车。马驹出生后,天生就会走对侧步,因此对侧步又称为“胎里走”。根据蹄迹和运动的顺序,对侧步可分为以下几种。

(1)普通对侧步俗称“走马”。同侧前后肢同时着地离地,后蹄足迹覆盖在前蹄足迹上,在四肢离地瞬间,呈现短期的悬空,步幅和速度与普通快步相同。

(2)破对侧步(慢对侧步)亦叫“小走”。其特点是同侧二肢不是同时动作,而是每个蹄分别着地,同侧后蹄较前蹄稍先着地,一个完步可听到四个蹄音。同侧两蹄音几乎相连,在运动中无悬空期,左右摇摆非常小,故骑者感到十分稳定而舒适。这种步法是长途乘马的理想步法。

(3)伸长对侧步亦称“大走”。特点是同侧前后肢同时离地着地,但后蹄迹超过前蹄迹,可听到两蹄音。马体在运动中悬空期较长,波动较大。该步法的速度较快,甚至可超过伸长快步的速度。

4. 跑步

跑步(canter),是快速的步法,通常由快步转换为跑步(图 8-4)。跑步是先以一个后肢着地,而后为第二后肢和对角前肢同时着地,最后为另一前肢着地;又以着地顺序而离地,接着有一个悬空期,一个完步可听到三个蹄音。由于跑步最后着地的为一个前肢,承受较大的冲击力,容易疲劳,故跑步是容易疲劳的步法。最后着地为左前肢时,则为左跑步;以右前肢最后着

地者叫右跑步。左右跑步交替使用,可以减轻疲劳。跑步能锻炼心肺,并能增加躯体的伸缩力。根据运动速度,又分为以下几种:

(1)慢跑步是一种在控制下速度很慢的跑步。赛马跑过终点以后,因受骑手控制,即出现这种步法。其特点是左后、左前、右后、右前肢相继着地,无悬空期。步幅2.5~3.5m,时速约12~15km。

(2)普通跑步每完步有三个蹄音,有悬空期,步幅3.5~4.5m,时速18~26km。

(3)伸长跑步也叫快跑步,速度较快。运步中对角肢着地时,后肢先落地,将原来对角肢同时着地的一个蹄音分为两个蹄音,故每一完步可听到四个蹄音。步幅4.5~5.5m,时速24~35km。

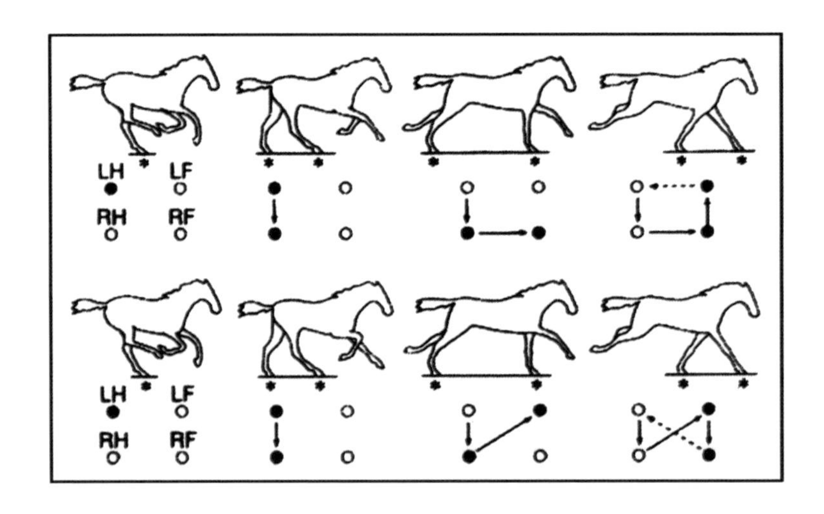


图8-4 马跑步的动作和蹄迹

5.袭步

袭步(gallop)亦叫竞赛跑步,是在伸长跑步的基础上,跑速更快的一种步法(图8-5)。由于速度大,对角肢的步幅增大,两前蹄和两后蹄着地时间几乎相连,在一个完步中,听起来好像只有两个蹄音。这种步法,步幅7~8m,速度可达1km/min。

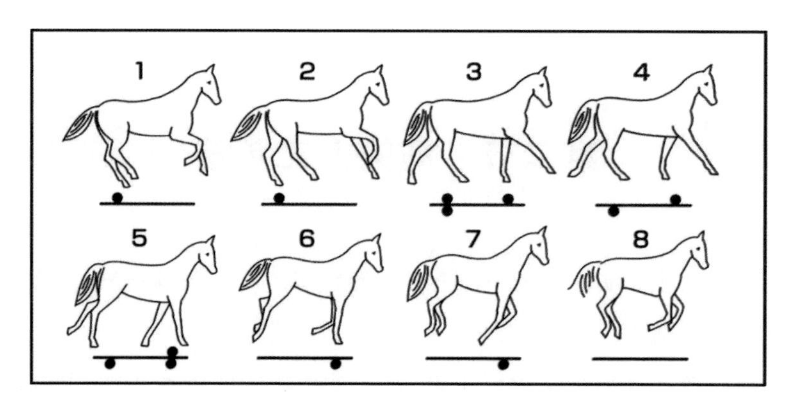


图 8-5　马袭步的动作和蹄迹

6. 跳跃

跳跃分“跳高”和“跳远”两种,都是在跑步和袭步的基础上进行的。主要靠后肢的强力伸张,使马体向前上方跃进,马体沿抛物线越过障碍。抛物线的角度决定于跳跃的高度和长度,同时也决定于马的助跑速度。跳远时,其角度约为 10°~15°,跳高时,角度约为 30°。骑乘跳高世界纪录可达 2.47m,跳远为 8.3m。跳跃分四期,准备期、提升期、悬空期和降落期。

**表 1　马四肢在不同步法中的落地时间顺序汇总**

| 序号 | 步法 | 四肢落地时间顺序 |
| --- | --- | --- |
| 1 | 慢步 | 左后—左前—右后—右前 |
| 2 | 快步 | (左后/右前)—(右后/左前) |
| 3 | 跑步和袭步 | 右后—(左后/右前)—左前 |
| | | 左后—(右后/左前)—右前 |
| 4 | 对侧步 | (右后/右前)—(左后/左前) |
| 5 | 破对侧步 | 左后—左前—右后—右前 |

## 第二节　马的人工步法

1. 特慢快步　实际上是一种很慢的慢跑步。步态安静，轻松而缓慢，使骑者感到很舒适。

2. 快慢步　这种步法很似小走，是一种缓慢的四蹄音步法。四肢运动有节奏，运步平稳，马在行进中点头摇身，轻咬牙齿，人马都很轻松。

3. 单蹄快步　是一种很优美的快速快步。每蹄以相等的间隔时间分别着地。速度很快，人较舒服，马极为疲劳。

4. 狐式快步　是一种慢而缩短的分裂快步。行进中，每个后蹄都在瞬间内先于对角前蹄着地，马伴有点头运动。

5. 横斜步　马只向侧前方运动，以保持操练队形。

目前，国外强调娱乐用马，必须会走上述步法中的 3~5 种，称为三步调马或五步调马。

马匹在调教和运动锻炼时，慢步和快步（包括跑步）交替使用，两者相互配合，运动总时间和快步时间的比例，叫步度配合。

步度=快步（跑步）时间/（慢步时间+快步时间）

只有合理的步度配合，才能减少马的疲劳，锻炼马的体质，提高工作效率。一般的运动锻炼可用 1/3 的步度；加强锻炼，增强运动量，可用 2/5 的步度。

## 第三节　马的步法调控基因

几个世纪以来，家养马是重要的交通工具，并作为劳作动物和伴侣动物。马作为交通工具的作用已经逐步退出,如今多以娱乐或竞技的角色存在,所以许多马品种根据其运动模式进行大量选择。这种选定特征的一个突出例子是,马匹除了常规步法如慢步、快步和疾驰之外还有进行额外步法的能力。包括对轻驾车者来说特别顺畅和舒适的四拍步法,还有主要用于比赛的对侧步法。步调马品种遍布于全球各地,这表明马的步法是一种古老的特性,而在许多品种中被选作培育特征。传统上马的步法被认为是个体表现和寿命的指示,马的美学和功能体型长期以来被认为是重要的选育标准。

马在运动的模式和时间上是多态的。在中速时,马可以执行一系列对角线和横向两拍或四拍的脚步模式。能够在没有腾空期情况下执行任何四节拍步动的马通常被称为步调马(Gaited Horse)。这种马是用于研究步法发展的独特模型,因为没有其他哺乳动物物种在步幅节奏和脚步模式上存在这么特殊的先天性差异。

## 一、关于步法调控的早期研究

早在1978年,就有研究人员认为马的对侧步与快步存在遗传决定的现象。1983年Bailey发现这两种马在马淋巴细胞抗原(ELA)基因和血型基因上有基因频率的差异。Cothran等在1984年发现近亲繁殖水平与繁殖性能之间在走马中呈负相关,在快步马中呈正相关。Colling在1985年报道了加拿大标准马中的走马与快步马之间有5个基因座存在基因频率差异,而Cothran等在1986年又报道了这样的12个基因座。1987年Cothran等通过23个基因座评估了当时美国标准马的遗传结构,发现有20个基因座都存在显著的等位基因频率,表明可能美国标准马的两个类型比起其他马种有更大的遗传差异。

## 二、DMRT3基因与步法调控

脊髓损伤的猫和小鼠,或基因敲除或编辑的一些小鼠是常用的实验室诱导型步法变化模型。通过这些实验室模型我们发现了称为中枢模式发生器(central pattern generators,CPG)的局部神经网络。当开始运动时,CPG 中的活动被来自脑干和中脑神经元的下行运动命令所打开和维持。哺乳动物的运动依赖于在发育期间建立的协调肢体运动的脊柱中间神经元的 CPG。这些网络控制肢体的左右交替以及屈肌和伸肌的协调激活。2012 年研究者对野生型和 Dmrt3 缺失小鼠的研究表明,Doublesex 和 mab-3 相关转录因子 3 基因(doublesex and mab-3-related transcription factor 3 gene,DMRT3)在脊髓神经元的 dI6 细分中表达,参与该细分内的神经元的分化,并且对于控制肢体运动的协调运动网络的正常发育是关键的。DMRT3 基因是 DMRT 基因家族的一部分,是动物中的重要发育调节基因。这些主要,但不只涉及性别分化或性别决定。之后通过小鼠和马为主的研究中发现 DMRT3 中的无义突变(DMRT3-Ser301-STOP,该位点被称为"步法守护者"突变)对 DMRT3 对配置动物负责控制脊椎动物步幅的脊髓回路起着关键作用,对马的步法能力具有显著影响,能够调控形成对侧步,并对快步速度有影响。研究者们还发现,似乎 DMRT3 突变等位基因(A)在为了赛马而繁殖的步法品种中具有高频率出现,而其他马品种中以野生型等位基因(C)纯合型为主。由此马也成为研究 CPG 结构和功能的新模型。

2014 年,有研究团队报告了一项关于这种突变的全球分布的研究,他们对代表了 141 个马品种的 4396 匹马进行了 DMRT3 终止突变基因型的分析,结果显示,在 141 个马品种的 68 个中存在 DMRT3 突变,频率范围为 1%至 100%,并且数据表明突变不仅限于一个地理区域,而是遍布全球。具有高频率的终止突变(>50%)的品种被分类为目前基本都在被用于培育步调马或轻驾车赛马。

1. 美国标准马

美国标准马(American Standardbred)是美国为轻架车赛开发的一种马。该品种的血统中纯血马、摩根马、诺福克快步马和加拿大柏布走马的贡献突出。虽然 Standardbred 的起源可以追溯到 18 世纪末和 19 世纪初,但一般将 1871 年 John H. Wallace 注册制度的使用视为该品种的正式形成时间。早期

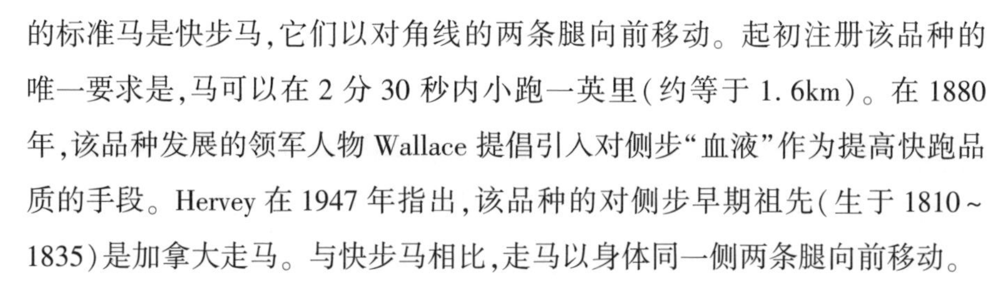

的标准马是快步马，它们以对角线的两条腿向前移动。起初注册该品种的唯一要求是，马可以在 2 分 30 秒内小跑一英里（约等于 1.6km）。在 1880 年，该品种发展的领军人物 Wallace 提倡引入对侧步“血液”作为提高快跑品质的手段。Hervey 在 1947 年指出，该品种的对侧步早期祖先（生于 1810～1835）是加拿大走马。与快步马相比，走马以身体同一侧两条腿向前移动。

1891 年标准马的要求被修改，为囊括走马表演，在 2 分 25 秒或更短时间内走步一英里的马匹可以注册为标准马。可见该品种的早期历史不是基于谱系。然而，随着时间的推移，父母未被注册的马匹逐渐地不被允许注册，自 1973 年以来，注册仅限于注册的标准种公马和母马的后代。在 19 世纪末和 20 世纪初期，该品种里快步和对侧步都有相当比例。之后，让对侧步与对侧步，快步与快步交配成为常见的繁殖策略。然而，该品种的快步和对侧步之间的分离仍然不完整。走马几乎总是会生出走马后代，只有 1%的快步马后代出生，但是快步马会生出 20%比例的走马后代，表明快步马家系中通常包含一个或多个走马祖先，但走马家系很少包括快步马祖先。目前，在美国和加拿大，标准马中有 80%是对侧步马，有 20%是快步马。

2014 年对 621 匹标准马的 DMRT3 中无义突变的研究显示，在美国标准马中无义突变杂合子（CA 型）在步法表现中比野生型（CC 型）更加突出，并且这一优势性主要在 3～5 岁马上明显。

2. 冰岛马

2014 年，有研究者研究了冰岛马群中 A－和 C－等位基因频率的变化和 DMRT3 无义突变对冰岛马的步法质量和速度能力的影响，发现 DMRT3 无义突变的纯合性与对侧步能力有关。A 等位基因能改善溜蹄（tolt）的韵律质量、速度和轻柔度。CA 基因型的马在其他步法的质量上也有显著的提升。而较之 CA 基因型，AA 基因型能够通过强化同侧腿的协调性，导致负向影响对角线腿的同步运动。他们也发现近几十年来，A 等位基因的频率增加，C 等位基因频率相应降低。2012 年，冰岛马种群中 A 等位基因的估计频率为 0.94。冰岛马种群中侧向步法的选择性育种显然改变了 DMRT3 基因型的频率，并且在相对较短的几年内预测 C－等位基因的丢失。该结果对冰岛马和其他马品种的育种和培训具有实际意义。

3. 田纳西走马

人类驯化马匹的主要目的是运输而不是吃肉，这种选择性策略让马有了多种运动特征的形成。在中等速度上马除了平坦步行还可以执行一系列对角线和横向两拍或四拍步法模式。田纳西走马(Tennessee Walking Horse，TWH)是一种美国品种马，是唯一能够以中等速度进行均匀定时四拍(running-walk)的美国品种，然而，在该品种中，步法类型也存在差异(图 8-6)。

然而对于 DMRT3 突变的研究显示，TWH 基本都是 AA 型的，在检测的 139 匹马里只有一个是 CA 基因型，其他都是 AA 型，这也表明 DMRT3 突变对 TWH 的步法类型影响不大。然而，由于 TWH 天生能够执行从两拍横向到四拍到两拍对角线的整个范围的中间步法，因此在 2016 年有研究团队又通过全基因组关联研究(genome-wide association study，GWAS)鉴定了 TWH 品种内步法类型变异所特有的候选基因座和 SNP，结果发现了 ECA19 和 ECA11 两个潜在的与 TWH 步法调节有关的 SNP 位点。

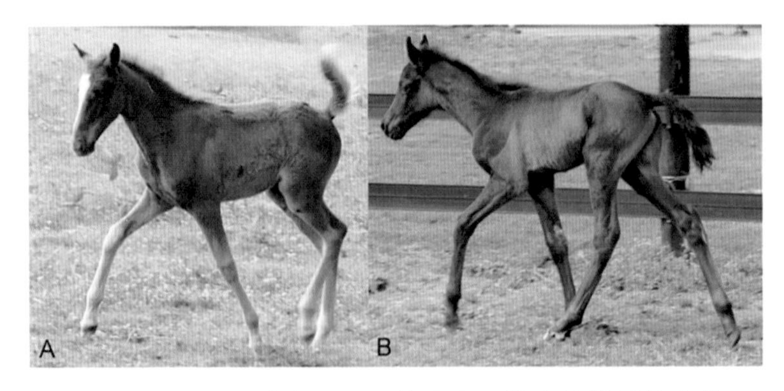


图 8-6　两只马驹表明了田纳西走马的步法类型的变化

A. 多步调马的对角线快步(2 个月大小马驹)　B. 走马的侧向慢步(出生 2 天的马驹)。

4. 哥伦比亚克里洛帕索马

哥伦比亚克里洛帕索马品种(Colombian paso horse，CPH)，是哥伦比亚最重要的马品种。这个品种很可能源自 1493 年开始征服者带到美国的西班牙马匹。这群马包括西班牙的珍妮特马(Jennet horse)，据说这种马可以进行衍生步法(ambling gait)。在20世纪初,CPH群由多种不同步法的马组成。自20世纪80年代以来,哥伦比亚克里洛帕索马才开始被依据 paso fino、trocha 和 trot 步法进行特异选育。

经过至少30年的选育,目前CPH品种上分为四组,依据步法分为:Colombian paso fino (CPF), Colombian trocha (CTR), Colombian trocha and gallop (CTRG) and Colombian trot and gallop (CTG)。它们分别形成了单独的种群育,通常不会交叉。

哥伦比亚血统登记协会 Federación Colombianade Asociaciones Equinas-Fedequinas 创建于1984年,拥有超过220,000匹注册马匹(其中有21%的CTG,5%的CTRG,46%的CTR和27%的CPF)。自1995年以来,所有登记的马匹都经过亲子鉴定,每匹马也由育种协会受过特殊技能培训的人员检查该品种的基本体型参数。

此外,这些人员还要保证用于亲子鉴定的毛发样本的来源。在协会注册的所有马匹都有可能参加哥伦比亚的比赛。每场比赛,马匹由马组(CPH,CTR,CTRG或CTG)、性别和年龄分开(三类:33~42月龄,42~60月龄,大于60月龄),并由三名评委主观评估马的体型和步法特征。

在知道DMRT3基因编码参与脊椎动物的运动系统协调的转录因子,并且与多种步调马和轻驾马比赛马品种的性能有关之后,Promerová 等在2018年分析了141个哥伦比亚马品种的DMRT3无义突变,包括4个CPH组(CPF:80,CTR:67,CTRG:4和CTG:35),但未对DMRT3基因型与性能和运动学数据进行比较。四个CPH马组中突变体"A"等位基因的频率分别为0.94(CPF),0.1(CTR),0.25(CTRG)和0.14(CTG)。这表明,DMRT3基因在控制 trocha 和 trot 步法方面没有起主要作用,但是对 Colombian paso fin 起了重要作用,可以作为实施哥伦比亚帕索马遗传选择计划的选择基因之一。

5. 瑞典-挪威冷血快步马

瑞典-挪威冷血快步马(Swedish-Norwegian Coldblooded trotter,CBT)是瑞典和挪威的当地品种,主要用于赛马比赛。2017年一项关于CBT与DMRT3关联度的研究针对DMRT3突变对769匹CBT(485匹竞赛的,284匹未参加过比赛)进行了基因分型。

研究中他们使用R统计软件研究13种性能特征和3种不同年龄阶段:3岁,3~6岁和7~10岁的赛马表现的关联性,使用线性分析每种性能特征与DMRT3的关联,结果表明DMRT3突变与3岁马的表现无关。只有两个特征(比赛时间和不合格数)与基因型之间存在显著关联,其中AA马具有最快的时间,而CC马在3岁时具有最高的不合格数。

竞赛CBT样本中AA基因型的比率显著少于未参加比赛马匹中的AA基因型比率,并且不到50%的AA马参加过竞赛。对于3~6岁和7~10岁的年龄阶段,AA马也未能表现出比其他基因型显著更好的表现。虽然在标准马和芬兰马中被建议在所有年龄段选择对赛跑表现最有利的基因型,但这项研究表明该AA基因型似乎与CBT赛马生涯早期或晚期的表现并不相关。

## 三、MSTN基因与步法调控

肌肉生长抑制素(Myostatin,MSTN)基因在骨骼肌的分化和增殖生长的发育和调节中起负向调控的作用。一些研究也证明了MSTN与体型和轻驾车赛品种的表现之间有联系。这方面的研究还待进一步深入。

# 第九章 马的行为与福利

马的行为是其与周围环境之间复杂交互作用的结果,通过感受器接受内外刺激,不断调整自身行为,从而达到对周围环境的适应。马的每个行为都不是偶然产生的,都有其背后的因素支配。马匹经过长期的人工驯养、选育,其行为受到自然和人工选择的影响。只有了解并掌握马匹的行为特点,才能做好马的饲养、管理、调教和利用。优秀的马场从业人员可以根据马的行为解读出马的精神状态、情绪波动以及饥、渴、冷、热、病等各种生理状态,从而在管理上采取相应的措施,减少对马的伤害,防止异常行为发生,做到人马安全,充分发挥马的经济和生产价值。

## 第一节　马的感知行为

### 一、视觉行为

马眼位于头部两侧,稍突出于侧面部,视野呈圆弧形,可接受正面、侧面及后面的光线,全景视面可达 300°~330°。马有两个视觉盲区,一个是臀部(尻部)正后方狭长的视盲区,另一个是头部前方两眼视觉交叉盲区(图 9-1)。所以接近马一定要在马的视野范围内由远及近(一般从左前方接近),并发出友好的声响,切勿贸然从正后方接近,否则马可能会因害怕而发生踢伤事件,特别是单后蹄后踢有更高的准确度,所以接近马时应当对其后肢特别警惕。

立体感的建立需要双眼视觉,而马双眼视觉中央重叠部分很窄,只有30°左右,不及食肉动物的 1/3。所以,马看到的主要是平面影像,缺乏立体感,因而对距离的分析能力较弱。跨越障碍或跳跃壕沟是调教马的困难科目。主要困难并非马跳跃动作素质不良,而是对起跳距离的判断存在困难,常发生惧怕障碍物的现象。已熟悉的跳跃动作,如果不经常复习,易于忘记。好的跳跃马均是调教人员技术熟练、能给予正确的距离扶助的结果。马后退时对距离毫无判断能力，在险路和壕沟附近时应加倍注意。

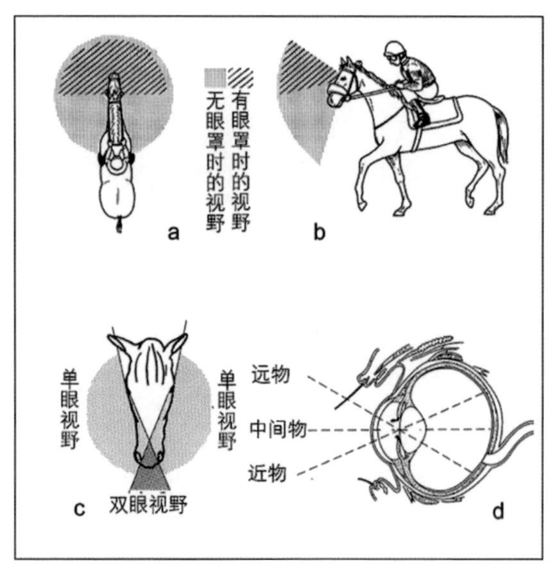


图 9-1　马的视野示意图

a. 俯视　b. 侧视　c. 俯视　d. 眼球镜像示意(远、中、近)

马眼有“斜面视网膜”，马头偏转才能使光线进入眼中聚焦，把物体看清楚，所以头、颈保持自由对马非常重要。如果要看清前方接近的物体，马必须拱颈，压低唇，把物体聚焦在一个点上，直线光从瞳孔最顶部进入视网膜中央，这一切都要在双眼重叠的 30°区域内方可完成。

马眼球呈扁椭圆形，由于眼轴的长度不够，物象很难在视网膜上形成焦点。马眼焦距的调节能力也弱，只能形成模糊的图像。因此，马视觉感受器不如其他动物感受锐敏。马对静态物的视觉感受不如动态物，在草场采食时对静态的蛇、兔等小动物常不能发现，当这些小动物突然跳动，可能已在很近的距离内，因而常可引起惊群和蛇伤事故的发生。马因视觉不良，形成较强的恐怖感，致使群牧马炸群或役马惊车。

马眼底的视网膜外层有一层照膜(人没有照膜)，可将透过视网膜多余的光线再返回视网膜感受器，因而视神经的感受量可达原光的 2 倍以上。因此马视觉感受并不需要强光，马会因强光的逆境刺激而不安。马厩(马圈、马房、厩舍)的窗户不必过大，位置不宜过低，避免强光直射马眼。马夜间感光能力远远超过人，其能清楚地识别夜路或夜出的野生动物。因此，夜间马打“响鼻”说明发现了人未发现的事物，需要提高警惕。

马的色觉尚有争论，马最易识别黄色，其次是绿色和蓝色，最后是红色。

马在绿色光谱的波长范围内能分辨深浅,能根据色觉寻觅更茂密的草地。马对红色光的刺激反应强烈,调教、使役中应注意红色物体,防止马惊恐。

总之,马视觉感受不很发达,远不如嗅觉和听觉。在接近和调教马的过程中,宜用声音提醒马,不能贸然接近后躯,以防发生危险。马辨认主人、鞍具等往往不靠视觉,而主要靠嗅觉和听觉。靠近马工作,特别是蹲下工作,马往往辨认不出人的形象而发生踢人、咬人事故,故要注意防护。

## 二、听觉行为

马听觉很发达。马耳位于头的最高点,耳翼大、耳肌发达、动作灵敏、旋转变动角度大,无须改变体位和转动头部,就能判断声源的方向。马用灵活的外耳道捕捉音响的来源、方向,起到音响的定位作用;中耳的机能是放大音响;通过内耳感受分辩声音的频率、音色和音响的强弱。马对音量及音调的感受能力超过人,马能辨别 1000 次和 1025 次振动波,亦即 1/8 音符左右,如初生不久的幼驹就能辨认母马轻微呼叫信息,群牧马能根据叫声寻找自己的群体和传达信息。马锐敏的听觉可以在一定程度上补偿不良的视觉。

马对人的口令或简单的语言,可以根据音调、音节变化建立后效行为(条件反射),如懂得自己的名字,或学会其他动作。马的这种性能对军马是极为必要的,如卧倒、站立、静立、注意、前进、后退和攻击等都可以用语言口令下达。调教使役中可用简单的语言、口令或哨音建立反射行为。马对声音很敏感,没有必要大声喊叫。

过高的音响或音频对马是一种逆境刺激,易造成马的痛苦或惊恐,如火车汽笛声、枪炮声和锣鼓声。因此,对军马要经过较长时间的训练,并且需要经常复习。对过于敏感的军马或赛马,为了减少音响刺激亦可佩戴耳罩。马喜欢平缓、愉快的音乐。

## 三、嗅觉行为

马的嗅觉神经和嗅觉感受器非常敏锐、发达。马主要根据嗅觉信息识别主人、性别、母仔、发情、同伴、路途、厩舍、厩位和饲料种类等。马认识和辨别事物，表现为嗅的行为，鼻翼扇动，作短浅呼吸，力图吸入更多的新鲜气味，加强对事物的辨别。在预感危险和惊恐时，马强烈吹气，振动鼻翼，发出特别的响声叫鼻颤音，俗称“打响鼻”。马可以靠嗅觉辨别大气中微量的水汽，群牧马或野生马可借以寻觅几里以外的水源。根据粪便的气味，马可以找寻同伴和避开猛兽。

马鼻腔下筛板和软腭连接，形成隔板作用，因此，采食时仍能通过鼻腔吸入嗅觉信息，既可采食，又可警惕敌害和用嗅觉挑选食物，两者互不干扰。马一般在熟悉的牧场上很少误食毒草，但迁移新地或饥饿时，有可能误食毒草而中毒。调教马学习新事物，最好先以嗅觉信息打招呼，如佩戴挽具、鞍具，先让马嗅闻，待熟悉后，再佩戴，顺利完成备鞍。嗅觉还可以建立后效行为，定槽位采食，定地点排泄。

## 四、味觉行为

马口腔和舌分布有味觉感受器，亦叫味蕾。马的味觉感受并不灵敏，因此马对饲料要求不高，各种饲草都能采食。马对苦味不敏感，有利于投药；马喜甜味而拒酸味，带有甜味的饲料，如胡萝卜、青玉米、苜蓿草、糖浆都可以作为食物诱饵，或调教中的酬赏，以强化某些后效行为。马往往拒食酸味食物，如青贮饲料，要经过适应过程，先以少量放于槽底，上面放其他饲料，使其逐步适应青贮料的酸味。马槽应经常清洗，因为酸败的饲料会影响马的食量。

## 五、触觉和痛觉行为

触觉感受器分布于马的全身，被毛的毛囊、真皮和表皮都有传入神经纤维。触觉神经分布并不均匀，触毛、四肢、腹部、唇、耳、鼠蹊较其他部位敏感。接触和抚摸时，应从非敏感部位逐渐深入，如从颈部到肩部再到腹部四肢,使马有适应的准备,避免因惊恐伤人。有些马因拒绝触摸四肢、腹部和耳部,给日常护蹄、治疗带来困难。兽医人员在治疗或装蹄时,为了分散马的注意力而使用“鼻捻子”和“耳夹子”保定。

马全身分布有痛觉传入神经,或称痛点,上唇、耳、眼、蹄冠等部位痛点最多。痛点越多,痛觉越敏感。马对痛觉刺激的反应通常表现为逃避或攻击行为,尽量避免以痛觉惩罚马。马本身神经敏锐、性情温顺,如使用粗暴方式对待,易形成敌视和攻击人的恶癖,很难矫正。

马对人有强烈的依恋和信任感,温和的安慰易使马安静。日常管理和调教宜触觉建立后效行为,通常采用刷拭校正性情暴躁、胆小怕人或有攻击行为的恶癖。触觉调教信息宜一致,如轻拍颈部建立静立行为,轻拍肩部或四肢建立举肢行为,骑乘马一侧压缰的触觉建立转弯扶助。

马的触觉敏感程度因品种、气质、疲劳程度和体躯部位而异。重型品种较轻型品种敏感,培育品种较地方品种敏感,热血马较冷血马敏感,疲劳时不敏感,但这是可逆的,疲劳消失时敏感程度恢复。

## 六、温觉行为

这里介绍的是皮肤感觉中的温觉,不包括全身温度调节。温觉感受器分布于皮肤表面及口腔、鼻、肛门等黏膜部位。马龟头外缘和角膜没有温觉。可见马触觉感受的部位往往温觉迟钝。马能感受1℃左右的温度差别,因此公马采精时要保持温度恒定,温度紊乱是造成马性行为异常或不射精的原因之一。马口腔温觉和饮水速度有关,水温低,则饮水速度放慢。

## 七、平衡行为

平衡感是个复杂的生理过程,由地心引力、肌肉张力、关节压力等刺激传入中枢神经引起反应。骑乘马、马术用马、放牧用马都要求马匹有敏感的平衡感;挽马、驮马则相反,要求较沉静为好。利用人体重力的偏压、腿部的辅助等引起马平衡感的变化,作为让马改变方向、速度、步伐或动作的信号对其进行调教和使役(图 9-2)。马调教中利用平衡感可以完成一些科目的训练,如转动、加速或卧倒等。

图 9-2　马在自然和强制状态下保持平衡

## 第二节　马的群体行为

家畜的群性结合是进化演变到高级阶段出现的行为,它可以使动物更好地利用环境并传给后代。马在生存竞争中选择了群居,靠群体力量获得生存的机会。即使进入现代马厩也没有改变群体行为。忽视马的群体行为常常是导致马匹产生恶癖和其他一些不良行为的重要原因,了解马的群体行为,对马匹饲养、管理、调教都有重要意义。

### 一、群体组织和群体行为

群体行为是一定交配形式相联系的马群组织的外在表现。最原始的群体行为是有亲缘关系的,有亲缘关系的马总是集合小群,相互依恋,共同活动。这是舍饲母马中常见的现象,几个亲缘关系群联系在一起,维系大群的共同活动,形成群体行为。只要有两个以上的个体,就会有群体行为,亦叫合群性。合群性的强弱与品种、饲养管理条件有关,群牧马的合群性比舍饲马强,轻型马比重型马强。马的合群性利于管理,例如利用头马带群或装车,利于马匹运输。放牧中控制头马即可控制马群。识别和运用头马是一项重要的技术和经验。

有公马的马群组成家庭小群,多个家庭小群又组成大群。1 匹种公马带领固定的 15~20 匹母马组成最小的繁殖单位。公马负责保卫自己的小群和母马繁殖。小群未固定前,公马之间有争雄斗争(图 9-3),互相争夺母马;一旦小群固定,便相安无事。大群一旦形成,全体公马自动保卫大群。公马的圈群能力是群牧马选种标准之一。种公马不一定是群体中的头马,在自然群体状态下多由母马担当头马。

自然群牧下,当群体中出现幼驹出生或食物缺少时,小公马将被驱逐出家庭小群;当群体中青年公马对种公马的交配权造成威胁时,同样也会被逐出小群;骟马只能附于大群,不能在小群中固定。

图 9-3 马的争雄和分群

## 二、群体等级

马和其他动物一样,只要有两个以上的个体在一起,就出现优胜序列,分出等级。优胜序列常反映在繁殖机会和采食上的优先次序。这种有等级的群体更有利于动物的进化和社群的组织。优胜是经过激烈斗争而得,优胜者总是群体中的最强者,可繁殖更多的后代,使其基因得到传承。弱者尽可能避开强者,减少争斗行为。马的优胜序列受很多因素影响:

### （一）年龄

壮年马往往是群体中的优胜者。每年配种季节，公马总是以争夺优胜序列开始。自然形成优胜序列后，一年中很少变更。中途在群内增加新的公马时，要经激烈争斗，偶尔有战死的危险。中途淘汰公马或公马死亡，应将母马分散到其他小群，最好不中途更换公马。在非配种季节，公马亦争优胜序列，但不很激烈，此时可以更换公马。母马的年龄不是主要的序列因素，通常产驹多的个体，多为序列的优胜者，舍饲马尤其如此。

### （二）经历

进入马群的先后有一定的影响。如将一匹新马放入群中，往往不易得胜。群内繁殖后代往往随母马排成序列。公马争斗的经历和强悍程度也有差异，如育成品种公马的强悍性不如地方品种公马。

### （三）性别

公马较母马好斗，在母马群中是自然的序列优胜者。骟马总是序列的最后者，既怕公马亦怕母马。马群中公马有优胜序列，母马亦有另外的序列。

### （四）神经类型

神经类型属于平衡型的公母马，往往能取得优胜序列，这种类型的马一般对人表现温顺，易于调教，胆大而强悍好斗，受人们的喜爱。而那些不易驯服，性情急暴，甚至对人很凶的个体，却往往在群体中表现怯懦，争斗能力不强，不能取得优胜。

## 三、竞争行为

马由逃避敌害的安全感而产生很强的竞争心理，利用这种心理经过调教可以形成强烈的竞争行为。赛马就是马的竞争行为的利用(图9-4)。马的竞争行为非常强烈,竞赛中常见到马由于心跳、呼吸加快、换气困难以至张口呼吸、鼻孔喷出血沫等疲惫到难以支持,但仍不减速或停止奔跑,有时候竟至突然倒地死亡。并行的马总是越走越快,当其中一匹要越过其他马匹或马车时,总会引起对方的竞争行为。这时应向对方骑者或驭手打招呼,以提醒注意。按一定行进序列调教赛马,会降低马的竞争心理,而形成固定的行进序列。这对赛马要绝对禁止、对骑乘要提倡。

图9-4　竞争中的赛马

## 四、争斗行为

马的争斗行为与其他许多动物一样,在配种季节主要与企图占有母马的性行为有关。母马产驹后,出于护驹,攻击性增强而易出现争斗行为,此时温顺的母马亦可变得异常凶猛。马争斗行为的主要表现为:

### (一)示威行为

马常用的示威行为主要包括耳后背,目光炯视,上脸收缩,眼神凶恶,竖颈举头,鬣毛竖立,点头吹气。有些马还表现皱唇,做扑咬的动作。如果攻击对象在后侧时,后肢做假踢动作,并回头示意。公马驱逐母马时亦有示威的表情,常低头示威(图9-5)。

图 9-5　在向对方示威

人接近敌意示威的马，要用温和声音安慰或厉声训斥，从安全方向慢慢接近，握住缰绳或笼头，施以控制。马饥饿时，食欲很高，采食时亦有示威表情，随着饱食而缓和。因此，根据马的示威表情，判断马的心理活动而采取措施。

### （二）咬的行为

马首先示威然后才会采取扑咬行为（图 9-6）。公马相互攻击时，有应急反应，前躯竖立相互扑咬颈部，落地时又互扑咬四肢、鼠蹊部。马很少像驴咬住不放。追咬时没有固定位置。对人的攻击很少有连续扑咬行为。对咬人的癖马，要经常戴上口笼，及时教育。出于护驹、护槽而咬人的马，多数只有扑咬动作，不敢真正咬人。

图 9-6　马为保护自己的领地追咬天敌（狼）

### （三）踢蹴、刨扒行为

踢蹴和刨扒也是马争斗行为的表现。这种癖马多属性情强悍，兴奋性高，聪明灵活的马，多由于饲养管理不当，调教不良所致。踢、扒行为发生前，一般都有示威表情，然后低头，两后肢上踢。两肢同时后踢时，往往还发出咆哮的尖叫，准确程度不高，常不如一肢后踢准确。马对人很少有两肢后踢的行为。刨扒的行为是一前肢或两前肢交替突然动作，没有示威的表示。马的正前方是危险位置，任何操作和接近都应避开。

马是温顺的动物，攻击人的马是极少数。为避免被马攻击，首先要了解马的行为特点，要有耐心，多安抚，少责罚，经常刷拭，进行人马亲和的调教，减少马的兴奋；出现恶癖时，要及时制止，给予适当惩戒，但亦不可过分。

## 五、信息传递行为

马接受信息主要靠嗅觉、听觉和视觉。马传递信息主要靠外激素、叫声和行为表情。

### （一）外激素

发情母马生殖道分泌有特殊气味的外激素，可招引公马，并引起性兴奋，借以传递母马发情状态的信息。

### （二）嘶叫

马的嘶叫（图 9-7）是传递信息的重要方式，常有下述五种情况：

1. 低而短的鼻颤音，马对人常用声音传递要求，例如饥渴时向主人呼叫。近距离内母仔间互相亦有类似的叫声。

2. 长嘶，马呼叫同伴，母仔互相寻找、想念，都反映为长嘶。马被强迫离群，常发出长嘶，其他马常回以长嘶响应。母马、幼驹和骟马的长嘶是单音拉长的颤音，公马是短促而急的长嘶，因此从叫声可以辨别出性别来。

3. 示威攻击的吼叫声，发出尖而单一的声音，示意愤怒。

4. 烦躁不安的叫声，发出短而尖的鼻音，声音小，不连续。马驹初次哺乳、背鞍紧勒肚带佩戴挽具等情况，常常有此种叫声，应注意这是有些马攻击前的信号。

5. 马痛呼救的叫声，多表现为急促而无节奏的乱嘶，此种叫声可以引起其他马的惊恐和逃避。

图 9-7　马在嘶鸣

### （三）行为表情

行为表情的信息很多，主要有以下几种。

1. 警惕　头颈高举，目光直视，耳向前竖立，转动频繁，用以捕捉声音的来源、方位，鼻翼扇动。马警惕注意的表情，可以传递给其他同类。看见马有这种表情时，应判断其起因，并采取措施，防止马惊慌乱跑（图 9-8）。

图 9-8　草原上警惕中的马

2. 惊恐　先有“注意”的表情，然后竖耳、鸣鼻、凝视、全身紧张、肌肉颤动，四肢蹦跳、尾收紧，做逃窜闪躲姿势。遇到这种表情的马，应沉着镇静，加强控制、防止跑脱，待其兴奋降低，较安静时再行动（图 9-9）。

3. 欲望和急躁　站立不安，前肢刨地，有时是两前肢交互刨地，鸣叫。如同时有注意水槽、水桶、闻地的表现，说明口渴需要饮水（图 9-10）。

4. 敌意　先示威后攻击。

5. 温顺　俯首帖耳，人接近时不动或以头轻轻触人。

图 9-9　惊恐和疲劳中的马

6. 疲劳　头颈下垂、四肢轮休，多度疲劳时四肢皮下水肿，食欲下降（图 9-9）。

图 9-10　欲望和急躁中的马

7. 反唇（俗称马笑）　由异性气味或其他特殊气味（如吃药）刺激引起

的，前者是愉快的表情，后者是痛苦的表情。

8. 腹痛　有起卧和回视腹部的表现。

马的身体语言也很丰富。马会灵活地运用它的身体和肌肉代替声音进行交流。比如，当它的尾巴高高举起，像一面旗帜时，表明此刻它十分热情，感情丰富。当马抓找地面，将脑袋不耐烦地上下摆动，那么它可能是生气了或是生病了。那么，马突然的跳跃表示什么意思呢？这种十分形象的身体语言，表明它觉得自己十分健康，精神抖擞，亦或感到疼痛，还可能是马想将它的骑手甩下去。

## 六、学习和记忆行为

行为可以分为两大类：一类是非条件反射行为，另一类是条件反射行为（或称后效行为）。非条件反射行为是先天通过遗传获得的，不需要学习或经验就会，也称本能，如哺乳行为、母性行为、性行为等。条件反射行为是一种与反射行为无关的刺激所引起的行为。例如，经常采精的公马见到采精员的白色工作服，这种视觉刺激代替了母马外激素对公马的嗅觉刺激，引起同样效果的勃起反射行为。这种后效行为的驱动力是公马的性欲，酬赏是公马的性满足，刺激物是白色工作服。可见，后效行为必须有几个条件才能巩固建立：(1)要有它本身的驱动力才能建立，如食欲、性欲、活动的欲望。(2)必须有酬赏（包括惩处）。(3)必须不断强化、重复，使传入中枢神经的通路和反射行为建立稳固的联系。建立后效行为的全过程是学习，也就是调教过程。马学习的快慢、行为的准确程度和调教关系极大。

马具有良好的记忆和学习素质。马除视觉外，有很多锐敏的感受器，感受1~2次刺激即可建立很强的记忆，尤其是嗅觉。这些记忆强化后可建立稳定的后效行为。马认路、认人的记忆能力是惊人的，过路一次，厩舍、厩位经1~2次调教即可记忆。不正确的打马或伤害，可使马记仇。群牧马对吃草、喝水的地点记忆最清楚，能熟记四季牧场上优质草和水源的位置。马模仿能力也很强，如互相啃咬颈部解痒，幼驹模仿母马的采食习惯；经过人为的调教,可让人骑乘或驾驭,或做马术表演。

图 9-11　马通过学习获得各种技能

马有很好的定向系统和记忆力,因而识途能力很强,即使离开数月,甚至数年,仍能返回原产地的识途能力,称返巢行为。马也有很强的时间定向能力,马"生物钟"的准确程度亦很惊人。长期进行转圈工作的公马,可以按记忆的时间准时停止或作反转运动。定时饲喂和管理对马很有必要,可以建立相应的生理准备。

# 第三节　马的个体行为

## 一、采食和饮水行为

### (一)采食行为

马是站立采食动物,行进中除非速度很慢时,一般不采食。马的口腔十分灵活,能选择牧草或拣食精料。放牧时,头部方位通常顺着风向,头下俯,使唇贴近地面,个体之间保持着一定的距离。用上唇掠入牧草,再用切齿将牧草切断,臼齿咀嚼磨碎,咀嚼 10~20 次,同时混合大量唾液,形成食团下咽。

马喜食纤维含量在 30%以内、体积小、长度短、洁净细软的饲草和带有甜味的块根、块茎类饲料。马不喜采食体积较大或形状很长的饲料,拒食被粪尿污染的草料。

马口裂小、采食细,咀嚼慢,用于采食的时间较长。每次采食饲料 50~100g,每天采食 10~20kg 草料。马胃的容积较小,一次不能进食大量饲料,因而需要少食多餐,由于马采食较慢,白天作业时间较长,因此舍饲的马夜间应当饲喂。

图 9-12 采食中的马

### (二)饮水行为

马饮水时用唇浸入水中通过吮吸动作,使口腔负压增加,将水吸入口腔,每秒钟约吞饮一次,每口饮水量为 150~200mL,并依体重大小、水温、水质和口渴的程度而有所不同,一次饮水量可在 10L 以上。马胃内容物分层排到的情况十分明显,即便在马饲喂后饮水也不会影响胃内容物的排列顺序。由于马胃的入口和出口位置很接近,咽下水大部分能够很快地沿小弯在胃壁与胃内容物之间进入肠内,所以,马虽然一次饮水量颇多,但并不冲淡胃的内容物。

马饮水次数随气候和习惯而不同。在自由饮水条件下,饮水次数很频繁,每天约为 15 次。生活在干旱地带的马,会 1~2 日去一次饮水场。舍饲自由饮水时,采食后即饮水。气温上升或正在泌乳的母马饮水趋于频繁。

图 9-13　饮水中的马

## 二、排粪尿行为

马在排粪时,绝大多数不能同时进行采食或行走,但也有个别马匹在慢步行走的同时排粪。排粪时,马站立不动,尾举起并偏向一侧。排粪后,肛门部肌肉收缩几次、尾巴有力地向下甩动。

马的排尿姿势很特殊:颈部略下沉,举尾,两肩肢外展,后伸,背部下凹。公马排尿时阴茎稍外露,母马在排尿时两后肢外展但不后伸,阴门颤动。马在白昼排尿次数较少,大部分尿都在夜间休息时排出,总尿量为 3~8L。体弱的马排泄次数较多。

舍饲马使役前、背鞍或佩戴挽具时有排粪的习惯,役后入厩会引起排粪和排尿,其他时间一般没有规律,但总是轻微运动后排粪。调教马在固定位置排粪尿,首先将厩内清扫得非常干净,只在指定位置堆上粪便,并在埋罐内放入少量尿液,将马放入厩内任其自由嗅闻,在氨的刺激下会引起马排粪、排尿的行为,并寻找有粪尿的原位置,如位置稍不适宜,可以用小杆驱赶,经几天调教,即可固定。对于赛马要调教它在赛前 15min 排粪、尿。马不应有单一粪球逐个排出的现象,遇有这种情况,应注意可能是腹痛的前兆。

马通常不在饮水的地方排粪、尿。

群牧马排粪、排尿一般没什么规律性。排粪有可能是马的一种信息传递方式。公马总要闻嗅过路遇到的粪尿，但这种行为随着驯化会逐步减弱，而形成类似固定位置排粪的行为。

图 9-14　马的排尿(公、母)

## 三、休息和警觉行为

### (一)休息行为

马属动物每次休息的时间很短。成年马平均每天睡眠 6~7h，其中深睡大约 2h，且多在破晓之前。马只有在深睡时才进入非知觉状态，感受器对刺激的感受大大降低；其他时间的睡眠呈半知觉状态。吃饱后只要安静站立即可进入睡眠状态。马可以在站立状态下轻微睡眠(打盹)，并且得到良好的休息。站立睡眠只需三条腿来支撑全身，两后肢轮流放松，同时颈部倾斜低下，全身肌肉放松，耳转向外侧，眼皮和唇部都有些下垂。

一般公马和骟马主要是站立状态睡眠，母马和幼驹常卧倒睡眠。卧倒睡眠分为俯卧睡眠和侧卧睡眠两种眠姿势。马深睡时多呈侧卧姿势。马四肢筋多肉少，起卧动作不如食肉动物灵便，卧倒时体躯位置变换不灵活，久卧能使肌肉麻木。因此，过度疲劳的马不建议卧倒休息。其他马最好是散放厩内，任其自由活动。马驹出生后第二小时已开始有短暂的“打盹”表现。随着日龄增长，休息的持续时间不断延长，直至形成相当长时间的睡眠活动。

图 9-15　休息中的马

### （二）警觉行为

马的睡眠和觉醒有节律地交替发生，定时进入睡眠，定时觉醒的现象在夜间非常明显。马在白天睡觉时，视觉降低，而听觉和嗅觉都保持相当的警觉，耳翼仍有定位反射。遇有稍强的嗅觉或听觉刺激，马可以立即觉醒。非睡眠状态时，马的警觉很高，特别是神经质的轻型马。为了排除环境影响马的性能或工作，可以给马戴上遮眼，赛马、马术用马及军马有时除了戴遮眼外，还戴上耳罩。

## 四、护身行为

### （一）体温调节行为

马是恒温动物，但随年龄、性别、季节、每天的时间、环境温度、运动、进食、消化和饮水等情况，体温都有所变化。成年马的平均体温为 37.5 ℃，马驹平均体温为 38℃，略高于成年马。马有发达的体温调节器官和良好的热调节机能。天气暖和时，马喜欢有光照的开阔地方；下雨或下雪，特别是风

雪交加时,马能主动寻找可避风雪的处所。

马的体温调节行为在不同气候条件下表现不同。天气炎热时,马的热调节机能支配马的行为表现。马首先表现为寻找可供庇荫的小环境休息,如树荫下、厩舍等阴凉的地方。群牧马则寻找凉爽的山坡、河岸;如活动则逆风行进,因此,夏季马丢失应逆风寻找。马在高温环境下皮肤血管舒张,以利于散热。马汗腺发达,通过汗腺和呼吸道蒸发水分,散发大量体热。

马的冷调节机制与热调节机制相反,依赖于被毛增厚,长出浓密的绒毛,皮下储蓄脂肪;体表血管收缩,减少血流,降低皮温,以减少环境散热;提高代谢强度。低温下,马寻找向阳避风的环境,有风情况下,马很少站立,往往顺风走动,因此,冬季马丢失应顺风寻找。

幼驹出生后 24h 以内,热调节能力差,体温低于正常 1 ℃左右。马驹 3d 以内抗御低温的能力都很低,因此寒冷地区早春产驹应有必要的保护。

### (二)修饰行为

和其他家畜相比,马的修饰行为较多。自我修饰时,马将头伸向后方,反复地用牙齿轻咬,用舌头舔舐,用嘴唇摩擦腰角、肋部、肋弓部以及四肢的皮肤和被毛。修饰面部时,马低头,伸出相应侧的前肢,将面部靠在前肢的侧面做上下摩擦,以此来清洁眼、脸和鼻部。马还可通过喷鼻息来清洁鼻孔。马的鼻腔分泌物相当多,特别在寒冷的冬季这种分泌物甚至能在马的鼻笼上结冰。马有时在饲槽和树枝下面来回摩擦颈脊,整洁鬃毛。

打滚是马、驴、骡的一种全身性的自我修饰行为。但患结症(肠道阻塞)时,马可因剧烈腹痛而打滚,以求缓解。自我修饰行为还包括用力摩擦臀部,这是舔舐和打滚都无法修饰到的一个体表部位。马选择一个合适的位置,将臀部在柱、树、墙壁、门或栏杆上做左右摆动摩擦,以此来除去皮屑以及肛门周围无毛部位的皮痂、汗盐、皮脂和小粪块等。

马的相互修饰行为表现为相互轻咬和舔舐。两匹马彼此反向并排站立,轻咬和舔舐自己修饰不到的鬐甲后部和背部,一般持续数分钟。马的相互修饰行为只发生于两个社会位次相近的个体,或者发生于母马与其马驹之间。

图 9-16　马在打滚

图 9-17　马的修饰行为

### （三）其他护身行为

马可用灵活有力的尾巴驱逐蚊蝇，也能通过甩头、抖耳、抖动鬃毛和鬣毛、踢腿等动作驱赶蚊蝇的叮咬。

## 五、探查行为

马每天大部分时间都在频繁地进行探查活动，用单眼和双眼视觉探查周围的景物，并用耳朵警觉周围的动静。公马在嗅到发情母马特有的强烈气味时，通常表现所谓的“性嗅反射”，做出引领抬头、上唇往上翻卷的动作。

此外，当马嗅到其他马的新鲜粪便时，常常发生排泄行为。马驹出生后不久就能用耳廓独立地对准声源方向，并开始应用嗅觉、触觉和(可能的)味觉进行吮吸前的探查活动。寻找有乳味的温暖柔软的乳头，此时饲草、地面、厩舍等其他物品都是"无关刺激"。母马的体臭和体温对马驹构成刺激，马驹对母马的前腿、后腿上方、脐部以及外阴区的闻嗅和舔舐有助于马驹及早吃到奶。

当一匹马探查另一匹马时，颈部高抬，头部及两耳向前靠近，通常先采取鼻对鼻的接触，进而嗅闻和接触胁腹部和会阴区等部位，如果双方不发生冲突，它们彼此会经常保持近距离活动，直至各自分散注意力为止，基至马体模型或马的二维全貌图像也能吸引其他马匹的探查行为。

图 9-18　马的探查行为

## 六、繁殖行为

马属于长日照繁殖动物，每年冬至之后逐渐延长的日照变化对母马的性活动影响比较大。北半球母马的繁殖季节一般在 3~8 月，由于母马发情最适宜的温度是 15℃~20℃，因此每年的 5~6 月为母马的繁殖旺季。

### (一)性行为

1. 公马的性行为

(1)求偶行为：公马紧跟发情的母马，并被发情母马所激惹，在一定距离内发出嘶鸣；公马头颈高举，头低垂，蹦蹦跳跳，摇头摆尾，对鼻互相闻嗅；当公马靠近并嗅闻母马的外阴部时常发出很特殊的低音嘶叫,此时表现所谓“性嗅反射”(反唇行为)。在嗅闻的同时还舔咬母马的臀部、后腿、鼠蹊部皮肤,此时阴茎已完全勃起。

(2)勃起和爬跨:当公马距离母马相当远时已经开始处于勃起状态,阴茎海绵体勃起、性血管组织逐渐增粗以及肿大的程度影响勃起和伸出的状况。阴茎完全勃起时的长度因品种、年龄及个体大小而异,一般为 30~50cm。有性行为经验的公马甚至在看见发情母马之前就已经完全勃起了。年轻的公马第一次爬跨时往往发生方向错误,从母马旁侧去爬跨,有时从前面爬跨。

(3)交配和射精:阴茎插入时母马有骨盆部摆动的动作。阴茎在完全勃起和插入之后,阴茎龟头膨大呈盆状,射精之前保持不动,同阴道远端紧密贴附,然后以很大压力将精液直接射入子宫。插入之后平均 13s 后发生射精。

(4)交配后行为:由母马背上爬下来后,公马可能去嗅母马的外阴部,并表现性嗅姿势,然后双方各因性兴趣的暂时性低落而彼此走离。母马先走开机率约占 60%,公马先走开机率占 26%,双方同时走开的机率占 14%。

2. 母马的性行为

春、夏两季是马的繁殖旺季,因此,通常情况下产驹时间集中在有限的几个月份。母马排卵的时间集中在繁殖高峰期,母马一般在分娩后 11d(2~40d)第 1 次发情。某些青年母马在出生后的第 2 年夏天第 1 次发情,但受孕率很低,一般也很少接受交配。母马的适配年龄通常要在出生后第 3 年夏天才接受交配。

母马发情在临近排卵时达到最高峰,往往发生在夜里。发情完全的母马会主动寻找公马,反复向公马接近,站在公马旁边或前面,摆出发情的姿态。母马在 1 个发情期间可以接受若干次交配,并不局限与 1 匹公马进行交配。排卵之后发情表现减弱,1~2d 后发情停止。母马发情的持续期随季节不同而长短不一,一般为 5~9d。除季节因素外,发情期长短还受遗传因素和环境因素的影响。

### （二）母性行为

1. 分娩前行为

自然放牧下，马有自动选择分娩环境的行为。一般夜间分娩，且多在黎明前或气候变化时。群牧马临近分娩，母马离群，寻找僻静、草多的灌木林或山沟分娩。有些马选择其他马出发牧食时留在营地分娩，有些则和群体在一起。

母马临近分娩时，可以观察到的征象是乳房和乳头肿胀，多数情况下，在临产前2d，可看到从乳头流出蜂蜡样的乳汁。分娩前约4h，马的左右肘弯和胁腹部出汗。产前经常变换姿势，表现焦虑不安，此时母马以前蹄趴地，转圈运动，顾盼自己的腹部，不断起立及躺卧。开始分娩时会突然停止采食，站立和躺卧比以前更加频繁交替进行，在原地转圈，尾巴不断拍打会阴部，随后采取两腿分开成跨坐和蹲伏姿势，同时频频排尿，对羊水有时发出卷唇动作。

2. 分娩行为

妊娠期的长短受遗传、胎次和环境因素（如营养状况）的影响，纯种马平均为340.7d（327～357d）。马很少白天分娩，夜晚产驹的优势在于光照较弱、受干扰最小。舍饲马分娩多发生在19:00～7:00，高峰期在22:00～23:00。

分娩进入第二阶段的主要标志是尿囊绒毛膜破裂。母马躺下之前，常排出少量尿囊液；当躺下之后，后躯接触地面后大量流出。母马在开始用力努责时常采取胸位躺卧姿势，不断回头观腹并咬舐褥草。在马驹的骨盆部通过阴唇之前，母马继续用力逼出、一旦骨盆部（胎儿围径最大的部位）通过阴唇，努责即可停止。随着一阵强烈收缩，马驹前肢伸向阴道并通过阴门，直至透过绷紧的羊膜可以看见马驹的鼻端为止。在完全娩出之前母马常常站立起来，困乏的母马基至反复多次地站起又躺下。大多数是在侧卧时完全娩出，仅个别情况（1.5%）是在站立中完成。马分娩的过程很快（经产母马5～47min，平均8min，头产母习时间略长，平均21min）。98%的马采用侧卧姿势，产驹后，它们通常保持这种姿势30min，直到胎盘全部排出。

在正常情况下，马驹的后肢常在产道中滞留若干分钟，然后马驹依靠自身最早的运动从产道中挣脱出来，并由此弄断脐带，也有母马站立起来而弄断脐带的情况。但是通常情况下母马在分娩之后仍然躺卧一段时间，这对脐带断开之前保证大量血液从胎盘流向胎儿有重要的生理意义。

母马产出胎衣是分娩过程的最后一个步骤，通常是在胎儿娩出后1h完成，14%的母马是在产后2h才完成胎衣产出，有时可延滞到产后8~24h。母马产出胎衣通常是在再次躺下时完成的，也有以站立姿势产出的。母马很少吃食自己产下的胎衣，只是加以嗅闻一番而已。

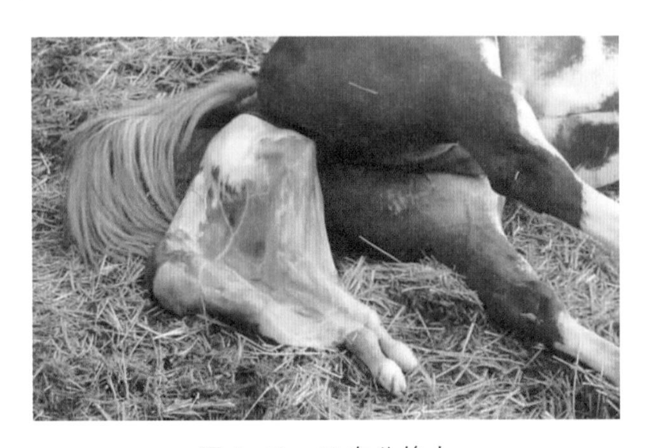

图9-19　马在分娩中

3. *产后行为及母仔关系的建立*

马驹产出后，母马通常转头和小马驹进行鼻对鼻的触碰，嗅闻并舔舐幼驹，借以建立母仔关系。许多母马产出胎儿后还没有站起来就已经开始照看马驹了，尤其是当小马驹开始运动时，更是给以照料。如果小马驹在近处运动，母马一边以胸位姿势躺着一边开始用鼻端紧挨着驹体进行轻轻地摩擦。当小马驹试图站立而屡不成功时，母马经常发出宁静的低声嘶叫，似乎在鼓励小马驹继续努力。

小马驹站立起来后，母马保持恰当的体位以帮助小马驹快速地找到乳头，并协助小马驹开始第一次吮吸行为。有些母马的乳房很敏感，如果小马驹过分地围绕着乳房活动，母马会不耐烦地发出警告性嘶鸣，一连几小时不让接近乳头，甚至以后腿的膝关节撞击小马驹的头部；在极端场合下，小马驹可被母马咬伤或踢伤。马驹通常在出生后4h就能自由活动。在马驹出生后1~2d，母马注意对它的保护。出生后第一天马驹就会跟随母马跑上一段距离。假若跟错了对象，母马会立刻赶上前去将马驹领回来。

听觉在母马和马驹关系中的作用非常复杂。离散的母马和马驹靠嘶叫声相互定位。母马嘶叫得越频繁，马驹就能越快地找到它。但母马的嘶叫并不能使马驹认亲，只有低沉的喉音和短促的鼻颤音才能帮助马驹识别母马。

图9-20　产后母子关系的建立

4. 哺乳行为

马驹通常在出生1h内就能够站立并试图吮乳。母马喂乳的姿势是静立、弯曲后腿、收缩腹部肌肉等，这有助于马驹吮到乳头。马驹出生后24h吃乳18~24次；半年后，减为8~10次，每次吃乳25~28s。

哺乳和母仔关系可以延续到小马已同其他马匹开始群体接触之后很长时间，小马仍然不断地跑回来同母马表示亲近，母马也以自己的行为重现母仔关系。

母马哺乳行为来自幼驹的刺激，移走幼驹、则泌乳停止。一周以内的断乳，仍可恢复泌乳。放乳是幼驹吮乳时，经一段时间，突然乳汁分泌增加。

马泌乳及排乳的神经控制力很强，虽乳房比其他家畜相对要小，但泌乳量不低。神经中枢受到干扰可影响排乳和泌乳，如发情、疼痛、疲劳等。个别轻型母马乳区或乳房敏感，拒绝幼驹吮乳，这时应给予人工辅助。

图 9-21　马驹在吮乳

## 第四节　马的异常行为

马的异常行为是指在饲养管理中，马匹出现的不良习惯，是马刻板行为的一种。所谓刻板行为，是指马出现无目的、有规律、反复出现且不具有功能作用的行为。应当注意的是野生状态下的马不会出现刻板行为，只有生活在一定范围被人驯养的马匹才会出现。

### 一、咬槽癖(啃栏癖)

咬槽癖是马匹用门齿咬对饲槽进行啃咬，弯曲头颈部，并发出咽气的咕噜声。有时饲槽附近的干草架、栏杆等都成为马匹经常啃咬的目标。少数具有咬槽癖的马匹会对该行为上瘾，由于影响采食，导致营养不良。咬槽癖还易使马的头颈、牙齿解剖结构发生变化，产生慢性胃肠疾病或上门齿过度磨损及损伤。在咬槽时，常伴随有咽气癖出现，咽气和咬槽有时会相互转化。咬槽多发生于舍饲条件下，并且能够通过模仿进行传播；幼驹通过观察处于禁闭环境中有咬槽癖的马匹，能染上此恶习。

## 二、咽气癖

咽气癖表现为反复地“吞咽”空气，又称为吞气症(aerophagia)或喝风。常见于厩舍内饲养的马。严重的咽气癖会使咽喉部肌肉变得肥大，腹部膨胀，最终导致胃肠黏膜炎症及腹痛。咽气癖还会影响采食，导致马营养缺乏，体重下降。咽气癖会通过模仿传播，尤其在马驹中传播速度更快。

## 三、咀木癖

马匹活动被限制和与群体分离时，常产生咀木癖。如果马匹处在无聊和不能自由自在吃草的状态，很多马匹开始咀嚼木头，这将对围栏和马厩造成损害。一般通过陪伴、充足的生活空间和充足的采食青草或干草之类的刺激而减缓这种恶癖。对具有这种恶癖的马匹，可以通过给木头表面加固铁皮，并在表面涂抹辛辣苦涩的东西来保护木头并抑制其行为。

## 四、舔舐癖

长期饲养在限制环境下的马匹会形成舔舐癖，表现为舌头缓慢地重复舔舐圈栏或饲槽的边缘。给马匹提供盐块，可以减轻舔舐癖。因此，当马匹有这种行为或许表示着对某种微量元素的需求。

## 五、伸舌癖

伸舌癖是一种典型的马厩恶癖，与其他恶癖一样都是由无聊、空间局限、被孤立所引起。许多马匹在开始佩戴衔铁时会感到不舒服，尤其是当骑手或车夫手法比较粗暴时，就容易导致这种无害但非常不美观的恶癖，马会表现为伸舌头、舌头下垂、舌头打卷。一旦发现此恶癖，应立即移除衔铁或用笼头、缰绳代替衔铁，即可消除该恶癖。

## 六、行走癖（绕圈癖）

长期饲养在马厩里并且缺乏运动的马，会表现出规癖性绕圈行走，造成能量损耗，体重下降。同时，长时间的绕圈和拐弯会使马的脊背产生疼痛，从而影响其生产性能。

## 七、熊癖

熊癖是指马的头、颈、前躯干等不停地左右摆动，而四肢停留在原地，两前肢交替支撑身体的重量。这种规癖行为主要是由于活动被严重限制造成的，马匹被关在马厩里，无所事事，最终出现规癖性的身体摇摆或晃动行为。这种行为一旦出现就很难控制，并且会通过模仿在马群里传播，导致同厩里的其他马匹也表现出同样的行为。长时间的身体摇摆或晃动会消耗体力，使体重下降，危害身体健康

## 八、刨地和踢厩

刨地本身是马的正常行为，在很多情况下都会表达，例如，冬季刨雪寻找草料，但当刨地行为的频度和强度过大、超出正常行为的范围，则成为规

癖行为,严重的规癖性刨地会在地面挖出深坑,损伤马的肢蹄。踢厩通常发生在饲喂时间,马通常用后肢踢马厩的木板,发出巨大声响,严重时会导致马匹受伤。

## 九、擦拭

马会出现将尾巴抵在柱子、树干、栅栏或墙壁来回磨蹭的情况,这可能是由于疾病造成的,如直肠内有蛲虫、阴部真菌感染或尾部有寄生虫等。但是,有时在没有任何疾病的情况下,马也会表现出擦拭尾部的行为,这可能是由于修饰行为的过度造成的一种行为异常。

## 十、啃咬侧壁

该恶癖常发生在马厩里,该行为往往具有进攻性,因为疼痛的马匹常啃咬自己的胸腹侧壁。把马拴在厩里,戴笼头或穿马衣能物理性地阻止该行为。最好的方法是改变马匹生活的环境,包括提供更大的生活空间,有其他动物或玩具陪伴,或让它们能经常看到其他动物、人或交通工具。

## 十一、异嗜

食粪习性对于马驹可能是一种正常行为,但如果成年马食粪则是异常行为。除了食粪外,可能还会食入霉变的垫草或其他异物。发生异嗜的原因可能是食物不充足或营养不平衡,饲喂时间不合理或者是感染了寄生虫。

# 第五节　马的福利

马的福利是指马在饲养、运输、屠宰过程中所需享受的最基本的待遇。马匹一生中所应享有的动物福利待遇,包括马匹饲养、运输和屠宰过程中的人道处理方式,匹配的马福利保障制度和具备专业素养的从业人员陪伴或训练。合理的制度与合格的人员,是马匹福利得到保障的重要条件。马有别于其他动物的特殊福利要求,应时刻考虑马的天性(如群居、奔跑)和其独特的生理特点。

图 9-22　逃脱中的马

## 一、保障马福利的基本条件

### (一)制度保障

为了保障马的福利,应该制定规范的制度:马匹饲养管理制度、疫病诊疗制度、马匹运输制度、马匹屠宰制度等。

### (二)人员保障

所有参与马匹饲养、运输、屠宰的工作人员,包括马主、饲养员、骑手、马场负责人、兽医、运输人员、屠宰人员和相关活动组织者,均具有保障马匹福利的职责。所有人员在参与马匹饲养、运输、屠宰过程和相关活动时,应该接受相应的培训,具备一定的知识技能,以保证有效地完成相关工作,履行其职责。马匹福利保障人员的培训,应由当地主管部门批准的组织提供,培训效果应得到确认。

#### (三)相关工作人员的资质和职责

马兽医应取得农业部颁发的执业兽医师资格证书,具有专业技能和良好道德素养,能从专业角度关注和保护马匹福利。马匹饲养员和驯养员应具备识别马匹行为需求的相关知识,了解马匹生理和生活习性,具有相应的从业经验,能够专业负责的饲养马匹,为马匹提供有效的管理和良好的福利。马匹运输的组织者和参与者,应保证运输工具的使用和维护避免引起马匹损伤,确保马匹的安全。马匹屠宰的组织和参与者,应具备识别有效致昏和马匹死亡的知识,具有相应的从业经验,能熟练使用屠宰器械和限制类药品,有能力使用和维护相关设备,能够在紧急情况下人道的处置马匹。

#### (四)记录要求

应保存所有参与马匹饲养、运输、屠宰人员的培训记录和确认文件。应保存马匹在饲养、运输、屠宰过程中产生的相关文件、日志、记录等。相关记录至少应保存 3 年。

## 二、马的福利

#### (一)马的饲养

马可以被饲养在各种条件下,放牧或舍饲,但马的基本生理需求应得到满足。基本饲养福利待遇包括:充足、便利的饲料和饮水设施,满足营养等生理需求;行动自由,能站立、伸展和躺卧;进行定期、有规律的运动;建立与其他马匹或人交流的渠道;安全、舒适的厩舍和活动场地;定期检查和疾病预防,对马蹄病、牙病和寄生虫病等能快速诊断和治疗。

1. 饲料和水

马必须有充足、优质的饮水供应,定期检查供水设施、检测水质,确保水质、水量、水温符合马匹需要。因马的品种、年龄、体重、空气温湿度、工作水平、健康状况和饲料类型等的不同,导致马对水的需求差异很大。

马的饲料应提供满足维持和生产等所需要的各种营养物质,包括碳水化合物、蛋白质、脂肪、维生素、矿物质和粗纤维等。马匹能适应多种谷物和干草,根据肠道健康需求确定适合的精粗比。饲草料应具有良好的适口性。

2. 饲喂原则

制订饲养管理制度,做到定时、定点、定量并定人管理,同时根据季节、气候、劳役程度等适时调整营养供给量。按照少喂勤添的原则,每天饲喂3~4次,精料按照需求供给,粗饲料随意采食。更换饲料时要逐渐进行,加入新饲料成分应在4~5d内逐步完成,更换饲料应在7~10d内逐步完成。预防霉变饲料和不洁饮水。为了防止马匹撕咬和争抢,应保证充足的料位和水槽。

3. 饲养环境

运动马以舍饲为主,马厩(马房)的设计应能抵御风、雨、雪及太阳辐射等影响,确保马匹的安全。马厩的空间应足够大,能满足马匹的起卧、饲喂等行为,种马和运动马厩面积一般为8.4~12.5$m^2$。马房的建筑材料,需对马匹无害且易于清洁、消毒。墙壁应保持光滑、平坦,可有效防止马匹啃咬,减少马匹受伤的风险。地面不宜过硬和光滑,避免滑倒和蹄病。马厩自然通风良好或设置人工通风设备,具有保温防暑设施,为马匹提供适宜的生活环境。厩舍内配备适宜的照明设施,以便于马匹的饲喂、护理和疾病防治。水槽、料槽应分开设置,避免污染。马吃抬头草,因此料槽应离地50cm左右。料槽应大而浅,深度为20~30cm,利于马匹缓慢采食。

马匹运动场围栏和入口,应提供高度适宜、方便安全的马匹通道,以防止马跳出和损伤。根据不同马匹的大小、公母和工作情况,确定运动场的大小、围栏的高度和横隔。运动马必须在合适和安全地面上进行训练、行走和比赛，场地的设计和维护应确保马匹的安全。参与国际比赛的运动马应提供独立的隔离场，隔离场必须安全、卫生、设施齐全。应及时清理马房和运动场内的杂物、粪便等。

4. 饲养管理

马匹的饲养管理和健康护理，是马匹福利的基本要求。定期给马匹接种疫苗，是确保马匹健康、避免传染性疾病的基本保障。基本的管理应制订日常护理工程、定期驱虫计划、常规免疫程序，还需制度定期牙齿保健计划、蹄部护理程序、日常检查程序等。

兽医人员应一般每年春秋两季使用驱虫药物为马驱虫，防治体内、体外寄生虫病；应定期进行马匹的牙齿检查和搓牙，以保证马的咀嚼功能。

定期修蹄和护蹄，防止蹄病发生，保证马匹的正常运动机能。对经常在硬地面上活动的马匹要修装蹄铁，并定期检查和更换。对马的蹄部护理，要由专业人员进行。

经常对马体表进行刷拭和检查，冬季必要时添加马衣防寒。

饲养人员应具备识别不健康马的能力，必要时由兽医来诊断和治疗马匹疾病。对经过检查和治疗不能康复的马匹，应进行人道宰杀。

运动马疾病治疗必须由兽医人员进行，避免兴奋剂、抑制剂和其他药物滥用。对一般性疾病，兽医要及时进行处理，防止疾病扩散。在疾病治疗后，马应有足够的时间进行赛前康复。运动马的训练和比赛要符合马匹的身体能力和熟练水平，不得使用导致马匹害怕或无准备的训练方法。

## (二)马的运输

1. 运输计划

运输过程中的福利原则为尽量缩短运输的时间和距离，满足马匹运输期间的基本需求。马匹运输前应制订详细的运输计划，包括马匹的来源和所有权、出发地和目的地、出发日期和运输时间、装卸设施和人员、运输工具和运输路线以及沿途停靠点等信息。

2. 运输工具

运输工具的设计、制造、维护和使用原则是避免引起马匹的应激和损伤,确保马匹安全。涉及跨国之间的运输工具,应获得输出国官方颁发的批准证书。运输工具各部分构造应易于清洁和消毒,能提供足够的照明,便于运输期间观察和护理马匹。

运输工具能保证马匹在运输过程中不受到伤害,不受恶劣天气、极端温度变化的影响,同时,能防止马匹的逃、漏、跑。另外,运输工具能够为马匹提供适宜的通风和活动空间。运载笼具应适合马匹的体型和体重,使用防滑地板或铺设物,尽量减少尿液或粪便的渗漏。运输工具还必须有明确而清楚的标识,表明装载有活体动物并保持竖直向上。在铁路或公路运输中,必须采取措施,避免车辆的颠簸和紧急刹车。

3. 装卸

装卸的整个过程需在兽医的监管下进行,并对马匹的运输适应性进行检查。对涉及跨国之间的长途运输,检查工作应在输出地由当地主管部门兽医人员完成。装卸设施的设计、制造、维护和使用应避免马匹损伤,地板应有防滑设施,易清洁、消毒。马匹装卸的斜坡坡度不能超过 20°,斜坡面上应设置合适的装置,防止上下坡过程中马匹受伤。装卸的升降台应配有栅栏,能够承受和满足马匹的体重和体型,防止马匹装卸过程中的逃、漏、跑。装卸期间要有适当的照明,便于观察和处理马匹。

成年种公马、怀孕母马应单独运输,未驯服的马不能在 4 匹以上的笼箱中一起运输,运输 8 月龄以上马匹应佩戴缰绳,怀孕超过 10 个月和产后 14d 内的母马,运输时间不得超过 8h。

4. 运输

马匹在运输期间至少 8h 供应一次饮水,并根据需要提供饲料。在运输过程中保证每匹马都能够被观察到,定期检查马匹的状况,以保证马匹的安全和福利。在预定停靠点,完成喂食、饮水,处理病弱马匹,清除粪便等工作。为避免传染病的传播,来自不同地区的马匹避免同一批运送。在运输途中休息时,避免不同来源地的马匹混群,建议在运输前给马匹接种疫苗,以预防到达目的地可能被传染的疾病。

### (三)马的屠宰

屠宰过程中的福利原则为快速有效地致昏马匹,尽量缩短屠宰时间,减少屠宰过程中的痛苦。

1. 屠宰方法

选择合适的遮挡和致晕方法,降低屠宰过程中产生的疼痛、痛苦、焦虑和恐惧的程度,以确保马匹屠宰过程中的福利。

马匹屠宰方法的选择和屠宰计划的制订,应考虑以下因素:屠宰马匹的大小、数量、年龄、类型(运动马还是役用马)和屠宰顺序;马匹的饲养环境,如放牧场、饲养场、野外等;屠宰过程需要使用的专用设备,如枪械、药品等;马匹屠宰的目的,如肉用、革用或疫病屠宰;疫病控制过程中的屠宰,应考虑病原体可能传播的风险;马匹屠宰过程及尸体对周围环境的影响;马匹屠宰工作人员的素质和数量;马匹屠宰地点的选择,尽量避开同类动物或健康动物。

2. 宰前准备

为尽可能减少摔倒或滑倒造成的伤害,避免逼迫马匹以大于正常频率的速度行走,尽量减少马匹的处置和移动。采取适当措施,避免马匹受到伤害、悲痛或损伤。在任何情况下,都不能使用暴力方式或有伤害性的器具驱赶马匹。确保马匹屠宰时有足够器械和药品的供给,以顺利完成屠宰工作。马匹屠宰前采取适当的保定措施,以便安全地靠近马匹,减少人员和马匹的损伤。保定方式包括机械方式或镇静药物注射。马匹的腿不能被绑住,不能在致昏或处死前悬挂马匹。

3. 屠宰

国际上推荐的马匹人道屠宰方法有三种:机械致昏后放血法、枪击法和药物注射法。

(1)机械致昏后放血法:马匹屠宰的致昏点为双侧眼耳连线的交叉点,

使用致昏器械对准马的枕骨大孔垂直打击。致昏后的马匹应有如下表现：马立即倒下，并不再试图重新站立；马背部和腿部肌肉痉挛，后腿曲于腹下；呼吸节奏停止，眼睛停止转动，直视前方。

在马匹屠宰过程中，马的保定、致昏和放血，要按照先后顺序连续进行，只有做好后一道工序的准备工作，才能实施屠宰操作。致昏后的马匹，尽快切断颈动脉或开胸放血，以确保马快速死亡。

(2)枪击法：在国外比较常见。枪击法必须由具有相关技能、受过专业培训和有经验的工作人员来执行。在近距离使用枪械时，枪击点为双侧眼耳连线的交叉点；在远距离使用枪械时，枪击点也可选择单侧眼耳连线的中间位置，瞄准马头的对侧点射击。

(3)药物注射法(安乐死)：药物注射法应由与跟接触过马的兽医或与马亲近的人员执行，在注射过程中，马匹必须得到有效的控制，针头应固定在静脉中，保护操作人员的安全。药物注射法使用的致死液应该是被认可、有效且人道的致死剂。应尽快完成药物的注射，方便时可在左右颈静脉同时注射。此外，应确保药物注射后马匹的尸体得到有效的处理，防止致死药物对环境的二次污染。药物注射法应该先使用镇静剂，而后采用致死剂。

## 三、竞技马、宠物马的福利

国际马术联合会(FEI))的行为准则明确强调：期望所有参与国际马术运动的人员遵守国际马术联合会的行为准则，认可并接受在任何情况下，马匹的福利是至高无上的，绝不应从属于竞技或商业利益。在准备参赛马匹、训练参赛马匹过程中的任何环节，马匹的福利先于其他任何要求。因此，需要好的马匹护理和好的训练方法、好的装蹄和马具以及好的马匹运输条件；在马匹和骑手得到允许参赛通知之前，马匹和参赛骑手必须均要健康、有能力参赛、状态良好。而通过使用药物和外科手段威胁到马匹的福利、妊娠的母马以及错误地使用扶助的马，均不得参加比赛；赛事不应侵害马匹的福利。这包括在比赛场地、场地地面、天气条件、马房状况、场地安全和赛后马匹运输等方面考虑马匹的因素。应尽力确保马匹在赛后受到合理的照料，在它们的运动生涯结束后受到人道的对待。这关系到给予马匹合适的兽医照顾、赛事伤病的处理、安乐死和退役。

宠物马，也称为伴侣马，是用于陪伴和愉悦的动物，区别于因经济或生产原因而饲养的役用动物或者在竞技比赛中的马。宠物马主人要照顾马的喂食，当马匹生病时请兽医看病。宠物马日益的肥胖也越来越受到关注，这是由于主人疏忽照顾造成的。宠物马主人应该负责其一生的照料和福利，不可以虐待宠物马，在无法继续照顾宠物马的时候，应将它们安排给更可靠的人；禁止以不人道的和不加选择的方法处死宠物马，包括毒杀、击打致死、溺死和随意屠杀等。

第十章

# 马的育种

# 第一节 育种工作的任务、途径和方法

## 一、马育种工作的任务

新中国成立后,党和政府对发展耕畜采取保护和奖励政策,在积极发展马匹数量的同时,注重马匹质量的提高,马业得到了健康的发展。到1977年马匹数量达1144.7万匹,居世界之首。但是由于我国对全国的马业发展缺乏整体的计划,仅注重挽马的繁育工作,极少关心骑乘马的选育工作,且存在"以机代马"的观念,在二十世纪八九十年代,我国马业出现了萎缩,加之现代马术传入我国时间较晚,致使我国的现代马业与世界上先进国家相比存在一定的差距。最近几年由于党和国家的重视,赛马、马术运动等项目在我国得以恢复,促使我国的现代马业出现良好的发展势头。

1. 中国马匹需求变化

1949年~1980年:农业及运输用大型役马。

1981年~1990年:由役用向非役用的转变过渡期。

1991年至今:发展速力马(竞技马)、骑乘马(休闲娱乐用马)、马术马、矮马(观赏马)、宠物马。

2. 鉴于上述情况,当前马匹育种工作的主要任务有以下几方面

(1)提高现有马匹品种的质量,加速育成正在培育的新品种群,使其达到良种要求。

(2)有计划地引入目前急需的产品用马和运动用马国外良种,丰富马的基因库,培育我国的产品用马和运动用马。

(3)对地方品种马进行本品种选育,保留其原有的耐力强、耐粗饲、耐寒、抗病力强、适应性好等优良性状。同时积极采取措施,保存净化珍贵的

特小型矮马等种质资源(遗传资源)。

(4)对于目标相同的项目,进行技术协作,加速育种工作进程。

## 二、马育种工作的途径

1. 马的性状表现是遗传基础和环境因素共同作用的结果

但是,两者对不同性状所起的作用却不尽相同,故应采取不同的育种方法。对于低遗传力性状,如马的繁殖力(其遗传力约0.05,即5%),仅靠表型选择来改良提高是很难奏效的,应从饲养管理、繁殖手段、疾病防治等多方面加以改进。对于高遗传力性状,如马的赛跑能力(约0.20~0.60)仅通过改进环境条件来提高,效果不会很大。应从选择具有良好遗传基础方面着手,才有可能获得良好竞赛能力的马。

2. 解决好性状的遗传和变异对立统一的矛盾

利用遗传巩固有益变异的途径,再利用变异改变原有的遗传基础,从而提高品质。应该注意的是:因环境因素引起的变异是不能遗传给后代的,在育种工作中,应尽量创造良好的环境条件,使马的基因表现得到充分准确地表达,便于识别有益的遗传性变异,提高选择的准确性和可靠性。

3. 现代育种方法

由于马的经济性状大多属于多基因控制的数量性状,因此,用基因组合的办法,迅速选出生产力高的马是不易做到的。为解决这一难题,应采用现代育种学方法,首先计算出各种性状的遗传参数、种马育种值和综合选择指数,结合生理、生化以及分子生物学等分析结果,作为选种的依据;然后采用科学合理的方法对选出的优良种马进行选配,使之产生优良后代。同时,加强培育,严格选择,逐步达到育种的目标。

4. 提高选种准确性

马的生产力高低,除受本身生理机能支配外,还要受本身体质外貌、气质以及外界条件的影响。在选种中除依据遗传参数、育种值、综合选择指数外,还应注意对其外貌的观察和鉴别,以提高选种的准确性。

## 三、马匹传统育种方法

人们对马的役用与竞技性状的数量遗传学研究远不如对马的毛色等质量性状研究的那么深入细致。原因在于役用与竞技的遗传变异不易被发现和测定,实践中往往是凭经验选择这类性状,家系或系谱资料也起着重要作用。目前,在役用与竞技性状的遗传学研究成果中以竞技性状的研究居多,这与竞技马的普及有很大关系。在这些性状的育种工作中常用到的方法有以下几种。

1. 性能育种计划

马育种工作者非常重视根据种马的生产性能来开展马的育种工作,因为马的生产性能大多为数量性状,所以种马的性能测定和根据性能选种就显得尤为重要。就赛马而言,赛马场本身就是一个种马的速力性能测定站,纯血马就是根据它的赛马成绩(速力)来进行选种和选配计划的,一直坚持300余年,使纯血马成为赛马的当家品种。

不同用途的马,其性能及性能测定的方法是不同的,大致可分为三方面:牧马的工作性能,如挽力或分群能力;乘骑性能,包括跳越障碍、三日赛和盛装舞步三方面的性能;速力性能,各性能的遗传力见表10-1。

2. 系谱育种计划

马的育种工作非常注重根据马的谱系记录来进行马的选种选配工作,特别强调种马的血统。系谱育种计划常采用的方法有:

①近交和品系繁育,世界上非常优秀的赛马个体是通过这种方法培育的。

②闭锁群选育,种马的培育限制在一个非常小的群体内,在马育种工作中将其称为“瓶颈”。

③围绕冠军马的育种,马育种工作者有句谚语:“马育种始于一匹宝马良驹”,也就是说马匹育种工作经常围绕一匹冠军马,来培育更好的宝马良驹。最好的例证就是纯血马的育成,在纯血马的育种过程中有三匹公马起

的作用巨大,它们分别是达雷阿拉伯、高多芬阿拉伯、培雷土耳其,这三匹马都是当时最好的赛马,以它们为基础培育了纯血马。

此外,芬兰的 Poso 等(1994)用动物模型 REML 法估计马的早期竞赛性能记录和年度记录竞赛性能的遗传力,其估计稍高于用公畜模型和 Henderson Ⅲ法的估计法。早期竞赛记录的遗传力明显高于年度记录遗传力。用动物模型 REML 估计芬兰标准快步马的性状间遗传相关,结果表明这种马的早期快步性能,初次资格赛日龄,通过资格赛日龄和初次竞赛日龄等性状间存在较高的遗传相关,但是参赛次数与上述三种日龄的遗传相关估计较低。

**表 10-1 马性能的遗传力**

<table>
<tr><th>生产性状</th><th>遗传力</th><th>来源</th></tr>
<tr><td>挽力</td><td>0.23~0.27</td><td>Hintz(1980)</td></tr>
<tr><td>牧牛能力</td><td>0.19±0.05</td><td>Ellersieck 等(1985)</td></tr>
<tr><td>乘骑力</td><td>0.36</td><td rowspan="2">Bruns(1985)</td></tr>
<tr><td>步态(Gait)</td><td>0.50</td></tr>
<tr><td>跳越障碍(jumping ability)</td><td>0.72</td><td rowspan="2">Klmetsdal(1990)</td></tr>
<tr><td>乘骑时间(racing time)</td><td>0.53</td></tr>
<tr><td>三日赛</td><td>0.19</td><td rowspan="3">Hintz(1980)</td></tr>
<tr><td>盛装舞步</td><td>0.17</td></tr>
<tr><td>跳越障碍</td><td>0.18</td></tr>
</table>

注:(引自 Bowling, A. T. 1996 Horse Genetics. CAB International)

# 第二节　马匹的选种与选配

## 一、马的选种

马的育种包括种用马的选种和选配两大内容。其中,选种就是选择出优秀的个体留作种用。从本质上说,选择打破了繁殖的随机性,打破了原有群体基因频率的平衡状态,从而定向地改变了种群的基因频率,最终导致类型的改变。农牧民非常重视选种(选择),并在实践中总结出许多宝贵的经验,如"看长相、看走相、看毛色、看年龄、看体尺、看体重、看能力(看工作、看作功)、看双亲、看后代"的方法等。

人工选择是人们有意识地改变马的类型和方向来提高马匹质量的一种手段。当自然选择与人工选择的方向一致时,将会加强选择的效果。人工选择对培育马的新品种起着重要作用。

根据育种学原理:$R=i\delta h^2$ 选择效果 R 取决于选择强度 i、遗传变异大小 $\delta$ 和性状的遗传力值 $h^2$。马的主要经济性状,如工作能力、生产性能等在我国的马业实际生产中很难做到普遍准确的测定,也就无法测定其遗传力,在选种中仅能参考国外同类资料,准确性不高。同时,一个生产单位不易繁育很多马匹,马数量少,不仅出现理想变异机会少,群体中个体差异亦比较小,且选择强度也不高。此外,马的世代间隔较其他家畜长,平均 8~12 年,也将大大降低改进速度。因此,准确选种就显得尤为重要。

### (一)个体育种

即按个体本身的品质表现进行选种。对高遗传力性状,如体高,骑乘马竞赛速度等,多采用此类方法进行选种。此法简单易行,对单一性状的提高效果明显,且改进速度快。但使用不当易出现升此降彼的现象。如对骑乘纯血马只按竞赛速度选种,而忽略其他性状时,易造成生活力下降和外貌缺陷。因此在育种工作中应有计划地使用。一般在育种初期,为了使品种特性明显,可先集中一两个重点性状,使其迅速提高,然后再解决其他次要性状。此外,当品种内变异稳定时,要想重点突出某个性状时也可采用此法。在进行个体选种时,必须严格淘汰外貌或遗传性失格个体,即使其所选性状很好也要淘汰。

### (二)后裔或同胞测验选种

即根据后裔或同胞的品质进行选种。主要用于低遗传力性状的选择,如繁殖力等,通过后裔测验能正确地估计其遗传性能。对影响面大的种公马,尤其是对人工授精或冷冻精液授精的主力公马进行后裔测验,可提高选种的准确性,以免造成较大的损失。另外对限性性状,如公马的哺乳能力、产奶量等,只能通过其姐妹或女儿的表现进行判定。后裔测验较同胞测验准确性高,但所需时间较长,不利于早期选种,不管用哪种方法,均应利用全部后裔或同胞的资料,否则不能真实反映被测马的使用价值。

当按后裔品质鉴定公马时,若其子女性状优于其母亲,则认为该公马是优秀个体。在对几匹公马进行选择时,应采用同龄比较鉴定法,即根据同一年度、同一单位和同样培育条件下公马后代的品质判定公马的优劣。按后裔品质鉴定母马时,根据母马后代前差后好这一规律,若第一、二产后代好,以后会更好。但应注意青年母马因本身生长发育尚未完成,第一产后代品质可能差,应按第二、三产后代进行鉴定。

### (三)综合选种

即根据血统来源、体质外貌、体尺类型、生产性能和后裔品质五项指标对马进行综合鉴定选择。具体方法内容如下:

1. 血统来源鉴定

首先看其祖先,主要看三代祖先中优秀个体的多少,尤其是父母品质的优劣。其次看被鉴定马是否继承了其优秀祖先的品质和性状特点。应该注意,对本品种选育较久的品种,选留公马应避免与母马有亲缘关系。但在品种或品系建立初期,则应适当选留近交个体,以便优良性状的基因迅速纯化,稳定遗传。

2. 体质外貌鉴定

(1)体质类型:对肉用马尽管要求细致湿润的体质,但过分强调则易造成适应性和生活力下降。

(2)适应性:任何类型马都要求有强的适应性,否则无法使遗传潜力真正地发挥,降低选种的准确性。

(3)气质:乘用马要求有较强的悍威,性情灵敏,易于调教。而肉用和乳用马则悍威不应太强,对外界刺激不应太敏感,避免无谓消耗,降低生产能力。公马若缺乏悍威或有恶癖等则不宜作种用。母马性情凶暴一般哺育能力差,不宜选留。

(4)外貌:对公母马都应选择体形结构匀称,骨骼、肌肉、腱和韧带发育良好,各部位结构符合品种类型要求的个体。凡有失格损征的个体均应淘汰。尤其是具有很强的遗传性缺陷,如趾骨瘤个体,即使表现很好,也要坚决淘汰,以防缺陷扩大蔓延。

3. 体尺类型选择

马的体尺与工作能力有直接的关系,不同类型的马有不同的体尺和体尺指数要求,并非体格愈大愈好。当品种内多数个体体尺未达到理想要求时,应选择体格大的个体作种用,迅速提高品种的体尺。当体格达到要求时,则应选体尺理想的个体作种用。防止向过高过大方向发展。

4. 生产性能选择

使个体达到理想的生产性能指标是育种工作的最终目标。由于品种类型和用途不同,则选择的方向不同。乘用马要求速度快,挽用马要求挽力大,持久力强,运步轻快,而兼用马要求力速兼备,产品用马要求产乳产肉性能好。工作能力,如速力、挽力、持久力等项目必须通过充分合理的调教和训练才能反映出个体的真实情况,否则测验的结果不准确真实。而在实际

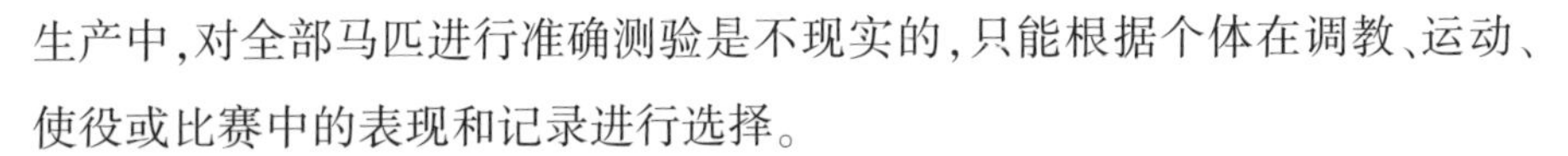

生产中,对全部马匹进行准确测验是不现实的,只能根据个体在调教、运动、使役或比赛中的表现和记录进行选择。

5. 后裔品质评定

后裔测验是鉴定种马的遗传性和种用价值的可靠指标。后裔品质除取决于双亲的遗传外,同时也受培育条件的影响。因此当根据后裔品质选择个体时,必须考虑配偶情况和培育条件。在正常培育条件下,选择公马时,应根据其与典型母马交配所产后代的品质进行评定。鉴定的后裔数量愈多,评定结果愈准确。一般对公马应不少于30~40匹,尤其是主力公马。母马应有2~3匹正常培育条件的后代。

## 二、马的选配

选配就是选择配偶,是选种的继续。通过选配可以巩固和发展选种的效果,消除或减少缺点,强化或创造人们所希望的性状。选种和选配两者不可分割,在选种时就应考虑到选配问题。

### (一)品质选配

根据公母马本身性状的品质进行选配,又分为同质和异质选配两种。同质选配就是选择优点相同的公母马进行交配,目的在于巩固和发展双亲的优点。异质选配是用某性状优异的个体与该性状较差的个体交配,以期在后代中改善该性状。同质和异质选配有时可以交替使用,甚至同时使用。在一对配偶中,就某一性状而言,可能是同质的,而另一性状可能就是异质了。选配时,不允许有相同缺点的个体交配,否则也同样起到同质选配的效果,使缺点巩固和发展。另外,也不允许同一性状具有相反缺点的公母马交配,例如弓背马用凹背马矫正(校正)并不可行,必须选配平背马,才能在后代中清除其缺点。

在马业生产中,往往使用等级选配,这也属于品质选配。通常公马是母马的改良者,因此,公马等级应高于母马,最低是同级,不能低一级。不允许用低等级公马配高等级母马。

### （二）亲缘选配

即有亲缘关系的个体间交配。使用亲缘选配的目的有两点，一是检测种马是否带有畸形有害基因，二是使群体分化和个体基因型纯合。

在品种和品系培育初期，为了巩固新创造出来的某些个体的优良特性，利用近交可得到较好结果。由于近交既能巩固优秀个体的有益特性，同时也能使近交个体生活力适应性下降，因此在使用亲缘选配时，必须加强选择和培育，严格淘汰有失格损征等不合格个体。马对近亲交配是比较敏感的，在培育新品种时，由杂种转入自群繁育初期，因杂种生活力较强，可抵消近交对生活力的减弱，可适当地利用，但不可重复或连续使用。若要使用，须慎重考虑，一般限于中亲交配。

### （三）综合选配

根据多方面指标综合考虑进行选配，其指标与综合选种是一致的，在不同育种阶段，选配应与选种的重点相结合。

1. 血统来源选配

首先应了解交配双方祖先或其近代亲属情况，双方亲和力如何。双方祖先或近代中，优秀个体越多，亲和力越强，则获得优秀个体的可能性越大。一般情况下，应避免近交。在品种或品系创立初期，为纯化有益性状的基因型，可适当使用。

2. 体质外貌选配

主要是为了加强后代体质外貌的理想性状，纠正不良性状。一般对理想个体多采用同质选配，以期使其巩固和发展；对于具有不同的理想性状个体可采用异质交配，使不同优点结合于一体。对于具有不理想性状的个体，应用理想的个体来交配，纠正弱点。

3. 体尺类型选配

由于此类性状遗传力较高，选配较其他性状易于预测。通常后代体尺

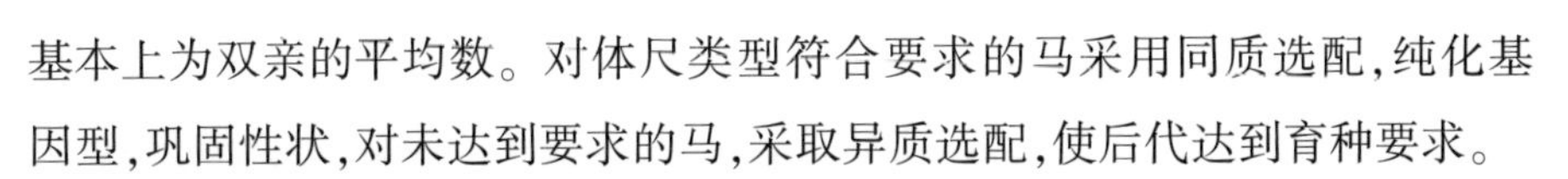

基本上为双亲的平均数。对体尺类型符合要求的马采用同质选配，纯化基因型，巩固性状，对未达到要求的马，采取异质选配，使后代达到育种要求。

4. 生产性能选配

国内外马业实践证明，乘用马速度的提高，必须采用同质选配，逐步地提高竞赛速度。往往短距离速度快的个体，持久力较差；相反，持久力强的个体，短距离速度较差，为获得力速兼备个体多采用异质选配，对重挽马也多采用同质选配提高后代挽拽能力。用异质选配来提高运步灵活性。

5. 后裔品质选配

尽管此法耗时长，但最可靠。对已获得优良后代的公母马应继续选配下去，并按此类型和品质选配其他公母马。值得注意的是，有些公母马尽管个体表现都很好，但交配后代并不理想，说明亲和力不强，应重新选配，予以调整。

此外，在马育种工作中值得一提的是，马的育种工作非常重视马匹毛色的选择，特别是一些观赏马，如美国花马（Paint），阿帕卢萨（Appaloosa）等，常以毛色类型来决定马匹的选种，选配工作。

**表 10-2　国外不同用途马的主要品种及特性**

| 品种 | 被毛颜色 | 体高（cm） | 体重（kg） | 主要用途 | 原产地 |
|---|---|---|---|---|---|
| 乘马（乘用品种 Riding） | | | | | |
| 阿拉伯马（Arabian） | 青、栗、骝、白、黑 | 144~153 | 385~500 | 赛马 | 阿拉伯地区 |
| 纯血马（Thoroughbred） | 栗、骝、黑、青 | 152~172 | 408~465 | 长途赛马 | 英国 |
| 阿哈马（Akhal-Teke） | | | | 乘骑 | 土库曼斯坦 |
| 田纳西走马（Tennessee walking horse） | 所有颜色 | 152~162 | 455~544 | 乘骑 | 美国 |
| 挽马（Draft） | | | | | |
| 比利时挽马（Belgian） | 栗、沙（roan） | 144~172 | 860~1000 | 重挽 | 比利时 |
| 苏维埃重挽马（Soviet heavy drafty horse） | 栗、沙（roan） | 160 左右 | | 重挽 | 苏联 |

续表

| 品种 | 被毛颜色 | 体高(cm) | 体重(kg) | 主要用途 | 原产地 |
|---|---|---|---|---|---|
| 夏尔马 (Shire) | 青、骝、黑 | 160~170 | 820~1000 | 重挽 | 苏格兰 |
| 泼雪龙 (Percheron) | 黑、灰 | | 730~1000 | 挽用 | 法国 |
| 矮马(Ponises) | | | | | |
| 微型马 (Miniature) | 豹、沙 | | | 娱乐 | |
| 雪特兰 (Shetland) | 青、栗、骝、花 | 93~100 | 140~180 | 儿童乘骑、挽用 | 苏格兰 |
| 观赏及牧牛品种(Color Registries and Harness Horse) | | | | | |
| 阿帕路斯 (Appaloosa) | 豹、沙 | 142~162 | 400~570 | | 美国 |
| 美国花马(Paint) | Tobiano, overo | 142~162 | 400~570 | | 美国 |
| 夸特马 (Quarter Horse) | 除了花色外的所有颜色 | 144~155 | 400~570 | | 美国 |

# 第三节　马匹繁育方法

## 一、马匹本品种选育

本品种选育亦称纯种繁育。它是在品种内采用合理的选种选配等技术措施,巩固并提高优良性状,使基因型得以纯化,巩固性状遗传稳定性,消除有害或不利基因,从而改进和提高品种质量的一种方法。一般说来,对于引入的育成品种、优良的培育品种,具有一定优良特性的地方品种,有特殊用途或不能改进培育条件的品种,都应采用纯种繁育。每个品种的纯种繁育中,将一些优良个体的优良性状巩固下来,并扩大数量,形成一个都具有这种优良性状的小群体,就叫作“品系”或“品族”,以公马为始祖建立起来的群体叫“品系”,以母马为始祖建立起来的群体叫“品族”。本品种选育的方法主要有以下几种。

### (一)血液更新

采用无亲缘关系的同品种优秀公马进行配种繁育,目的是提高后代的生活力,改进马的品质,防止近亲和品种退化。长期在一个局部地区繁育的马,由于基因型逐步纯化,个体间差异减小,生活力下降,某些固有品质退化。采用血液更新既不会破坏基因基础,又可提高选育效果。

应该注意,饲养管理不当,营养不良而引起的品种退化仅靠血液更新是很难恢复的。只有同时改进饲养管理条件,满足营养,加强锻炼,才能见效。

### (二)冲血

又称为引入或导入杂交。尽管叫杂交,但实质上它属于本品种选育的一项措施。因长期本品种选育的马,大多有较稳定的遗传性,不容易获得明显的变异。往往品种的总体情况是好的,令人满意,但个别性状存在缺点,经长期选育得不到改进,就可用冲血方法改进和提高。另外,当一个品种或种群内马匹之间亲缘关系很近,很容易发生近交退化时,也可用冲血来扩大血统来源。

具体方法是:用冲血品种的公马与被改良品种的优秀母马杂交,从一代杂种中选择符合要求的公马与被冲血品种母马回交,然后依次从各代杂种中选出符合要求的公马与被冲血品种的母马逐代回交;同时,也可用杂种母马与被冲血品种的优秀公马逐代回交。回交至第三代时,可根据实际情况采取杂种自群繁育,也可再继续回交。

但应注意的是,冲血品种在类型和特征上应与被冲血品种基本一致;要具有能改进被冲血品种所要求性状的品质。这两点至关重要,不可忽视。

### (三)品系繁育

所谓品系是指具有一定亲缘关系、有共同特点、遗传性稳定、杂交效果优异的高产马群。由于建系的办法不同,包括单系、地方品系、近交系和专门化品系四种。它们可能来源于同一卓越系祖,也可能建立在群体基础上。品系繁育可以加速现有品种的改良,促进新品种的育成和充分利用杂种优势。马的品系繁育主要有单系和群系品系两种。

1. 单系　是一个优异系祖繁育的具有共同特点和独特品质的类群,此法适用于有良种簿或种马簿等血统清楚的品种。首先根据血统选择系祖。要求其血统清楚,父母优异,本身具有突出优点,遗传性稳定,种用价值高,后裔中等、一级马至少在70%以上。当然,有个别轻微缺点是不可避免的,可在今后的繁育中逐步消除。系祖选定后,尽可能地采用无亲缘关系的母马进行同质选配,最大限度地利用系祖,以巩固、积累和发展系祖的独特品质。对于有轻微缺点的系祖,应进行必要的异质选配,用配偶的优点弥补、纠正系祖的不足。当同质选配进行到一定程度时,为避免近交造成的适应性和生活力下降,应有目的地采取异质选配,即选择无亲缘关系的不同品系的杂配,以提高生活力和生产能力,并使优点得到结合,缺点得到改善。但异质的品系间个体杂配仅能用于一定阶段的个别时期,且要正确地选择杂配的品系,否则可能造成有益性状分散,品系繁育失败。当品系杂配取得满意效果后,就立即采取同质选配,巩固新的有益性状。如此同质、异质繁育交替进行,可使品系不断发展。

2. 群系　由于单系的品系繁育受到个体繁殖力和近交衰退的限制,过程长,遗传改进速度慢,育种进展不快,于是出现了以群体为基础的建系方法。首先按品系要求从大群中选集建立基础群。建群方式可分两类:一是按性状选集,二是参考血统选集。对于高遗传力性状,按个体表型值选集,而不必研究血统来源,这一点对群牧管理的品种十分有利。可在许多群中选集符合要求的个体。这样,可使品系的遗传基础更加宽广,生活力较强,提高的潜力也较大。对于低遗传力的性状,应参考血统进行选集,以提高选择的准确性。

选集基础群时,公母马应保持一定比例,尤其是公马不能太少,以避免严重的近交。母马选集好后,就进行闭锁繁育,不再引入其他马匹。在此过

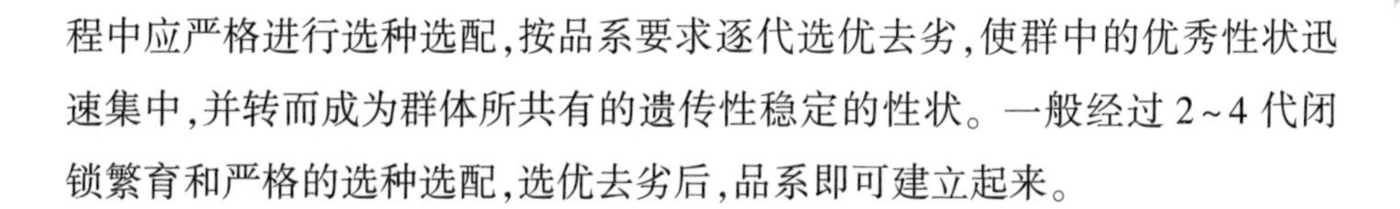

程中应严格进行选种选配，按品系要求逐代选优去劣，使群中的优秀性状迅速集中，并转而成为群体所共有的遗传性稳定的性状。一般经过2~4代闭锁繁育和严格的选种选配，选优去劣后，品系即可建立起来。

#### （四）品族繁育

品族是以优秀母马为系祖而繁育发展起来的具有独特品质的类群。由于母马的妊娠、哺乳期长，马后代具有母体效应，尤其是在恶劣的生活条件下，遗传潜力的发挥公马远不如母马，因此在特殊环境条件下，品族繁育对马的品质提高具有重要意义。阿拉伯马在培育过程中，就成功地使用了品族繁育。

在品族繁育时，一般都把品族包括在品系之内。一个品系可以分布在几个马场，而品族通常只在一个马场繁育。对品族奠基母马的选择，除体尺类型和体质外貌符合要求外，应选择繁殖力好，哺育能力强，遗传性稳定的个体。其方法类似品系繁育。

### 二、马匹杂交改良

在过去马业中，利用品种间杂交，主要是引进新的遗传特性，改良后代的品质。现代养马由于产品马业的兴起，利用杂交优势提高产肉、产乳性能也将成为杂交的一个重要目的。通常的杂交方法有以下几种。

#### （一）经济杂交

经济杂交就是两个品种的一次杂交，产生具有杂交优势的后代。目前肉用群牧养马业中已使用此类杂交。多采用地方品种作母本，重型品种作父本，杂交后代活重比地方品种马高50~100kg，且继承了母本对当地自然条件的高度适应性，在较恶劣的条件下仍能正常繁育，无须补加费用改善饲养条件，同时，也具备了父本高增重、高生产强度之优点，提高了产肉性能。

### （二）级进杂交

级进杂交也称吸收杂交或改造杂交。这种杂交方式，是以某改良品种，连续对一个被改良品种杂交到3代以上。用改良品种对被改良品种逐代进行杂交，代替被改良品种。采用此种杂交方法时，要求改良品种在体尺类型上必须符合育种要求；杂种的培育条件应接近改良品种所要求的条件；杂交后代一旦体尺、类型、品质符合要求，就可转为杂种自交，逐步成为纯种。一般二代杂种，其体尺类型和工作能力基本达到要求，并能保持良好的适应性。

### （三）三元二次杂交

利用两个改良品种与被改良品种杂交，兼收三个品种的优良品质，获得体尺更大、体型结构更好的二代杂种，习惯上称为轮回杂交，但在养马业中，三元二次杂交的目的和性质与轮回杂交根本不同。轮回杂交的目的是利用杂种优势，以获得生活力强和生产能力好的杂种马，故其性质与经济杂交类似。而在养马业中，三元二次杂交是在采取二元二次和吸收杂交达不到改良要求时才发展起来的杂交方式。

## 第四节　生物技术在马匹育种中应用的展望

近年来，随着现代生物技术的高速发展，在染色体水平和DNA水平上，对于马遗传的物理基础开展了深入研究，使我们有可能将分子遗传学理论与数量遗传学理论相结合，一方面将进一步揭示马的数量性状的遗传基础，另一方面有可能将分子水平上的遗传信息，与多基因信息结合，对马的经济性状进行遗传学分析，从而提高选种的效率。这些现代生物技术和手段包括：数量性状基因座检测（QTL检测）、辅助标记选择（MAS）以及通过血液多

态型来检测确定马的亲子关系等。

## 一、QTL 检测

近二十年，尤其是近十年来，分子遗传学和分子生物技术有了突飞猛进的发展，分子遗传标记在马的育种中有了广泛应用，从而使我们可以真正从 DNA 水平上对影响数量性状的单个基因或染色体片段进行分析，人们将这些单个的基因或染色体片段称为数量性状基因座（QTL）。从广义上说，数量性状基因座是所有影响数量性状的基因座（不论效应大小），但通常人们只将那些可被检测出的，有较大效应的基因或染色体片段称为 QTL，而将那些不能检测出的基因仍当作微效多基因来对待。当一个 QTL 就是一个单个基因时，它就是主效基因。显然，如果我们能对影响数量性状的各单个基因都有很清楚地了解，我们对马的一些数量性状的选择就会更加有效，同时我们还可利用基因克隆和转基因等分子生物技术来对群体进行遗传改良。

目前借助分子生物学技术进行 QTL 检测的方法主要有两类，一类是基因组扫描，也称为标记—QTL 连锁分析基因组扫描；另一类是候选基因分析。

## 二、标记辅助选择

在马育种中，到目前为止，个体遗传评定是基于表型信息和系统信息进行的，但对于一些低遗传力的性状和阈性状，由于在表型信息中所包含的遗传信息很有限，除非有大量的各类亲属信息，否则很难对个体做出准确的遗传评定。再如限性性状，对不能表达性状的个体一般只能根据其同胞和后裔的成绩来评定，如果仅利用同胞信息，则由于同胞数有限，评定的准确性一般较低；如果利用后裔信息，而且后裔数很多，评定的准确性可能达到很高，但世代间隔拖长，每年的遗传进展相对降低。还有胴体性状，一般也只能进行同胞或后裔测定，而且由于性状沉淀的难度和费用都很高，测定的规模也受到限制,评定的准确性和世代间隔都受到影响。如果我们知道所要评定的性状有某些QTL(主效基因)存在,并且能直接测定它们的基因型(例如通过候选基因分析发现的QTL),或者虽不能测定它们的基因型,但知道它们与某些标记的连锁关系(例如通过标记—QTL连锁分析发现的QTL),而我们可以测定这些标记的基因型,这时我们就可将这些信息,用到遗传评定中,这无疑会提高评定的准确性,这就是所谓的标记辅助选择(简称MAS)。

## 三、现代生物技术手段在马匹亲子关系鉴定方面的应用

血液型检测　指是通过血液型检测确定马的亲子关系,具体的检测方法包括血清检测、蛋白多态检测和淋巴液检测、组织相容性标记等。

DNA检测应用DNA标记能够快速、准确、有效地鉴定马匹间的亲缘关系,有效指导马的育种工作。DNA检测方法所应用的DNA标记有:限制性片段长度多态性(RFLP)、单链核苷酸多态性(SNPs)、短重复片段(STRs)、长重复片段(SLRs)和线粒体DNA序列多态性(mtDNA)。

从马的育种学的历史可以看出,它在发展的每一个阶段,都及时地结合了新理论和新方法。近年来随着新学科不断地深入发展,很多高新技术,诸如胚胎生物技术的日臻成熟,以及信息技术、系统工程技术逐渐结合到家畜育种中,尤其是分子遗传学和分子生物学技术的结合与应用,又出现了标记辅助选择(MAS),分子育种等新领域,更丰富了马的育种手段。随着这些新技术在马的育种工作中的逐渐使用,必将提高马匹新品种改良的速度,提高选种工作的准确性和高效性,促进马匹育种工作的遗传进程,为马的育种工作开拓出更为广阔的前景。

马的遗传育种具有独特的特点,一般的遗传育种学的教科书都很难涉及,马的育种者常说他们难于把一般的遗传原理和理论应用于实际的马匹育种工作中。现代马育种的一般原则是为现代马业(以赛马和马术运动为代表)的需要为中心,注重马匹与人之间互通的灵性,这就使得马的育种工

作与其他家畜育种工作相比具有显著的自身特点。

# 第五节　马匹育种规划

育种规划的基本任务是,根据特定的育种目标,制定育种方案并使其实现最优化。为此,育种规划过程中,需要研究和分析各种育种措施可能实现的育种成效及其影响因素,以期能科学合理地实施各育种措施,最终实现预期的育种目标。

## 一、生产与育种背景条件的调查

作为育种规划的起点,首先应对有关地区或马群的生产条件进行详细的调查,查清其血统来源、体尺外貌、生产能力、品种内的类型、品系和品族的特点,如果进行杂交改良,要进一步查清杂种马的体尺类型、生产能力、速度、挽力等,并按照育种规划的要求给予定量性的描述,这些资料是撰写育种方案的主要依据。

## 二、确定育种目标

尽可能科学地、定量地确定育种目标,是一个计划周密而又卓有成效的育种工作的必要前提。为了确定数量化的育种目标,需要采用遗传学,育种学和经济学方法,从那些经久地作用于马生产获利性的生产性状中,挑选出一定数量的育种目标性状,并对它们的经济价值给予客观的估计,即估算育种目标性状的经济加权系数。

## 三、建立育种方案

为了顺利开展马匹育种工作，必须应用系统工程方法，科学地配置资源、技术、方法和措施，筛选出最佳的育种方案。育种方案的建立包括以下几方面的内容。

### （一）挑选育种方法

在育种目标确定后，确定适宜的育种方法和挑选相应的育种群体（品种、品系），是育种规划中特别重要的任务。在马的育种中，主要的育种方法就是两大类，即纯种选育和杂交繁育。前者是在一个群体中提高畜群遗传水平的方法；而后者是利用两个或两个以上群体间，可能产生的杂种优势和遗传互补群体差效应的方法。在育种进程中，随着育种措施的实施，育种群的遗传结构和遗传水平发生了变化，需要通过育种规划，对育种方法做出相应的调整。

### （二）遗传学和经济学参数的估计

这是一项育种规划的基础工作。就一个纯种选育的群体而言，除了需要估计加性遗传方差和遗传力等参数外，育种规划还需要估计育种目标性状和辅助选择性状间的表型相关和遗传相关。就杂交繁育而言，为了评价杂交繁育体系的成效，需要估计杂种优势和遗传互补群体差等参数。由于遗传参数与杂交参数均是群体特异的，所以在育种规划中，需就特定的群体或特定的杂交组合分别进行估计。

这里提到的经济学参数，主要指的是在育种方案经济评估时所涉及的动物生产各种自然产出的价格，各种生产因素的成本，特别是各种育种措施实施时需要的经济投入。为了使育种规划更具预见性，在经济学参数估计时，需充分预见到未来可实现的生产条件和市场形势。

### （三）生产性能测定

根据现代育种学原理，准确、可靠的生产性能记录，是种畜个体遗传评定与选择的必要前提。换言之，生产性能测定工作，是直接关系到育种成效的基本育种措施。因此，通过育种规划需要明确，哪些家畜个体必须进行性能测定，性能测定的方法、时间、环境条件控制（包括测定地点、饲养管理方式等）。同时，生产性能测定的规划，还应具有一定的灵活性和对未来发展的适应性。例如，在不久的将来，也许人们会将分子遗传标记基因的检测，作为一项常规的性能加入到常规的测定工作中。为此，性能测定的规划应及时地适应这种发展。

### （四）育种值的估计

育种值估计是种畜选择的依据，有关育种值估计的方法以及育种值估计对于育种工作的重要性均在前面的章节中做了全面的阐述。育种规划的任务在于，为特定候选育种方案规划出，能保证估计育种值具有理想精确度的育种措施。就育种规划而言，充分利用各种有亲缘关系的表型信息，估计出后备种畜个体的综合选择指数，以此作为多性状综合育种值的估计值。依据综合育种值估计的精确度，计算出多性状综合遗传进展，是评估候选育种方案的重要遗传学标准。为了保证育种值估计的精确度，应力求使用先进科学的统计方法。20 世纪 80 年代以来，在各畜种的育种中，逐步采用了动物模型 BLUP 法。在此基础上，育种值估计方法一直在发展，例如，在奶牛育种中又发展了“测定日模型”方法。进入 20 世纪 90 年代，育种学家又致力于发展新方法，以便将数量性状连续变异的信息与分子遗传标记非连续变异的信息结合，进行育种值估计。

### （五）制定选种与选配方案

选种与选配是马育种中两件最重要的任务。二者相互关联，互为因果。一般有两种选配类型，一种是相同质量的公、母马相配，叫同质选配；一种是不同质量或不同优点的公、母马相配，结合双方优点，而形成一个新的类型，叫异质选配。选配计划的制定，不仅取决于被选择个体，还与被选择出种畜的数量，进而与选择强度直接相关。按照育种值估计原理，在选配计划中，选用年龄较大的种畜，会因其具有更多的可利用的表型信息，而使估计育种值的可靠性增高。但反过来，这又会由此导致世代间隔拖长。总之，影响遗传进展的几个主要因素间，不是相互独立的，而是存在着一定的负相关关系。如何协调好这些影响因素，使选种与选配间处于“优化”，是育种规划的一项主要任务。

### （六）确定遗传进展的传递模型

在一个育种生产系统中，如何将育种群中获得的遗传进展，传递到生产群中，需要进行细致的规划工作。这项规划任务的目标是，应尽量缩小生产群与育种群间的遗传差距和时间差距。此外，育种群与生产群二者规模的比例越大，越可以提高育种材料的价值。但在较小规模的育种群中，则便于实施某些成本较高的育种措施。

### （七）制定候选育种方案

为了确定具有最佳育种成效的育种方案，首先需要制定出在多项育种措施上具有不同强度的候选育种方案，然后通过几个必要的育种成效标准，诸如多性状综合遗传进展、育种效益、育种成本以及方案的可操作性等，进行综合评估，最终筛选出“最优化”的育种方案。

## 四、建立育种档案

开展有计划的马匹育种工作，必须系统地记载有关马匹育种方面的各种数据，并按规定进行登记和统计，以便准确地总结育种的成就和问题，及时改进工作。马匹育种应建立的育种档案资料有：

1. 马籍簿

达到育种要求的公母马都应建立马籍簿。可采用联名簿(表 10-3)形式,分公母登记。如有失格损征和恶癖等,可记在备注栏内。

表 10-3　联名马籍簿格式

| 马名或马号 | 毛色 | 别征 | 出生时间 | 品种来源 | 血统 | | 体尺(cm) | | | | 体重(千克) | 评定等级 | 备注 |
|---|---|---|---|---|---|---|---|---|---|---|---|---|---|
| | | | | | 父(♂) | 母(♀) | 体高 | 体长 | 胸围 | 管围 | | | |
| | | | | | | | | | | | | | |

2. 种马簿

专登记种用马,经过鉴定合格的种马才能登记。每匹马设一专页卡片,正面的项目公母马相同,登记马名、马号、产地、毛色、特征、失格损征、血统、体尺、体重、能力测验成绩等,背面公母马不同,公马登记配种成绩、繁殖结果和后裔测验等,母马登记配种年度、妊娠日期,以及产驹情况。在种马卡片内,记载着种马一生的全部重要变化。当种马出场调拨和良种登记时,必须以种马卡片的材料为依据。按农业部规定,种马卡片有统一的格式。

种用品种的幼驹,要登记到幼驹发育簿内,登记编号、出生时间、性别、毛色、父母名称,以及从生后 3d 到 36 个月龄的体尺测量。并在备注中记载预期的用途和转移情况,如转入生产群、出售、淘汰和死亡等。

3. 良种簿

专门登记符合良种条件的马匹,分公母马建立良种簿。以各单位的种马簿为原始材料,经审查评定合格者方能登记。其内容除登记种马簿的内容外,并登记良种编号、品种、血统来源(追溯到三代祖先)、参加竞赛情况、展览评比的结果、良种活动等。对母马要登记各次产驹的年份、幼驹的毛色、性别及个体编号。

建立良种簿以后,每隔一段时间可出版良种簿的材料,使从事马业的人员对本品种的发展情况有所了解,供进一步育种工作时参考。

目前,我国已成立了几个马品种登记组织,如:中国马业协会(CHIA)、中国纯血马登记管理协会(CTBRMA)、矮马登记会(CPBRA)、内蒙古马属动物研究中心(IMERC)、内蒙古马学会(IMHI)等,负责本品种的登记管理工作。

## 五、育种方案的规划和实施

育种方案的规划和实施过程中有许多育种组织,如育种协会、生产性能测定组、人工授精站、计算机数据处理中心和遗传评定中心等直接参与其中。因此,为了使各组织间工作协调,有必要阐明育种规划组织工作的必要性。实际上,在育种规划工作中起主导作用的人员包括两部分,一部分是各育种组织部门的管理人员,他们是与育种方案的实施有直接利益关系的。另一部分人员是为育种规划工作提供科学方法的专家。

优化育种方案的规划阶段,按照系统工程方法,可将育种规划过程看作是一个完整系统,它是由许多前后有序,互相衔接的规划工作阶段组成,每个工作阶段又可看成规划系统中的一个子系统。

优化育种方案的实施阶段,完整的育种规划工作不仅包括"优化"育种方案的筛选,还应包括组织落实方案的实施,并通过实施,验证方案的可行性,对方案做进一步的修改与完善。因此优化育种方案的实施也是育种规划的重要工作程序。

1. *起草育种方案任务书*　通过起草育种方案任务书,将"优化"育种方案所涉及的育种措施细化和具体化。

2. *确认育种方案*　落实育种方案工作阶段,主要是使参与实施方案的各单位、组织和个人,明确他们所承担的育种任务,配置完成任务所需的资源。

3. *执行育种方案*　在育种规划领域中,将实施育种方案所规定的各项育种措施的工作理解为执行育种方案。

4. *检验育种方案*　原则上应对育种方案任务书上所包括的全部育种措施,尤其是选种,选配措施的执行情况和获得的成效进行检验,从而进一步

评价育种方案的可行性,以便修改方案,使优化育种方案更符合实际。

## 第六节　马新品种审定标准

### 一、基本条件

1. 血统来源基本相同,有明确的育种方案,至少经过4个世代的连续培育,核心群有4个世代以上的系谱记录。

2. 体型、外貌基本一致,遗传性比较一致和稳定。

3. 性能、品质、繁殖力和抗病力等方面有一项或多项突出性状。

4. 申请竞技类马品种审定的,应提供获得中国马术协会认可的国家级赛事的成绩。

5. 健康水平符合有关规定。

### 二、数量条件

基础母马(驴)不少于1000匹,其中核心群母马(驴)200匹。

### 三、应提供的外貌特征

1. 外貌特征描述　体质类型和外形结构各部位表现,主要毛色和毛色分布比例,以及作为本品种特殊标志的特征。

2. 体尺体重　初生,6月龄,1、2、3岁时和成年公母马(驴)各30匹以上的体尺(体高、体长、胸围、管围)和体重。

## 四、应提供的性能指标

1. 乘用和竞技用性能　速力,1km、2km、3km、5km 的平均速度和最好成绩,至少两项。持久力,10 km、50 km、100 km 的平均成绩和最好成绩,至少一项。

竞技用性能:用于马术三项(超越障碍、盛装舞步和三日赛)的数量(匹),表现成绩优良的赛事时间、地点、赛事名称、马匹名称、性别、年龄和比赛成绩(名称)等。

2. 产品用性能　产乳性能:产乳胎次,泌乳期(天)、平均挤奶量、最高日挤奶量等。产肉性能:饲料或者育肥方式,屠宰年龄(2 岁、3 岁、成年),胴体重、屠宰率、净肉率、肉品质。

3. 挽用性能　最大挽力,最大载重量。挽曳速度:单马挽曳、正常挽力条件下,慢步和快步通过 2km 的时间等。

4. 驮用性能　一般载重量,驮重占体重比例,日行进距离和行进时间等。

5. 繁殖力　性成熟年龄,初配年龄,平均繁殖力,平均成活率,流产率等。

6. 其他性能　具有明显特色的观赏用宠物类的良好表现和使用价值。

# 第七节　马育种工作的成功案例介绍

至今为止,马品种的培育主要以运动马的培育为主,而且比较成功的案例也集中在运动马。在此,主要将两个典型的马育种案例与大家进行分享,以便在今后马匹的育种工作中以此为借鉴。

纯血马是现今为止马匹育种工作中最成功的案例。在 17 和 18 世纪的英格兰，为发展骑乘赛马，以本地的竞赛马与东方马的公马进行杂交育种，始终以速度作为选育的最主要目标。纯血马的三大祖先，即贝雷·土耳其(Byerley Turk，1689)、达利·阿拉伯(Darley Arabian，1704)、高多芬·阿拉伯(Godolphin Arabian，1728)。这3匹公马的后裔基本囊括赛场上的所有的冠军，其他公马的后裔逐渐被淘汰，其后代形成了三大主要品系和若干支系，其中现今95%的纯血马均来自达利·阿拉伯(Darley Arabian，1704)这匹公马的直系。1770年以后不再引入外血，一直保持本品种选育，因此，纯血马为高度亲缘繁育的种群。纯血马是世界上1~3km短距离速度最快、分布最广、登记管理最为严格的马种。值得注意的是，对纯血马的繁育是禁止人工授精的。

图10-1 纯血马的三大祖先及系谱

19世纪中叶，随着英国殖民主义扩张，赛马文化也向世界各地迅速普及，纯血马随之引入世界各地，并按照统一规则进行繁衍。并按照称为“巴黎共利法”(Pari—mutuel)的赛马奖金分配方法发展至今。纯血马的扩繁与赛马业的兴起有直接的关系，2017年全球72个国家和地区登记在册的纯血马共有24万7583匹，其中种公马7203匹，怀孕母马14万5146匹，马驹9万5234匹。其中中国的纯血马统计数字为409匹，其中种公马96匹，怀孕母马264匹，马驹49匹。

纯血马育种的成功归功于以下几点：成功的赛事体系对优秀运动马的选择起到了至关重要的作用。形成系统的、专业的训练调教模式。有成功的饲养、管理体系。禁止人工授精的繁育,遵循了优胜劣汰的自然法则。

另外一个案例是奥尔洛夫马的培育,该品种由奥尔洛夫于1777年开始培育,并因此而得名。他去世后,由其助手薛西金和巴诺夫继续进行育种工作,先后经历半个多世纪才培育而成。先后与阿拉伯马、丹麦马、荷兰马进行交配,于1789年获得一匹体高达162.5cm的青毛快步公马Bars I,用其作种公马达17年之久,留下很多后代,奠定了本品种培育的初步基础。其后与多地的品种采用复杂杂交方式,进行严格的选种选配以固定其理想型;同时加强饲养管理与快步调教,定期进行速力和持久的测验,进行综合选种。19世纪末开始向西欧输出,经由1898年和1900年的国际展览会而闻名于世。1927年苏联出版了第一卷《奥尔洛夫马登记册》,至今俄罗斯仍在进行本品种的登记业务,现已形成12个品系、16个品族,但总体体形并不一致。

# 第十一章

# 马的繁殖

# 第一节　马的生殖生理

## 一、适配年龄

马驹生后，它的初情期是在10~12月龄。在野生状态下，公驹10月龄就能使母马怀孕，生产中将10月龄作为公驹的初情期。从专业角度看，初情期是指在健康状态下的公驹能够产生1亿个精子，且10%呈前进运动的年龄，一般在18月龄。公马性成熟约在18~24月龄，此时性器官基本成熟，开始呈现健全的性机能，具有繁殖能力。

马的性成熟受下丘脑及脑下垂体前叶分泌的激素控制，同时也受遗传、营养和环境条件等因素的影响。初配年龄主要决定于马驹体成熟状况，尤其是体尺和体重。性成熟后，虽具有繁殖能力，但尚未达到体成熟，体成熟为3~4岁，所以为保证马体生长发育、妊娠和泌乳并获得优良的后代，常在满三周岁后开始配种。早熟品种，如重挽马，在2.5岁开始配种；晚熟品种，如骑乘马，要比早熟品种晚一年；公马要比母马晚一年。针对种公马而言，年龄在6岁及6岁以下属于未完全成熟期，17岁及17岁以上为老龄公马。

## 二、性行为

公母马都有调情行为。公马受母马外激素刺激，有反唇行为。初配母马、空怀母马或产后母马的生殖器官或外部表情，表现有利于和愿意接受配种的现象，称为发情，民间也叫“起骒”或“反群”。群牧条件下，公马紧跟发情母马，从远方走近时嘶叫。当母马有发情行为时，公马颈高举，头低垂，蹦蹦跳跳，摇头摆尾，对鼻互相闻嗅，然后闻母马鼠蹊部、外阴部或咬母马尻部皮肤。时而用下颌压母马尻部，作压背反射试探。母马的发情不如其他家畜明显，表现举动不安、嘶叫，主动寻找公马，排尿、扬尾，阴门开闭，阴蒂勃起。

## 三、繁殖力

马的繁殖力是指公、母马具有正常繁殖的机能和繁育后代的能力。马的繁殖力受其本身和外界环境条件的影响，如遗传性、年龄、健康状况、生殖机能以及气候、饲养管理、使役等。公马繁殖力通常以性反射强弱、一个配种期内交配母马数、采精总次数、精液品质、情期受胎率、马的品质以及配种使用年限等来表示；母马繁殖力多以受胎率、产驹率、驹的成活率以及一生中产驹数和产驹密度等来表示。

1. 种公马的繁殖力

一个配种季节内，公马所配母马的数量要依据其繁殖力而定，所配母马数量过多，造成过度交配会损害公马健康，反之则降低优良种马的繁殖效率，造成浪费。无论是人工授精还是自然交配，公马一天采精或配种 1~2 次为宜。特殊情况下营养良好的种马 1 天可配种 2 次，但是应有 8~10h 的间隔；性欲旺盛的个别公马偶尔也可在 1 天内配种 3 次。为提高经济效益，优秀纯血马种公马一般是全年配种，北半球配种季节结束，又到南半球配种，每日配种数最高达 4 次，即每 6h 配种一次。但如此高强度的利用，必须严格保证不损害精子的形成机能和交配积极性，同时应加强其饲养管理。过度交配一般不提倡。

2. 种母马的繁殖力

对母马而言，初情期指初次发情和排卵的时期，是性成熟的初级阶段，是具有繁殖力的开始。母马初情期为 12~15 月龄，初情期的早晚受品种、气候、营养和出生季节等多因素的影响。比如纯血马在春天出生，其初情期为 11 月龄，而秋天出生初情期则为 8 月龄。

母马的性成熟期是 12~18 月龄。母马的初配年龄一般比性成熟晚，一般为 2.5~3.0 岁。

由于母马发情期较长，且排卵是在发情结束前的 1～2d，一般情况下很难做到适时配种，且易发生流产，故而繁殖力较低。母马繁殖率变异幅度较大，一般为 30%～80%。一般母马的繁殖利用年限为 20～25 岁。

马匹繁殖力的遗传力较低，但是选用繁殖力较高的公、母马进行繁殖，对提高繁殖力仍可起到一定的作用。

## 四、母马发情规律和异常发情

母马的发情和配种是有季节性的。我们把发情配种的特定季节叫作繁殖季节。母马在繁殖季节，由于受生殖激素的作用和神经系统的调节，出现周期性发情。马在激素类型上属于促卵泡激素占优势的类型，因此马属于发情期较长，而间情期较短。据统计，本地蒙古马的发情周期平均为 21d(7～40d)，发情期平均为 8. 8 d(3～21d)，母马产后第一次排卵的时间，平均为 16. 3d(6～30d)。母马分娩后首次发情的时间约为 5～11d，而以 8～9d 最多见，此时进行配种，最容易受胎，称为“配血驹”或“热配”。最新研究的配血驹的情况表明，9 岁以下的热配率 79. 7%，受胎率为 52. 5%，13 岁以上的热配率为 74. 3%，受胎率为 37. 3%，因此 13 岁以上的高龄母马不宜采用配血驹。不同地区母马发情周期和发情期长短基本一致，但因所处的气温、光照、品种类型、年龄、营养、使役强度等的不同，个体间稍有差别。

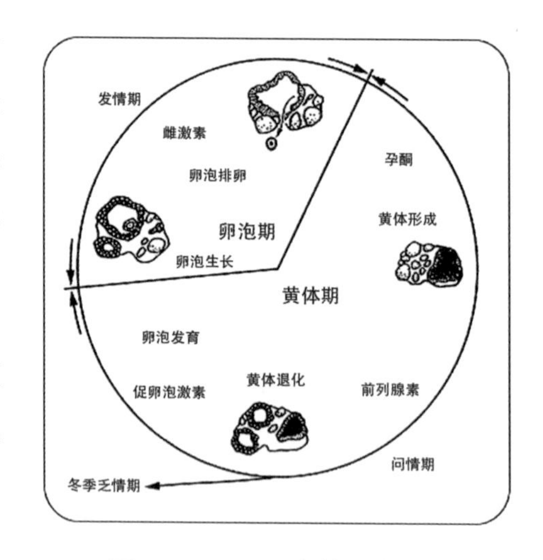


图 11-1　母马发情周期

南方温热地区，马的间情期相对较长，发情期较短；北方寒冷地区，则相反，马的间情期相对较短，而发情期较长。同一地区，不同品种之间差异不大，而个体之间差别却较为明显。早春，发情周期和发情期延长，随着天气转暖,发情周期和发情期缩短。母马发情最适宜的温度是15℃~20℃,因此,在内蒙古自治区大草原五六月份是母马配种旺季。营养不良的母马,在季节、温度不适宜的情况下,发情周期和发情期均可出现异常,多数呈现延长。此外,壮龄母马发情周期正常,老幼母马发情周期延长;处女马发情周期短,经产哺乳母马发情周期最长。其他如厩舍卫生条件、公马刺激、母马的管理,甚至在同一季节的天气骤变和长期干旱或阴雨等,都会影响发情规律。生产实践表明,发情周期正常、发情表现明显的母马受胎率高。研究各种因素对卵泡发育和排卵的影响,便于更好地掌握母马发情规律,提高繁殖力。

健康适龄、发情正常的母马,卵泡发育各期的规律,大概与外部的性表现一致。影响母马发情周期的因素主要有光照、温度及营养等。在北方农区早春三四月间,有的母马出现发情期长短不一,发情表现与卵泡发育不一致的现象。这是由于早春气温偏低、光照时间短、母马营养不良、某些营养素缺乏或使役过重等原因引起。母马性机能异常,可出现卵泡发育缓慢、中断、萎缩甚至消失,或形成卵巢囊肿,多卵泡发育或卵泡交替发育等情况,此时母马外部表现为不发情或持续发情和断续发情。

加强母马的饲养管理,增强其体质,使之保持中等膘度,是预防和纠正母马性机能异常的根本措施。给配种前母马增喂蛋白质和青绿多汁饲料,做好发情鉴定,做到适时输精,都是提高母马繁殖力的有效方法。据研究表明,按照14.5h光照和9.5h黑暗是最有效的发情诱导方法。

## 五、公马性反射机能及其调节

公马性成熟时即出现性反射行为。公马的性反射行为受神经系统和内分泌系统所控制。在性刺激和后效行为刺激的作用下,形成阴茎勃起、爬跨、交配、射精等一系列反射,以完成其生理过程所表现的性行为。壮龄公马性机能最强。公马的性兴奋程度,直接影响采精难易程度和精液质量。公马的性机能也受气候、光照、营养以及母马性刺激的影响,并呈现一定的季节性。在配种季节,表现出比较旺盛的性反应。

性行为是反射行为。但是在长时期的采精、配种操作中,也可以形成后效行为完成性反射,如配种地点、时间、设备和人员等,都可成为交配反射刺激物。因此,在繁殖工作中,训练公马形成良好后效性行为,既有利于保持性机能,也有可能利用假台马顺利采精。

公马体况不良、管理不善、性腺机能不全、性激素分泌失调、使役过度、交配或采精频率不当等,都会破坏正常的性活动规律。

公马性情暴躁或过于迟钝,配种过程中不恰当的性刺激等,会造成公马神经活动紊乱。如在交配时,突然发生音响、出现其他家畜、不熟悉的操作、异常的气味、不适当的采精条件、不表现发情的台马等,均能影响公马的性反射,久之会降低公马的繁殖力。对患阳痿或射精反射失常的公马,应从改进整体机能出发,调整公马的性机能。要求做到:按饲养标准来平衡饲养,保持良好的膘度;根据公马个体习性及繁殖能力,合理配制日料;注意饲料多样化,在一定时期内调换日料的组成;按种马神经特点进行细心管理,严格遵守作息制度和采精条件;保持生活环境安静,使公马有规律地建立各种反射活动;根据不同品种、类型和个体特点,调配适当的运动方式和充分的运动量;避免拴系,实行自由运动,作好刷拭等,对改善公马的性机能有良好的作用。

正确的采精频率是保持良好性机能的重要方面,一般可采用隔日采精。壮龄公马有必要时亦可每天采精一次,如采精两次,其间隔须在10h以上;每周休息一天。但高频率采精不应持续时间过长。配种期的前后,应有适当的休息和增健时期。

公马性机能的异常,可能是生病的表现,要详细地进行科学的综合检查,发现病因,及早治疗。

## 第二节　母马的发情及鉴定

母马的发情通常指性成熟后的母马,周期性地表现交配欲和外阴部的特殊变化,俗称"起骒"。马的发情首先表现为精神兴奋,有强烈的交配欲,然后完成成熟的卵泡在发情结束前后排出的过程。由于马的卵巢髓质发达,成熟的卵泡由固定的排卵窝排出,需要时程较长,因此发情的持续期较长,一般为2~7d。马排卵方式的特殊性,使其在生产中很难准确把握排卵时间,造成受配不孕的现象。马的发情鉴定主要有四种方法。

## 一、试情法

试情法通常可以分为:分群试情(适用于群牧马)和牵引试情法(图11-2)。

图 11-2　牵引试情法

在试情过程中,以不同的方式使公马接触母马,通过观察母马的反应来判断是否发情。母马发情时通常有以下几种表现:

1. 爱追逐异性或同性的友马,尾根高举,调转后躯,踏开后肢,拱背腰。

2. 阴户微肿,黏膜潮红,阴蒂不时地呈节律性闪动。

3. 阴道流出白色或灰黄色的黏液,有时呈引缕状悬垂于阴门口,俗称"吊线"。

4. 小便频繁,尿色常变浓,气味也比平时强烈。

5. 乳房稍肿胀,但大多不显著。

6. 对公马不抗拒,食欲有时减退,放牧中常脱群远奔。

## 二、阴道检查法

在母马发情的不同时期,阴道黏膜、母马子宫和阴道里的黏液均会发生不同程度的变化,从而可以鉴别是否发情。

1. 母马不同发情期阴道黏膜的变化

间情期:母马阴道壁的一部分往往被黏稠的灰色分泌物粘连,阴道黏膜苍白贫血,表面粗糙。

发情前期:阴道分泌物的黏性减小,在阴道的前端有少许胶状黏液,黏膜微充血,表面较光滑。

发情盛期:阴道黏膜的变化主要是黏膜充血更加明显。

发情后期:阴道黏膜逐渐变干,充血程度逐渐降低。

2. 母马不同发情期子宫颈的变化

间情期:子宫颈质地较硬,呈钝锥状,常常位于阴道下方,其开口处被少量黏稠胶状分泌物所封闭。

发情前期:分泌作用加强,周围积累大量的分泌物

发情盛期:尤其在接近排卵时,子宫颈位置向后方移动,子宫颈肌肉的敏感性增加,检查时易引起收缩,颈口的皱襞由松弛的花瓣状变为坚硬的锥状凸起,随后又恢复松弛状态,此时子宫颈的括约肌收缩加强。

产后发情期:宫颈异常松弛。

3. 母马不同发情期阴道黏液的变化

卵泡出现期:黏液一般较黏稠,呈灰白色,如稀薄浆糊状。

卵泡发育期:黏液一般由稠变稀,初为乳白色,后为稀薄如水样透明,当两指捏合然后张开时黏液拉不成丝。

卵泡成熟与排卵期:黏液量和黏稠度显著增加,开始时两手间仅能拉出较短的黏丝,以后随着黏度增大,可以拉成 1~2 根较长的黏丝,以手捻之,感到异常润滑,并宜干燥。有时流出阴门,黏着在尾毛上,结成硬痂。到卵泡完全成熟进入排卵期,黏液减少,黏性增加,但拉不成丝。

卵泡空腔期：黏液变浓稠，在手指间可形成许多细丝，但很易断，断后黏丝缩回变成小珠，有很大的弹性。此时，黏液继续减少，并转为灰白色而无光泽。

黄体形成期：黏液黏稠度更大，呈暗灰色，量更少，黏而无弹性，用手指拉不出丝来。

## 三、直肠检查法

直肠检查法是把手臂伸到母马的直肠内，隔着直肠壁触摸卵巢内卵泡的发育和子宫的变化，借以判断发情和妊娠，简称“直检”。

马卵巢内卵泡的发育，从其出现、发育到成熟、排卵、形成黄体，是一个统一的，并有严格顺序的过程。在生产实践中，人们为了便于识别卵泡的发育规律，实时输精，一般将其分为六期，各期发育的特点如下。

第一期：静止或均衡状态下的卵巢，呈不规则的蚕豆形，无卵泡发育，触摸时硬实，有平滑感，卵巢体积为 3cm×2cm×3cm（长、宽、厚）。在配种季节里，每当母马开始发情时，卵巢一端既有一到数个不等的卵泡开始发育。卵巢开始增大，弹性增强，但尚未波动，或波动不明显，排卵窝深，卵巢体积为 4cm×3cm×2cm。本期持续约 1～3d。

第二期：由于卵泡发育变圆，并有少量卵泡液，使卵泡体积继续增大，明显感到两端大小不等，弹性增强，略有波动，排卵窝深。卵巢体积为 5cm×4cm×3cm。本期持续 1～3d。

第三期：卵泡继续增大，像一个圆球，卵泡液增多，卵泡约占卵巢的 1/2～2/3，卵巢形似鸭梨。此时卵泡壁厚而有韧性，波动明显，排卵窝由深变浅。卵巢体积为 6cm×5cm ×4cm。当触摸到卵巢时，母马略有痛感，本期持续 1～3d。

第四期：卵泡发育成熟。此期的卵泡变化主要是弹性和波动的变化，体积变化不显著，整个卵巢几乎全部被卵泡占据，而似一个圆球，触摸时感到卵泡壁薄，弹性强，波动十分显著，甚至有一触即破之感。但有时也会出现弹性减弱,而波动十分明显的现象。排卵窝变的浅平,这是即将排卵的直接征兆。卵巢体积 7cm×6cm ×6cm。触摸卵巢,母马痛感明显,甚至频频回顾,或抬起一侧后肢。本期持续 1~3d。

第五期:卵泡破裂,卵子被排出,即排卵。排卵常见两种情况,一种是当触及卵泡时,卵泡液突然流失,发生排卵;另一种是当触摸到卵泡时,其弹性已经大大降低,卵泡液逐渐流失,约需要 2~3h 才能完全排空。由于排卵,卵巢的形状由圆变得很不规则,体积也大大缩小了。原卵泡发育的地方形成一个凹陷,有两层皮的感觉。本期持续 2~3h。

第六期:排卵后 10~12h,原卵泡腔内因充满血液。形成血红体,体积又增大起来,触摸时有弹性,血红体最后形成黄体,形状扁圆形,呈面团状或有煮熟了的肉一样感觉,无弹性。

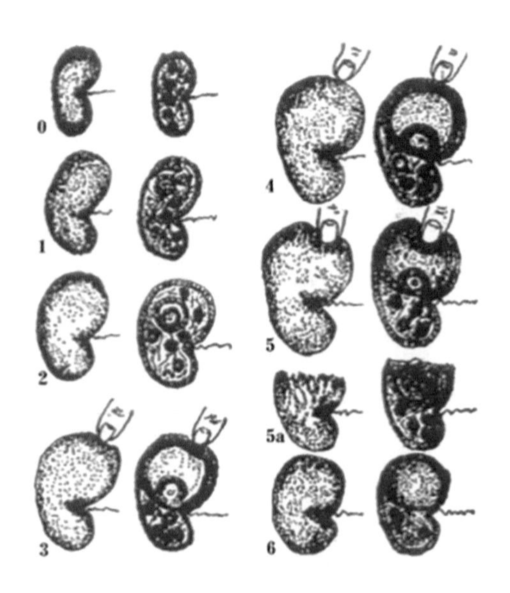


图 11-3 母马发情期卵巢的变化

1. 直检鉴别发情时,黄体和卵泡的区别

(1)黄体几乎呈扁圆形或不规则的三角形,绝大多数卵泡为圆形,少数为扁圆形且有弹性或液体浮动。

(2)黄体有肉团感,在一定时期内黄体和卵巢实质部连接处四周感觉不

到明显的界限。

(3)黄体表面较为粗糙,卵泡表面光滑。

(4)黄体在形成过程中越变越硬,卵泡从发育成熟到排卵有越变越软的趋势。

2. 在检查过程中,大卵泡和卵泡囊肿的区别

母马的卵泡大小不一,至排卵时,有的卵泡直径仅为2cm,大的可达7cm以上。因此,判断卵泡的发育阶段,除了考虑卵泡的大小,还应根据卵泡的波动情况和卵泡液的充满程度,卵泡壁的厚薄及弹性的大小以及卵泡与排卵窝的距离等进行综合分析。

图11-4　马卵的大小比较

## 第三节　马的人工授精

马的人工授精是指用采精器采集公马的精液,经稀释、检查等处理后,再用输精器将精液输入到发情母马的子宫内,以代替公马和母马自然交配的一种配种方法。人工授精(AI)是现代马匹繁殖中广泛使用的技术手段。人工授精具有许多优点,例如可避免公、母马的直接接触而预防和控制疾病传播,通过引进新基因来增加遗传多样性,保存精子以备公马死亡或不育的

情况下使用。

在中国,人工授精(AI)被认为是一种理想的综合调控繁殖手段,特别是在1950~1970年间。中国是世界上最广泛使用马匹人工授精的国家,其主要目的是为了快速和广泛地提高地方品种马匹的生产力(如驮用和役用),并大量生产骡子(马骡和驴骡)用于农业劳动。目前,内蒙古科兴马业发展公司在广泛采用AI技术,其AI总受胎率达到85%以上。据不完全统计,国内每年有15万左右的母马接受了人工授精技术。

## 一、人工授精的操作步骤及注意事项

人工授精通常需要采精前准备和采精、精液稀释、输精等环节,后两个环节是提高人工授精效率的重要部分。

1. 采精前准备和采精

采精前需要对采精场地进行认真的准备,选择或定做合适的假阴道。台马是能否采精成功的关键,通常台马为活体母马或假台马,生产中为了确保安全常采用假台马。采精过程应注意人马安全,采精人员尽量戴头盔,如采用活体台马应做好保护措施。采精结束后需要对精液的品质进行检查,包括:射精量(马匹的一次射精量通常为50~120mL)、色泽(灰白色)、气味(无气味)、pH值(7.3~7.8,平均为7.4)、活精率(0.5~0.8)、密度、畸形精子率、存活时间(8~12h)等。

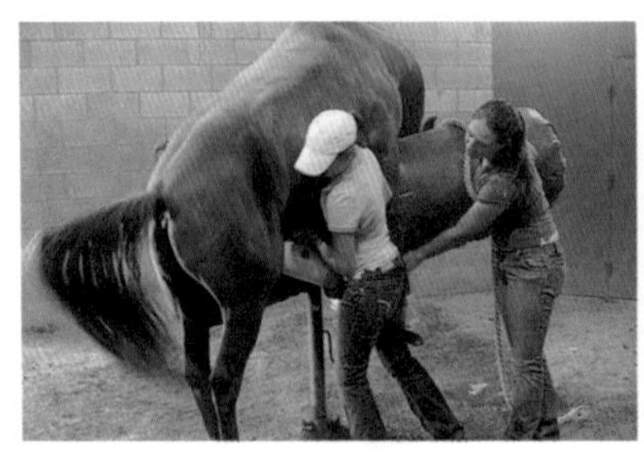

图 11-5 假台马、活体台马及采精

2. 精液稀释

精液的稀释是指在精液里添加适宜精子存活并保持授精能力的溶液，其目的在于：扩大精液量，增加输精马匹数；通过降低精液能量消耗，补充适量的营养和保护物质，抑制精液中的有害微生物活动，以延长精子的寿命；有利于精子的保存和运输。精液稀释过程中需要注意：全程无菌操作，稀释液要与精液等温，稀释液加入精液内，稀释倍数通常为 1∶3~4。

3. 输精

输精是人工授精的最后一个环节，输精前需要对母马、输精器及人员等进行准备。器械需要注射器、输精管和长臂手套等，输精管和注射器如能选择避光的产品将有益于保持精子的活力。操作人员需要将指甲剪短，对手臂进行充分的消毒后佩戴长臂手套。首先将母马放置保定架内，马尾栓系好并吊起，充分暴露出母马的后躯；然后对母马的外阴及周围进行彻底消毒；将输精管送入母马的子宫内，最好送至宫颈口；将精液注入完成后抽出输精管。输精时应保证母马的安静，尽量避免光照的刺激及温度骤变，并防止污染。输精后使母马静立数分钟，如有倒流，应考虑再输。操作完后应对所使用的器械进行整理、洗涤和消毒。

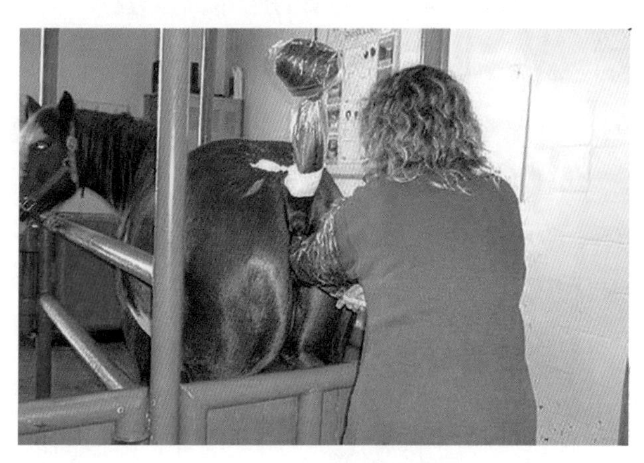

图 11-6　马的输精

马每次输精量约为 10~25mL，精子数为 5 亿。一般在母马卵泡发育至四期时输精较为合适。研究表明，排卵前一天内输精，受精率达 88%，而排卵前 3d 内输精,受精率只有 75%。母马排卵后的 6h 之内输精,受胎率也较高。采用隔 48h 再次输精,授精效果更好。母马排卵多在夜晚,所以输精如能在晚间操作将大大提高受胎率。

## 二、实施人工授精的效果

人工授精分为鲜精输精和冻精输精两种。采用鲜精进行人工授精,情期受胎率可达 60%~80%,与自然交配的相当。精液保存 24h 后进行输精,母马情期受胎率能达到 60%~70%,如超过 48h,受胎率将下降到 40%~50%。冻精授精由于冻存、解冻等操作,受胎率一直较低。

国内,鲜精受胎率为 50%~60%,高的可达 65%~70%,全年受胎率为 80%。但国内繁殖率在 50%左右,而国外可达 80%~85%。因此该技术有待提高。

# 第四节　马的胚胎移植

胚胎移植是除了采精和人工输精外,在马上常用的辅助生殖技术手段。该技术以前是为了让不育老母马代孕而产生的,现在为了缩短繁殖周期,已经在各个年龄阶段的母马中开展。胚胎移植在马上的应用,要求做到不伤害母马机体的兽医标准。

胚胎移植目前在母马上主要应用对象包括:正在参加表演或马术比赛的母马快速获得后代。省略配种、受孕等环节,缩短繁殖周期。非繁殖性疾病或肌肉、骨骼损伤的母马获得后代。生殖系统存在障碍的母马获得后代。此外利用胚胎移植技术还可以使当年产驹较晚的母马,尽早进入下一个繁殖季而不损失仔驹。胚胎移植技术的应用还促进了包括 ICSI 和克隆技术等其他高级繁殖技术的发展。

胚胎移植的商业推广很大程度上推进了该技术的成熟。目前该技术已能做到100%的胚胎回收率,能满足排卵后12d妊娠率达90%,30d妊娠率需要达到85%的指标要求。

## 一、受体母马移植前准备工作

受体母马的管理是一项繁琐而艰巨的任务,一般前一年的秋天开始准备,此时需要确定第二年繁殖季所需的母马总数。新的母马有携带传染性疾病的危险,一般不建议留作受体母马。所有选留母马需要有身份标识和追踪记录等系谱资料,以避免混淆母马和仔驹的关系。

受体母马质量对胚胎移植影响很大,因此宜选择繁殖力、体型大小、肌肉骨骼、牙齿、视觉、核型发育良好的个体。健康检查包括对母马乳房的检查,乳房发育决定能否为仔驹提供充足的乳汁。同时所有的母马还需进行母性、性情等行为检测,至少选择的母马能够在不套笼头的情况下在小的围栏或马厩里被擒获和控制。秋季和冬季进行注射疫苗、驱虫和贫血症测试,然后将挑选的母马统一管理。马动脉炎病毒的测试和疫苗需要依据地区选择性执行。

在北半球2月份马匹很少进入繁殖周期,因为生产上此时已经开始着手配种工作,所以可以通过调节光照促使母马提前进入繁殖周期,一般11月中旬开始对母马进行每天16h光照的程序化光调控。目前通常利用一个较大的围栏对后备母马进行合适的光照处理,但这些母马往往在被圈养过程中由于拥挤而无法正常采食和饮水,且在恶劣的天气情况下常焦躁不安。这类压力的长期累积会影响包括黄体维持和早起妊娠等母马生殖健康。

在繁殖季开始时,母马相关工作大大增加。首先通过直肠触摸法或超声波成像法等手段,准确判断母马的排卵时间,甚至在接近排卵时需要每天检查直到排卵。为了便于跟踪记录,排卵当日规定为第零天,排卵后第1天为+1,第2天为+2,依次递增。一般认为受体马接受胚胎的最佳时间是受其卵后正4~8d,此时母马能够识别妊娠的早期信号产生反应,血液中含有较高浓度的孕酮。英国的研究人员通过对排卵后第9天的个体注射甲氯芬那酸(口服1g/d/次),持续注射到胚胎移植后第7天可以使排卵后正9~10d的受体母马进行胚胎移植(图11-7)。这种注射还可以用于抑制正常周期性黄体溶解。

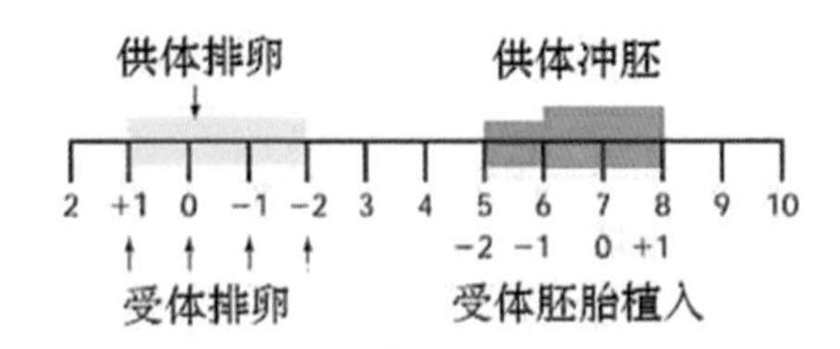


图11-7　胚胎移植的供体和受者之间同步处理的示意图

受体母马移植的关键是确定排卵时间,而预防受体母马子宫内膜炎是移植成功的保障,但这一点经常被忽视。生产中要确保受体母马的繁育能力,并使他们处于良好的接受移植胚胎的状态。最适合的受体母马年龄限制在3~12岁,并确保这些母马没有慢性子宫内膜炎。同时还要评估母马的会阴和外阴的结构,一般较瘦的马匹其外阴结构经常异常,可以通过增重或阴唇缝合术进行改善。移植前的检查工作不能被忽视,否则由于移植产生的细菌感染常常导致流产。通常使用直肠触摸法和超声波检测法确定排卵日期和检查子宫状况,条件允许还应该对子宫涂抹物培养后鉴定确认细菌感染情况。检查工作一般建议在发情之前进行,此时母马有大于35mm的卵泡并且子宫有明显的充血现象便于准确判断,否则易获得假阴性的检测结果。在刮取子宫涂片时要谨慎操作,避免带入污染物引起感染,观察时注意子宫内残留物。有研究者建议反复注射催产素(静脉注射20IU)来清除子宫内液,但是注射时间间隔应大于4h。需要检测这些母马至排卵后一天,确保马匹进入间情期时子宫内没有残余液体。

## 二、供体母马的子宫冲胚前准备工作

供体母马管理的目标是获得健康、可用于移植的准确胚龄的胚胎。要达到这一目的,子宫炎的供体母马和非洁净冲胚液冲出来的胚胎,无论清洗多少次移植后都很难成活。因此要保证供体母马在输精前子宫要健康,不存在感染问题。供体马发情后每天1次直肠触摸或超声波检查是必需的,可以及时掌握卵泡发育及排卵情况,还可以监控子宫状况,这对保护供体母马子宫健康提高胚胎移植成功率非常有必要。导致供体子宫细菌感染的因素很多,主要包括培育过程、被污染的精液、交叉感染和配种或输精操作。

同一个情期内,对同一匹母马在不同的牧场由不同兽医人员操作的多次胚胎移植的现象已经很普遍。有人通过分析输精次数和胚胎移植次数对子宫健康的影响发现,随着次数增多显著增加慢性炎症的风险。他们认为母马对子宫操作带来的伤害比较敏感。兽医实践也证明反复配种和胚胎移植的操作,患急性细菌性子宫内膜炎并伴随慢性炎症概率增加。因此我们也提倡对供体母马进行常规性的子宫涂片培养检查,尤其在繁殖季。但是我们不提倡过度使用子宫抗生素处理,因为这样可能会导致霉菌和真菌感染。目前,保证母马子宫不受感染最有效的方法是采用子宫灌洗联合催产素清除子宫内容物。

移植时胚胎的大小是影响胚胎移植成功率的另一个因素。移植时胚胎较脆弱,过大无法顺利装载到移植管内而影响成活。冲胚时间过早,由于胚胎仍在输卵管内则无法获得可移植的胚胎。实践中还经常出现冲胚之后的供体母马怀孕的现象。确定适宜的冲胚时间极其重要。目前认为最佳的冲胚时间是排卵后第7d,此时胚胎的直径为400~500mm,但并不是所有母马的最佳冲胚时间都是第7d,因为胚胎进入子宫的时间存在个体差异,一般是从排卵后第6d到第6.5d。在排卵前后检测黄体状态对调整冲胚时间是有帮助的,因为经常遇到获得的胚胎比预期胚胎偏小的情况。影响胚胎大小的主要因素有:供体母马的年龄,公马的繁殖特性,排卵时间和配种时间的间隔关系,排卵时间和受精时间的距离。很多实验室通常直接选择第7d冲胚,主要是因为一周的周期方便准备和记忆,如周一排卵则下周一进行冲胚。对18岁以上的老龄、与繁殖力弱或岁数较大的公马交配的母马或者使用冻精输精的母马一般在第8d冲胚。

供体母马在排卵后冲胚前的一周内要注意安静,避免应激。有证据证明处于训练阶段的运动马胚胎回收率降低,其原因可能是剧烈的运动造成的体温升高对胚胎发育和存活带来影响。

一般小卵泡排卵的母马或岁数大的母马在排卵后的第一周需要注射孕酮。具体的操作是在冲胚之前每天饲喂 altrenogest(孕激素活性的合成类固醇药物,0.044mg/kg)。当母马卵巢有多个不同部卵泡排卵(间隔 3~4d)而导致无法形成妊娠黄体时也需要补充孕酮。

## 三、子宫灌流获取胚胎

此操作是通过 3~4 次子宫颈的子宫灌流将液体回收到有滤网的平皿内,从而获得胚胎的方法。

目前提供移胚器械厂家很多,且多数厂家提供的器械在销售前都经过 γ 射线处理,可以重复使用,具体是否重复利用由使用者决定。我们建议所有的器材只使用一次,但可以重复利用于胚胎移植之外的其他用途。

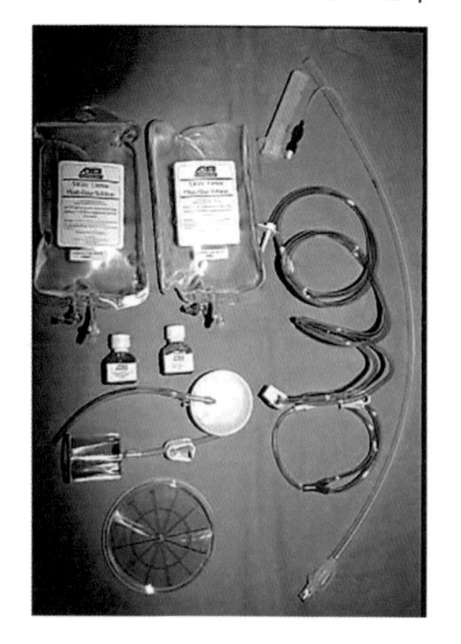
图 11-8　马专用的冲胚器械

冲胚液的选择也是多样的,如加或不加抗生素等,一般添加的抗生素为卡那霉素。很多冲胚液含有润滑成分来防止胚胎与管壁黏连,一般用 BSA 作为润滑成分。但是,BSA 会产生较多的泡沫而影响胚胎的获取,目前使用 PVA 替代 BSA 减少泡沫量。

冲胚器械如图 11-8 所示。前端有充气囊的软管从子宫延伸出来接通 Y 形三通管一个分支连有冲胚液另一个分支通往收集瓶。冲胚的过程与子宫颈子宫灌洗方法一致。

从左上顺时针依次为：商用冲胚液专用袋，带气囊的液体输入管，冲洗管和 Y 型三通管，收集盒，两种胚胎过滤装置，胎牛血清。

子宫冲洗之前需对供体母马进行直肠触摸或超声波检测，确认卵巢上有黄体形成，如果有多个黄体存在则说明回收多个胚胎的几率增加。虽然也需要对子宫积液进行排查，但是子宫积液的存在对胚胎回收影响不大。

在冲胚之前要对母马兴奋度和脾气进行评估，从而决定镇静处理的程度。由于冲胚导致的子宫充液会导致母马不适，镇静处理是有必要的。但是镇静过度会导致母马无法站立而影响冲胚。冲胚前，膀胱内的尿液需要提前排空，否则会影响一侧子宫角内液体的进入。

完成检查后，将马尾巴包扎并向上固定，对外阴部进行清洗防止污染冲胚管。以上准备工作完成后，冲胚只需要 15~20min 即可完成。一般镇静处理要在开始冲胚之前进行，过早易引起直肠积气而影响直肠触摸检测。

一般需将冲胚液提前预热，因胚胎对室温（20℃~25℃）具有适应性，所以经常用室温液体进行冲胚。若要加热，也不宜超过 37℃。冲胚管放入子宫之前，宜将所有的管道内充满冲胚液，避免将空气带入子宫。冲胚管的充气囊前端应放置在宫颈内再进行充气或充液，确保子宫颈内被严密堵塞。一般 30~40mL 充气量即可满足。

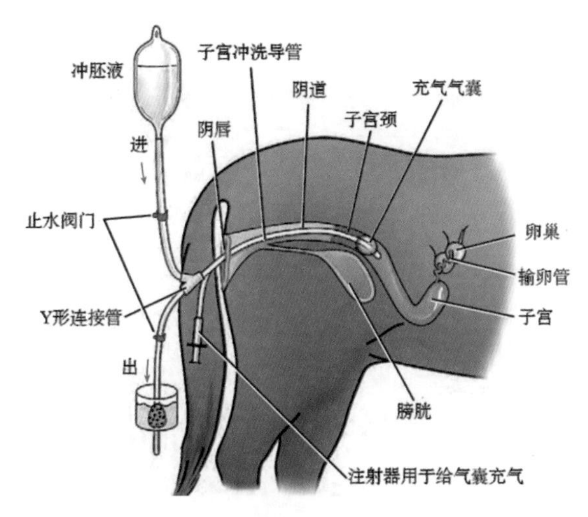


图 11-9　冲胚管使用示意图

导管经宫颈插入后,用注射器使气囊膨胀,导管轻轻向后拉,将气囊卡在宫颈开口处(图 11-9)。

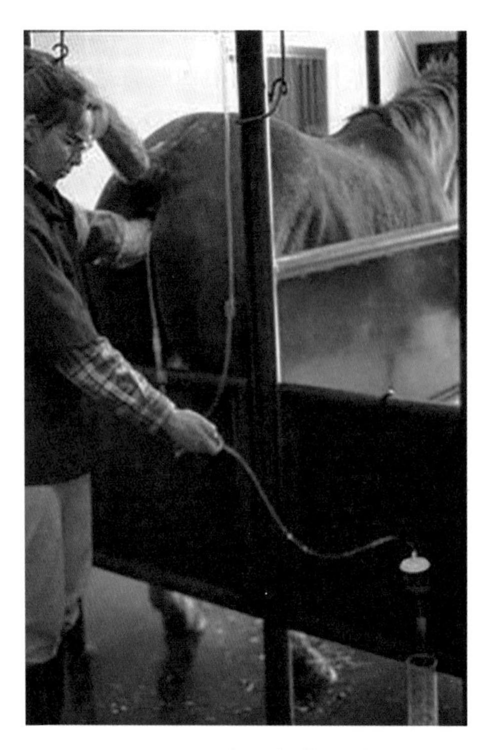

图 11-10　冲胚操作示意图

将冲胚管放好之后,利用液体的重力作用将冲胚液灌进子宫。此时对操作人员的直肠触摸手法要求较高,需要对整个子宫壁进行抚探,确保子宫角内充分充盈。这一操作在年轻母马上很容易完成,但是在年龄较大的母马和哺乳期母马上不易做到。哺乳期母马由于冲胚液主要进入妊娠侧子宫角,此时操作人员需要将液体送入另一侧子宫角,然后再流出子宫。冲胚所需液体量依据马匹子宫的状况有所不同:一般年轻母马需要 750~1000mL 的液体,年龄较大或哺乳期母马可能需要 2L 甚至更多液体。如果 2L 液体还无法充满子宫,需要注射催产素(20IU 静脉注射)使子宫收缩,减小液体的使用量。

一般冲胚需要经历三次灌流(图 11-10),也有人使用四次灌流的方法,每次让液体在子宫内停留 3 min,这段时间内给母马注射催产素并抚摸子宫,然后再收集液体。如此操作,他们发现第四次的回收液中胚胎的存在比率较高。如子宫中的液体不能彻底排出,容易引起供体母马的子宫内膜炎,因此需要对母马进行直肠 B 超检查子宫内液体是否排空。

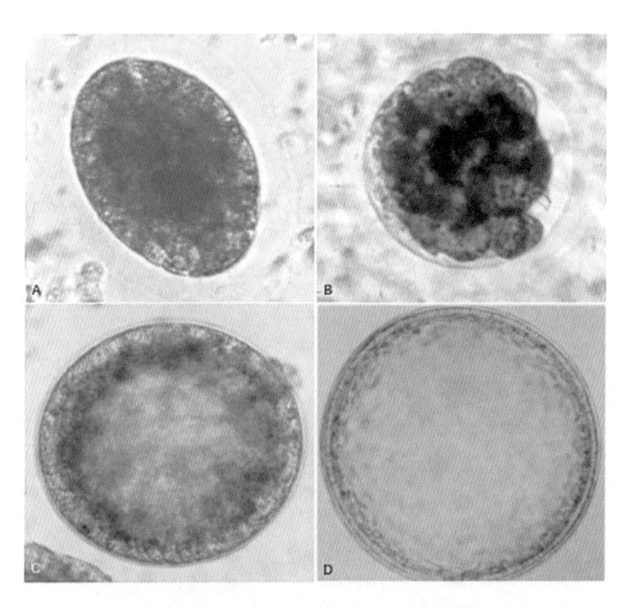


图 11-11　马胚胎发育阶段

a. 未受精卵母细胞　b. 收缩的桑椹胚　c. 早期囊胚　d. 扩张囊胚

收集胚胎的容器有多种,一般需要过滤装置,保证胚胎顺利转移到圆形培养皿中进行培养。常用有画线的培养皿进行培养。6~9d 的胚胎往往会沉底,在显微镜下只观察培养皿底部液体即可,但小一些的胚胎可能出现在液体的不同层面,因此需要仔细观察。冲胚液内经常冲出杂质,尤其年龄较大或处于哺乳期的母马。如果冲胚液非常浑浊,则母马子宫可能患有急性子宫内膜炎。遇有这种情况,应将收集的第一次冲胚液进行培养,为后期疾病治疗提供依据。

表 11-1 胚胎发育特征与排卵后时间的关系

| 排卵后的天数 | 近似大小(μm) | 近似大小范围(μm) | 预期阶段 |
| --- | --- | --- | --- |
| 6 | 200 | 130-750 | 桑椹胚到早期囊胚 |
| 7 | 400 | 135-1460 | 桑椹胚到扩张囊胚 |
| 8 | 1000 | 120-4000 | 囊胚到扩张囊胚 |
| 9 | 2000 | 750-4500 | 扩张囊胚 |

获得的胚胎需要及时进行发育阶段鉴别和质量分级(图 1-11),然后进行洗涤操作。胚胎的洗涤操作可以用 0. 25mL 或 0. 5mL 冻精管进行。一般洗涤 10 次即可去除大部分的微生物达到最佳的洗涤效果,但是不能避免有一些附着在胚胎上的微生物残留。

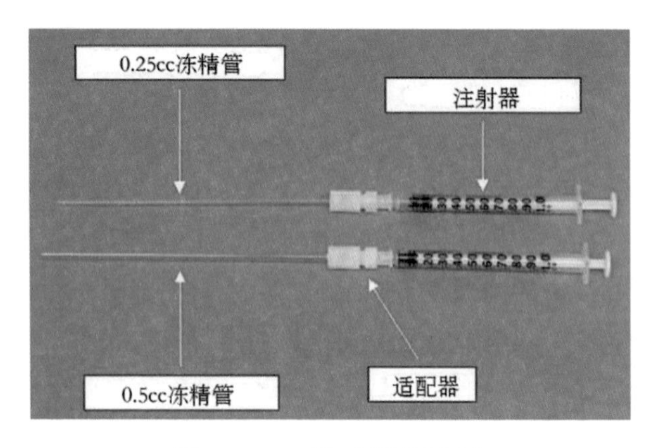


图 11-12 胚胎操作器械

洗涤完的胚胎应使用专用器械(见图 11-12),立即移植入就近的受体母马或运输(数天或过夜)至受体母马场。目前有许多用于胚胎运输的商品化液体。一般选择与运输精液相同的低温方法运输胚胎。通常情况下,新鲜胚胎移植和低温运输胚胎移植的妊娠率基本相同。但也有人提出超过 4 ~8h 的低温运输将增加 5%的移植后流产率。

## 四、非手术法胚胎移植

马的早期胚胎移植均通过侧立剖腹术完成,但近十年非手术法胚胎移植的成功率已经超过手术法。非手术法胚胎移植的目标是利用无菌技术并将子宫颈的伤害降至最低,顺利将胚胎移入受体母马子宫腔内。

如上所述移植窗口期,对受体母马排卵后正 4~8d 进行移植,而正 5~6d(比如受体母马在供体母马排卵后 1~2d 排卵)效果更好。移植前要对受体母马进行直肠触摸检测和超声波检测。母马有较好的子宫回升和紧闭的子宫颈(代表血液内含有较高水平的孕酮),B 超检查可以看到较为明显的黄体和几个发育卵泡,子宫回升均匀且无积液。胚胎移植前要对受体母马进行兴奋度和脾气性格检查,从而确定镇静程度。镇静处理需要马胚胎移植之前进行,以免直肠充气。然后将母马尾巴包扎挂起,并对外阴部进行清洗消毒。

常用的移植枪为可灭菌处理的不锈钢器械(改良版卡苏枪),配套一次性塑料外壳,可配 0.25mL 和 0.5mL 两种型号的移植管。胚胎大小不应该超过移植管直径的 60%~70%。标准的装胚操作是将胚胎吸入到三液柱系统中间液柱内。吸入的第一个液柱会在最后推出,因此该液柱被称为推力液柱。推力液柱通常要比另两个液柱长,用以协助胚胎顺利推出移植管。有报道称,有时胚胎会卡在移植枪最前端的外壳内,因此要注意观察胚胎滞留情况。增加推力液柱的长度并将输胚器械最前端插入子宫腔内保证其游离状态,可以有效避免胚胎滞留问题。如果胚胎过大,不适合应用 0.5mL 移植管移植,还可以使用标准的输精管。但是,不论是什么样的器械,都要保证器械外套有无菌塑料

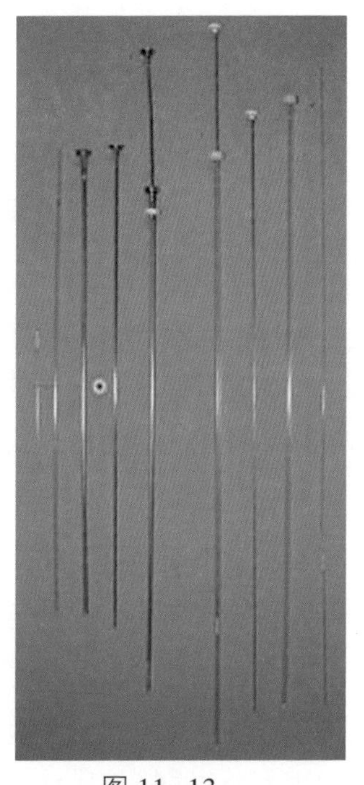

图 11-13
马用胚胎移植管

套保护并确保在经过阴道时的无菌状态。

马匹准备充分后将胚胎移植枪放入子宫颈，此时操作人员用拇指、食指和中指固定好推进器，拿掉塑料保护套使移植枪头穿过宫颈。此时操作人员将另一只手放入直肠内，辅助移植枪最前端进入子宫体。当移植枪最前端抵达子宫角底部的空腔时，另一只手慢慢推动推进器，将胚胎释放到子宫内，然后抽出胚胎移植枪，整个过程只需要 1～2min。操作过程中要避免对宫颈和子宫造成伤害。所有将阴道内细菌带入子宫的情况都会引起子宫内膜炎。

## 五、受体母马移植后护理

移植后受体母马的护理方法很多，其中有些甚至相互矛盾，但关于后期护理的研究较多。

早期，大家认为前列腺素的释放引起黄体过早溶解是保障宫颈移植胚胎成功率的原因。最近有研究表明，在第 7d 对受体母马的子宫颈进行充气囊扩展会引起催产素的分泌，但没有引起前列腺素的分泌。且在排卵后第 7d 注射催产素也并没有影响孕酮的分泌、受孕率及胚胎生长，因此对子宫颈的操作似乎不大可能影响宫颈移植胚胎的成功率。有研究者也提出过其他可能引起黄体溶解的因素，如窗口期同步化、子宫内膜刺激、细菌感染等。

研究者们对子宫颈移植后黄体缺失的原因观点不一致。有人认为胚胎移植后黄体溶解并不是导致胚胎移植失败的主要因素，因为直到周期性黄体溶解之前未受孕母马和怀孕母马的黄体功能没有差异。而有人利用多匹母马观察胚胎移植和胚胎移植后第 7d 血液内孕酮含量，发现尤其移植胚胎为桑椹胚时即使受体母马已经怀孕，其血液内的孕酮水平也显著低。他们还发现窗口期同步化对孕酮水平没有影响。很多学者一致认为宫颈移植具有引起细菌感染性子宫内膜炎的风险，而子宫内膜炎是引起黄体溶解和妊娠率低的原因。虽然没人研究过孕激素注射对胚胎移植的影响，但是这种做法在胚胎移植过程中经常使用。

对妊娠中的母体识别了解不多,而妊娠早期母体识别的失败或延迟均可导致移植后胚胎的死亡。目前还没有针对这一问题的解决方案,但注射孕酮可能会有所帮助。有研究者报道,在移植当天注射 hCG(3000IU,肌肉注射)会引起血液孕酮浓度的上升,并且可以提高妊娠率。hCG 被认为具有促黄体的功能,可以较大幅度的增加黄体数量而引起由黄体分泌的孕酮量增加。

德克萨斯农林大学的受体母马移植后护理方案:在移植时注射氟尼新甲胺(静脉注射 500mg)、hCG(肌肉注射 3000IU)和抗生素(磺胺甲恶唑片和甲氧苄氨嘧啶,每天两次,24mg/kg,一剂),其中抗生素注射一直持续到第一次妊娠检查(一般为排卵后第 11d、移植后第 4d)。此后的护理要依据检测结果再具体制定。怀孕的受体母马需要密切关注,一般在排卵后第 11d、13d、17d、23d、29d 进行检查,如发现问题还需要增加检查频次。每次检查需要关注子宫内膜炎症状,包括积脓、少量液体或子宫壁加厚等。此外还需要检测黄体功能,及时发现孕酮含量过低现在,包括子宫张力降低或子宫颈变软等。必要的情况下,可随时进行抗生素治疗。抗生素使用要根据供体母马子宫情况决定,如果检测表明血液内孕酮含量低偏低,可以采取孕酮补给方式。以往经验表明,只要能够顺利渡过妊娠 60~70d 的胎儿,基本可以正常妊娠、分娩。

## 六、冲胚后供体母马的护理

冲胚后供体母马不加护理,可能会带来以下几方面的问题。

首先,供体母马可能会怀孕。比如有表演马在怀孕十个月时还在参加比赛,这会给马带来极大的风险。很多兽医习惯在冲胚后使用前列腺素,但是这种做法未必每每奏效。母马会因二次排卵延迟导致冲胚时胚胎还在输卵管内,而二次排卵形成的黄体对前列腺素不敏感导致怀孕。冲胚不充分也可能导致供体母马受孕。近些年有些兽医人员倾向于冲 8~9d 的胚胎,此时方便直接用肉眼辨别收集瓶内是否胚胎,但获得胚胎后便停止冲胚则可导致还有胚胎仍在子宫内,引起怀孕。

其次,冲胚液残余带来的子宫内膜炎的问题。条件允许应该在冲胚后进行子宫内膜炎检查,即使子宫内只有少量积液也应该进行子宫灌洗。几天后对母马进行检查,确定其进入发情周期。在子宫冲胚后合适的时间还要对子宫液培养,检查细菌滋生情况。

## 第五节　马的辅助生殖

辅助生殖涉及面较广,主要指从分离卵子到产生后代的一些技术和流程。在马上,最重要的辅助生殖技术有卵母细胞移植、胞质内精子注射、配子输卵管移植、体外受精和核移植克隆技术。这些技术除了核移植克隆技术,都是为了让无法提供胚胎的母马或精液不足以获得高的受孕率的公马产生后代。这些技术基本都需要专业的人员和仪器。马的大部分辅助生殖技术都是在近十年发展起来的,目前在发达国家已广泛用于商业。我国应依据不同地方马种特点,尽快建立各项技术体系,开创这些技术的本土化应用,从而推动我国马业的科学发展。

### 一、卵母细胞的获取

1. 从优势排卵前卵泡获取卵子

从优势卵泡获得卵母细胞。母马体内,我们可以通过注射促性腺激素,阴道超生卵泡抽取或从侧壁用针管吸取等方法从优势卵泡中获取卵子。优势卵泡能够提供 1~2 枚具有好的发育潜能的卵子。优势卵泡提供健康卵子的机率为 70%~80%,因为此时卵丘卵母细胞已经从卵泡壁脱落准备排卵。

监控卵泡生长并在准确的时间注射促性腺激素是成功从优势卵母细胞中获得卵子的关键,这种操作每次只能抽取 1~2 枚卵母细胞。超排处理对获取更多的卵母细胞没有太大帮助,卵巢会因第一个卵泡被抽空而塌陷,不利于再次抽取。抽取卵母细胞的简单操作,一般利用 13~15 号针孔、20cm 针头配上套管从侧壁抽取。抽取时一个手通过直肠固定卵巢,另一只手操作针头抽取卵泡液。套管另一侧是 50mL 塑料针管和延长管。

由于卵泡是经过促性腺激素刺激获取的,因此我们从优势卵泡内获得的卵子已经进入核成熟阶段,因此体外培养只需要从排卵到成熟完全所需的时间。

2. 从未成熟卵泡获取卵子

马卵巢未成熟卵泡也可以获取卵子,因为它们体积小所以有必要利用 B 超辅助抽取卵泡。从这些卵泡获取的卵子还未成熟,需要在促性腺激素存在的情况下完成体外成熟。当卵巢上所有的卵泡都被吸取,有些卵子来自于次级卵泡、有些来自于生长卵泡、还有一些来自于闭锁卵泡,因此,通过体外成熟操作大约只有 50%~60%的卵子会达到成熟。且所获得的成熟卵子在受精之后的发育率也低于来自优势卵泡的卵子。此外,从未成熟卵泡抽取卵子的成功率较低,一般为 15%~30%。基于以上原因,临床辅助生殖项目中常用优势卵泡获取卵子用于商业化卵子移植或卵子在体外成熟受精(ICSI)。

近几年也有关于利用 TVA 进行未成熟卵泡抽取,卵子获得率大于 50%的报道。ICSI 培养至囊胚阶段再被移植给受体母马,在这个过程中获取更多的卵子,可以有效地克服卵子质量问题从而获得较高的妊娠率(大概 48%),这比只抽取优势卵泡经过 ICSI 得到的妊娠率(20%)明显有提高。据德克萨斯农林大学报道,他们在 2008 年繁殖季对夸特马每两周利用 TBA 从未成熟卵泡获取卵子,每抽取 9 个卵泡可获得 5 个卵子,之后利用 ICSI 获得囊胚的机率为 63%。

TVA 的操作移植枪前头需要安装阴道探头和超声探头。阴道探头内套有针头,实践中探头被放在阴道内,同时利用直肠触摸法控制卵巢,探头内有 12~17 号特制套管。卵巢可通过阴道壁成像,通过观察超声频,卵泡可以被直肠内的手放在针头下,针头会被穿过阴道壁进入卵泡内,在真空泵的帮助下抽取内容物。为了从未成熟卵泡中获得较高比率的卵母细胞,需要通过控制卵泡和针抽取卵泡,同时需要用针头刮卵泡壁,并利用冲卵液体进行反复(多达10次)的充满和抽空卵泡的操作。利用TVA技术从未成熟卵泡获取卵子的比率很大程度上依赖于技术人员的水平,不同实验室报道了获取率差别很大,从低于15%到高于50%的。

当母马即将死亡或需要出于医学原因被处以安乐死时,可以从他们身上获取卵子用于辅助生殖。卵巢被取出之后运送到具有收集卵子和体外培养能力的实验室。在实验室,用刀片将卵泡切割打开,卵可以从卵泡壁上刮取下来。之后用液体将刮下的细胞洗进培养皿中,随后用显微镜收集里面卵子。操作足够细心的情况下这一操作可达到80%的获取率,一般可以从一对卵巢中收获十枚卵子。与利用TVA从未成熟卵泡中获取卵子一样,这些卵子也需要完成加入促性腺激素的体外成熟过程。

影响死亡个体卵母细胞胚胎发育的因素还不清楚,关于这方面的研究很少。可能因素包括母马的年龄、疾病存在的时长和严重程度、采取的医疗手段、安乐死的方法、卵巢离体的时间、卵巢运输的温度等。有实验室报道称具有慢性疾病的供体母马外加较长的运输时间(12h以上)是导致较低的ICSI囊胚发育率(12~14%;正常的ICSI囊胚发育率为23%)的主要原因,这一因素还使胚胎移植后的妊娠率显著降低。2004年的一份报道称死马卵巢如果能在1h内送到实验室进行处理,可获得36%的胚胎发育率;如果是8~26h后处理,发育率则为10%。对屠宰场卵巢进行实验的过程中,有文献报道卵巢离体后6h内进行处理的ICSI囊胚发育率高于7h以上的情况,但经过低温保存的卵巢显著降低卵子成熟率。卵巢最好是在室温下6h内送到实验室。

依据多个实验室的临床研究结果,建议尽量使用麻醉(氯胺酮或甲苯噻嗪)后的活体母马获取卵巢;如果不可以则需要死亡后尽早摘取卵巢。安乐死时使用氯化钾也可降低发育率,但是没有确切的数据证明。

科罗拉多州立大学利用卵子移植技术,从25匹死亡母马中得到6个驹子或妊娠70 d以上的胚胎超过24%。2006~2009年德克萨斯农林大学利用

ICSI 从 16 匹死马获得了 21 枚囊胚,利用宫颈移植获得了 13 例妊娠,其中 10 个已经产驹或在妊娠期中(每匹马 63%)。

## 二、卵母细胞的移植

卵子移植是目前从母马单一卵子获得后代的最有效的方法。卵子移植技术的基础是能够对供体和受体母马进行卵泡生长同步化。通过同步化两匹马,使其同一天具有促性腺激素(HCG 或地洛瑞林)接受态的卵泡。2 匹母马同时注射促性腺激素,注射后 24~35h 从 2 匹母马卵泡抽取卵子。在卵子移植时,首先抽取供体母马卵泡内卵子,确定是否有卵可用于移植。受体母马一般在卵泡抽取之后对其进行输精,尤其是当能够确认该母马有卵子被移除,并且是一个好的受体的情况时。

如果受体母马处于非排卵期(发情间期或发情早期,没有 25mm 以上成熟卵泡),需要在移植之前注射雌激素、移植之后注射孕酮。这种情况可以不对供体和受体母马进行卵泡生长同步化,也不需要对受体母马进行卵泡抽取。据报道,还有多种激素处理对非排卵母马作为受体准备是有效的。

将供体母马的卵子移植到受体母马的输卵管的时间要与供体母马排卵期相一致(比如注射促性腺激素之后的 36~40h 或植埋地洛瑞林后 40~44h)。移植通过侧立剖腹术进行,在腹部开刀将卵巢移出,由于输卵管伞口部与卵巢接触,因此方便进行细管移植。将移液管或移植管中的卵子被转移到输卵管壶腹部,然后将卵巢被放回到腹腔内,缝合刀口。

母马平均卵泡抽取数为 1.2 个,这是因为有些卵巢拥有两个优势卵泡。由于兽医临床中使用的精子和卵子质量参差不齐,所以其妊娠率比实验室低(一般在 75%左右)。从老龄的母马(20 岁以上)获得的卵子,移植后的妊娠率要低一些。

## 三、选择卵子移植的母马

当由于宫颈、子宫或输卵管无法保证正常受精或造成 7d 以前胚胎死亡

（该时间点是通过子宫冲胚技术获得胚胎的时期）而无法使用胚胎移植时，才考虑对母马开展卵子移植。采用卵子移植的原因包括慢性子宫内膜炎、子宫积脓和难产导致的子宫和子宫颈破损。除此之外，一些先天不育（经常是因为精子或胚胎无法通过输卵管）的母马，通过卵子移植有可能获得后代。卵子移植开展需要能从供体母马中获取至少 1～2 枚卵子，最好是从优势卵泡中获取的卵子，也就是说，进行卵子移植的母马，要有正常的卵泡生长和排卵。

卵子移植不适合用于通过 TVA 从卵巢的所有卵泡获得多个卵子或从死马中获得的卵子上应用。因为此技术获得的大量卵子大多发育潜力较低。如果用于卵子移植，多个卵子需要被反复的经过多次手术移植给多个母马，或者需要将多个卵子同时移植给一个母马，而后者可能会因为多胎儿妊娠而导致流产。有研究者报道最多的一次将十四枚卵子移植到一个受体母马输卵管内，形成了八个早期胎儿，但是最终都以流产结束。因此从母马内获得多个卵子之后，进行 ICSI 再分别子宫颈移植体外形成的囊胚是更佳的选择。

卵子移植完成后，受体母马接受常规的输精操作，因此提供精子的公马需要有正常的繁殖力，如果精子质量较差也需要考虑 ICSI。

## 四、胞质内精子注射

ICSI 是对成熟卵进行体外受精的方法之一。进行 ICSI 时需在配置了显微操作臂的显微镜下，利用显微管拾取一枚精子注射到卵子内。目前由于马的标准 IVF 方法重复率和成功率较低，所以 ICSI 的应用比较广泛和成熟。

为了进行 ICSI，精子需要 swim-up 或密度剃度离心处理。这么做的目的是获得质优的精子而不是在精液内随机的选择精子。成熟卵被脱去卵丘细胞后放置在盖有石蜡油的小滴内，在旁边的小滴内放有精子并且该液体内需要添加 PVP 来保证降低精子运动能力。显微操作需要拥有 Piezo 的显微操作臂来执行，Piezo 设备能够提供穿透卵母细胞透明带和质膜所需的最小震荡力度，比起传统的尖针直入带来的损伤明显减小，可保证较高的胚胎发育率。显微镜下的操作流程为：先用固定针固定一枚卵子，用平口注射针从精子尾部吸取一枚精子，在 Piezo 产生的脉冲的作用下破坏精子膜，然后将精子注射到卵子胞质内，注射过程需要 Piezo 穿卵。

卵子受精后有三种方式将合子或胚胎移植给受体母马：第一种，通过手术法立即移植到受体母马输卵管。第二种经过 24～48h 培养后再用手术法将卵裂的胚胎移植到输卵管。第三种培养 7～8h 后将产生的囊胚利用子宫颈移植法移植给受体母马。如果多个卵同时进行 ICSI（尤其是当这些卵来自 TVA 或死马卵巢），前二种方式具有针对多个发育潜能未知的合子或胚胎进行手术移植的缺点，第三种方式是最佳的选择，因为这样可以保证每一个发育的胚胎均获得移植，同时提高产驹率。

目前不同实验室获得的体外囊胚发育率差异较大，从 10%～40%不等，这主要取决于卵的来源（体外或体内成熟；可育母马或不育母马）和培养体系。德克萨斯农林大学实验室目前的 TVA 法获得卵子经过体外成熟 ICSI，获得体外囊胚的比率为 33%，经宫颈移植获得妊娠率为 80%。

在生产实践中，ICSI 的成功率很有限，但是在兽医临床上的 ICSI 使用状况偶有报道。如，一个临床案例提到，从优势卵泡内获得的卵子进行 ICSI 之后，卵裂期胚胎输卵管移植卵裂率为 68%，50d 妊娠率为 31%，整体妊娠率为 21%。

也有关于应用 TVA 方法，对获取卵巢所有未成熟卵泡内的卵子进行体外成熟 ICSI，并培养到囊胚后进行宫颈移植的临床数据。该数据显示，从卵巢卵泡数量很高（平均 17）的热血马，每匹马获取了 10 个卵。在成熟培养后 66%的卵成熟并进行 ICSI。体外培养后达到 13%的囊胚率。移植后 60d 妊娠率为 55%，平均每匹马受孕率为 48%。

选择进行 ICSI 的母马和公马，当我们从母马体内获得多个卵子时可以利用 ICSI 技术，如利用 TVA 抽取所有卵泡或离体获得卵子。当从优势卵泡获得卵子却无法进行卵子移植时，也可以进行 ICSI 和体外培养至囊胚阶段。然而这种操作的妊娠率与卵子移植比，显著降低（卵子移植后的妊娠率为

75%,而ICSI之后利用获得的囊胚移植妊娠率大约40%)。

在临床上应用ICSI的主要原因是为一枚卵子受精只需要一枚活的精子。研究显示利用鲜精或解冻后精子进行ICSI对后期胚胎发育影响不大。比起冷冻精子,解冻之后稀释100倍再冷冻不会影响ICSI之后的胚胎发育。无活力的精子也可以用于ICSI,但其囊胚发育率比利用具有活力的精子要低。也有人报道利用活力精子进行ICSI时,胚胎发育率不受种马繁育率的影响。因此ICSI非常适合为精子数量较低的公马,比如只剩少许冷冻精液的已经死亡的公马个体或精子质量不足以进行标准的输精的个体。

## 五、配子伞口部移植

该技术的目的是将卵子和精子移植到输卵管处。操作流程和卵子移植基本一致,利用侧立剖腹术,但需要精子和卵子一同放入输卵管。这种方式的优点是可以利用低质量或低数量的精子进行卵子移植,同时降低卵子受体患子宫内膜炎的机率。卵子移植比胚胎移植的受体母马患子宫内膜炎的比率较高,这可能因为抽卵时使用的镇定剂和平滑肌松弛素干扰子宫肌收缩,导致子宫内精液和残留物无法清除。

有报道称利用新鲜没有稀释的精液进行配子伞口移植,能够获得较高的妊娠率(82%)。该研究中在输入输卵管之前,精子进行了密度梯度处理,然而利用冻精或低温精液妊娠率都较低。鲜精处理可能是限制该移植方法在生产上应用的主要原因。

## 六、体外受精

IVF(共孵育精子和卵子以达到受精)是绝大多数动物进行体外卵子受精的标准流程,但是在马上有所不同。马由于精子体外穿透透明带的能力不足,导致马的IVF效率较低。所以ICSI成为马体外卵子受精的主要方法。近期的研究表明精子超激活中存在的问题,可能是导致IVF失败的原因。

利用化学方法进行精子超激活之后,受精率可以提高到50%以上。IVF方法比ICSI成本低,节省人力,但是其体外受精手段的研究有待加强。

## 七、核移植和克隆

通过核移植方法获得仔驹在马上是可复制的成熟技术。2003年首次报道成功克隆马属动物,分别由胎儿细胞获得的马骡和从成体体细胞获得的马。到目前为止只有三个实验室报道能够从成体体细胞核移植获得克隆马:(1)意大利Cesare Galli博士的实验室报道制作了三匹克隆马驹,其中两匹存活,1匹发育终止,他们全部来自于同1匹母马的体细胞。(2)德克萨斯农林大学报道获得了14匹克隆马驹,其中12匹存活。(3)一家名为Via Gen的商业实验室通过新闻媒介,报道了克隆马驹的实验。

其中德克萨斯农林大学实验室制作克隆马的效率较高。从他们多年积累的数据看,克隆胚移植后妊娠率为66%,妊娠后产驹率为50%,移植胚胎平均活驹率为33%。这个比率比其他物种报道的移植胚胎平均活仔率(5%~10%)明显高。

进行克隆,首先要从供体动物获得组织样品。所需样品通常只需要从皮下组织割取极小($0.5cm^2$)的一块。获得的组织需要立即放入冷却的培养液中并运回实验室培养。经过几周的培养,成纤维细胞生长增殖达到一定数量后,冷冻保存用于后期克隆操作。当进行克隆操作时,需要从供应卵子的个体上获得成熟卵子用于放入供体细胞核。一般来说可以用屠宰场卵巢来源的卵子。

核移植操作要在安装了操作臂的显微镜下进行。成熟卵中包含了染色体的中期板核极体需要被去除,随后,来自供体的细胞直接注射到卵胞质或放置到卵周隙内,再经过电子脉冲完成质膜融合。细胞与卵子融合之后通常利用钙内流或移植特异性细胞周期蛋白的原理,使卵子进入胚胎发育进程。卵子继续分裂形成,一个染色体来自供体细胞的重构胚,因此产生的仔驹拥有和供体细胞来源动物一致的遗传物质。

核移植操作之后,胚胎在体外被培养到囊胚阶段。目前世界上最好的实验室克隆囊胚率(5%~10%)比ICSI囊胚率(25%~35%)明显低。核移植囊胚宫颈移植妊娠率也比ICSI囊胚低(66%VS. 80%)。

克隆胚的妊娠失败可以发生在妊娠各个阶段。克隆驹出生不适应症、脐带增大、肌腱收缩和前肢外翻等畸形率较高。但是经过医治,只要克隆驹存活超过2周,大都可以恢复正常。有报道称出生的17匹活驹中有3匹分娩后,分别因为败血症急性肺炎和膀胱手术麻醉期间的低血压性发作而死亡。

## 八、克隆马的选择

克隆技术应该是繁育中保留遗传优势的方法,而不应该用于产生具有一定基因型的个体。有不少报道表明克隆驹在出生时有严重的健康问题,即使在成年后也会受到影响。尽管克隆驹与供体马有相同的遗传背景,他们可能拥有基因表达水平上的差异(因为表观遗传差异),因此表型上会与供体马有所差异。但是克隆马进行繁殖活动的后代都是正常的。

选择克隆什么马,很大程度上取决于繁育目的。当一个有价值的血统马无法产生后代,或马主人想要获得与这些马相同背景的更多的后代时,可以考虑克隆技术。克隆技术的应用主要是拯救优秀的去势个体的遗传能力。这样获得的马驹一般会用于配种,有潜力成为优秀的种马。

目前世界各地主要的赛马或育马协会还不承认克隆马。在世界不同地区,克隆马能否获得注册权并参加各类比赛,一定程度上决定了马主是否选择克隆马驹。

克隆马驹拥有供体马染色体DNA。然而克隆马驹的细胞同时拥有细胞来源的线粒体和卵子来源的线粒体DNA。这不会影响雄性克隆马产生的后代,因为受精时精子线粒体会被清除。然而由于雌性克隆马卵子含有克隆马体细胞相同的线粒体(也包含制作克隆时受体卵的线粒体),该雌性克隆马会将这些线粒体传给后代。因此克隆母马的后代遗传物质并不是100%

与最原初的母马一致。这种线粒体异源性对后代表型的影响在马上还不清楚,但是有牛上的数据显示供体牛和克隆牛在生长速度和产奶量上没有差异。

在美国等发达国家,以上这些辅助生殖技术在十年之前就已从研究实验室推广到兽医临床,而我国在这一方面无论是技术还是人员应用环境都明显滞后。

# 第六节　马的妊娠、接产及产后护理

母马的妊娠期是指自受精日起到分娩结束的期限,通常在305~395d,平均335d。初产的母马比经产母马的妊娠期短一些。另外分娩的月份、幼驹的性别和大小、遗传、个体差异及营养水平都对妊娠期的长短有一定的影响。马的妊娠期可划分为3个时期:胚泡期、胚胎期、胎儿期。

## 一、母马的妊娠变化及妊娠诊断

母马怀孕后其体型、卵巢、子宫和体内的激素(孕马血清、孕酮、雌激素)水平都发生显著的变化。通过这些变化可以快速准确的判断母马是否怀孕和妊娠时间。

母马的妊娠诊断通常在最后一次配种或授精后的第20~25d进行检查。可用直肠检查、B超和实验室诊断等方法进行,最常用且简便易行的方法是直肠检查法。该方法通过直肠触摸卵巢和子宫的形态、位置、质地以及子宫中动脉的粗细和波动变化来确定是否妊娠和妊娠时间。孕期子宫、卵巢变化(图11-14);胚胎发育规律(图11-15)及胎儿体位变化(图11-16)。

妊娠20~25d:一侧卵巢上有黄体和卵泡,体积增大。孕角基部和子宫体交界处膨大;可触到小而柔软的孕体,直径在2.4~2.8cm。在25d孕体膨大,直径可达3~3.4cm。子宫角收缩成圆柱状,孕角较短,空角常形成弯曲,触诊时子宫无收缩反应。

妊娠30~35d:卵巢上有黄体和卵泡,孕侧卵巢为梨形,未孕侧卵巢仍然为肾形,通常是一侧的卵巢较大并略微下垂。两个子宫角均变粗、变圆、有弹性,孕角更为粗短,空角比较柔软,子宫底凹陷。子宫角和子宫体连接部较肥厚、膨大,形成一泡状椭圆形的囊胚。妊娠30d孕体直径为3~4cm;35d时达到4.5~6cm。有时会感觉到波动,尿囊内有尿液40~50mL,羊膜囊直径为1.5~2cm,羊水约1.5mL。

妊娠40~45d:两侧卵巢增大,孕侧卵巢下垂,孕体直径为6~7cm,大小似垒球。孕体膨胀呈半圆形的隆凸,占据孕角的后半部及一部分子宫体;可将膨大部分握在手掌心内进行触诊,感觉壁较硬且有波动。囊胚呈不规则的圆形或椭圆形。空角的后角变粗,两角均变短,孕角更短,轮廓不清。空角柔软,外形清楚,这时尿液有160~180mL,羊水4~5mL。双胎妊娠时,每侧子宫角的基部各有一孕体。

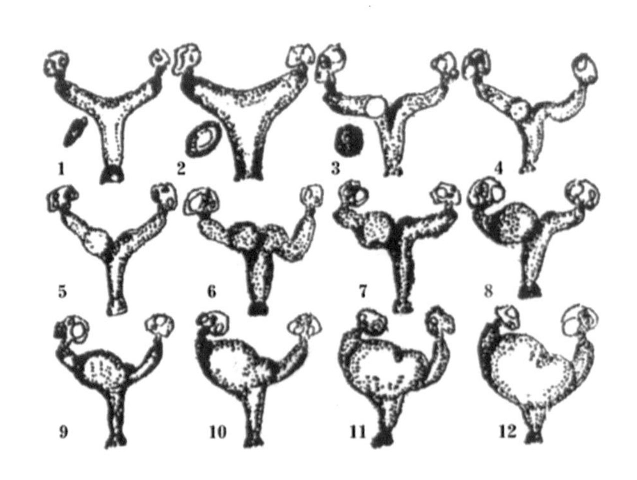


图11-14 母马孕期子宫和卵巢的变化

妊娠50~60d:两侧卵巢均增大下垂,孕角侧卵巢下降到相当于骨盆腔高度的1/3,并向中线靠拢。孕体呈圆形,大小约13cm×9cm,孕角及子宫体增大变圆,形成大小似新生儿头的紧张囊胚,触诊子宫壁感觉较硬或者较薄而柔软。有时交互出现这两种感觉,孕角比空角大 1.5~2 倍。两子宫角的粗细明显不同,子宫体垂到骨盆底的水平面上。

妊娠 90d:两侧卵巢下降到骨盆前缘靠近骨盆入口直径的中点,孕体达 23cm×14cm,孕角及子宫体膨大成似人头大的长形分叉囊状物,由耻骨前缘向腹腔下沉,并略偏于左侧,有波动感。孕角比空角大 2.5~3 倍,孕角侧子宫阔韧带紧张,卵巢系膜前缘易紧张。

妊娠 120d:卵巢降到骨盆底的水平面上,两个卵巢更为靠近。子宫颈位于骨盆底前缘,子宫呈袋状沉入腹腔,像大西瓜样的长形囊状物,表面紧张波动明显,有时可触到胎儿。孕角侧子宫中动脉有微弱的妊娠脉搏,时隐时现,管壁变的稍粗,孕角比未孕角大 3~4 倍。

妊娠 160d:与 120d 的情况大致相同,只是卵巢位置更低更靠前,位置不固定,难以触摸到,子宫更大更向腹腔下沉。孕角的子宫中动脉震颤明显。

妊娠 180d:子宫沉入腹腔的下部,被空肠及大肠所盖,不易触摸到,子宫阔韧带紧张。孕角的子宫中动脉震颤明显,未孕侧子宫中动脉宜开始出现微弱的妊娠脉搏。

妊娠 210d:子宫位于腹腔中部,轮廓不清楚,但很容易摸到胎儿。子宫颈向腹腔下降,左右两侧子宫中动脉震颤均很明显,但未孕角的子宫中动脉较细,孕角侧子宫后动脉开始出现妊娠脉搏。

妊娠 270d:因子宫角增大,子宫颈回到骨盆腔耻骨联合的前缘,在腹腔内容易触到胎儿。除了两侧的子宫中动脉有明显的“震颤”外,孕角侧子宫后动脉妊娠脉搏也变得明显。

妊娠 300d:手伸入直肠就可触及胎儿的前置部分,双侧的子宫中动脉和后动脉脉搏均明显,为孕侧的子宫后动脉开始变得清楚,外表已出现分娩预兆。

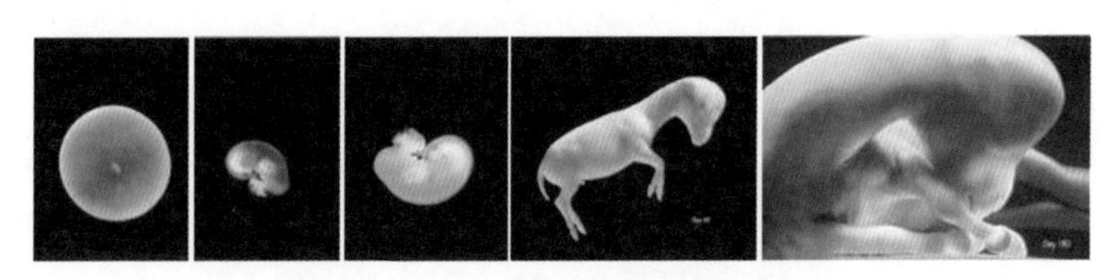

图 11-15　马的胚胎发育过程

图 11-16　马的胎儿在母体内不同阶段的体位

## 二、马流产的预防

由于马的胎盘为弥散性胎盘,相对而言流产的情况比较多一些,因此,在对母马孕期的管理应格外注意,为了预防母马的流产,应注意以下几点。

1. 淘汰易流产的母马。

2. 给易流产的母马注射孕酮,进行保胎。

3. 对新引入的马,不能和孕马混群。

4. 对于感染过传染病的场地,要隔离消毒 3 周以后才能用于孕马的饲养。

5. 注意马厩内的温度恒定。

6. 减少孕马的运输,如有在运输 5~8h 后必须停下休息。

7. 不能吃霜草或发霉饲料,不喝冰渣水。

8. 对于怀孕 60d 之内的母马,勿注射疫苗。

9. 营养搭配要均衡,保证七成的膘度,为胎儿正常发育打下良好的基础。

10. 对孕马要固定责任心强,有经验的人员来管理和使役。使役要量力而行，防止过度疲劳，严禁乱使滥用和粗暴对待，同时要防止跳沟、踢咬、急转、挤撞、打冷鞭、炸群等。

11. 对于速度马，妊娠 120d 的母马不允许参加比赛。

12. 在母马进行最后一次配种后 16~24d 进行妊娠检查，把确定妊娠的母马做以明显的标记，以便人们注意。

13. 应让怀孕母马做适当的运动，提高免疫力。

通常在夜间分娩，尤其在凌晨 2:00~5:00 多见。

## 三、分娩前的准备及接产

在接产前，应该根据预产期的测算和母马在产前的症状预估分娩时间并提前做好接产准备。母马预产期是在孕前最后一次配种月减 1、日加 10 的方法计算。母马产前的临产症状包括：产前 1~2d，外阴部发生肿胀；乳头上有凝结的蜡状物，乳房胀奶，有的自动流出；臀部下陷，肌肉松弛，腹部由横变窄；欲分娩时，母马精神不安，拒绝饮食，时起时卧。常常回顾腹部，举尾弓腰做排尿动作，甚至全身出汗。当马出现以上症状时应立即做好接产准备工作，如：准备产房和接产人员、用具和药物、母马的局部消毒等。

分娩时，产房内必须保持安静，严禁生人进入。接产人员在暗处角落仔细监护或摄像探头观察。驱赶母马，避免靠墙躺卧。当母马经过几次阵痛，卧地努责并不再站立时，接产人员上前接产。接产人员靠近母马后应立即检查胎位，如正位（头位或尾位）通常在 20~30min 能顺利娩出，否则做好助产准备。接产时，接生员应注意以下事项。

1. 胎儿头部露出后，若胎衣不破，可用消毒过的双手从胎衣下部撕破，将胎衣翻转到母马的臀上部，用毛巾擦拭口鼻，扣净黏液。

2. 在娩出的过程中，特别保护胎儿的头部，尽量避免与地面接触。

3. 两前肢娩出后，应防止娩出过快，损伤母马引道。此时要顺着胎儿的前肢向下拉，至后躯娩出后，可将胎儿的后肢暂留在产道内，接产人员开始处理脐带。

4. 剪断脐带时要握住脐带根部，先向胎儿方向捋顺，使血液尽量留在胎儿体内，待脐带脉搏停止后4~5min，再向母体方向捋顺。将脐带捋细扯断或在距幼驹身体的4~5cm处将脐带剪断，然后进行止血消毒。

5. 断脐完毕后将幼驹移至清洁干燥的垫草上让母马舔舐。

6. 母马站起后及时检查产道有无损伤，处理胎衣。

7. 对难产的母马给予助产。

### 四、产后护理

1. 清理胎衣、粪便和污染的垫草，产房内换上干净的垫草。对母马的外阴和尾根等污染处洗净消毒。

2. 在幼驹站起前，要用毛巾将眼、耳、口、鼻及全身各部位被毛彻底擦干，并用消毒液将母马乳房和幼驹能够接触到的部位彻底消毒，然后用温水擦干。

3. 幼驹产后约1~2h就能站立，在站立不稳期间，要有专人照管，以防跌倒碰伤，尤其要保护头部。

4. 初生驹在能自行站立后，应尽早吮吸初乳。

5. 初生幼驹，对寒冷等自然条件缺乏适应能力，容易发生感冒，要注意保温，防止贼风。

## 第七节　马的亲子鉴定

亲子鉴定在马的谱系建立、系统育种和保种中起着关键的作用。在现代生物学形成之前，马的亲子鉴定主要靠对体型、毛色等外貌特征的比对，这种方法猜测的成分大，基本无法给出正确答案。随着现代分子技术的诞生，从20世纪中期开始，就有了通过对红细胞抗原特性鉴定等血液遗传检测方法为主的较为准确的亲子鉴定的方法。20世纪60年代美国科学家们将人类血型检测技术应用到马亲子鉴定研究,最终发现8个血型遗传系统的34个遗传因子;后来加上对于蛋白质和酶的研究,科研人员共发现了16个血型遗传系统的82个遗传因子可作为亲源鉴定的分子。此后,实验室通常选取12~15个遗传系统进行血液遗传检测。从20世纪90年代左右随着PCR技术的成熟,开始使用DNA进行亲子鉴定,取代了传统的血液分型方法。使用DNA检测可以大幅度降低检测和收集、运送和储藏检测样品的成本,而且DNA检测并不一定需要从血液样本中提取DNA,它可以从任何组织中进行提取。如带毛囊的毛发,无须进行冷冻或冷藏即可长时间保存。随着马参考基因组的完成,人们可以对马进行便宜、快速、可重复的亲子鉴定检测。

目前在马上进行亲子鉴定的主要有两种技术:微卫星技术和单核苷酸多态性(SNP)技术。微卫星技术较SNP技术诞生的晚,目前这两种技术都在被用于马的亲子鉴定。

## 一、微卫星技术

微卫星是均匀分布于真核生物基因组中的简单短串联重复序列短串联重复序列(short tandom repeat,STR),由2~6个核苷酸的串联重复片段构成,重复次数通常为10~20次,又可称为简单重复序列,是真核生物基因组重复序列中的主要组成部分。依据重复单元种类的不同,微卫星可被分为单纯(pure)STR、复合(compound)STR和间隔(interrupted)STR三类。所谓单纯STR是指微卫星序列由单一的重复单元如:(AT)n或(CG)n所组成;复合STR是指微卫星序列由2个或多个重复单元连接组成,如:(GT)n(AT)m,间隔STR则是微卫星两个重复序列间杂非重要单元的核苷酸,如(AG)nAA(AG)m等。

微卫星的特点有:(1)分布的广泛性,微卫星均匀地分布于所有真核生物基因组中,大量广泛存在于基因的间隔区、内含子、外显子和调控区(如启动子、增强子)。(2)有高度特异性,一个物种两个个体,除了同卵双生个体之间,完全相同的概率为三千亿分之一。(3)共显性遗传,遵循孟德尔遗传定律。(4)多态性信息含量较高。(5)可做到多位点变异检测。

20世纪90年代研究人员发掘了一系列马的微卫星标记,后经国际认定使用12对微卫星标记AHT4、ASB17、ASB23、HMS3、HMS6、ASB2、HMS7、HTG10、HMS2、AHT5、VLH20以及HTG4用于对马的基础亲子鉴定检测,当12对微卫星无法推测亲子关系的时候,可以额外增加到17对或22对微卫星标记。举例说明,如有公马A和公马B,一匹母马C,一匹幼驹D,如何通过微卫星分型方式来进行亲子鉴定。假定在AHT4位点,公马A的杂合等位基因为L和Q,公马B的杂合等位基因为L和M,母马C的杂合等位基因为K和Q,幼驹的杂合等位基因为K和M,基于进行亲子鉴定的基本原则,幼驹的遗传因子要来自父母其中的一方。基于此例,幼驹的K等位基因来自于母马,幼驹的M等位基因来自于公马B。因此通过对微卫星位点AHT4的检测,可以排除公马A是幼驹D父亲的可能性。再举一个例子,比如说在HTG6这个微卫星位点,公马A的杂合的等位基因为L和P,公马B的杂合等位基因为K和L,母马C的杂合等位基因为K和P,幼驹的杂合等位基因为K和L,同样的,幼驹的遗传因子至少来自父母的一方。公马A包含有等位基因L,公马B包含有等位基因K和L,母马C包含有等位基因K,所以,通过HTG6这个微卫星位点无法排除哪匹马不是它的父母。鉴于此,通常推荐至少使用上述所推荐的12对微卫星标记对马进行亲子鉴定检测,如果这12对微卫星标记依然无法区分的话,可以通过增加微卫星标记到17对或更多进行进一步鉴定。

微卫星分型在亲缘鉴定领域主要利用DNA指纹图谱、聚丙烯酰胺凝胶电泳、毛细管电泳检测、PCR-RFLP检测和多重PCR微卫星荧光标记全自动基因组扫描等。

## 二、SNP技术

单核苷酸多态性是指在基因组上单个核苷酸的变异,包括转换、颠换、缺失和插入,形成的遗传标记,其数量很多,多态性丰富。从理论上来看每一个 SNP 位点都可以有 4 种不同的变异形式,但实际上发生的只有两种,即转换和颠换,二者之比为 1∶2。SNP 在 CG 序列上出现最为频繁,而且多是 C 转换为 T,原因是 CG 中的胞嘧啶常被甲基化,而后自发地脱氨成为胸腺嘧啶。一般而言,SNP 是指变异频率大于 1%的单核苷酸变异。在人类基因组中大概每 1000 个碱基就有一个 SNP,人类基因组上的 SNP 总量大概是 3×106 个。因此,SNP 成为第三代遗传标志,人体许多表型差异、对药物或疾病的易感性等等都可能与 SNP 有关。微卫星检测通常有以下几种情形会增加区分的难度或难以区分。如同一个受精卵分裂成的两个胚胎,双胞胎(两个精子配两个卵子),通过分裂胚胎进行的克隆。当然,除了微卫星标记进行亲子鉴定之外,还可以使用马的高密度基因芯片对马进行亲子鉴定,一个马的芯片包含了 7 万个 SNP 位点,它可以更加精准地对马匹进行亲子鉴定。可现今的主要问题在于,马的微卫星检测成本大概是马的芯片检测成本的十分之一,而微卫星检测已经能从统计学上较为精确地进行亲子鉴定工作。此外通过微卫星标记进行的亲子鉴定的大量数据已经存储在了国际数据库中,后续可以通过分析现存的数据进行比较,而芯片数据还无法做到这一点。随着芯片价格测序成本的进一步降低,不久有望通过更大规模的 SNP 位点的研究,对马进行更加快速精准的亲子鉴定研究。

在亲子鉴定方面,SNP 相对于微卫星的优势在于以下三个方面。

(1) SNP 蕴含的信息量比微卫星大。尽管就单个 SNP 而言只有两种变异体,变异程度不如微卫星,但 SNP 在基因组中数量巨大、分布频密,因此就整体而论,它们的多态性要高得多。

(2) SNP 比微卫星更稳定可靠。由于选择压力等原因,SNP 在非转录序列中要多于转录序列 c。由于基因组中为蛋白质编码的序列仅约为 3%,绝大多数 SNP 位于非编码区,且十分稳定,而 STR 基因突变率明显高于基因组的平均突变率。

(3) 微卫星中存在复杂的多态性。例如,同一长度不同序列中存在着多个核心序列重复、核心序列的非整倍重复等现象,增加了微卫星准确分型的难度,而在 SNP 检测中不存在此类问题。

目前常用的 SNP 分型方法有限制性酶切法,直接测序法,基因芯片技术和质谱仪检测等。

第十二章

# 马的饲养与管理

良好的饲养与管理体系是保证马匹健康和动物福利、充分发挥生产性能的重要保障。科学饲养需要根据马的消化特点和营养需要,按照马的生物学特性及生理机能特点,实行关键控制点的标准化管理。本章主要针对种公马、繁殖母马、马驹、运动用马的不同生理特点和营养需要,总结不同阶段马的饲养管理要点和措施。

# 第一节　种公马的饲养与管理

优良种公马的精液品质高,配种后受胎率高,其后代马驹的体质强健,且会遗传父代的优良特性。种公马饲养管理影响整个马群的品质和发展。加强种公马的饲养管理,旨在提高和充分发挥其配种能力。保持公马健壮的体质、种用体况、充沛的精力、旺盛的性欲,能产生大量品质优良的精液,提高受精率。为此必须根据种公马的配种特点和生理要求,在不同阶段,给以不同的饲养管理。种公马可按配种期与非配种期分别进行科学合理的饲养管理。

## 一、种公马的营养需要特点

关于种公马营养需要的研究较少,这与种公马的数量稀少有直接原因。一般纯血种公马的留种率一般为 6%,相对应的母马为 52%。NRC1989 年以前的版本未给出公马的营养需要值,到 1989 年以及 2007 年的版本中列出了种公马的营养需要值。表 12-1 列出的是不同体重以及不同状态下(配种期和非配种期)种公马的营养物质需要量。可以看出,不同体重的公马营养需要不同,而且在配种期间每日的营养需要比非配种期高。

表 12-1　种公马日营养需要量[1]

| 体重/kg | 状态 | 消化能/Mcal | 粗蛋白/g | 赖氨酸/g | 钙/g | 磷/g | 镁/g | 钾/g | 维生素 A/X1000IU |
|---|---|---|---|---|---|---|---|---|---|
| 400 | 非配种期 | 13.4 | 536 | 19 | 16 | 11 | 6.0 | 20.0 | 12 |
| | 配种期 | 16.8 | 670 | 23 | 20 | 15 | 7.7 | 25.5 | 18 |
| 500 | 非配种期 | 16.4 | 656 | 23 | 20 | 14 | 7.5 | 25.0 | 15 |
| | 配种期 | 20.5 | 820 | 29 | 25 | 18 | 9.4 | 31.2 | 22 |
| 600 | 非配种期 | 19.4 | 776 | 27 | 24 | 17 | 9.0 | 30.0 | 18 |
| | 配种期 | 24.3 | 970 | 34 | 30 | 21 | 11.2 | 36.9 | 27 |
| 800 | 非配种期 | 22.9 | 914 | 32 | 32 | 22 | 12.0 | 40.0 | 24 |
| | 配种期 | 28.6 | 1143 | 40 | 35 | 25 | 13.1 | 43.4 | 36 |

1. 种公马能量需要特点

种公马的能量需要主要由维持能量需要以及配种能量需要两部分构成。配种能量需要主要是配种活动和精子生成所需能量的总和。据测定，交配时公马所耗热能比休息时增加 6 倍，脉搏加快 1 倍，呼吸次数多 5 倍。精子形成所需能量占饲料总能量的 1/8~1/3。

能量对促进公马性器官的发育、早熟有很大关系。能量不足会导致未成年公马睾丸发育异常，降低成年公马的性欲和精液品质。种公马的日粮能量供应必须满足营养需要。因此，一般喂给公马的饲料都不是严格按照饲养标准需要量，而是适当多于饲养标准的量，非配种期的能量需要为维持需要的 1.2 倍，配种期的能量需要为维持需要的 1.5 倍。其导致公马饲料及能量供应量过多，但是过多的能量也会导致一系列问题和麻烦，能量过高会降低公马性欲，神经迟钝，肥胖臃肿，不利于配种。此外，种公马需要的能量主要来源于日粮中的可溶性碳水化合物，碳水化合物占饲料比重的 2/3，是马匹日常的重要营养物质。当单次摄入过量时，马的小肠无法短时间内消化吸收大量的碳水化合物，不被消化的部分从小肠到达大肠，大肠中微生物菌群利用营养物质制造酸性环境，改变菌群数量和大肠完整性。这种改变不利于马匹健康，可导致蹄叶炎并跛行。另外，不被消化的大分子碳水化合

[1] 注：数据来源于马的营养需要 NRC(2007)

物也会造成小肠的溃疡，尤其是十二指肠，是造成马经常性腹痛的原因之一。蹄叶炎分急性、慢性，慢性蹄叶炎的疼痛会降低公马的性欲，急性蹄叶炎可能会使公马丧失做种用的能力。因此在饲喂公马时，对含有可溶性碳水化合物过高的能量饲料（如玉米和大麦）一定要小心慎重，喂量不可过多。

2. 种公马的蛋白质需要特点

蛋白质是种公马重要的营养元素。蛋白是所有组织的重要组成部分，包括绝大部分酶、激素和抗体。蛋白质由氨基酸链构成，其中 20 种基本氨基酸构成绝大多数蛋白质。马作为非反刍动物有 10 种必需氨基酸：精氨酸，组氨酸，异亮氨酸，亮氨酸，赖氨酸，蛋氨酸，苯丙氨酸，苏氨酸，色氨酸和缬氨酸（NRC，1998），必需氨基酸是体内不能合成或者合成不能满足身体需要，必须从饲料中获取的氨基酸。NRC 建议在日粮中有 8%的蛋白质（90%的干物质基础）可以满足需要。日粮蛋白质供应不足，将影响公马的体况且降低其性欲。食入蛋白质过多，不但浪费，而且会加重公马肝脏的负担。一般种公马日粮蛋白质的水平维持在 10%~13%之间，按照精粗比 50∶50 计算，如果优质牧草能够提供 10%的蛋白质，精料提供 10%的蛋白质便可以满足需要。如果粗饲料仅饲喂禾本科青干草，茎多叶少，质量稍差，如羊草蛋白质水平为 7%，那么日粮中精料蛋白质水平应达到 13%或更高。氨基酸是蛋白质的基本组成单位，日粮中应保证蛋白质水平及品质。日粮中缺乏一种氨基酸导致其他氨基酸的利用，这种氨基酸叫作限制性氨基酸。在马的日粮中，赖氨酸是一种最常见的限制性氨基酸。因此，一般在种公马的日粮中需要添加一定量的赖氨酸来提高饲料蛋白质的利用率，提高种公马的生产性能。

3. 种公马的矿物质需要特点

钙和磷是矿物质中最重要的常量矿物质。日粮中钙和磷的比例最好维持在 1.5∶1~2.0∶1，不能低于 1∶1，否则钙的吸收率会降低。成年马缺钙会导致骨骼变弱，出现隐性转移性跛行（insidious shifting lameness）。饲料中磷不足，成年马则出现软骨症。配制马的日粮时一般补加磷酸氢钙（含 21%的钙，18.5%的磷），满足钙、磷需要，补钙量相对多一些；如果磷已满足需要，

而仅钙不足,需补加石灰石粉(含38%的钙,不含磷)。

微量元素硒具有提高动物繁殖性能的作用。对于种公马而言,在精子线粒体囊中,大约有接近一半的囊物质是硒蛋白磷脂过氧化氢谷胱甘肽过氧化物酶,在精子形成的初期,起到抗氧化、清除自由基的作用,可以防止细胞生物膜免受氧化攻击损害,随着精子的成熟,其过氧化物酶活性逐渐失活,并最终成为精子线粒体结构蛋白的一部分,对于维持精子鞭毛结构和完整性有重要作用。因此,硒是种公马重要的微量元素。NRC(2007)建议马的日粮中硒的需要量为0.1 mg/kg。

4. 种公马的维生素需要特点

维生素主要包括脂溶性维生素和水溶性维生素。脂溶性维生素又包括维生素A、维生素D、维生素E、维生素K。水溶性维生素包括B族维生素和维生素C两大类。种公马饲料中容易缺乏维生素A和维生素E,需要额外补充。

(1)维生素A是动物所必需的脂溶性维生素,自身不能合成,必须由日粮提供。植物饲料中的类胡萝卜素是维生素A原,动物在体内可以将其转化为维生素A,其中以β-胡萝卜素效价最高,但不同动物对其转化率不同。维生素A具有许多重要的生理功能,可影响动物的繁殖能力。现有文献表明维生素A可能通过以下几个方面对公畜繁殖机能产生影响:①维生素A是精子的结构成分。Gambhir(1975)发现,公牛精子中含有维生素A,其中90%存在于顶体中。②精子中含有代谢活动所需的各种酶,维生素A可能通过影响酶的活性来影响公畜的生殖机能。③维生素A影响动物的生殖器官。维生素A对睾丸组织上皮的正常分化有很大影响,缺乏维生素A导致动物睾丸生殖上皮细胞发生退行性变化,精子生成减少或停止,生殖上皮细胞有不同程度的变形。④维生素A可影响公畜的内分泌系统。维生素A不足时可引起垂体囊肿,腺垂体细胞排列疏松、水肿,肾上腺也受到不同程度的破坏。⑤血浆中维生素A的含量与动物精液品质有关。因此,种公马饲料中必须提供充足的维生素A。

(2)维生素E又称生育酚、抗不育维生素,最主要的功能是抗氧化,具有促进精子生成与提高精液品质等功能。维生素 E 缺乏时，公畜睾丸发生病变，曲精细管上皮萎缩，精子形成受阻，精子数量减少，活力降低，出现死精现象，甚至导致睾丸退化、萎缩，以致丧失生殖力。

一般青绿饲料、青贮饲料和胡萝卜中含有丰富的 β-胡萝卜素，青绿饲料、青干草及谷实类饲料中富含维生素 E，特别是饲料胚芽中（一般常用麦芽）含丰富的维生素 E，通过以上饲料供给，一般可满足维生素 A 和维生素 E 的需要。

## 二、种公马的饲养管理

1. 配种期种公马饲养

（1）饲养

种公马在配种期一直处于性活动的紧张状态。为保证它的种用体状和旺盛精力，在配种开始前 2～3 周应完全转入配种期的饲养，加强管理，注意日粮配合、运动量和精液品质三者密切配合，保持三者间的辩证关系，配种增加，营养需要增加；配种减少，营养减少。营养增加，配种不增，运动量就要适当增加。

配种期应增加精饲料，满足公马对能量、蛋白质、矿物质及维生素的需要。在配种季节开始的前 2～3 周，增加公马饲喂量，可能导致公马的体重略有增加。在配种季节，公马需要更多的能量、蛋白质、矿物质和维生素，需要在整个日粮中增加精料水平。根据文献报道，配种期间公马每日所需饲料的饲草和精料的比例为 50∶50～70∶30。精粗比例主要受以下因素影响：不同公马个体差别、青干草的质量和精料中能量水平的差异。大部分精料用来满足马的日常能量需要，低能量饲料饲喂量大，反之低能量饲料饲喂量少，但应保持马每日饲喂总量是有限的。

关于种公马每匹每昼夜究竟能采食多少的问题，是养马者最常问及的。如果饲喂的精料和青干草的比例相等，即各占 50%，根据国外经验，精料一般按 1kg 精料/100kg 体重的比例饲喂，剩余饲喂青干草或放牧。据国内经验,精料给量按100kg/体重给1.5~2kg。以燕麦、大麦、麸皮为主,酌情添加豆饼、胡萝卜和大麦芽等,有益于精液的生产。俄罗斯养马研究所的研究资料为体重500~550kg的轻型种公马配种期每日饲喂采食9.9kg青干草(禾本科杂草),7kg精料(包括3 kg燕麦,1.5kg大麦,1kg小麦麸,1kg葵花饼,0.5 kg添加剂),3kg鲜胡萝卜,4~5枚鸡蛋,33g食盐。若不考虑鲜胡萝卜和鸡蛋等,仅考虑青干草和精料两项。青干草和精料的总重量为16.9kg,若按90%的干物质计算即为15.2 kg,占500kg体重马的3.0%,占550kg体重马的2.8%,符合马采食规律。青干草和精料的比例为60∶40。另外阿哈捷金马公马配种期间每日喂饲料17kg(大麦或燕麦7kg,小麦麸2kg,苜蓿草6kg,胡萝卜2kg),在非配种期,阿哈捷金马公马的饲料/日(大麦或燕麦5kg,小麦麸1kg,熟稻草8kg,胡萝卜1kg)合计15kg。根据国外资料,500kg体重的公马每日的精料应该喂2.5~5kg。美国夸特马和纯血马种公马的研究表明,每日喂4.6kg精料(1.8~8.2kg)和大约9~10kg青干草较适宜。

精料喂量的多少主要取决于以下因素:青干草的质量、公马的体况、每周配种的次数等等。如青干草的品质高,叶子较多,豆科和禾本科各占一半,蛋白质含量大于10%,便可减少精料量。粗饲料以优质的禾本科和豆科(应占1/3~1/2)干草最好,有条件的地区,可用刈割青草代替1/2的干草喂量,在阳光下自由运动,对恢复公马体力、促进性欲极为有益;如公马体重增加,就应减少精料的喂量,反之公马变瘦,就应增加精料的喂量;对配种任务繁重的公马,日粮中还应适量加入鸡蛋和肉骨粉等动物性饲料,能改善精液品质;同样每周配种次数较少,精料的量也就相应减少。饲喂前要观察马是否都将料采食完了,如果未采食完,要查明原因。采食剩下的饲料要及时清除掉,以防发霉变质。在观察马匹采食料的同时,也要勤于称量公马体重。配种期种公马典型日粮配方可参考表12-2。

表 12-2　配种期种公马典型日粮配方示例(kg)

| 马匹类型 | 配方例 | 精料 | | | | | | 干草 | | 功能饲料 | | 矿物质饲料(g) | |
|---|---|---|---|---|---|---|---|---|---|---|---|---|---|
| | | 麦类 | 麸皮 | 玉米或高粱 | 油饼类或豆类 | 小米或稗子 | 合计 | 禾本科牧草 | 谷草 | 胡萝卜 | 麦芽 | 食盐 | 骨粉 |
| 重型公马 | 1 | 2.5 | 1.0 | | 1.5 | 1.5 | 6.5 | 10.0 | 5.0 | 3.0 | 1.0 | 50 | 50 |
| | | | | | | | | | | | | 50 | 50 |
| | 2 | | 1.5 | 2.0 | 1.5 | 1.5 | 6.5 | 10.0 | 5.0 | 3.0 | 1.0 | 50 | 50 |
| 轻型公马 | 1 | 1.5 | 1.0 | | 1.5 | 1.5 | 5.5 | 8.0 | 4.0 | 3.0 | 1.0 | 50 | 50 |
| | | | | | | | | | | | | 50 | 50 |
| | 2 | | 1.0 | 1.5 | 1.5 | 1.5 | 5.5 | 8.0 | 4.0 | 3.0 | 1.0 | 50 | 50 |

(2)管理

俗话说,肥胖和休闲是种公马最大的敌人,应以膘情、精液品质和性机能作为检验运动量是否适宜的标准。运动不足导致公马过肥、消化代谢降低、体质虚弱甚至阳痿;运动过度也会造成性欲降低,精液品质下降。配种期对种公马的运动锻炼是发挥公马配种能力和有效利用的重要措施。运动量必须恰当掌握。运动量是否合适,以公马的膘情、肌肉坚实性、公马精液品质、性机能状况等为依据。我们应根据种公马的体况、品种及生产阶段来制定运动计划。配种期运动步伐只允许慢步、轻(慢)快步,一般以马轻微出汗为宜,0.5h 能恢复正常的呼吸和脉搏为准。乘用型公马实行骑乘运动,每天 1.5~2h,用 1/3 步度日行进 15~20km 左右。兼用型马可挽轻驾车,挽力 30kg 以内,每天 2~2.5h,日行 10~15km。重型或挽乘兼用型马驾车或拉橇运动,每日 3~4h,挽力 40~50kg,用 1/4 步度,日行 20km。运动后的公马应刷拭 15~20min、揉搓四肢腱部,利于恢复精力。对种公马的饲养管理操作规程必须结合运动合理安排,便于公马采精或配种后,生理机能得到有规律的恢复与调整。种公马饲养管理工作日程可参考表 12-3。

表 12-3　种公马饲养管理工作日程

| 项目 | 种期 | 非配种期 |
| --- | --- | --- |
| 饮水、饲喂(投草及喂料) | 3：00~4：00 | 5：00~6：00 |
| 清扫马房、检温、刷拭 | 4：00~5：00 | 6：00~7：00 |
| 运动 | 5：00~7：00 | 7：00~9：00 |
| 日光浴 | 7：00~7：30 | 9：00~10：00 |
| 采精 | 7：30~8：00 | —— |
| 饮水、饲喂 | 9：00~11：00 | 10：00~11：00 |
| 午休 | 11：00~13：00 | 11：00~13：00 |
| 饮水 | 13：00~13：30 | 13：00~13：30 |
| 清扫、检温、刷拭 | 13：30~14：30 | 13：30~14：30 |
| 运动 | 14：30~16：00 | 14：30~16：00 |
| 休息 | 16：00~16：30 | 16：00~17：00 |
| 采精 | 16：30~17：00 | —— |
| 饮水、饲喂 | 18：00~19：00 | 17：00~18：00 |
| 投草 | 21：00 | 21：00 |

要严格饲养操作规程，遵守采精制度和作息时间。正常情况下马精液为淡乳白色或灰白色，带有淡绿色、淡红色、黄色、红褐色等颜色的精液为异常精液，应废弃。新鲜精液略有腥味，气味异常的应废弃。pH 值为 7.0~7.4，精液密度为 2 亿/mL 左右。采精做到定时，如一天采精两次，其间隔时间不应低于 8h，连续采精 5~6d，应休息 1d。配种过度会造成阳痿，精液品质下降，受胎率降低，种公马使用年限缩短。用冷水擦拭睾丸，对促进精子生成和增强精子的活力有良好效果，夏季每天或隔日 1 次，春季每周 1 次，水温 5℃~7℃即可，需注意动作要轻不要刺激附睾，注意生殖器官的清洁，以免发生炎症。采精或交配时，应尽量避免噪音、走动对神经的不良刺激。否则，公马性反射衰弱，交配时阴茎不勃起或不射精。天气炎热时，可以给种公马洗浴，对防暑消热和加强机体代谢有益处。创造良好的厩舍条件，亦是加强种公马饲养管理的重要内容。种公马应单厩饲养，厩舍宽敞，空气流通，光

线适宜。让种公马有一定空间,可自由活动和休息,不必拴系,舍温在5℃左右为宜。厩外应建逍遥运动场,公马自由活动,行日光浴,接触公马要温和耐心,对易兴奋的公马更应注意。粗暴会抑制公马的性反射,造成精液品质下降。此外,为保证种公马的体况,必须做好夜饲。这是养好公马的重要措施之一。

2. 非配种期的饲养管理

种公马非配种期的饲养管理会直接影响配种期公马配种能力,故不可忽视。一般在我国北方7月中旬到次年2月中旬属于公马的非配种季节,此时公马的饲料中应以高质量的牧草作为最主要部分,如鲜嫩的羊草和紫花苜蓿草是我国养马场最喜欢用于喂马的两种育干草,因为在我国城市郊区多数没有放牧的条件,一般都是舍饲的饲养方式,那么叶多色绿具有香味的高质量干草就尤为重要了。在此期间,精料需要量不多,其主要是对放牧或饲喂干草的补充,同时对保证公马有良好的体况和健壮起着重要作用。非配种期种公马典型日粮配方见表12-4。

根据公马的生理机能与体况,非配种期可分为恢复期、增健期和配种准备期,应分别进行。

(1)恢复期

指配种后1~2个月,在8~9月份。在这一段时间,主要是为了种公马体力能得到恢复,此时斟情减少精料,特别是蛋白质饲料,增加大麦、麸皮等易消化饲料、青饲料和放牧;应减少运动时间和运动量,增加逍遥活动。

(2)增健期

指公马体力恢复后,在饲养管理上以增进健康、增强体质为宗旨的锻炼期。这时至秋末、冬初时节,天高气爽,逐步增加运动量和精料量,使公马体力、体质、精力强健旺盛起来,为来年配种打下良好基础。

在增健期精料量应比恢复期增加1~1.5kg,特别偏重增加热能较高的碳水化合物饲料,如玉米、麸皮等。要逐步增加运动时间,加强锻炼。

(3)配种准备期

通常在年初1~2月份。为增强公马配种能力,此期的饲养管理格外重要。饲料喂量应逐步增至配种期水平,并偏重于蛋白质与维生素饲料。要正确判定种公马的配种能力,每周对种公马进行三次精液品质检查,每次间隔 24~28h,发现问题及时采取相应措施加以补救,并相应地减少运动强度,到配种前一个月,要停止跑步,以贮备体力,保持种用体况,具备旺盛精力和理想的配种能力。

表 12-4　非配种期种公马典型日粮配方示例

| 马匹类型 | 配方例 | 精料(kg) | | | | | | 干草(kg) | | 矿物质饲料(g) | |
|---|---|---|---|---|---|---|---|---|---|---|---|
| | | 麦类 | 麸皮 | 玉米或高粱 | 油饼类或豆类 | 小米或稗子 | 合计 | 禾本科牧草 | 谷草 | 食盐 | 骨粉 |
| 重型公马 | 1 | 2.0 | 1.0 | | 1.0 | 1.5 | 5.5 | 8.0 | 4.0 | 50 | 50 |
| | | | | | | | | | | 50 | 50 |
| | 2 | | 1.0 | 2.0 | 1.0 | 1.5 | 5.5 | 8.0 | 4.0 | 50 | 50 |
| 轻型公马 | 1 | 1.5 | 1.0 | | 1.0 | 1.0 | 4.5 | 8.0 | 4.0 | 50 | 50 |
| | | | | | | | | | | 50 | 50 |
| | 2 | | 1.0 | 1.5 | 1.0 | 1.0 | 4.5 | 8.0 | 4.0 | 50 | 50 |

## 三、种公马的饲养管理要点

1. 种公马的饲养必须是单独针对某个个体进行的。这一点在舍饲的情况下容易做到,而在放牧的情况下较困难。即按照体重、体况等决定喂饲量。“日粮占马体重的百分比”中的“日粮”一般指干物质重量(DM),如果是风干物质(Air Dry Matter)再除以 90%。

2. 对种公马的评定应该是经常的、定期的。如每个月都要称量体重,如果没有地秤,可以用胸围和体长来估测。定期进行种公马体况的评分,一般以 6~7 分为好。

3. 要仔细观察种公马的采食情况,并做好记录,发现问题,及时处理。

4. 如果每日精料的喂量超过种公马体重 0.5%,就应分 2 次或 2 次以上饲喂,在实际生产中都喂 3 次或 4 次。例如 500kg 体重种公马,需要分两次饲喂。在 24h 内,饲喂时间间隔平分妥善,饲喂时间固定,可以减少由于饲养上引起疾病和啃槽恶癖的发生。

5. 变更种公马的饲料应该是逐渐过渡的。

6. 在非配种季节,许多非使役的公马仅采食高质量的干草或自由放牧均可保持很好的体况。典型的禾本科干草每日采食量占体重的1.75%~2.0%(或自由采食)。如果饲喂高质量的苜蓿,采食量相对降低,一般每天占马体重的1.5%~1.75%。

7. 在配种季节公马需要精料和饲草混合饲喂,每天饲喂量占体重的1.5%~2.5%。选择精料时要注意既能保持公马体重稳定又能保证公马的繁殖能力,还要满足蛋白质、矿物质和维生素的需要。

8. 满足矿物质需要量和自由新鲜饮水,提供高品质的青干草和饲料,没有发霉、变质的现象,这不仅对种公马饲养同时对任何马匹饲养都是非常重要的。

## 第二节　繁殖母马的饲养与管理

母马性成熟时间随气候、品种以及个体的不同,早晚有差别。一般母马都在1岁至1.5岁可表现性周期活动,并有卵子排出。母马的适配年龄一般在2.5岁至3岁,繁殖年限一般为18年至20年。母马的繁殖力与品种、年龄、体况、配种技术有关。繁殖母马在合理的饲养管理下,才能正常地发情、配种、受胎和妊娠,生产健康的幼驹。母马有空怀、妊娠及哺乳等生理阶段。在农区,有的母马还肩负着使役的任务,怎么解决好繁殖力和使役的矛盾,不要顾此失彼,均是繁殖母马饲养管理中必须要重视的问题。因此,必须根据繁殖母马不同阶段的生理代谢、营养需要以及生物学特性进行科学的饲养管理。

## 一、繁殖母马的营养需要特点

NRC(2007)中繁殖母马的营养需要见表 12-5。表中列出了 400kg、500kg、600kg 和 800kg 不同体重大小的繁殖母马在妊娠 9、10、11 个月以及产驹后 3 个月、产驹后三个月到断奶 5 个不同阶段的营养需要。

表 12-5　繁殖母马日营养需要量[1]

| 体重 (kg) | 阶段 | 消化能 (Mcal) | 粗蛋白 (g) | 赖氨酸 (g) | 钙(g) | 磷(g) | 镁(g) | 钾(g) | 维生素 A (X1000IU) |
|---|---|---|---|---|---|---|---|---|---|
| 400 | 妊娠 9 个月 | 14.9 | 654 | 23 | 28 | 21 | 7.1 | 23.8 | 24 |
| | 妊娠 10 个月 | 15.1 | 666 | 23 | 29 | 22 | 7.3 | 24.2 | 24 |
| | 妊娠 11 个月 | 16.1 | 708 | 25 | 31 | 23 | 7.7 | 25.7 | 24 |
| | 产驹 3 个月 | 22.9 | 1141 | 40 | 45 | 29 | 8.7 | 36.8 | 24 |
| | 3 个月~断奶 | 19.7 | 839 | 29 | 29 | 18 | 6.9 | 26.4 | 24 |
| 500 | 妊娠 9 个月 | 18.2 | 801 | 28 | 35 | 26 | 8.7 | 29.1 | 30 |
| | 妊娠 10 个月 | 18.5 | 815 | 29 | 35 | 27 | 8.9 | 29.7 | 30 |
| | 妊娠 11 个月 | 19.7 | 886 | 30 | 37 | 28 | 9.4 | 31.5 | 30 |
| | 产驹 3 个月 | 28.3 | 1427 | 50 | 56 | 36 | 10.9 | 46 | 30 |
| | 3 个月~断奶 | 24.3 | 1048 | 37 | 36 | 22 | 8.6 | 33 | 30 |
| 600 | 妊娠 9 个月 | 21.5 | 947 | 33 | 41 | 31 | 10.3 | 34.5 | 36 |
| | 妊娠 10 个月 | 21.9 | 965 | 34 | 42 | 32 | 10.5 | 35.1 | 36 |
| | 妊娠 11 个月 | 23.3 | 1024 | 36 | 44 | 34 | 11.2 | 37.2 | 36 |
| | 产驹 3 个月 | 33.7 | 1711 | 60 | 67 | 43 | 13.1 | 55.2 | 36 |
| | 3 个月~断奶 | 28.9 | 1258 | 44 | 43 | 27 | 10.4 | 36.9 | 36 |
| 800 | 妊娠 9 个月 | 25.4 | 1116 | 39 | 48 | 37 | 12.2 | 40.6 | 48 |
| | 妊娠 10 个月 | 25.8 | 1137 | 40 | 49 | 37 | 12.4 | 41.3 | 48 |
| | 妊娠 11 个月 | 27.4 | 1207 | 42 | 52 | 40 | 13.2 | 43.9 | 48 |
| | 产驹 3 个月 | 41.9 | 2282 | 81 | 90 | 58 | 17.4 | 73.6 | 48 |
| | 3 个月~断奶 | 35.5 | 1678 | 60 | 58 | 36 | 13.8 | 52.8 | 48 |

[1] 注:数据来源于马的营养需要 NRC(2007)

### （一）繁殖母马能量需要

图12-1显示的是繁殖母马每日能量需要。繁殖母马对能量的需要随体重的增加而增加。妊娠母马从第9个月到11个月营养需要也逐渐增加，400kg到600kg能量增加量略高于600kg到800kg之间的繁殖母马，总体趋势增加量略小。当妊娠母马分娩产驹进入泌乳期，前三个月泌乳高峰期为了满足自身以及泌乳的需要，营养物质需求大幅度增加，达到繁殖母马营养需要的最高值。产驹3个月到断奶阶段能量需要量小幅下降，高于妊娠期的能量需要量。能量摄入对于繁殖母马发情排卵和胚胎发育尤为重要，但是对于胎儿的生长发育影响很小。研究表明妊娠期间对健康的母马进行能量限饲，幼驹在出生后30天与正常饲喂的母马产驹体重没有差异显著性（sutton等，1977）。分娩前能量供应不足会导致早产，如果是双胎的情况下要特别注意能量的供给，否则可能会影响胎儿的生长发育。

NRC给出的是繁殖母马的营养需要量是一个推荐值，在实际饲养过程中需要根据情况酌情调整。比如繁育母马营养状况和体况较好，在妊娠期能量摄入受限时，会动用体内储存的脂肪和蛋白质的分解提供能量，可以代偿性的补充胎儿发育所需的能量。但是在极端的情况下，能量供应过量或缺乏，都会降低其繁殖力。

满足日粮能量需求一般通过马的体况进行评定。夸特马的体况评分系统（BCS），根据颈、肩隆、肩、肋、腰和尾根6个部位皮下脂肪进行评定。在纯血阉马种，BCS，仅仅需要颈、肩、肋和尾根部位进行确定。能量需求还可以根据血浆中NEFA浓度进行判断。当能量摄入不足时，肾上腺素分泌会增加，动员体脂分解，导致血液中NEFA浓度升高。有实验证明提供维持需要50%能量的母马，午后进食4h起血浆NEFA浓度持续升高，而正常饲喂的马未出现NEFA浓度升高的情况。因此，当繁殖母马血液中NEFA浓度超过合理范围内，代表体内脂肪动员增加，说明能量摄入不足，长此以往严重能量不足可能导致酮病等生理代谢疾病。

### （二）繁殖母马蛋白质需要

繁殖母马的蛋白质需要量变化规律与能量类似，日粮蛋白质水平对于母马的繁殖性能有重要影响。垂体和胰腺分泌的激素受日粮氨基酸水平的影响，氨基酸具有控制繁殖周期的作用。天冬氨酸和谷氨酸，按照每千克体重 2.855 mmol/L 的水溶液剂量添加，可以促进生长激素的释放；按照每千克体重 2.855 mmol/L 的水溶液剂量添加精氨酸和赖氨酸，能够刺激催乳素和胰岛素的释放。

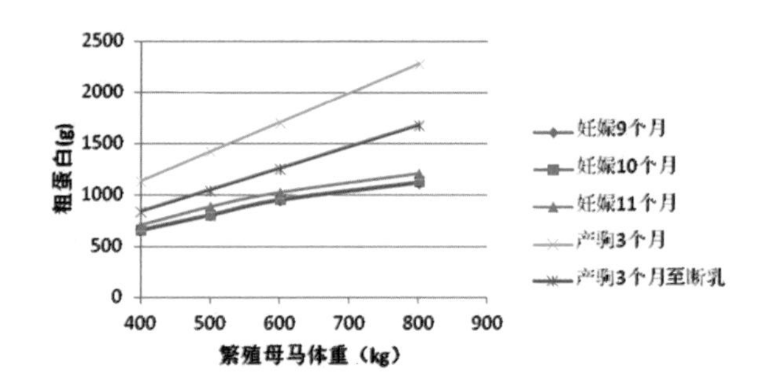


图 12-1　繁殖母马每日粗蛋白需要量

### （三）繁殖母马矿物质及维生素需要

日粮中矿物质不平衡，特别是钙磷比例失衡，可导致繁殖母马产乳量降低，严重会引发不育。钙摄入量不足会延缓驹的生长，进而影响驹的初生性能和后期生长。碘和硒的水平对母马的繁殖力和驹的存活率具有重要影响，缺乏或过量会抑制胚胎发育，降低驹的存活率。

长期缺乏维生素 A 会损害胚胎发育，影响排卵周期。不同体重繁殖母马 VA 的需要量均是固定值，说明推荐量均能够满足不同的阶段繁殖母马的 VA 需要量。

## 二、繁殖母马的饲养管理

### （一）空怀母马的饲养管理

繁殖母马发情周期受脑垂体和卵巢分泌激素的相互影响呈现周期性。一般性周期为20～24d，平均为21d；持续期有4～11d，平均为7d。但繁殖母马的发情周期主要受繁殖母马所处环境的光线、温度以及所饲喂的饲料等条件的影响而发生变化。比如不发情的母马暴露于15～16h光照和8～9h黑暗人工光照下60～70d，可以有效促进母马发情。母马发情白天最适宜温度为15℃～20℃，晚上8℃～12℃。因此，在我国5～6月份是马集中发情旺季。母马空怀的原因很多，其中以营养不良、使役过重影响最大。牧区越冬以后膘情最差，农区春耕大忙季节，过度劳累，饲养管理不当，都可造成母马不发情或发情异常而失配。俗话说"有膘才有情"，研究表明体况评分（BCS）在3.0~5.0的母马，比BCS更高的母马有更长、更深的发情期才能受孕。BCS达到8的繁殖母马不会损害繁殖效率。

因此，为了保证母马正常发情配种，应从每年配种开始前1～2个月，提高饲养管理和营养水平。日粮中有充足的能量、蛋白质、矿物质和维生素营养水平。中国繁育母马配种前的体况一般较低，或者微量元素不均衡。在国内一般母马可饲喂充分的青干草，450～500kg体重的纯血母马每日青干草采食量在9～12kg，每天进行3次的精料补充料1.5～3.5kg。根据母马体况确定具体的饲喂量，可以迅速将母马体况提高到最适于配种状态。对使役的母马，可适当减轻劳役，营养与使役相适应，保持合适的配种体况。生殖器官疾病是造成母马不能正常发情、影响配种的另一重要原因。保持中等膘情，早检查预防生殖疾病，加强管理，增强体质，是保障空怀母马配种受胎的有效措施。

### （二）妊娠母马的饲养管理

马妊娠期平均333d。母马妊娠后，生理机能会发生很大变化，食欲增强，饲料利用率高，代谢水平显著提高。新陈代谢比空怀时提高 18%~30%，能量利用率提高 18.1%，氮的利用率提高 12.9%。此外，妊娠母马对环境条件格外敏感，要防止意外事故发生，加强和改善饲养管理条件。母马健康、营养平衡是保护胎儿良好生长发育的前提。有研究对 57 匹妊娠期纯血母马进行跟踪，每 2 个月对体况进行评分，并收集血液参数评估内分泌功能。检测显示，55%的母马在妊娠期间体况评分大于 7 分，即适当肥胖。马驹的出生体重和母马体况呈正相关。该研究表明，适度肥胖母马的马驹出生体重更大，肥胖和体况级别也可以通过血液瘦素的检测值来判断。因此，对妊娠母马的饲养，在满足自身营养需要外，还应保证胎儿发育及产后泌乳的营养需要。对初配青年母马，更需满足机体营养需要量。

根据胚胎的发育程度、在细胞分化和器官形成的不同阶段，对妊娠母马的饲养管理应各有所侧重、调整和补充。

1. 妊娠前期

母马怀孕后，胚胎发育的前三个月，处于强烈的细胞分化阶段，经过急剧的分化，形成各种组织器官的胚形与雏形。胚胎相对生长很强烈，但绝对增重很小。因此，对妊娠早期的母马，饲喂优质干草和高蛋白饲料。日粮增加放牧时间，便于摄食生物学价值较高的蛋白质、矿物质和维生素，促进胚胎发育和预防早期流产。

2. 妊娠中期

通常是指妊娠第 4~8 个月，胚胎形成所有器官的原基后，品种的特征亦相继明显，胎儿生长发育加快，体重增加至初生重 1/3。为了满足胎儿快速生长发育的营养需要，母马日粮中应增加品质优良的精饲料，如谷子、麸皮、豆饼等。特别饲喂用沸水浸泡过的黄米和盐煮的大豆，对增进妊娠母马的食欲、营养和保胎都有良效。胡萝卜、马铃薯、饲用甜菜等块根、块茎不仅可以提高日粮中维生素含量，促进消化，而且有预防流产的作用，入冬以后，应尽可能配给。日粮配合可参考表 12-6。

对妊娠中期母马应精心护理，除注意厩舍卫生，坚持每天刷拭外，日粮可分 3 次饲喂，饮水在 4 次以上，不能空腹饮水，更忌热饮。饮用水温在 8~

12℃为宜。合理利用妊娠母马担当轻役或中役,利于胎儿发育,亦有助于顺利分娩。应避免重役或长途运输,不可用怀孕母马驾辕、拉碾、套磨或快赶、猛跑、转急弯、走冰道、爬陡坡,更要防止打冷鞭。对不使役的孕马,每天至少应有 2~3h 运动,对增强母马体质、防止难产有积极意义。

**表 12-6 妊娠母马日粮配合**

Table 6 The diet of pregnant mare

| 饲料<br>品种 | 青干草(kg) | 干苜蓿(kg) | 谷草(kg) | 谷子(kg) | 玉米(kg) | 麦麸(kg) | 豆饼(kg) | 胡萝卜(kg) | 食盐(g) | 骨粉(g) |
|---|---|---|---|---|---|---|---|---|---|---|
| 轻型(轻役) | 6.0 | 3.0 | 2.0 | 1.0 | 1.0 | 1 | 1 | 1 | 40 | 40 |
| 重型(重役) | 10.0 | 3.0 | 2.0 | 2.0 | 0.5 | 1 | 1 | 2 | 50 | 50 |
| 地方品种(轻役) | — | 3.0 | 1.0 | 1.0 | 1.0 | 1 | 1 | 1 | 40 | — |

3. 妊娠后期

指妊娠第 9~11 个月,胚胎发育进入胎儿期。此阶段胚胎发育的最大特点是相对生长逐渐减慢,而绝对生长明显加快。胎儿期胚胎的累积增重可占初生重的 2/3。国外有资料表明,在妊娠期的最后三个月,胚胎的总增重可以达到母马体重的 12%,胎儿不断增大的体型也会占据母马体内更多的空间,会让母马采食减少。母马此时还需储备一定营养用于产后泌乳,致使母马对营养的需要量急剧增加,营养水平不足会造成胎驹生长发育受阻(胚胎型)。摄入量减少而营养需求量增加,此时母马需要提供营养更均衡更充足的精料。

如果母马怀孕后期非常瘦,可以看到肋骨,需要饲喂足够的卡路里增重,特别是经产母马。在泌乳期让母马增重是非常困难的,特别是瘦弱需要哺育幼马的母马,增重更难。泌乳母马维持产奶量需要更多能量。故怀孕后期可通过补饲让瘦弱的母马恢复体况以提供母乳,同时为下个繁殖季节做好准备。在这种情况下,选择一种高浓缩能量和营养的饲料非常重要。

怀孕母马即使有较好的体况和足够的体脂也并不一定意味着胎儿能健康发育。研究表明,怀孕后期母马即使在体况丰满的情况下,缺乏蛋白和其他维生素、矿物质也会对马驹带来负面影响。当怀孕母马日粮能氮比不平衡时,胖马生出瘦弱马驹的现象也很常见。在马驹出生后的几个星期里,幼驹不能进食采食,也不能完全吸收母乳中的微量元素,如铜和锌。因此,在母马的怀孕后期提供足够的营养,既能确保胎儿获得足够营养,也能满足马驹出生后生长早期的需要。

在妊娠的最后 1~2 个月内加强饲养,对提高母马产后泌乳量起重要作用。但临近分娩前 2~3 周粗饲料量需适当减少,豆科干草和富含蛋白质丰富的精料量都应减少,否则不仅可能造成母马消化不良,而且也会造成产后因母乳分泌量过多而引起幼驹过食下痢,甚至发生母马乳房炎症等疾患。研究表明,肥胖的母马难产的机率要比瘦马高很多,肥胖的母马泌乳量下降。如果一头母马在怀孕后期明显超重,肋骨看不到而且很难触摸到,需要在给其提供足够的营养物质的同时控制卡路里的摄入,这时精料的营养均衡配比十分重要。如果明显肥胖需要限制干草摄入量,可为体重的 1.5%。

为保证母马顺利分娩,在产前半个月到 1 个月,应酌情停止使役,每天注意刷拭,并保持适当的运动,在放牧地、运动场逍遥游走 2~3h,对母马和胎儿均有利。为了安全分娩,此时母马应单圈饲养,厩舍多加垫草,圈舍宽大干燥,冬暖夏凉,饲养人员牵马入圈应注意避免碰撞,以防不测。

分娩是一项受神经、体液双重调节的生理过程,应认真做好接产工作。除产前备好手术盘等消毒用具外,在母马出现分娩症状时,应有专人日夜值班,加强护理,随时助产。母马分娩多在夜间,分娩时应保持安静,防止干扰。通常母马分娩后约 30min 左右,胎衣自行脱落,对胎衣不下的母马,应及时请兽医人员处理。母马产后,助产人员及时清除被胎水污染的垫草,喂饮加入少量食盐和温水调制的麸皮粥或小米汤,以补充马体水分,恢复体力并促进泌乳。产后 3~5d,将母马养在厩内,夜间多铺垫草,预防贼风吹袭,要注意卫生,防止感染,天气暖和时可将母马带驹放在小运动场中,进行日光浴,对健康有益。

### （三）哺乳母马饲养及初生驹护理

1. 哺乳母马饲养

饲养哺乳母马应从妊娠的最后1~2个月抓起，加强管理，满足营养需要，增强体质，有良好体况，才能保证分娩后母马健康和分泌多量的乳汁哺育幼驹。

哺乳母马负担很重，在维持自身营养的同时，须保持泌乳和产后再次受胎的营养供给。因此对哺乳母马的饲养管理应非常重视。

影响母马泌乳能力和泌乳量的因素颇多，除品种、年龄、泌乳期的长短及母马本身的体况外，主要与饲养水平和饲料的营养成分有关。母马得到良好的饲养，不仅泌乳能力强，而且乳汁营养价值高。在实际饲养中，必须做到饲以喂量充足、营养完善的日粮，保证哺乳母马获得足够的能量、蛋白质、维生素和矿物质。

泌乳期的2~3个月，体重的保持很重要，不能过于肥胖，肥胖母马易发生产奶量和繁殖能力下降。分娩后4~10周是泌乳高峰期，泌乳期母马每天能消耗体重3%的干物质（草和饲料）。哺乳前三个月，精饲料应占日粮的45%~55%，精饲料需要量需要根据干草的质量、母马的泌乳量、体况和其他因素综合考虑。日粮蛋白质水平控制在12.5%~14%。此外，哺乳母马的日粮中还应该注意矿物质和维生素的添加。三个月到断奶，母马过了泌乳高峰期对能量、蛋白质、钙和磷的需要降低。可以饲喂优质干草维持食欲，保持良好体况分值。若泌乳期最初3个月母马没有怀孕，应保持日粮的营养水平，直到母马配种成功，以免体重下降。配种后3个月才能确诊是否怀孕。此时马驹可以适当地采食干草和精料，母马的乳量和营养浓度降低，此时依然需要维持干草和精料的饲喂量。

哺乳母马每天必须有充足饮水。通常白天饮水不应少于5次，夜间可自由饮水。为了加速子宫恢复，在产后第一个月内，要饮温水，水温在5~15 ℃较为适宜。要补足盐和钙质。舍饲役用哺乳母马的日粮配合可参考表12-7。个别母马奶量不足，可加喂炒熟的小糜子0.25~0.5kg，连喂几天，有

明显的催奶作用。

母马在产后 1 个月内应停止使役,1 个月后开始轻役。哺乳母马宜短途轻役,使役中要勤休息,便于幼驹哺乳。母马和幼驹要定期称重,以此作为调整日粮的依据,保证幼驹的正常生长发育。在繁殖上,哺乳母马要抓住第一个情期的配种,许多泌乳期的母马在分娩后 3 个月不发情或不怀孕,可能与日粮中缺乏能量、蛋白质和矿物元素有关。

**表 12-7　舍饲役用哺乳母马日粮配合表**

| 品种＼饲料 | 干草 (kg) | 干苜蓿 (kg) | 谷草 (kg) | 豆饼 (kg) | 谷子 (kg) | 玉米 (kg) | 麸皮 (kg) | 胡萝卜 (kg) | 青贮料 (kg) | 食盐 (g) | 骨粉 (g) |
|---|---|---|---|---|---|---|---|---|---|---|---|
| 轻型品种(轻役) | 6 | 4 | 2 | 1.0 | 1.5 | 0.5 | 1.0 | 4.0 | — | 40 | 40 |
| 重型品种(重役) | 10 | 4 | 2 | 1.5 | 1.5 | 1.0 | 1.0 | 2.0 | 5.0 | 50 | 50 |
| 地方品种(轻役) | — | — | 9 | 1.5 | 0.5 | 1.0 | 0.5 | 1.5 | 2.5 | 40 | 40 |

2. *初生驹护理*

做好初生驹护理,对提高幼驹成活率,保证幼驹出生后有良好的生长发育具有积极意义。幼驹产下时,护理人员先用干净布将马驹口鼻中的黏液擦去,以免妨碍呼吸。对不能自然断脐的马驹,尽快人工断脐,并严格消毒包扎。擦干幼驹身上的水分,去掉蹄底的软角质,使成平面,利于站稳。干净马驹安置在有干净垫草、温暖干燥处,以防感冒。

初乳是指母马产驹后最初 2~3d 分泌的乳汁,富含蛋白质,特别是免疫球蛋白、干物质、维生素 A。初乳蛋白质含量在分娩后 0.5h 内为 19%,12h 将降至 3.8%,8d 以后降到 2.2%的恒定水平。幼驹在母体内不能通过胎盘获得抗体,只能依靠初乳来获取抗体,从而获得对环境中病原的抵抗力。能否采食到初乳,对幼驹来说是决定生死的。幼驹出生后 6~12h 初乳吸收能力达到峰值,18~24h 吸收能力最小,超过 24h 肠道闭锁免疫球蛋白不能直接吸收。出生 15~40min 马驹能自行立起后,应扶持接近母马,在 0.5~3h 内尽快吸吮初乳,利于增强初生驹抵抗力。如果出生驹由于早产、小肠吸收障碍、乳从乳头泄露或者母马死亡等原因不能及时吮吸到初乳,可以注射约 300000 IU 的维生素 A。

马驹通常在 2~3d 内排出胎粪,吮乳可以促进胎粪的排出。胎粪不能及时排出会影响乳汁在肠道内吸收,进而发酵产生气体,引起马驹肠道胀气引发疼痛,马驹可能会出现不吮乳、反应异常、咳嗽、抬尾巴等行为。出现上述情况可以通过胃管灌注肥皂水或者液体石蜡,如果有疼痛,可以一并注入止疼药物。在马驹吸吮前,应先将母马乳头用温水洗净,将乳房内积存的乳汁挤出少许,防止马驹吸后腹泻。马驹哺乳量应少量多次,切忌一次多食。由于马驹一次性摄入过量母乳和乳糖不耐受引起的腹泻,可以通过减少或终止母乳摄入。新生马驹极少会发生溶血性黄疸。溶血性黄疸简单的判定方法:在一个干净的显微镜玻片上,将一滴脐带血与4滴生理盐水和5滴母马初乳混合,几分钟后检查凝集反应。一旦发现有溶血现象,应立即隔离马驹与母马,饲喂其他哺乳母马的初乳,间隔1~2h饲喂,每次500mL,连续饲喂3~4次,然后饲喂代乳品直到36h,才能让马驹回到其母马身边。此外,还应注意及时对马驹进行破伤风防疫注射。生后4~5d开始,在天气晴朗时,让马驹随同母马在舍外活动,有益于增强体质和健康。

## 第三节　幼驹的饲养与管理

幼驹培育是养马生产、育种与改良的基础。马驹出生后,生活环境发生了很大变化,为了适应新的生活条件,幼驹的血液循环、呼吸、消化系统乃至各种组织器官在结构上亦有明显变化,因此加强对幼驹的护理,进行科学的饲养与调教,对提高幼驹适应能力、增强体质、促进生长发育、提高成年时期的质量都是十分重要的。

### 一、马的母性行为

哺乳动物的母性行为包括:作窝、断脐、洁净胎衣、看护仔畜、哺乳和放乳、监护教育仔畜。这些行为马基本都有。马群行动,老母马有叫醒幼驹跟群的行为。个别母马有啃咬幼驹残存脐带的行为,应注意防止。马不采食胎盘。分娩后,母马有舔湿驹的行为,可加快胎毛的干燥和提高体温。母马也有舔幼驹肛门的行为,以促使胎粪的排出。有时表现为在幼驹哺乳时,用嘴压迫尾根,诱导其反射性排粪。这种行为可保持到幼驹采食饲料之前。

母马哺乳行为来自幼驹的刺激,移走幼驹,则泌乳停止,三天以上可以完全断奶。一周以内的断奶,仍可恢复泌乳。个别轻型母马乳区或乳房敏感,拒绝幼驹哺乳,这时应给予人工辅助。放乳,是幼驹吮乳动作一段时间后,使乳汁分泌突然增加。放乳受中枢神经控制。马神经控制力很强,乳房比其他家畜相对要小,但泌乳量很高,可见马放乳机能很强。放乳是通过对幼驹的视觉和触觉刺激,传入中枢神经再支配垂体分泌后叶素,使乳房放乳。若神经中枢受到干扰,可影响放乳和泌乳,如发情、疼痛、疲劳等因素均可影响。

幼驹出生后一周以内,对母马识别能力弱,视觉和嗅觉反应均不强。舍饲马初次混群,由于兴奋,干扰幼驹的识别能力,往往发生误认母马而被踢、咬的事故,在并群时应特别注意。母马根据嗅觉、视觉和听觉识别幼驹。特别是嗅觉,一次即可记忆。利用母马寄养幼驹时,产后初期易于接受,产后一周的幼驹,已有识别信息记忆,往往拒绝接受母马寄养,需要饥饿一天再行寄养。寄养时,必须先干扰母马的嗅觉,使之失去辨认能力。用消毒药喷撒母马鼻部和幼驹,马对幼驹的辨认会完全消失,很容易接受寄养。幼驹生后短时间内,母马不能建立视觉信息的记忆,但嗅觉却非常深刻。有直系亲缘关系的母马和幼驹,较易接受寄养,不需特殊方法。

## 二、幼驹生长发育规律

科学合理地培育幼驹是提高马匹繁殖成活率、改良马匹质量的重要手段。如果幼驹发育不良,到成年后就难以弥补。培育幼驹必须从精心的饲养管理和耐心调教等方面着手。幼驹的生长发育有一定的规律性,要做好幼驹的培育工作,就必须符合其生长规律。幼驹出生至5岁期间,年龄越小,生长发育越快。如果幼龄时因营养不良，发育受阻，则会成为四肢长、身子短、胸部狭窄的幼稚体型，是无法补救的。幼驹在6月龄以内，生长发育最快。发育比较早的首先是体高，其次是体长的和管围，最后是胸围。体重、体尺占出生后总生长量一半以上。据测定，关中马哺乳期提高生长31cm，占出生后总生长量的53.5%；体长、胸围、管围分别达到了58%、50%、和56%。12月龄马驹达到其成年体重的60%，成年提高的90%和最终骨骼生长的95%。2岁前后，体轴骨和扁平骨发育速度超过管状骨，体高达到成年的95%，体重达到成年的85%。到3岁时，体重达到成年的95%左右。

## 三、幼驹的饲养管理

### （一）哺乳驹饲养管理

怀孕母马后三个月的营养管理对新生马驹的健康有着显著的影响。当小马驹出生的时候，大约只有10%的成年体重，60%的成年身高。小马驹的身高体重显然在母马肚子里已经发育很多，这段时期发育的营养需求主要由蛋白质、矿物质以及水组成，这些只能通过母马供给。当小马驹出生以后，母马的营养仍然会影响它的健康和发育。新生驹出生后，便由母体转到外界环境，生活条件发生了很大改变，此时其消化功能、呼吸器官的组织和功能、调节体温的功能都还不完善，对外界环境的适应能力较差。因此，饲养管理工作稍有差错，便会影响其健康和正常生长发育。马驹从初生至断奶为哺乳期。它是幼驹生长发育最强烈的时期，各种组织器官迅速适应环境，开始发挥功能、调节体温、消化吸收营养物质，机体的免疫抗病能力亦随之增强。这种剧烈变化为以后的生长发育奠定了基础，也对科学饲养管理提出了更高的要求。

1. 及时补充采食初乳

在妊娠中期胎儿可以从母体获取免疫蛋白而具有免疫能力，但是新生幼驹离开母体以后，除了少量的免疫球蛋白M（IgM）以外几乎没有其他的免疫球蛋白。新生幼驹为了适应外界环境,必需产生自身抗体,但是在出生1到2周内免疫球蛋白的产生量很少,甚至几周后仍不能达到保护机体的水平。新生幼驹自身免疫系统发育完善的前几周,确保初生幼驹能够获取和吸收足够量的免疫球蛋白非常重要,通过初乳获取被动免疫是新生幼驹健康的重要保障。

初乳营养丰富,蛋白质比常乳高5~6倍,脂肪、维生素、矿物质含量多,含有大量的免疫球蛋白和易于消化的白蛋白,具有增强幼驹体质、增强抗病力和促进排便的特殊作用。初乳中的抗体只有在幼驹出生24小时内才能够完整的通过肠道上皮进行吸收,而且吸收的效率在出生6~8小时便开始降低,因此幼驹必须在出生的几个小时内采食到初乳才能吸收更多的免疫球蛋白获得较好的被动免疫。为了保证幼驹健康和发育,最好在出生后2h内采食到品质较好的初乳。

要保证初生幼驹血清中有比较高的免疫球蛋白水平获得更好的被动免疫至少需要1.5到2L的高品质初乳,如果采用瓶子或者鼻管饲喂初乳每次最多饲喂1品脱(0.568L)的初乳,每次间隔1小时。母马在妊娠期间要做好正确的免疫,产后初乳才能含有足够的抗体保证在马驹出生后4~6周能够抵抗外界不良环境。

很多原因造成初生幼驹不能很好地获取被动免疫,主要包括:病、弱或者拒绝吸乳(幼驹在24小时内不能摄入足够量的初乳)提前分娩导致母马初乳中抗体浓度不足、母马先天血清IgG浓度较低、初生马驹肠道吸收能力弱、外界环境应激。生产上一般根据血清IgG浓度将被动免疫失败定义为两个等级:200~400mg/dL认为部分失败;低于200mg/dL认为完全失败。研究表明免疫球蛋白的浓度与疾病发生的比例呈正相关,部分免疫马驹发生疾病的概率为25%,完全失败的马驹发生疾病的概率为75%,而血清IgG浓度在400~800mg/dL之间的马驹很少发生疾病。

被动免疫失败的处理措施要根据实际情况进行处理。如果在初生后12小时内出现,应该立即饲喂500ml新鲜或者冻存的初乳,每隔1小时饲喂一次,总共饲喂1.5~2L。为了防止新生幼驹发生溶血或者灌注反应,初乳在饲喂以前都应该检测是否含有同源抗体。如果饲喂的是冷冻保存的初乳需要检测 IgG 浓度以确保初乳的品质。如果免疫失败在初生 12 小时后才被发现,需要进行血浆灌注,但是需要提前进行检测兼容性,理想的血浆是不含有 Aa 和 Qq 因子,没有同血型抗原的抗体。根据血浆中 IgG 浓度,推荐每公斤体重灌注 20~50ml 血浆,幼驹能够吸收其中 30%的 IgG。灌注完成以后还需要重新测定幼驹血清中 IgG 浓度,因为幼驹可能需要 2~4L 血浆才能够获得足够的免疫球蛋白水平。如果超过 3 周发现马驹血清 IgG 水平在 200~400mg/dL,此时进行血浆灌注,会阻碍马驹正常的免疫系统发育,因此不可进行血浆灌注。这样的马驹应该细心照顾,保证环境干净、舒适,免受病原菌感染。

1 月龄幼驹,完全依靠母乳维持生长,基本能满足它的营养需求,还应注意加强哺乳母马的饲养管理,以保证马驹能吸吮到充足的母乳和健康成长。哺乳期饲养管理不善,会造成幼驹死亡率高、营养不足,是幼驹生长发育不良的主要原因。

2. 采食及时补饲

发育健壮的马驹,出生后 10~15 天就开始自动寻食青草或精料。1 月龄适应环境能力良好,日增重大,营养需求增多,应开始饲喂以精料为主的混合日粮。由于它的消化能力尚弱,补饲的精料以麸皮、压扁或磨碎的大麦、燕麦、高粱、豆饼粉等为主。食盐,钙、磷等矿物质饲料和胡萝卜等多汁饲料,也是哺乳期幼驹所必要的饲料。粗料以优质的禾本科干草和苜蓿干草为宜。补饲量要根据母马泌乳量、幼驹的营养状况、食欲、消化情况等灵活掌握。饲喂由少到多,如开始时可由每日 50~100g 增加至 250g,2~3 月龄时饲喂 500~800g,5~6 月龄时饲喂 1~2kg。一般在 3 月龄前每日补饲 2 次,3 月龄后每日补饲 3 次。每日要加喂食盐、骨粉各 15g。要注意经常饮水。如有条件,最好随母畜一起放牧,既可采食到青草,又能得到充分的运动和阳光浴。

幼驹采食料时间,应与母马饲喂时间一致,要单设补饲栏与母马隔开,以免母马争食。幼驹饮水易被忽视,应予注意,可在补饲栏内设水槽,让幼驹自由饮用，充足洁净的水。母子群一同饮水时，要小群分饮，使幼驹自由饮水。

3. 病驹饲养

病驹的发生与母体妊娠期间的身体健康息息相关。母体疾病、营养不良、毒素感染、胎盘炎等都可以影响胎儿的生长和新陈代谢。研究表明，妊娠期间子宫内环境限制会终身影响马驹的生长发育。相反，提供良好的子宫环境能够提高3岁以内马驹的生长速度。有研究表明，妊娠后期母马的日粮中碳水化合物水平过高会降低160天内马驹的胰岛素敏感性，对代谢功能有一定的副作用，有潜在的代谢疾病风险。以上结果表明，不适当产前饲养管理可能会影响初生马驹对营养物质的代谢能力，会出现胰岛素抵抗以及碳水化合物不耐受等问题。

妊娠后期胎儿皮质醇的升高对能量代谢非常重要，没有出现皮质醇升高的胎儿在出生后无法适应代谢的改变。低血糖是一种体内能量转化率降低的生理状态，导致虚弱，精神不振，或者站立困难。即使通过肠道或者外源途径输送营养物质后，那些马驹因为内源胰岛素不足可能会对碳水化合物不耐受，甚至会导致高血糖。马驹如果感染一些炎症，比如败血症，也会产生胰岛素抵抗和碳水化合物不耐受，导致高血糖。对于这些马驹的管理需要使用含有油脂的肠外营养解决方案或者利用外源的胰岛素来保证足够的能量摄入。事实上在病驹的营养方案设计中确定真正的能量需要是最大的挑战。根据经验，病驹可能会产生补偿性的代谢，对能量的需求会增加。因为病驹全身的代谢速度降低，导致生长速度降低，所以病驹的能量需求较低。有研究报道休息状态下的病驹能量需要大概在45Kcal/kg/d，相当于生长、运动、正常马驹的1/3。对于病情严重的病驹，在饲养管理上最好维持低能量摄入，有些情况下为了避免病驹进入严重的分解代谢状态，给予病驹充足的营养可能并不适合。过多的碳水化合物摄入一方面会导致血液中的二氧化碳的含量过高影响呼吸功能，另一方面还会导致高血糖，刺激炎症发生，甚至会产生重大疾病。饲喂过量的蛋白质会造成蛋白质分解代谢加强，可能会导致高氮血症发生。过多的脂肪摄入可能会导致高甘油三酯血症。

有很少的研究表明短期(几天)的低热量营养水平会加重疾病。近期的研究同样表明低能量摄入或者严格控制血糖水平的稳定有利于减少并发症,改善疾病症状。

此外,幼驹刚出生时,行动很不灵活,容易摔倒、跌伤,要细心照料。注意观察幼驹的胎粪是否排出,如果1天还没有排出,可以给幼驹灌服油脂、肥皂水等灌肠剂,或请兽医诊治。经常查看幼驹尾根或厩舍墙壁是否有粪便污染,看脐带是否发炎,幼驹精神是否活泼,母马的乳房是否水肿等,做到早发现疾病,早期治疗。

4. 孤驹饲养

初生幼驹遇母马死亡或母马无乳,必须寄养,最好的方法是寻代哺母马或代乳品。母马和幼驹主要靠气味识别,可给孤儿幼驹穿上母马幼驹的马衣,或将母马乳汁涂抹在孤儿幼驹身上,母马可能将孤儿领养。大多数母马需要2~3天才能接受孤儿幼驹,有的则需要7天。

如果找不到代养母马,可以用牛奶或羊奶作为替代乳,最好是发酵乳,发酵乳吸收性好。牛奶比马奶含糖量低,脂肪含量是马奶的两倍多,直接饲喂幼驹容易拉稀。因此低脂牛奶加入6%~7%乳糖或葡萄糖和0.25%钙,可使之接近牛奶成分。自配乳汁可用1L低脂(2%)或牛乳脱脂奶粉中加入大约20~30g乳糖或右旋葡萄糖。注意不能加蔗糖、玉米糖、蜂蜜等,可导致幼驹腹泻或疝痛。羊奶仅次于马奶,幼驹的耐受性较好,羊奶高度乳化,比牛奶脂肪容易消化。羊奶的价格昂贵,有便秘的风险。如果饮用羊奶易出现消化性疾病,可在奶中加入葡萄糖和钙。

幼驹每天采食量占体重的20%~25%。每周称量幼驹体重,随幼驹生长调整采食量。健康幼驹饲喂原则是最初2周,白天每2h饲喂一次,夜晚每3h饲喂一次,确保每天摄入体重25%的食物。1~22周之内,幼驹采食后,白天每3~4h饲喂一次,晚上每4小时饲喂一次。大部分1月龄马驹,可每6小时饲喂一次。

### (二)断奶驹饲养管理

断奶是马驹整个阶段中最重要的应激之一,吮吸母乳不仅给马驹提供营养物质,还能够给予马驹安全感。断奶可能会导致疾病、受伤、生长速度下降。在实际生产过程中有很多的断奶程序,但是不管采用哪种断奶程序,在断奶时首先应该考虑的是减少应激。研究表明,逐渐断奶和部分断奶与突然断奶和完全断奶相比应激较小,开始断奶前期适量的补饲教槽料可以显著降低断奶应激。

1. 适时断奶

在实际生产过程中通常根据设备、经验、管理者习惯以及断奶马驹的数量选择断奶程序。传统的断奶程序是突然完全断奶,将马驹与母马在分开足够长的距离,防止彼此看到或者听到。断奶日龄的选择非常重要,生产中常见的断奶日龄主要有以下几种:

(1)初生断奶

初生断奶是指在马驹出生的几天内进行断奶,在生产中并不常见。但是有时母马在刚分娩后需要运输到育种场,为避免初生马驹的运输应激和可能造成的损害而采取的一种保护方法。初生断奶对母马的乳房会造成短暂的创伤,让母马拒绝哺乳。有些初产的母马拒绝马驹吮奶,这种情况也需要初生断奶,产后母马死亡,孤驹同样需要早期断奶。马驹的健康和营养对初生断奶的成功与否非常重要。出生后一周断奶比一周后断奶的马驹小。在断奶后除了满足营养需要外,还需要教会马驹从小桶中饮用代乳粉。另外关注的问题是马驹在离开母马以后是否可学会马行为。Pagan 等的研究表明,初生后断奶的马驹在断奶后前几周生长速度下降,在 3 周后恢复正常。通过初生断奶与非初生断奶马驹 6 或 12 月龄体重发现,初生断奶对马驹日增重没有显著影响。

(2)两月龄断奶

研究表明母子联系在 2~3 个月的时候会减弱。采用两个月断奶的方式需要对马驹的生长速度和健康状况进行评估。健康的生长比较好的马驹可在 2 月龄内这个时间断奶,但是生长速度差比较瘦弱的马驹需要跟随母马哺乳更长时间。2 个月断奶主要是为了缩短泌乳期,延长提高乳腺组织的使用。适量补饲教槽料满足马驹的营养需要是 2 月龄断奶成功的重要保障。

马在群体阶级地位有学习行为，断奶月龄会影响马驹成年后在群体的阶级地位。研究表明2月龄断奶在群体阶级地位低于5月龄断奶的马驹。故对于性情比较暴躁的母马，为了防止后代建立学习行为，改善马驹的性情可采取2月龄断奶。

(3)4~6月龄断奶

一般情况下，哺乳母马大多数在产后第1情期再次配种妊娠，泌乳量逐渐减少，不能满足马驹的营养需要。而幼驹到4~6月龄时，已独立采食，故4~6月龄断奶是目前普遍采用的断奶月龄，在断奶前进行补饲以教槽料减少应激。此外，根据母马的健康状况和幼驹的发育情况灵活掌握，比如母马体况较好，断奶过早，幼驹采食乳不足，会影响发育；母马体况较差，断奶过晚，会影响母畜的膘情，影响母马的繁殖性能。

(4)7~8月龄断奶

7~8月龄的马驹从生理上以及行为上都具有独立性，已经可以和母马进行分离。7~8月龄断奶程序普遍采用突然的完全断奶方式，对于圈养的马驹来讲断奶后需要更大的空间。7~8月龄断奶的时间和野外的母马自然断奶时间比较接近。

(5)圈舍断奶

在现代马业中，4~6个月的圈舍马驹可以采用突然完全断奶的方式，研究通过嘶鸣的频率的减少表明，成对的进行断奶比单独的马驹断奶应激小。但是有研究发现，配对断奶减少嘶鸣的频率降低可能是因为一匹马对另一匹马进行攻击性的警告造成的，而且配对断奶在后期分开的时候可能会面临第二次的断奶应激。Malinowski等的研究表明，马驹在断奶后血液中皮质醇的含量与未断奶的马驹相比显著升高，单独断奶和成对断奶的马驹血液中皮质醇含量差异不显著，结合免疫能力数据，得出配对断奶的应激比单独断奶的应激更大。Hoffman等研究发现，补饲教槽料可以减少断奶马驹的嘶鸣频率，降低断奶应激。

断奶后经过的第一个越冬期是饲养管理中最重要的时期。由于生活条件的差异和变化，断奶近期和断奶后的饲养管理应按具体情况妥善安排，稍

有疏忽，常造成幼驹营养不良，生长发育受阻，甚至患病死亡。

2. 断奶程序

传统的断奶方式是在马驹 2-8 月龄之间采用突然的完全与母马分离足够的距离达到断奶的目的。马驹在断奶时通常要被带到陌生的环境，进行饲养、驱虫、免疫、去势等，非常容易造成应激，影响马驹正常生长发育。近年来，研究者通过马驹的行为以及生理反应来观察逐渐断奶以及部分隔离等断奶方式的效果。

McCall 等研究发现不同断奶方式对马驹行为和生理产生反应。结果表明，完全隔离与部分隔离相比，马驹的站立时间短，走动时间延长，表明马驹可能处在不安的状态下；补饲教槽料可增加站立时间，减少走动时间。完全隔离断奶导致马驹的促肾上腺皮质激素升高，表明马驹处于应激状态，相反部分隔离逐渐断奶的马驹血液中皮质醇的浓度与未断奶的马驹相比没有显著升高。因此，综合行为和生理反应，部分隔离并补饲教槽料有利于减少马驹断奶应激。

3. 断奶建议

不论选择什么断奶程序，在断奶过程中需要注意健康管理和教槽料的补饲。

(1)断奶前

断奶前阶段是指从出生到开始断奶的阶段，主要考虑健康程序、教槽料饲喂、断奶设施及工具以及操作程序。

健康程序：在断奶前要制定一个好的健康管理系统。在马驹出生后第 8 周需要进行第一次驱虫，3 月龄进行免疫。在断奶前完成健康程序非常重要，因为健康程序会产生应激，而在断奶时要尽量减少应激，能够在断奶时提高马驹的抗病能力。

补饲教槽料：大量的研究表明补饲教槽料可以降低马驹断奶应激。如果断奶时第一次补饲教槽料可能会导致饥饿的马驹采食大量的教槽料造成消化吸收障碍。所以，在断奶前马驹需要训练采食并给予适量的教槽教槽料。另一方面，如果 4 月龄以后断奶，仅仅依靠母乳不能满足马驹的营养需要，这个阶段补饲教槽料教槽料能够提供足够的营养，保证马驹的快速生长，降低断奶应激。断奶前应根据马驹月龄确定教槽料教槽料饲喂量，一般饲喂与月龄相同磅数的教槽料（如 4 月龄的马驹每天饲喂 4 磅的教槽料教槽料），粗蛋白水平维持在 16%~18%水平。

断奶设施：断奶设施的安全是非常重要，物体的尖锐程度、地板的光滑性、栅栏之间的缝隙等都需要进行考虑，仔细检查确保不会造成马驹受伤。

管理：需提前对马驹进行调教，与人进行接触，在日常管理和断奶过程中减少应激。

母马营养：断奶会导致母马乳头不舒适，在断奶前一周需限制母马精料摄入量，降低泌乳量，加速干奶期的到来。

（2）断奶

断奶时，要断然把幼驹与母马隔离开，将发育相近的幼驹集中在同一厩舍内，使它们不再见到母马，也互相听不到叫声。开始时，幼驹思恋母马，烦躁乱动不安，食欲减退，甚至一时拒食，必须昼夜值班，加强照管，关在厩内。为稳定幼驹情绪，可在饲槽内放一些切碎的胡萝卜块，任其采食，或在驹群中放入几匹性格温顺的老母马或老骟马做伴。一般经 2~3d，幼驹即可逐渐安静，食欲也逐步恢复，可赶入逍遥运动场自由活动，约一周后，可在放牧地运动，开始每天 1~2 小时，逐日延长时间。幼驹在断奶期间应精心饲喂，细心护理。饲以优质适口的饲料，如青苜蓿、燕麦、胡萝卜和麸皮等，精料不宜太多，饮水必须充足。

3. 断奶驹饲养

断奶后的 1~2 周要保持相同的饲养管理模式，不能进行变动。继续饲喂相同的教槽料，让断奶马驹在相同的地方停留 7~14 天，不要因为免疫、去势以及标记造成额外的应激。断奶驹的管理，主要包括运动、刷拭、削蹄、量体尺、称体重等，应形成制度，按时进行。必要时公母驹应分群管理，预防偷配早配。幼驹断奶后开始了独立生活。第 1 周实行圈养，每日补 4 次草料。要给适口性好、易消化的饲料，饲料配合要多样，最好用盐水浸草焖料。每日可喂混合精料 1.5~3kg，干草 4~8kg，饮水要充足。有条件的可以放牧。

断奶后很快就进入寒冬。生活的改变,寒冷的气候,给幼驹的生活带来很大困难,因此要加强护理,精心饲养,使幼驹尽快抓好秋膘。饲料搭配要多样化,粗料要用品质优良、比较松软的干草,特别是要喂些苜蓿干草、豆荚皮等。一定要加强幼驹的运动,千万不能"蹲圈"。平时,人要多接近它、抚摸它,每日刷拭两次,建立人马亲和关系。我国北方早春季节,气温多变,幼驹容易得感冒、消化不良等疾病,要做到喂饱、饮足、运动适量,防止发病。幼驹满周岁后,要公、母分开。对不做种用的公驹,要去势。开春至晚秋,各进行 1 次驱虫和修蹄。要抓好放牧。农村要尽量补喂青草和精料。

1~2 岁驹体尺继续增长,而胸围与体长增长较快。饲料量要相应增加,并加强放牧,锻炼身体,增强体质,提高适应性。由于消化能力已有了提高,精料饲喂量可随月龄增长逐步减少,而优质粗饲料相应增加。

驯致马驹是 1~2 岁驹培育中的重要措施,特别是种用驹,对成年后具备良好使用性能有重要意义。驯致工作是以马匹行为学、运动生理学为基础,顺应马驹生长发育规律,能动地诱使马驹体察人意,服从指使,达到培育出优良马匹的目标。

驹越小,驯致效果越好。一般从生后 2 周起,就应频繁与幼驹接触,轻声呼唤,轻挠颈、肩、臂部和四肢,做到人畜亲和,逐渐使马驹不怕人接触、抚摸与刷拭,为日后驯致、调教打好基础。

工作中必须温和耐心,刚柔并举,善于诱导,技术上要作得准确,方法得当,循序渐进。粗暴或操之过急往往造成相反结果,降低功效。培养马驹对人的感情,消除惧怕心理,逐渐使马驹习惯于举肢和听一些简单口令,以至完成基本的驯致。要针对每匹马驹的性格特点,采用不同的方法,以获得较好效果。

具有驯致基础的马驹,即可进行基本调教。通常挽用驹应在生后 10~12 个月,开始训练其戴笼头,上衔和拴系,牵行,并使其熟悉前进、停止、调转后躯、左右转弯等动作和口令。装配马具时,必须先将马具让马看过、嗅过、熟悉马具,并在马背上反复摩擦,使其不生畏惧。进行入车辕、背挽鞍、坐皮抗压的训练,以便于日后使役。

乘用驹年龄达 1.5 岁时,开始调教,先反复练习上衔,再习惯肚带。然后可用缰绳牵引做前进、后退、停止、左右转弯的动作,同时配合动作的口令训练。装鞍、加蹬易使马驹受惊,应有 2~3 人配合,恰当控制,循序渐进。完成上述调教后,即可进行骑乘训练。

无论用途如何,马驹在基本调教的基础上,经过性能锻炼,可提高生产性能。乘用驹主要包括慢步、快步、跑步及其他类步的调教训练。经训练后,方能进行能力测验,包括平地赛跑、越野赛、越障碍和特技比赛,借以选拔优秀个体。挽用驹的性能调教包括速度、挽力和持久力三方面。通常共训练 8 个月。前 6 个月,因马的体格较小,负重 15~30kg,进行慢步、慢快步、快步调教训练。后两个月为了提高挽力和速度,可采用综合调教,负重 35~55kg,在慢步调教中配合进行适当快步,包括伸长快步训练。挽用驹能力测验标准见表 12-8。

表 12-8　挽用马驹能力测验标准

| 测试项目 | 测验结果 | | |
|---|---|---|---|
| | 优良 | 合格 | 不良 |
| 快步 2000 m | 不超过 7 分钟 | 7 分 28 秒以下 | 7 分 30 秒以上 |
| 慢步 2000 m | 不超过 18 分钟 | 18~20 分 | 20 分以上 |
| 用最大挽力所走距离 | 200 米或更多 | 100~199 米 | 100 米以下 |

## 第四节　运动用马的饲养与管理

具有良好遗传性的马匹,发育正常,形成适于发挥能力的类型、体格、气质和外形结构,是在适宜的饲养管理条件下,经过系统调教,再加骑手高超的技艺等诸因素综合作用的结果,使马匹充分表现其遗传潜质,创造某运动项目的最佳成绩。饲养是保证健康的重要因素。正确饲养的作用表现在长远的效应上,它可使马匹终生竞赛更加经常和有效,并减少疾病和受伤,运动生涯更加长久。四肢病是运动用马的普遍问题,但调教和使用不当可能是其直接诱因,而营养和饲养不良才是根源,良好的饲养管理能减少这些问题的发生。

运动用马饲养原理与其他马相同,但运动用马在共性的基础上又有其特点,本章仅对此加以叙述。

## 一、营养需要

### (一)水

对运动用马极为重要。俗话说:“草膘,料力,水精神”,说明水很重要。马因剧烈运动大量出汗且机体过热,对水的需要量可比安静状态增加 1~3 倍。因过度出汗或缺水,马可能出现脱水现象,在竞赛或长途行程后会出现疝痛。成年马日需水量 20~50L。营养和水供应不足会使马痉挛,并很快疲劳。运动前没有合理饮水,马的竞技能力和恢复能力都会降低,因此赛前赛后马应补充其需要的水分。

### (二)能量

能量对运动用马特别重要,供应不足,马能力降低。马匹经受调教或参加竞赛对能量需要成倍增长,赛跑马比非运动马能量消耗高一倍多。马各种运动所需能量,在维持基础上,慢步时,每千克活重每小时消化能需要量为 2.09J;缩短快步、慢跑步时为 20.92J;跑步、飞快步和跳跃时 52.3J;跑步、袭步、跳跃为 96.23J;最大负荷(赛马、马球)时 163.18J,可作为计算马匹能量需要的依据。而实际上可能需要更大,据报道障碍马需要能量为逍遥运动乘用马的 78 倍。因此运动用马的饲养特点之一是及时供应所需能量和尽可能地在机体内贮备充足的能源。

马体能源主要来自碳水化合物和脂肪。肌糖元和游离脂肪酸提供的能量在保障肌肉工作中起主导作用。肌糖元由碳水化合物构成,故应及时供应易消化的碳水化合物。饲料脂肪和肌肉中积蓄的脂肪可转变为被肌肉有效利用的游离脂肪酸,满足能量方面增加的需要,作为调教、竞赛和超越障碍时的能源。

马盲肠微生物能利用纤维素合成不饱和脂肪酸,因此日粮中适当比例的粗饲料不可缺少。过剩的蛋白质氧化燃烧产热,但转化不经济,蛋白饲料价格高,不宜作能源供应。

### (三)蛋白质

蛋白质虽然与生命息息相关,但高蛋白饲料过量,会导致出汗增加,使马表现迟钝,竞赛后脱水,脉搏呼吸频率升高,四肢肿胀,尤其对耐力强的马造成不必要的压力,长期如此会使肾脏受损。轻则引起疲劳,重则会因肌肉力量不足导致意外,甚至引起肌肉疾病,能力下降。蛋白质过剩的标志是汗液黏稠多泡沫。

肌肉做功靠的是能量而非蛋白质。随着运动增强对能量需要增加,而蛋白质需要提高不多,仍在维持水平,只要保持日粮的能蛋比适宜即可。对成年马无论休闲还是竞技,日粮中的可消化蛋白质均以8.5%为宜,调教中的马驹为10%。马所必需的氨基酸为赖氨酸、色氨酸、蛋氨酸和精氨酸。赖氨酸不足会降低运动成绩,色氨酸可维持高度兴奋,精氨酸对抗病,尤其对有压力情况下抗病有作用。必需氨基酸缺乏时肌肉紧张度差,血红蛋白合成慢,恢复过程长。赖氨酸需要量2岁驹为0.5%,成年马为0.25%~0.4%(依运动成绩而定)。马虽然也能利用一定数量的非蛋白含氮物,但高能力马最好不宜使用。

### (四)维生素

马体内某些维生素不足无任何症候,但会对马的工作能力有不良影响。剧烈运动对各种维生素需要普遍提高。

马匹维生素A需要量与能力水平有关,但喂量过多又可能引起骨质增生症。维生素D缺乏会引起关节强直和肿胀、步态僵硬、易骨折、运动困难和原因不明的四肢病；为防止四肢病应格外关注马日粮中维生素 D 水平。维生素 E 对运动马意义重大，提升持久力，预防过早疲劳和工作后疲劳推迟出现，调节呼吸，保证骨骼机能；可治疗马驹的肌炎和肌营养不良；维生素 E 缺乏则红血球和骨骼丧失抗力，表现为跛行和腰肌强直，据称赛马场 2%～5%的马患此症，多在紧张调教后 1～2d 休息时出现，经常运动的马、训练课目变换时易患病。添加 2000～5000 IU/日维生素 E 可提高结实性，缩短恢复时间，延长使用时间一个季度。马驹易调教，尤其对神经质、气质激烈的马有效。调教中的马，维生素 E 需要量为 50～100 IU，竞赛马 1000～2000 IU，还有人在赛前 5～7d 每日给马 7000 IU 含硒维生素 E。维生素 C 治疗马鼻出血有良效，某些情况下还可作为止痛药。马处于应激状态和天气炎热时需添加维生素 C。维生素 C 不足马易疲劳，工作后关节发病。对调教和竞赛马，肠道合成的维生素 B 族不能满足所需，日粮中缺乏青绿饲料和粗饲料时均需添加。维生素 $B_1$ 与能量代谢有关，缺乏时马协调运动不良（尤其后肢），心脏肥大，肌肉疲劳。维生素 $B_{12}$ 为血液再生所必需，可保证运动用马健康。乏瘦、虚弱的马，注射维生素 $B_{12}$ 有良好反应，能迅速改善体况。日粮应富含维生素 $B_{12}$，供应钴可促进维生素 $B_{12}$ 合成；烟酸为生长马驹和调教中的马所必需；日粮中添加 5%胆碱对肺气肿有治疗作用。

#### （五）矿物质

马匹剧烈运动大量出汗，许多矿物质随汗排出，运动用马对矿物质需要增加。竞赛马日粮中钙、磷和食盐常不足，添加矿物和微量元素十分必要。

首要的是钙和磷，决定着骨骼坚固性和肌肉紧张度。钙磷不足或比例不当，会引起四肢肌肉扭曲变形，合适的钙磷比例（1∶1～2.5∶1）和数量对马驹生长和调教、竞赛马工作能力都有良好作用。调教和竞赛中如四肢出现异常，需调整日粮中的钙磷水平并至少观察一年。运动出汗和马疲劳虚弱需要补充食盐，缺盐马会脱水，影响能力，经常补给才能满足需要。需要量取决于运动量和强度，出汗越多需盐越多。盐过多在某些情况下会因肌肉挛缩致死。日粮应含盐 0.5%～1.0%，或精料中含 0.7%～1.0%，能自由舔食食盐的马可不另给盐。速步马、赛跑马每日应添加盐 25～100g，或每 100kg 体重 7～8g。速步马高负荷期需较高水平的碘。铁与铜不足会导致贫血、呼吸困难，而剧烈运动后表现大量需氧，可见其重要作用；但铁过多会使马变得迟钝冷淡。剧烈运动的马日粮中应含钾 0.6%～1.0%。镁为肌肉收缩所必需，缺镁神经系统兴奋性增强，肌肉颤抖，易出汗，四肢肌肉痉挛。早龄调教的幼驹因骨骼正在生长，对氟耐受力低。锌促被毛光亮，但过多会发生骨骼疾病，四肢强直、跛瘸。硒对维持肌肉韧性有作用，高性能马血中硒含量高，注射硒和维生素 E 可治疗运动关节僵直。

## 二、常用饲料

### （一）能量饲料

谷物精料富含易消化的碳水化合物，适于运动用马。玉米可消化能最高，广泛用做日粮主要成分，经济实用，高粱性质与玉米相似，可部分代替玉米。燕麦仅次于玉米适于运动用马，许多养马者认为快速行动的马应喂燕麦，只采食大麦和其他精料跑不快。但是对于气质激烈，过于神经质的马，喂燕麦会使马过于兴奋，不必要地消耗体力，还会引发意外，影响运动成绩。这种类型的马饲喂燕麦需要添加钠，或者改用其他精料。燕麦还可促进四肢关节软组织正常发育。

### （二）蛋白质补充料

主要用来平衡日粮中蛋白质的不足。其中黄豆饼（粕）最好；鱼粉氨基酸丰富，添加少量即可；啤酒酵母和饲料酵母也是良好的蛋白质和维生素 B 的来源。

### （三）粗饲料

运动用马需要优质青干草，是最好的维生素干草。

### （四）青绿多汁饲料

各种禾本科、豆科青草、大麦芽都适用，虽优点很多，但体积大，营养浓度低，饲喂量不能太多，每日饲喂 2～3kg 即可。国外有一种聚合草对关节炎和消化病有特殊疗效。胡萝卜、马铃薯、甜菜富含易消化的碳水化合物和维生素。马喜食胡萝卜和苹果，常用作美食在调教时奖励马。

### （五）其他饲料

1. 糖　人们认为饲喂糖可以迅速提供能源。有人在赛前早晨饲料中加 200～250g 糖，或赛前 1h 喂 300～500g 糖，但赛前半小时喂效果不佳。赛后 1 h 饲喂 0.5～1kg 糖有助于补充能量加快体力恢复。蔗糖对心肌是很好的营养，蜂蜜也较好，可用 D—甲基甘氨酸产品为赛马供能源。然而，只给参赛马喂糖就够了，其他马不需要每天每次加糖饲喂。

2. 茶叶和咖啡　二者均有兴奋作用，出赛前适量喂茶叶有效。如同饲喂糖一样，仅给参赛马即可。

我国民间赛马早有用茶叶、人参和其他补品饲喂马的经验，国外还给马喂芝麻和黑啤酒等。

3. 脂肪　作为高能物添加，以食用植物油最好。

4. 大蒜　国外用大蒜喂马，有祛痰止咳的作用，能治疗感冒和慢性阻塞性肺病，也有助于排出黏液。大蒜油效果更好，对血液循环有障碍的马，包括跛瘸、舟骨炎有益。

5. 添加剂　为平衡日粮有必要使用各种添加剂。对运动用马特别重要的是维生素、矿物质和微量元素之类的添加剂。国外添加剂中还使用某些代谢产物，如柠檬酸、琥珀酸和反式丁烯二酸等，可以在大运动量训练后减少疲劳，较快恢复。此外还有使用造血铁剂和电解质制剂作为添加剂的。

## 三、日粮配合

必须依据饲养标准。我国马耐粗饲，消化能力强，配合日粮用国外标准偏高，而营养过剩有损马匹健康，应予注意。此外，还应做到以下几点：

1. 平衡首先要遵循饲料多样化、适口性好、适合马消化特点，变换需有过渡期等原则。

2. 精、粗料比例以高营养浓度精料为主要营养来源，再加一定量粗料及添加剂达到平衡。精料量以占体重 1.0%~1.4% 为宜。正在生长的马驹、强化调教、竞赛和越障的马需要较多精料。精粗比例依运动量和项目而异：轻运动时 2∶3，中等和强度运动量（短距离赛马、舞步马）1∶1，重负荷（障碍赛）3∶2，重而快速运动（长途赛马、三日赛）3∶1，2 岁调教驹 2∶3。精料比例不宜过高，否则导致消化疾病和关节炎。粗料在日粮中不应低于 25%，绝非越少越好，若每百千克活重低于 0.5kg，易发生结症，而以 0.75~1.0kg 为宜。某赛马场日粮粗料曾低于 15%，以致消化疾病频繁，死亡率高，应以此为戒。

精料可配制成多种形式：粉料、颗粒化和块状等。如用粉料可采用我国的传统“拌草”的方法饲喂效果好，颗粒料使用便利，国外还制造全价饲料块、精料块和蛋白质饲料等。

3. 节律饲养一年中应按季节有规律变换 2~4 次，例如冷、暖季两种，或每季一种。

4. 多种料型大规模饲养运动马，所有马都喂同一种精料不合理。不同生理状况需要不同：调教马与竞赛马不同，竞赛马竞赛期与休闲期不同，正在生长的马与成年马不同，进口马与本国马也不同。

5. 维生素矿物质舔盐任何日粮都不能满足每匹马和每种情况下对维生素和矿物质的需要。个体的需要有很大差异，马对食盐的消耗个体差异可达 12 倍。应设计和配制钙、磷、食盐（含碘）和维生素、微量元素舔块。经常放在饲槽里，需要的马自行舔食。

6. 经济原则尽量使用当地自产草料，少用远地运进，甚至进口饲料。配合日粮不可贪大求洋，本国马耐粗饲性能极佳，不必用进口马标准，更不必给过多精料。运动用马需要丰富饲养，但各种营养供给都有限度，并非越多越好。日粮水平过高，会导致能力下降，利用年限缩短，反而不经济。

## 四、运动马饲养

运动用马实行舍饲，精细管理，严格要求，坚持不懈，注意做到：

1. 定时定量，少喂勤添　每次喂料时，应在短时间内补饲到每匹马，勿使马急不可耐地烦躁等待。

2. 饲喂次数　可以影响马的采食量以及生产性能。一般生产上多倾向于日饲喂精料两次，但若每次精料喂量超过 3. 5kg，则应增为 3 次。每次喂量不宜过大，各次时间间隔均匀为好。

干草用多种方法饲喂，若用干草架则位置应与马肩同高，或用大孔网袋装干草吊于厩墙上由马扯着采食。若投于饲槽，则应加长饲槽，每次喂料前应当扫槽。干草投于厩床易遭践踏和粪尿污染，且抛撒浪费。

3. 喂量分配　赛前饲喂精料应减量，以每日饲喂 3 次为例：若上午比赛则早晨饲喂日量 25%，中午 40%，傍晚 35%。若下午比赛则早晨 40%，中午 25%，傍晚 35%。赛前粗料减半，甚至完全不补。

4. 马的饮水　马每日饮水不少于 3 次，最好夜间加饮一次（水桶放于单间墙角）。水面低于马胸，水温不低于 6 ℃，勿饮冰水，先饮后饲喂精料。热马不宜饮水，即紧张剧烈运动后，当马体温升高，喘息未定时勿饮水，否则马宜患风湿性蹄叶炎。紧张调教和竞赛期间，饮水中最好每桶水加盐 3~4 匙，而长途运输时饮水中可加少许糖。到新地方参赛，水味不同时，也可加糖或糖浆。赛前保持一段时间供水，剧烈运动前 1. 5h 内不必停水，允许马饮足。而比赛间歇给马饮水，不易超过 2kg，若过量马就不适于继续参赛，用自动供水器最好，其次用桶，于在必要场合控制饮水，便于清刷及消毒。单间内不宜固定水槽保持常有水，因为既不便控制，又不便清洗消毒，更易有灰尘、草垢乃至杂物及粪便落入，还可吸收空气中的氨气，水质污染，难保清新，且占据单间面积。

5. 个体喂养　每匹马的采食量、采食快慢、对日粮成分和某种饲料的偏爱或反感以及饲喂顺序等许多方面都有自己独特的要求，没有马匹是完全相同的。当表现最大限度工作能力时,对饲料的要求水平有很大差异。赛跑马精料需要量可相差一倍。障碍马采食很挑剔,它们对日程的变化和饲养员反应敏感。因此,运动用马需要分别对待,实行个体喂养。长期仔细观察,掌握每匹马的不同特点,从各方面投其所好,满足每匹马特别是高性能马的特殊需要。

6. 饲养员作用　饲养员必须完成喂养任务,而养马的技能主要来自实践,实践经验是马匹饲养成功不可代替的要素。为了照顾高价值的马,最重要的是有经验丰富的饲养员。诚实可靠,热爱马匹,沉着温和,富有经验。不负责任、不守纪律的人不能养高性能的马。新手必须跟随有经验的人学习才能获得知识。饲养员的优劣,表现在饲养效果上有明显差别。因此饲养员的本领和技能有很大作用,特别对养高性能马至关重要。

## 五、运动用马的管理

严格、严密的管理制度和工作日程是管理的首要条件。全天遵照工作日程按时、按顺序、按质完成各项操作,严格遵守,不得随意改变。实践中常见按习惯随意改变,例如马匹午饲午休时骑乘或冲洗,不利于马的消化机能和休息。

### (一)建立健全交接班制度

饲养员与骑手、与值班人每上、下班时均需交接班。交接马匹状况、数量及其他情况,各尽其职,分清责任。马厩全昼夜任何时间均应有人,不允许空无一人。

### (二)个体管理

马匹除饮食习性外,在气质、性格、生活习性和工作能力等各方面各不相同。日常管理和护理也各不相同。日常管理和护理必须根据个体特点分别对待。运动用马不仅要个体饲养,更须个体管理。因此应当实行“分人定

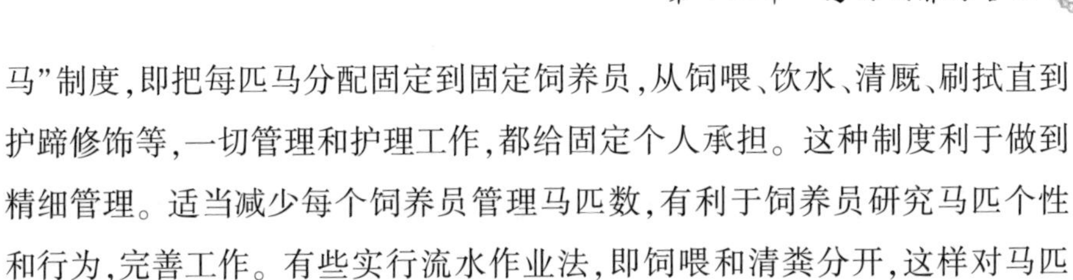

马”制度，即把每匹马分配固定到固定饲养员，从饲喂、饮水、清厩、刷拭直到护蹄修饰等，一切管理和护理工作，都给固定个人承担。这种制度利于做到精细管理。适当减少每个饲养员管理马匹数，有利于饲养员研究马匹个性和行为，完善工作。有些实行流水作业法，即饲喂和清粪分开，这样对马匹不利。

### （三）厩舍管理

每日清晨清厩，清除单间内粪尿，清刷饲槽水桶，白天随时铲除粪便，保持厩内清洁。现代厩舍实行厚垫草管理，单间内全部厩床铺满 15～20cm 厚松散褥草。每日清厩时用木棍或叉将干净褥草挑起集中墙角，将马粪和湿污褥草清除并打扫厩床。清扫后或晚饲时将褥草摊开铺好，需要及时补加新褥草。为节约可将湿褥草晒干再用 1～2 次。应训练马养成在单间内固定地点排粪尿的习惯，即清厩便利、马体清洁又节省褥草。褥草以吸湿性好，少尘土、无霉菌为好，稻草、锯末较好，刨花、麦秸、废报纸条、玉米秸、泥炭均可。

马厩内应保持干燥，以清扫为主，减少水冲洗。有些地方养马缺乏清扫和及时除粪习惯，动辙水冲，甚至在厩内洗马，导致厩内潮湿，违背马生物学特性，危害健康。湿热地区应限于炎热时节，每日铲除马粪后，只用水冲厩床一次。

创造安静舒适的环境便于马休息。防止厩舍近旁噪音污染，特别在采食和休息期间更要禁止。夜间厩内关灯，夏秋季安装灭蝇设备，减少蚊蝇、虻骚扰。马厩内禁止人员嬉戏喧哗。

### （四）逍遥场和管理用房

运动用马厩也应像种马厩一样，每幢厩旁设一围栏场地（种马场称“逍遥运动场”），面积最好每马平均 $20m^2$，供马自由活动，白天除训练及饲喂时间外，马匹应在逍遥场散放活动。夜间进厩，符合马生物学特性，便于马匹管理及清厩等工作，同时有利于干燥通风，并能够减少粪尿污染。仅恶劣天气马留厩内,个别凶恶不合群马不可散放。每幢厩舍应有四个管理用房间:值班室供开会、学习、值班和小休息用,草料仓库供少量贮备,鞍具室应通风良好,工具间保管饲养管理用具。每幢厩舍应设电闸水阀,无须每单间均水笼头。及时闭水关电,不允许长流水长明灯现象发生。单间厩门必须可关牢,马匹不能逃出。门的高度应只容马将头伸出,有些简陋马厩中,马可将整个头颈部伸到走廊中,这种马厩妨碍操作、管理不便、人马均不安全,单间面积不能充分利用,厩门附近厩床损坏加速,马匹形成各种恶习癖,这种厩舍应加以改造。任何时间,如果饲养场内或马厩走廊中常有失控马四处游荡、偷食草料、互相踢咬争斗,都说明设备简陋原始,制度不严,管理水平低下。

### (五)用马卫生规则

用马应严格遵守卫生规则:饥饿的马不能进行训练;喂饱后1h内不能调教;每次训练开始必须先慢步10~15min,而后加快步伐,训练中慢、快步法交替进行;训练结束时,骑手下马稍松肚带活动鞍具,步行牵遛10min后才可回厩。热马不饮水不冲洗。训练后半小时内不易饲喂。过度疲劳者待生理恢复正常后饮喂。参赛马应作准备活动;赛后应牵遛15~20min。赛后或袭步调教后,牵遛20~30min,次日应休息。有主张竞赛时马胃应处于空虚状态,因此应在赛前3~4h喂完。

保持良好体况,传统的“膘度”观念对运动用马不适用,须建立“体况”概念。运动用马应保持调教体况,竞技用马稍好,当自由活动时有“撒欢”现象,说明有适当能量贮备。定期称重监督马体况变化,评膘没有意义。

严密防疫、检疫和消毒制度。养马区大门和各马厩门口均设消毒池,工作人员和车辆进出均应消毒。行政办公室、仓库及生活设施必须与生产区隔离。严格生产区门卫制度,非工作人员严禁进入。严禁外来车辆人员等随意进入马厩和接触马匹。集约化养马机构必须严格执行卫生防疫制度,每年定期进行传染病检疫和预防注射,定期驱虫和环境、马厩消毒。购入新马应在场外另设隔离场经例行检疫,查明健康者才转入生产区。预防工作

虽然代价较高，但为安全和马匹健康实有必要。

**（六）兽医工作**

马术机构的兽医工作不能局限于单纯应付门诊。贯彻“防重于治”的方针，兽医是保健计划的执行者，有大量工作要做，如接种免疫、口腔和牙齿检查、药物试验和生化检测等。须要深入厩舍检查马匹健康和食欲，及时发现病患及时治疗和处理。每半年做一次马匹口腔和牙齿状况检查。除消化道疾病外，须研究和学习有关呼吸疾病和跛瘸的知识及其治疗方法，采用现代兽医科学新成就，进行热（冷）处理、按摩、被动伸展和磁场疗法，学会使用激光疗法、肌肉刺激仪和超声波治疗马匹伤病。马术机构需要高层次的兽医人员，仅能应付一般疾病治疗者不符合要求。

## 第五节　运动马的调教与训练

现代马业马匹的调教和训练手段已经相当规范和科学，赛马和现代马术的马匹调教和培训分几个阶段，分为热身（warm up），肌肉强度和速度训练（muscle strength and velocity training），耐力训练（endurance training）。赛马的调教人员的要求也非常严格，根据其相应的能力和经验分为操马员、见习骑师、三级、二级、一级骑师五个等级。在马匹的训练中应用生理测试（physiologicocl test）和生化测试（biochemical test）的数据及其分析的结果，来决定马匹的训练强度和训练时间以及训练方式。在有些国家还专门设计了标准化的训练测试（Standardized exercise test，SET）来分析马匹的健康和运动状况（fitness）。科学的训练手段减少了马匹的药物依赖。赛马的最大问题是肌肉疲劳（muscle fatigue），赛马的训练和调教就是要解决赛马在比赛结束后不至于完全疲劳以及快速的恢复。

马匹在供各种马术项目使用前，应进行必要的驯服，接受系统的技能教练和锻炼,目的在于使马习惯接触人以及日常管理和护理操作,训练马学会担负骑乘和轻挽工作或某些特殊的工作技能,服从驾驭和操作,获得专门方向或综合全面的速度、力量和耐力锻炼,从而改善生理功能,提高工作效率,充分发挥其遗传潜力,创造优异运动成绩。运动用马的系统、正规调教按一定制度,分阶段进行。首先要驯服马,叫作驯致。哺乳期内进行,到断奶时完成。从断奶到预备调教(1~1.5岁)之间进行成群调教,促进生长发育,增强体力。接着进行预备调教(基本调教),任务是训练马能驾车、能骑。速步马、轻挽马从1岁开始,先学会挽车,后训练马理解和服从驾驭。挽车用慢、快步行进;骑乘马从1.5岁开始训练马骑乘,并懂得和服从骑者的正、副扶助。能背负骑者用正确的慢、快和跑步运动,预备调教将为各专门运动项目的调教打下基础。

对马进行性能调教,是在预备调教的基础上,进一步按各运动项目进行专门方向的调教,使马学会某种专门技能。速步马锻炼快步速度和耐力;赛跑马调教袭步速力及耐力;障碍马锻炼弹跳力和超越障碍的技巧。各马术项目都有各自独特的性能调教内容和方法。速步马和赛跑马2岁可上赛场,竞技马调教时间较长,约需3~4年,满6周岁才能参加正式比赛。

调教,也是对马的一次选择,真正速力出众的马,马驹时便与众不同。这种马十分灵敏,反应及时。训练中接受指令快。曾见过一匹马驹,用手指触马皮肤。以接触点为中心,皮肤出现跳动,有经验的人从马驹中便可预测未来的发展。及早重点培育,调教才能出现“名马”。

调教的好处很多:调教可以促进肌肉发达,特别是肩部、背部、尻部、四肢部锻炼可使之更为粗壮有力;体型可以匀称,马体胸围,前胸肌肉,都可以增大,出现匀称的体型;心脏经调教可更好发育;马的许多行为,是调教得来的。一匹冠军快马,三分靠调教,七分靠先天遗传,可见其重要性。

### (一)速度赛马的调教与训练

速度赛马的调教重点在于袭步速力和耐力。1岁马每天接受慢步、快步、跑步共约4km的训练,若未出现疲劳或厌烦,在每日训练的最后阶段可以加入伸长跑步和袭步训练。初始阶段在跑步中逐渐均匀加速，每次200~300m，然后再伸长跑步中再均匀加速至袭步，初期总长度不超过500 m为宜。针对不同体能状况的马，应该科学合理设置训练计划，运动量适宜，运动强度逐渐增加，防止运动过量出现肌肉疲劳或者肌肉损伤，影响马的运动性能。

袭步训练可将马分组同时或者顺次进行，锻炼马匹竞争的心理，促进相互学习，建议每周安排2~3d。

多做半径20m以上的左、右怀步跑，平等进行练习左、右跑步，不得做左里怀右跑步或右里怀左跑步。

跑步和袭步训练要注意运动保健，做好骨膜炎、屈腱炎、球节肿等运动损伤的预防和治疗。

速度赛马还要进行入闸训练，将前后闸门打开后，训练马进入，通过闸门和在闸门内安静驻立。训练可以先使用练习用马闸，等适应以后再更换竞赛马闸进行训练，训练过程要遵守循序渐进，保持耐心。当马完全适应入闸训练，达到竞赛状态后，再开始出闸起跑训练。

速度赛马2岁时，训练强度逐渐加大，袭步距离逐渐加长。可对袭步速度设定时间限制，逐步达标。强度训练每周1~2d，其余时间多以适中的慢跑、快步和跑步训练为主。

### （二）障碍马的调教与训练

障碍赛要求马在通过一条设有障碍物的路线时具备良好的体力、技能、速度和自信，跳跃时要高度服从骑手的扶助。

障碍马一般需要经过4~5年的调教与训练。幼驹基础调教以后，从马出生后的第四年开始进入“次级调教”阶段。此阶段调教的总体目标是加强马的服从性、力量和耐力。经过8个月的调教后，受训的马应该能很好地服从命令，骑手可以轻松地在各种环境下以各种步法骑乘，在此基础上能熟练跳跃简单的障碍。进行该阶段调教的前几周要复习之前完成的调教内容。此阶段调教具体目标包括强健马的身体，提升马的智力，继续加强马的受衔训练,强化马侧部和纵向接受扶助的能力,将扶助的级别提高到次级调教阶段应该达到的水平,继续扩展跳跃训练,进行道路骑乘,尝试采用双缰。

障碍马的调教过程可分为“平地调教”和“障碍调教”两部分,平地调教可以看作障碍调教的基础。平地调教最基本的是圈乘训练,要求骑手锻炼马转弯的平衡、推进力和柔韧性。障碍调教以前,可以先让马练习慢步和快步通过简单的地杆,并学会按照大的弧线流畅进行。地杆练习熟练后就可以尝试跳跃简单的障碍。

障碍调教是通过不断加强马的自信训练其跳跃障碍的能力。障碍调教可以从自由跳跃障碍训练开始,用调教索引导马跳跃不同摆法的障碍。首先设置一个小的交叉障碍,放于低杆后,引导马从障碍交叉处通过。在逐步通过增加低杆、增设双重障碍和组合障碍、提高障碍高度、调整障碍间距等方法,提升训练难度和质量,重点加强马队正确起跳位置的判断能力。同时还要进行特殊步法的调教,主要是两蹄迹运动,以及马在良好受衔后的后退调教。

### (三)盛装舞步马的调教与训练

盛装舞步马要求马的步调自如而且规整;动作协调、轻快、顺畅;前肢轻盈、后肢发力,产生充沛的推进力;受衔良好,始终顺从,丝毫不紧张,不抗拒。对盛装舞步马的调教主要体现在受衔、屈挠(收缩)、推进力、柔韧和服从等方面。

1. 受衔

是指马的颈部抬高并成拱形,其程度随训练阶段和步度的伸长和缩短不同,但始终轻柔的接触和顺从地承受衔铁。骑乘中马的头部位置稳定,项部柔软,是颈部的最高点,不抗拒骑手的指令,此时骑手的骑坐不依靠缰,而是支持在缰上。受衔尤为重要,直接影响盛装舞步动作完成的质量。

2. 屈挠

是骑手通过缰与马的嘴角保持柔和联系,从马匹整体上看,颈部到项部弓起,积极而有力的带动后肢,飞节变曲,富有推进力。收缩动作并不是简单的缩短,而是在完全放松、不紧张状态下的收缩。屈挠能力的训练应逐渐加强,循序渐进。训练中可以提升前驱,降低后驱高度,使马的腰部弓起而不下凹,做动作既不紧张,又不失弹性。

3. 推进力

是马匹努力向前的愿望,有推进力的马在运动中背部柔韧,后驱有弹性,并能很好地向躯干下部传动,使后肢具有明显的倾向和动力。推进力的重要表现是马在空中的停留时间比着地时间长。

4. 柔韧

是指马的颈部、腰部及身体各关节部位柔软而灵活。为提高马匹的柔韧性,多采用两蹄迹线运动——腰向内、腰向外、肩向内、肩向外的训练方法。

5. 服从性

马还要有较好的服从性,充分受衔。服从训练最好的方法是加强平时基础马场马术的训练,不断强化刺激,通过肢体语言完成交流,让马能够较好地领悟骑手的意图。

#### (四)耐力马调教与训练

长途耐力赛是很多国家和民族的传统马术项目。耐力马调教目的是改善马的体质、生理机能、步法品质和持久力。耐力赛过程中设置的兽医强制休停和健康检查环节,对马的心率等生理指标的恢复能力、步态都有细致的规范要求,必须在平时开展针对性训练。

耐力马的训练一方面通过饲料营养调整和不同强度运动量的训练进行体质体型训练。蒙古马有“吊马”的传统,通过栓系使耐力马“收腹”,减少运动损伤。耐力马训练还包括生理机能锻炼,比如以增大心脏耐受力为目的的爬坡、高原、海滩训练等。对步法品质的训练要求步法应伸长且舒缓,步度配合要衔接流畅,跑步的节奏应控制在与脉搏频率接近,可有效节省体力和时间,提高心率和尽快恢复呼吸等生理指标。

### （五）挽用马的调教与训练

马的挽用性能是传统技能，现代多用马的挽力开展快步轻驾车、拉爬犁、驾四轮马车等运动竞赛或娱乐表演。挽用马调教要重视基础教育，如牵引、受衔和习惯挽具与挽车等。一般类型的挽用马强调挽力和速度同时具备，训练中配合一定挽力定额，使用慢步和快步配合练习，训练时间控制在每天1～2h，距离逐渐加长；快步轻驾车用马要在跑道上练习慢步、慢快步，再逐渐增加快步训练，最后实现全部使用飞快步。快步轻驾车用马既要追求最小挽力的速度，也要保证肌肉力量，具有良好的挽力，达到力速兼备；重挽马队挽力要求较高，还要兼具持久力，需做好最大挽力和载重的训练，加强长距离挽曳练习。

### （六）运动马心理调教与训练

在改善马的生理功能，提高工作效率的同时，马的心理素质锻炼也不可忽视。现代世界万物日趋新奇复杂，马的本能却对任何初次接触都持猜疑、恐惧心态。因此，逐步对马进行心理素质锻炼，不仅有益，而且大有必要。心理素质锻炼可按以下步骤进行：让马消除对人的恐惧或戒备心理，让马接触并逐渐熟悉周围环境，让马以平静的心态接受突然出现的事物或动物，如巨大声响、飞鸟、从耳边飞驰而过的汽车等，让马熟悉并登上运输车船，可通过悬空摇晃的木板、铁板、桥梁等，让马能够安静地待在狭小的封闭空间内，如运输仓、起啮闸箱等。

在我国牧区和民间马匹调教，因条件所限，马驹幼龄不驯致，待3～4岁时进行速成调教，集驯致和预备调教为一体，短期突击进行，多使用粗暴强制压服手段使马就范，常导致形成恶癖及人、马发生伤亡事故。多数马直到出售时仍是生马，得由马术机构从头做起。今后产马区应做到凡出售的马均要经过预备调教，不出售生马。至于各马术项目的专门性能调教，例如障碍马、舞步马，则由马术机构施行。我国马匹调教工作还处于落后水平，有待于今后继续努力学习改进和提升。

# 第十三章 马的疾病

# 第一节　传染病

## 一、细菌性传染病

### （一）炭疽

1. 致病原因　该病的病原体是炭疽杆菌，本病的病理解剖特征表现为呈败血症变化，脾脏显著增大，皮下及浆膜下有出血性胶样浸润，血液凝固不全，呈煤焦油样。

2. 临床表现　潜伏期一般为1~3d，最长的可达14d。根据病程不同，在临床上分为最急性、急性、亚急性三型。

最急性型：主要发生在流行初期，病畜突然发病，全身战栗，走路摇晃，迅速倒卧，昏迷，呼吸困难，可视黏膜发绀，在濒死期或死后可以看见从口鼻中流出血样泡沫，从肛门和阴门流出不易凝固的血液。

急性型：病畜体温升高达40℃~42℃，精神沉郁，食欲减退或废绝，发汗，瞳孔散大，恶寒战栗，心悸亢进，脉快而弱，呼吸困难，可视黏膜蓝紫色，并有小出血点。初便秘，后则腹泻带血，时有剧烈腹痛，尿暗红，有时混有血液。孕畜常发生流产，濒死期体温急剧下降，呼吸高度困难，一般经1~2d死亡，多数病畜死后可见天然孔出血。

亚急性型：症状与急性型相似，但病程较长，一般为2~5d，该型病马常在喉部、颈部、胸前部、肩胛部、腹部等处出现炭疽痈。炭疽痈多为浆液性出血性水肿，但有时也出现硬固性肿胀，初有热痛，后逐渐变冷无痛，最后中央部发生坏死，有的形成溃疡。此外，有的还呈现腹痛症状。

3. 治疗措施　炭疽病畜应及时严密隔离，在专人护理的条件下进行治

疗，最急型性炭疽，病程短促，常来不及治疗便死亡，急性、亚急性病畜，如能早期发现，早期治疗，多数可以治愈。可以采用血清疗法，抗生素疗法和磺胺类药物疗法。

4. 防疫办法　未发生炭疽时，首先对易感家畜于春或秋季进行一次炭疽预防注射，增强机体的抵抗力。其次，对原因不明而死亡的病畜，不准擅自扒皮吃肉，应经兽医诊断后再做处理。应将尸体进行深埋或焚烧。发生炭疽后，应迅速赶赴现场进行流行病学调查，追究传染病来源，找出传播途径，拟定消灭疫源地的具体措施，并报告上级，通知友邻单位，注意防范。划定疫区后，实施封锁、检疫、隔离、紧急预防接种、消毒及治疗等综合防治措施。

#### （二）破伤风

1. 致病原因　破伤风杆菌经外伤伤口进入马体内引起急性传染病。

2. 临床表现　初起时马的咀嚼和吞咽缓慢，随后发生全身僵直。病马开口困难、牙关紧闭、两耳竖立，眼半闭、瞬膜外露、瞳孔散大，鼻孔开张。颈部、背部肌肉强直，痉挛出汗、尾根抬起，腹部卷缩。四肢关节屈曲困难，僵直如木马。

3. 治疗措施　药物治疗中和毒素，解除痉挛，同时处理感染创面。

4. 防治办法　对外伤的处理要得当及时，注射抗破伤风血清。

#### （三）鼻疽

1. 致病原因　患病马特别是开放性鼻疽病马通过共用的厩舍、饲养用具等将其携带的鼻疽杆菌传染给健康马。

2. 临床表现　马的肺部、鼻腔黏膜以及四肢、胸侧、腹下等部位出现结节、溃疡和脓性分泌物等病变。

3. 治疗措施　药物治疗或捕杀处理。

4. 防治办法　定期检疫，按规定处置病马，做好卫生消毒工作。

### （四）马腺疫

1. 致病原因　马腺疫链球菌经上呼吸道黏膜或消化道感染。

2. 临床表现　病初体温升高到40℃~41℃，下颌淋巴结肿大，热而疼痛。

3. 治疗措施　肿胀部涂10%碘酊、20%鱼石脂软膏，并切开排脓。

4. 防治办法　加强3岁以下幼驹的饲养管理，搞好环境卫生。

### （五）幼驹大肠杆菌病

1. 致病原因　幼驹大肠杆菌病是由某些条件致病性大肠杆菌引起的急性传染病。见于生后几天的幼驹。

2. 临床表现　病驹体温突然升高达40℃以上，发生剧烈的下痢，肛门失禁，不断流出液状粪便，呈白色或灰白色、内含大量黏液，有时混有血液。最后呈现高度衰弱，经1~2d而死亡。病程长者，则下痢和便秘交替出现，关节肿胀，出现跛行。

3. 治疗措施　可内服高锰酸钾4~8g（配成5%的溶液），每日2~3次；呋喃唑酮0.1~0.3g或磺胺脒10~20g，每日2~3次。此外，还应配合补液、解毒、强心等对症治疗。

4. 防治办法　加强饲养管理，搞好环境卫生，粪便及时清除，厩舍、运动场要保持清洁和干燥，防止幼驹舔食粪便和污物，给初生幼驹带上笼嘴，采取定时哺乳的方法。

## 二、病毒性传染病

### （一）传染性贫血

1. 致病原因　经由吸血昆虫在病马和健康马之间传播感染。

2. 临床表现　发烧发热（40℃~41℃）、伴有贫血、出血、黄疸、心脏衰竭、浮肿和消瘦等症状。

3. 治疗措施 根据本病流行特点进行补体结合试验或琼脂扩散检验，确诊后应报有关部门批准捕杀，同时进行疫区（点）封锁，对区（点）内马匹按规定做检疫普查。对健康马使用马传贫疫苗，做好预防接种工作。

4. 防治办法 定期检疫。有关部门对于各地区的马匹要切实做好检疫后核发运输检疫合格症。

### （二）流行性感冒

1. 致病原因 接触性传染病。流感病毒经空气飞沫直接传播，流行速度快，传播面广。

2. 临床表现 马匹突然发病、体温升高、眼结膜潮红，颌下淋巴结轻度肿胀，可出现流泪、流水样鼻液及喉头敏感、咳嗽等症状。多数马病症较轻，通常在一周后自行康复。少数病例可见剧烈咳嗽、脓性鼻液、食欲减退、全身无力，如转为支气管炎、肺炎可导致死亡。

3. 治疗措施 精心护理，可用药物解热、止咳、通便，并防止继发感染或并发症。

4. 防治办法 加强对人马流动的管理，搞好环境卫生、厩舍消毒工作。

### （三）传染性鼻肺炎

1. 致病原因 马鼻肺炎的病原体是马疱疹病毒，妊娠马感染本病时，易发生流产，故有马病毒性流产之称。

2. 临床表现 马鼻肺炎的临床症状在幼龄马表现为流感样症状，妊娠马则发生流产。

3. 治疗措施 单纯的鼻肺炎无须治疗，如继发肺炎或长期发热可用抗菌药物治疗。在发病期，要加强护理，让病马充分休息，在退热后 2~3 周内，只能做轻微运动，以防并发症。流产母马一般不需治疗，对少数发生胎衣停滞的母马，可按常规方法医治。

4. 防治办法 自外地，特别是国外引进种马时，要加强检疫，并隔离观察 3 周后才可混群，发生鼻肺炎的马，特别要注意隔离，不让其接触妊娠母马。流产母马用消毒水清洗后隔离饲养2周,胎衣和胎儿要深埋,产房、垫草及污染的用具均需用消毒药彻底消毒。

### (四)流行性乙型脑炎

1. 致病原因　蚊子为本病的传播媒介,3岁以下的幼龄马最易受害。

2. 临床表现　病马体温升高、食欲废绝,或狂噪兴奋或精神沉郁,运动共济失调。可因全身衰竭,卧地不起而死亡。

3. 治疗措施　药物治疗,精心护理、饲养。

4. 防治办法　使用乙型弱毒疫苗进行预防注射。搞好环境卫生,消灭蚊虫孳生地。

### (五)狂犬病

1. 致病原因　马狂犬病是由狂犬病病毒引起的一种急性、直接接触性传染病。

2. 临床表现　马的潜伏期为15~60d,也可能延续到4个月以上。最早表现为咬伤部位发痒,以致不断摩擦伤部。表现兴奋、恐惧、不安,甚至冲击其他的马匹或动物。病马瞳孔散大,前肢趴地,啃咬饲槽,口角流涎,有时撞墙。或由于强力啃咬饲槽,而致牙齿甚至下颌骨折断。也有的将自体咬伤,皮肤撕裂,露出鲜肉。常见咬肌和呼吸肌发生痉挛,持续1~2min。随即迅速出现麻痹症状,表现吞咽困难,咀嚼不能消化的物品,对于饮水只嗅而不饮,嘶鸣时声音嘶哑。继则发生后躯麻痹,行走摇摆不稳,倒卧在地,全身大出汗而死亡。通常在发病后的第4~6d死亡。

3. 治疗措施　如病马已出现典型狂犬病症状,应予扑杀,不宜治疗。如仅为可疑狂犬病,可按下述方法处理:

伤口应立即处理,如在咬后2h内适当处理,发病率明显降低。可挤压或针刺伤口周围,使之出血排毒;然后用温的20%软肥皂水或0.05%新洁尔灭液洗涤伤口,或用硝酸银、碘酒或石碳酸等烧灼伤口;最后用95%酒精冲洗伤口,除去药液。也可用醋、白酒、葱白各100g,甘草250g,煎水洗患处。如伤口较深,应特别注意将污物冲洗干净。条件许可时,在伤口周围浸润注射抗狂犬病血清。

同时给病畜接种免疫血清,这种免疫血清既有预防作用又有治疗作用。严重病例,应同时并用免疫血清及疫苗,可收到良好的效果。

4. 防治办法　在本病流行的地区,要大力开展防治狂犬病的宣传教育。加强国境检疫,对未接种疫苗的犬进入国境时,必须隔离观察6个月。扑杀野犬,防止野犬及狼等咬伤家畜。对本病多发地区的军犬、家犬,每年都应预防接种狂犬病疫苗一次。临近地区发生狂犬病时,对本地区的犬要严格控制。

## 三、真菌性传染病

### (一)流行性淋巴管炎

1. 致病原因　流行性淋巴管炎又名假性皮疽,是单蹄兽的一种慢性、创伤性传染病。病原体为流行性淋巴管炎囊球菌。

2. 临床表现　病的潜伏期较长,大约数周到数月,甚至更长。病灶通常由外伤开始,外伤不易愈合,而在伤口周围及底部长出一种质软、淡红色、易出血的肉芽组织,由于自微小瘘管中流出少量浆液或脓性分泌物,因而创面湿润。创口周围组织肿胀,形成小的结节,逐渐变成脓肿,破裂后形成小瘘管,有的伤口也容易愈合,但不久又在局部形成结节、脓肿及溃疡。

3. 治疗措施　治疗应早期治疗,及时治疗,同时将药物治疗和手术治疗进行结合。手术治疗时将结节、脓肿及肿胀的淋巴管及时地摘除,尤其在初期,病变轻微时,连同病灶周围的健康组织切去一部分。如果病变多,面积广,可分期分批摘除。切除后的创面应涂擦20%碘酊或30%的大蒜液,以后每天用1%高锰酸钾液冲洗,再涂上述药液,并覆盖灭菌纱布。头部和四肢的小块病变,不便施行手术摘除时,可用烙铁或药物烧烙。药物疗法应采用盐酸土霉素、黄色素或浓缩囊球菌素疗法。必要时可采用血液疗法。

4. 防治办法　平时应加强饲养管理，消除各种可能发生外伤的因素，合理使役，经常刷拭马体，发生外伤时应及时治疗，对久治不愈的创伤或瘘管，应采集脓汁作进一步的检查，对新进马匹，应做细致的体表检查，注意体表有无结节和脓肿，防止带入病马。

### （二）镰刀菌病毒

1. 致病原因　马镰刀菌病毒是由于马吃了含有镰刀菌毒素的发霉玉米而引起的中毒病，因此，本病又称作马霉玉米中毒。

2. 临床表现　病症的出现与动物的抵抗力、玉米发霉的程度和饲喂数量的多少有关。病初精神沉郁，站立于槽旁或墙角，头下垂，眼流泪，部分肌群战栗，嘴唇松弛，肠音减弱或消失，食欲及饮水减少，粪干或拉稀，有潜血。尿少色浓，体温正常或下降。这种一般症状，有的持续几天后逐渐消失，恢复后有后遗症，有的经过 1~2d 后加剧并很快死亡。病状继续发展，常表现出明显的神经症状，兴奋时狂躁不安，前冲，圆圈运动，不避障碍物；沉郁时嘴唇下垂，垂头呆立或呈睡眠状，有的保持一定姿势达数小时之久。牵走时，步态不稳，步态不稳或拒绝行动。病马体温正常，直至临死时才下降到常温以下。视觉消失，反射机能减退，嘴唇、咽喉有不同程度的麻痹，吞咽困难，末期牙关紧闭，心脏衰弱，呼吸促迫，不饮不食，终至卧倒不起，四肢抽搐呈游泳状，大多很快死亡。

3. 治疗措施　发生镰刀菌毒病时，应立即停喂霉玉米及其他发霉草料。病马停止使役，加强护理，对症治疗。首先清理胃肠，用芒硝或人工盐等缓泻，而后应用粘浆保护剂保护胃肠黏膜。注射 10%~20% 葡萄糖液 500~1000ml，一日 2~3 次，有强心解毒作用。病马兴奋时，可应用溴化物，氯丙嗪、硫酸镁等进行镇静。静脉注射乌洛托品对本病也有良好的作用。

4. 防治办法　预防本病最有效的办法，就是防止用发霉的玉米其他可疑发霉的草料饲喂马匹。

### （三）脱毛癣

1. 致病原因　主要由于健康畜与病畜直接接触，经皮肤传染。

2. 临床表现　潜伏期的长短，依据真菌的种类，特别是马匹机体的抵抗力不同而异，一般为8~30d，本病通常被分为四个型：斑状脱毛癣，轮状脱毛癣，水疱性和结痂性脱毛癣，深在性脱毛癣。

3. 治疗措施　首先将马隔离，并注意护理。在治疗时先在患部剪毛，然后用肥皂水洗涤患部，再用温的3%~5%克辽林液洗涂患部并除去软化的结痂。

4. 防治办法　对新购入的马匹，需要隔离检疫30d，经详细观察及触摸皮肤确认健康者，方可与原来马匹合群。当发生本病时，应将病马群中所有马匹进行临床检查，全面触诊皮肤，如果发现病马时，立即隔离进行治疗。

## 第二节　寄生虫病

### 一、马裸头绦虫病

1. 致病原因　裸头绦虫虫卵被土壤螨吞食后，在螨体内发育成具感染性的似囊尾蚴。马属动物在吃草时吞食了含似囊尾蚴的土壤螨而遭感染。

2. 临床表现　两岁以下幼驹最易发病。出现消化不良、间歇性疝痛和下痢。病马消瘦贫血，粪便表面常带有血样黏液。

3. 治疗措施　药物驱虫。

4. 防治办法　进行预防性驱虫后将马排出的粪便堆集发酵，以杀灭虫卵。不在土壤螨滋生的草场上放马，可减少感染机会。

### 二、马副蛔虫病

1. 致病原因　寄生于马小肠中的成虫产出的虫卵随粪便排出马体外，

虫卵内发育出具感染性的幼虫后又被马吞食进入马体内。

2. 临床表现　本病主要危害幼驹，症状为消化不良、腹痛，严重者出现肠堵塞或肠穿孔。病马精神迟钝、易疲劳、毛粗干、发育停滞，红细胞和血红蛋白下降、白细胞增多。

3. 治疗措施　药物驱虫。

4. 防治办法　定期驱虫，搞好厩舍卫生，及时清理粪便并堆积发酵。

## 三、马蛲虫病(马尖尾线虫病)

1. 致病原因　寄生于马大肠内的马尖尾线虫在马肛门部位排卵，引起马剧痒。具感染性的虫卵经患马磨擦肛门或干燥脱落，散布于饲草、饮水饲槽及厩舍各处，被马吞食重新进入马体内。

2. 临床表现　患病马肛门剧痒，难以休息，健康状况下降并常以臂部抵在各种物体上磨擦，引起尾根部和坐骨部脱毛。

3. 治疗措施　药物驱虫。

4. 防治办法　厩舍内外及各种用具应当经常消毒。

## 四、马圆线虫病

1. 致病原因　在马属动物盲肠、大结肠—饲草、地面—马吞食的循环过程中感染。

2. 临床表现　多发于秋冬季。急性症状如大肠的卡他性炎症，排出的粪球表面带汤，贫血和进行性消瘦。病马易于疲劳，精神、食欲皆不振。进而出现下痢、腹痛、粪恶臭，有时粪便中可见虫体。慢性症状为食欲减退，下痢、轻度腹痛、贫血、精神不佳、幼驹则发育不良、生长停滞。

3. 治疗措施　药物驱虫。

4. 防治办法　每年春秋两次驱虫。驱虫后的粪便堆积发酵灭卵，平时做好环境卫生工作。

## 五、马副丝虫病(血汗症)

1. 致病原因　丝状科的多乳突副丝虫寄生于马皮下组织和肌间结缔组织中间,成熟的雌虫用其头端穿破马皮肤并损伤微血管,造成出血并将卵产于血滴之中。卵经数十分钟左右孵化出微丝蚴、蝇类吸血昆虫叮咬马匹时随血液吸入微丝蚴,微丝蚴在蝇体内发育成幼虫。当含有幼虫的吸血蝇再去叮咬马匹时,就将幼虫注入马体内,幼虫到达寄生部位后经一年左右发育为成虫。

2. 临床表现　患马颈部、肩部、身体两侧各处皮下可能触摸到蚕豆大小的扁圆硬结。当马匹运动以及气温、光照等综合因素造成马体表温度升高至某一数值时(通常也是吸血蝇活动季节),成熟的雌虫开始排卵并引发马皮肤硬结部破溃出血。如果此时与普通汗液混合,则如同血汗。出血停止后,出血点部有血痂凝结。当各种综合因素无法使马体表温度达到某一数值时(通常也是吸血蝇停止活动季节)产卵—出血停止。如此反复,可持续数年。

3. 治疗措施　药物治疗。

4. 防治办法　防避、消灭蝇类吸血昆虫,或将含有微丝蚴的出血及时清除,切断传染环节。

## 六、马胃蝇(蛆)病

1. 致病原因　狂蝇科胃蝇属的各种马胃蝇幼虫(马胃蝇明)寄生于马属动物的胃肠道内,造成病畜的中毒和慢性消瘦故又称瘦虫病。马胃蝇将卵产于马体被毛上,卵孵化成幼虫,并在马体表爬行引起痒觉。马啃咬皮肤的发痒部位,幼虫即经马口腔进入体内,然后伴随发育长大逐步移向排泄端,排出并钻入土壤化为蛹,蛹化为成蝇后交配产卵。

2. 临床表现　早期出现口炎、咽头炎、吞咽困难、咳嗽甚至舌麻痹。当幼虫寄生胃和十二指肠时,常引起胃炎和胃溃疡。由于幼虫分泌毒素造成营养障碍,导致患马食欲减退、贫血、消瘦,周期性疝痛、多汗、能力下降,有的因渐进性衰竭而死亡。

3. 治疗措施　每年秋冬两季药物驱虫。

4. 防治办法　在马胃蝇产卵季节,用药物喷涂马体。

### 七、弓形虫病

1. 致病原因　此病的传染来源是感染了弓形虫的猫、弓形虫病患畜及带虫动物。主要经口、胎盘和皮肤黏膜感染,该病的发生没有严格的季节性。

2. 临床表现　主要表现体温升高,呼吸、脉搏加快,精神沉郁,拒食,结膜发炎,流泪,后驱萎弱。

3. 治疗措施　该病的治疗主要用磺胺嘧啶钠加增效剂(TMP)。

4. 防治办法　主要防止饲料、饮水被猫粪污染,消灭老鼠,保持厩舍干燥清洁。

## 第三节　内科病

### 一、马胃肠炎

1. 致病原因　突然变换草料种类或饮喂习惯,让马食入过多不易消化的草料,饲草饲料品质低劣,腐败发霉,可造成本病原发性出现。此外,马的急性胃扩张、肠便秘、肠变位及某些心、肾、产科疾病都可能继发胃肠炎。

2. 临床表现　病马早期表现精神沉郁、体温升高、食欲减退或废绝,口干贪饮、多伴有腹泻，粪便呈稀糊状，味腥臭。晚期脉搏快而细弱，机体脱水，有的出现腹痛。严重者肌肉痉挛、呼吸困难、周身冷汗甚至休克。

3. 治疗措施　尽快查明和去除病因，清理胃肠抑菌消炎。补液强心，纠正酸中毒。

4. 防治办法　建立良好的饲养制度，做好草科品质管理工作。

## 二、马肠阻塞(结症)

1. 致病原因　由于肠蠕动和分泌机能出现紊乱，导致一段或几段肠管被食物或粪便阻塞所发生的腹痛性疾病，欲称结症，是马常见多发且死亡率较高的疾病。

2. 临床表现　腹痛。病的初中期呈中度疼痛，后期并发肠臌气或肠变位时、腹痛剧烈。口腔发黏发干，色泽变红或暗红色。病初期肠音频繁而偏强，后期则听不到肠音。病初期马的体温、呼吸和脉搏多无明显变化，后期或继发肠炎、蹄叶炎和自体中毒时有明显的全身反应。

3. 治疗措施　依据特有症状和直肠检查判断确认阻塞部位和性质。药物疏通肠道、软化泻下阻塞物，手法破结、手术破结取结等各种方法可单一采用，也可综合采用。

4. 防治办法　提高饲养管理水平，强化草料品质管理。

## 三、马肠痉挛

1. 致病原因　饲养管理不良，让马重役后暴饮冷水、采食霜冻、结冰、霉变草料以及寒冷刺激等。

2. 临床表现　患马出现有明显间歇期的阵发性腹痛。常见蹴踢腹部和打滚翻转。诊断可见口腔湿润、色淡、耳、鼻、口部位发凉。肠音增强，出现金属音。若数小时后全身症状未能减轻反而加重，则注意继发便秘或肠变位的可能。

3. 治疗措施　针灸或用药镇痛、解痉。牵行运动、防止打滚。

4. 防治办法　改善饲养管理。

## 四、马肠膨气

1. 致病原因　原发性肠膨气由食入大量豆类精料、易发酵或腐败草料引起。继发性肠膨气起因于其他腹痛病过程中。

2. 临床表现　病马右肷部和腹围明显急剧膨大、腹痛、呼吸困难，常在数小时内有死于窒息或肠、膈破裂的危险。

3. 治疗措施　找出原发性或继发性病因。尽快采用排气减压、镇痛解痉、清肠制酵等综合疗法。

4. 防治办法　消除上述致病因素。

## 五、马肠变位

1. 致病原因　马因腹痛而长时间打滚翻转或因故被迫处于非正常体位或受到突然刺激、用力不当等均可使肠管自然位置发生改变。导致肠闭塞的重剧性腹病，可归纳为肠扭转、肠缠结、肠箝闭、肠套叠等。

2. 临床表现　持续而剧烈的腹痛、大汗淋漓、肌肉震颤，体温、呼吸、脉搏均出现异常。腹腔穿刺有血样液体。

3. 治疗措施　确诊属于何种肠变位，对症治疗。

4. 防治办法　对马的非正常滚转或非正常体位等问题必须及早发现并采取对应措施。

## 六、马肌红蛋白尿

1. 致病原因　营养良好、较为肥胖的马从休闲状态突然转入大运动量工作，致使糖代谢紊乱，体内乳酸大量蓄积。

2. 临床表现　后躯股部肌肉麻痹，僵硬和肌变性，后肢运动障碍，尿中排出肌红蛋白，尿液呈红葡萄酒色。重点出现酸中毒。

3. 治疗措施　药物镇痛，强心，纠正酸中毒。精心饮喂、护理。

4. 防治办法　根据马匹个体的膘情和运动量加减草料饲喂量。运动、役用工作量不可突然超负荷加大。

## 七、心肌炎

1. 致病原因　感染和过敏是引起马心肌炎最常见的原因。比较普遍的过敏原认为是链球菌性感染。

2. 临床表现　心肌炎单独发生的较少，故其临床症状常被原发病的症状所掩盖，必须仔细检查心脏血管系统才能发现。病初心搏动和两心音增强，脉搏急速而充实，血压升高。心率失常是心肌炎的主要症状。

3. 治疗措施　治疗心肌炎的基本原则是减轻心脏负担，及时治疗原发病和增强心肌营养。

4. 防治办法　预防心肌炎，主要是防止传染病和中毒。及时治疗链球菌感染等化脓性疾病。

## 八、感冒

1. 致病原因　感冒最常见的原因是寒冷的作用，使机体抵抗力降低引起感冒；或在盛夏马匹大汗后遭受风雨淋袭也能引起感冒。

2. 临床表现　多突然发病，病马精神沉郁，头低耳耷，眼半闭，食欲减退或废绝。皮温不整，多数病马耳尖，鼻端发凉。结膜潮红，如继发结膜炎时，则有轻度肿胀或流泪。脉搏增数，体温升高至39.5℃~40℃以上。

3. 治疗措施　病初可用30%的安乃近液10~40mL，或复方氨基比林20~40mL肌内注射，每日一次。为了防止继发感染，可配合应用磺胺制剂或抗生素类。

4. 防治办法　避免使马受到寒冷的攻击和大汗后遭受风雨的淋袭。

## 九、肾病

1. 致病原因　肾病的病因多种多样,但主要由传染和中毒引起。

2. 临床表现　轻症病马主要呈现引起本病的原发病的固有症状,尿中可见有少量蛋白质和肾上皮细胞。当尿呈酸性反应时,亦可见有少量管型,但尿量无明显变化。重症病马,呈现不同程度的消化功能紊乱,病马逐渐消瘦,衰弱或贫血,并出现水肿。尿量减少,比重增高,蛋白增量,尿沉渣中见有大量肾上皮细胞,透明管型,但无红细胞。

3. 治疗措施　本病的治疗原则是消除病因,改善饲养管理条件,促进利尿,防止水肿。

4. 防治办法　防止造成中毒。

## 十、中暑

1. 致病原因　气温高,湿度大,风速小是发生中暑的重要外部条件。骑乘过快,驮载过重,肌肉活动剧烈,产热激增,散热困难是发生中暑的重要内部原因。

2. 临床表现　临床上主要表现体温显著增高,循环衰竭及一定的中枢神经症状为特征。

3. 治疗措施　对中暑的急救治疗应当加强护理促进降温,维护心肺功能,纠正酸中毒,治疗脑水肿,预防感染和其他对症疗法。

4. 防治办法　在夏季使役时应注意增加饮水次数,饮水宜在稍休息后行之,以防出汗过多。还应增加休息次数,休息时牵至阴凉处,避免烈日直晒。

## 十一、贫血

1. 致病原因　引起马贫血的原因多种多样,如大的外伤,肝脾破裂等可引起急性失血性贫血。胃肠寄生虫和某些肿瘤可引起慢性失血性贫血。

2. 临床表现　贫血的共同表现是可视黏膜苍白,肌肉无力,精神不振和食欲减退,心率加快,心音显著增加。

3. 治疗措施　贫血的治疗必须根据不同病因,采取相应的措施,才能提高治疗效果。对急性失血性贫血,主要制止继续出血,解除循环障碍,对于急性溶血性贫血,着重消除感染,排除毒物。对于造血不良性贫血,应在查明病因后,对症下药,方易收效。

4. 防治办法　对急性、慢性失血,要迅速查明原因,及时处理。对胃肠道寄生虫要定期驱虫。对容易引起溶血的各种感染和中毒,要加强防治工作,在反复多次输血时,特别要注意输血反应,采取急救措施。

## 十二、荨麻疹

1. 致病原因　原发性荨麻疹,多发于被昆虫刺螫,接触荨麻疹或其他有毒植物,采食了发霉饲料,皮肤上涂擦某些药物,如松节油,石碳酸等。继发性荨麻疹,发生于某些传染病或寄生虫病和血清病的经过中。另外,胃肠功能紊乱时,胃肠内腐败分解的有毒产物被吸收,亦可继发荨麻疹。

2. 临床表现　本病多突发而迅速发生。常见体表出现球形或扁平形疹块。由昆虫咬螫和毒草所致者,多伴有剧痒,病马站立不安,常使劲在墙壁上或桩上磨蹭。在本病出现时多伴有精神沉郁,食欲减退,消化不良和黄疸症状,有时体温轻微升高。血液检查,嗜酸性白细胞可一时性增加。

3. 治疗措施　除去病因:病因调查清楚后,尽力排除之。如为霉败饲料或有毒饲料所致,或继发于胃肠道功能紊乱时,应停止喂该种饲料,并内服泻剂,制酵剂。

抗过敏疗法:用10%氯化钙或10%葡萄糖酸钙液100~150ml,一次静注。2%盐酸苯海拉明10~20ml,一次肌注。0.5%奴夫卡因液100~150ml。一次静脉注射。为使血管收缩,改变其通透性,可应用0.1%盐酸肾上腺素液3~5ml,一次皮下注射。

根据体格大小胖瘦,放血1000~2000ml,效果良好。

对反复发作,病程较长又顽固的荨麻疹,可应用0.675%氢化可的松50ml,溶于5%葡糖糖液1000ml内,缓慢静脉注射,可收到较好效果。

对症疗法:病马剧痒不安时,可内服溴化钠或溴化钾15~20g,或用石碳酸2g、水合氯醛5g,酒精200ml,混合后涂擦皮肤,或静脉注射溴化钙液。

4.防治办法　严格控制病因的发生。

## 十三、霉饲料中毒

1.致病原因　饲草收割时遭受雨淋,饲料保管不当,由于湿度大温度又合适,故霉菌容易滋生发育。饲料被霉菌感染后,由于霉菌分泌的毒素对饲料的污染,可引起蛋白质、糖和纤维素的分解,而形成特殊的有毒物质。霉菌孢子可通过消化道,呼吸道,或经破损的皮肤和黏膜而侵入动物机体,固着在一定的部位,再从这些部位侵入深层组织,直到进入机体其他各组织。

2.临床表现　霉饲料中毒的症状多种多样,概括起来,可分为胃肠炎型、肺炎型、神经型和皮肤型四种类型。有时以一个类型为主,同时兼有其他类型的一些症状。

3.治疗措施　首先应停止饲喂发霉饲料,给予优质干草或青草。为了保护肠粘膜、减少毒物的吸收,可灌服粘浆剂。为了促进毒物排除,可内服缓泻剂,加强集体解毒功能,病马兴奋不安时用镇静剂。

4.防治办法　根本的预防措施是防止饲料发霉变质,即收割的饲草和粮食应晒干,使含水量降至15%以下,并妥善保管。

# 第四节 外科病

## 一、马牙齿异常

1. 致病原因 由于先天遗传和后天生活环境、食物种类等因素影响,马的牙齿可出现生齿数量、形状、大小以及排列、生长磨灭等方面的异常。

2. 临床表现 患马咀嚼缓慢,流涎口臭,喜食脆嫩的鲜草,有的舍饲马将干草叼入水中浸软后吃。口腔检查可见残留的食团,牙齿松动,排列不正,咬合不齐,颊部或舌面损伤。患马消瘦,易疲劳,被毛粗乱无光泽,排出的粪便粗纤维多或混有未嚼碎的籽实颗粒。

3. 治疗措施 使用马牙齿器械对患齿进行修整。

4. 防治办法 定期对马做口腔检查,发现问题及早治疗。

## 二、马骨关节病

1. 致病原因 内分泌紊乱引起磷、钙代谢失调、饲料中缺乏钙和维生素,肢势不正造成负重不平衡等均有可能引起骨关节的慢性变形性疾病。

2. 临床表现 关节变形、机能障碍、跛行。

3. 治疗措施 药物治疗、热疗、理疗。

4. 防治办法 消除上述致病因素。对病患早发现、早治疗。

## 三、马风湿病

1. 致病原因 病因至今尚未完全查明。一般认为是一种变态反应性疾病,与某些细菌、病毒、抗原引起神经营养紊乱、代谢障碍有关。此外,动物过度劳累、受寒受潮、受冷风、贼风侵袭也是病因。

2. 临床表现　游走性肌肉疼痛、跛行。黏膜潮红、呼吸、心跳加快,体温升高1℃左右。常见有风显性肌炎、风湿性关节炎、风湿性蹄炎和风湿性心肌炎。

3. 治疗措施　对症药物治疗、针灸、光电疗法。

4. 防治办法　日常饲养、役用管理中要避免马过劳、受寒、受潮、受风。

## 四、马屈腱炎

1. 致病原因　屈腱炎是赛马的职业病之一,临床上多为非化脓性无菌性炎症。多由于竞赛、骑乘和使役不当引起。如剧烈训练,奔跑过急,跳越障碍,蹄嵌入洞穴或在不平,泥泞路上重役奔驰以及久不训练,长期休息后,突然重役高强度训练。腱质发育不良和肢势蹄形不正,如卧系,延蹄,蹄前壁过长,蹄铁尾过短或管理不善,如长时间超长训练,踏着不正负重不稳等,均易使腱超出生理活动范围,引起其剧伸或部分纤维断裂而发病。屈腱炎可分为趾深屈肌腱炎、趾浅屈肌腱炎和悬韧带炎。

2. 临床表现　指深屈肌腱炎多发于掌部上1/3处的下翼状韧带处。患部被毛逆立,可呈"鱼肚样"突出。站立时以蹄尖着地,球节屈曲。运步呈支跛,快步时常猝跌。趾浅屈肌腱炎多发于掌中部后上1/3处的下翼状韧带以及掌中部和系骨后面。站立时患肢前伸,运步呈重度支跛。因瘢痕化使腱缩短,呈腱性突球。悬韧带炎主要发生在籽骨上方的分叉处。病初球节上方两侧出现肿胀、严重时大面积肿胀、温热疼痛、指后留痕。站立时半屈曲腕关节和膝关节,患肢前伸,系骨直立。运步呈支跛,可出现猝跌。

3. 治疗措施

(1)急性期祛瘀消肿止痛。外治为主,辅以内治,休养与治疗结合。

①血针:膝脉,缠腕放血400~500mL。

②外治方药:西医方药

酒精鱼石脂热绷带:酒精 100mL 加鱼石脂 10~20mL,放入铝饭盒内,充分溶解后,放入脱脂棉浸透,加盒盖,放火上加热(不会引起酒精燃烧)掌握好温度,取出热脱脂棉块敷患部,塑料布,棉花,绷带包扎固定。必要时,每日 2 次向内注入热酒精 50~80mL/次。

局部注射:考的松 5mL,与普鲁卡因青霉素注射液 3~5mL,混合摇匀,在患腱两则皮下分点注射,每点间隔 2~3cm。也可以先用消毒针管抽吸出患腱肿胀液后,1 次注入。每 5~6d 注射一次。

(2)慢性期烧烙,巧治,辅以药物治疗。虽有效但难完全治愈。

①四生期(经验方):生开夏,生草乌,生南皂各等份,共为细末,用 95% 酒精调匀敷患部,塑料布,棉花,绷带包扎固定。加强护理和运动。

②红色碘化贡软膏(处方:约色碘化贡 1g,凡士林 5g):为了保护系凹部,用药同时涂凡士林,再包扎保温绷带。勿咬舔患部。5~10 天更换绷带。也可患部涂擦碘化汞软膏(处方:水银软膏 30g,纯碘 4g)包扎厚绷带。

4. 防治办法　综合考虑体能、年龄、道路条件等多项因素,合理安排马匹的役用工作量或训练运动量。

## 五、马球节扭伤

1. 致病原因　急停、急转、跌倒、踏空、扭、崴、跳跃等机械性外力均可造成马关节韧带,特别是侧韧带、关节囊及周围筋腱的剧烈抻拉、断裂甚至骨损伤。

2. 临床表现　运步突发支跛、球节肿胀升温。站立时以蹄尖壁着地。

3. 治疗措施　初期冷疗并装压迫绷带。急性炎症渗出减轻后用温热疗法。药物涂敷结合各种物理疗法。

4. 防治办法　尽量避免可造成马扭伤的各种不良因素。

## 六、马飞节内肿

1. 致病原因　马肢势不正、削蹄装蹄不当造成负重不平衡。摄入营养不均衡、运动、役用损伤等均可引起本病。

2. 临床表现　跗关节内侧、中央跗骨和第 3 跗骨的骨位有大小不等、形状不定的骨赘明显突出、跗关节以下外展。运步时呈跛行、跛行随运动时间延长而减轻。

3. 治疗措施　早期以温热疗法为主,涂擦药物镇痛,晚期可考虑手术。

4. 防治办法　正确削蹄装蹄并防止其他可能导致本病的不良因素。

## 七、马蹄叶炎

1. 致病原因　劳役出汗后暴饮冷水、受风受凉、突然食入大量高蛋白精料或霉变饲料,过劳、四肢负重异常,蹄机出问题等都有可能诱发本病。此外,蹄叶炎也常继发于疝痛、肠炎以及妊娠和分娩过程中。

2. 临床表现　突发跛行,紧张步样。运步时步幅短、体躯摇摆,病马卧下后不愿起立。病蹄蹄温明显升高,有疼痛反应。体温高,呼吸急促。

3. 治疗措施　及早治疗效果好。病马停喂精料,蹄部穴位放血,厩舍内铺厚褥草,并牵至软地上运动。对于产生的各类症状可对症用药。慢性蹄叶炎治疗应限制日粮,适当运动并通过修整矫治病蹄。

4. 防治办法　根据马匹个体的具体情况搭配饲料成分,加减饲喂份量,役用运动强度适当并坚持做好日常护理工作。

## 八、马蹄叉腐烂

1. 致病原因　蹄叉角质不良、削蹄装蹄不当以及养马地面环境失宜是诱发本病的主要原因。

2. 临床表现　患病初期,马蹄叉侧沟角质腐烂碎裂并有恶臭,继而发展形成空洞,内部充满恶臭的分解物,重症时蹄叉角质消失而露出肉叉。患肢呈支跛。病变可以扩展到蹄球或蹄冠,形成化脓性蹄真皮炎以及不正蹄轮。蹄肌异常。

3. 治疗措施 削刮、清除腐烂坏死的角质，清洗消毒后，将消炎药用于患部并包扎绷带。

4. 防治办法 正确合理的削蹄装蹄。

## 九、鞘膜积水

1. 致病原因 本病因精索挫伤，精索静脉曲张或鞘膜、睾丸的慢性炎症而引起，当鞘膜内有寄生虫和腹水时，也可出现鞘膜积水。

2. 临床表现 患病的阴囊变大以呈现无热无痛，柔软且有波动性的肿胀为特征。肿胀位于睾丸的前侧，而睾丸则被固定于后面的总鞘膜处。一侧或两侧阴囊膨大，皮肤褶皱展平，触诊时阴囊底部稍冷感而无疼痛，并可感知鞘膜腔内有波动。阴囊显著增大时，两后肢运步不灵活并外展，若病程经久，有的可见睾丸萎缩。穿刺时可流出大量的淡黄色透明液体，若将病畜仰卧时，积水经鞘膜管流入腹腔而使膨大的阴囊变小。

3. 治疗措施 局部可用复方醋酸铅散，雄黄散外敷，或用20%高渗盐类溶液湿敷，或涂布樟脑软膏等，并装以提举绷带。也可用2%盐酸普鲁卡因液20~30mL加入青霉素40万单位到80万单位，注入鞘膜腔内。

## 十、直肠脱

1. 致病原因 肛门括约肌的弛缓；腹内压增高；慢性便秘，下痢及剧烈努责；病理性分泌，应用刺激性药灌肠造成直肠炎时，可见到本病的发生。

2. 临床表现 当发生肛脱时直肠后端黏膜脱出于肛门外，在肛门后面出现暗红色半球状突出物，黏膜常呈轮状皱襞，初期能自行缩回。当发生直肠脱时肛门内突出圆柱状肿胀物，脱出的肛管被肛门括约肌嵌压而发生循环障碍，水肿更严重。有时前段直肠连同小结肠套入脱出的肠腔内，此时在肛门后面形成圆柱状肿胀，比单纯的直肠脱硬而厚，手指伸入脱出的肠腔内，可摸到嵌入的肠管。有时套入的肠管突出于脱出的直肠外。

3. 治疗措施　药物治疗对本病效果不确实或无效，手术疗法对本病有较高的疗效。有时脱出部分虽然很大，水肿部分也有坏死，但施行手术以后，常能治愈。

## 十一、背、腰椎骨骨折与骨裂

1. 致病原因　本病的主要发生原因，为马匹摔倒，背腰部遭受强烈打击。另外，倒马时，由于脊柱过度弯曲所致的背最长肌强力收缩，或者由于对头、颈、臀部保定不确实，马匹挣扎企图起立也可引起。临床上常因保定不确实，引起腰椎骨折。骨软症病马易发生本病。

2. 临床表现　椎骨骨折的临床症状决定于骨折的部位和性质。在椎骨棘突骨裂时，局部呈现小范围的疼痛性小肿胀，腰背运动不灵活和后驱摇晃。抚摸和触诊患部时，病畜呈现不安，在椎骨棘突骨折时，症状较为明显，特别是触诊检查时病畜表现疼痛。当椎体骨裂时，晚期通常可转成椎体骨折，其临床症状就根据这种情况而发生变化。当椎体全骨折时，不论其种类如何，只要是发生脊髓损伤，就会出现后驱麻痹，病畜不能站立而倒下，呈现高度不安，有的呻吟发汗，损伤处以后的部位感觉丧失，对针刺无反应。病畜的全身症状严重，呼吸和脉搏频数，伴有直肠和膀胱麻痹，粪便蓄积，尿失禁，并能导致死亡。直肠检查有助于确诊。

3. 治疗措施　在棘突骨折与骨裂而没有麻痹症状时，将病畜置于吊支器上。除保持病畜安静外，还要给予药物治疗。当发生化脓性感染时，可切开组织，除去坏死部分，而后按化脓感染创治疗。

## 十二、颈静脉炎

1. 致病原因　多由于颈静脉注入有刺激性的化学药物。

2. 临床表现　单纯的颈静脉炎，静脉管壁增厚，硬固而有疼痛，病畜嫌忌人接触患部。

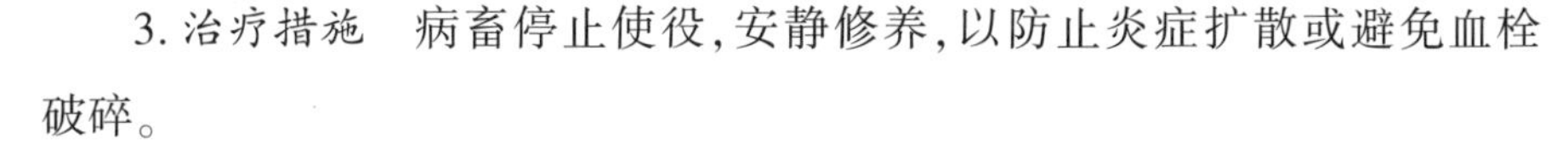

3. 治疗措施　病畜停止使役，安静修养，以防止炎症扩散或避免血栓破碎。

4. 防治办法　严格遵守颈静脉注射和采血的操作规程。

# 第五节　产科病

## 一、流产

1. 致病原因　引起流产的原因很多，除传染性流产外，普通流产的原因包括脐带、胎膜及胎盘异常胚胎发育异常，双胎，内分泌失调，生殖器官炎症，全身性疾病等内在原因和营养因素，饲料中毒，机械损伤，使役不当，医疗错误，妊娠后误配等外在原因。

2. 临床表现　由于引起流产的原因，发生时间及母马机体反应能力不同，流产所表现的症状及结局也不一样。母马的早期胚胎吸收，多发生在妊娠后 30~60d 期间。在临床上该期见不到流产预兆或症状，但间隔一段时间做直肠检查时，原已肯定的妊娠现象消失，不久又会出现发情征候。排出不足月的胎儿的前兆和过程与正常的分娩相似，所以亦称早产。在妊娠末期胎儿死亡而未排出时，可根据乳房增大，能挤出初乳，看不到胎动所引起的腹壁颤动，直肠检查时感觉不到胎动，阴道检查时，发现子宫颈稍微开张，子宫颈黏液塞发生溶解等综合症状进行判断。

3. 治疗措施　一般性流产不需要特殊处理，主要应加强护理，消毒流产母马的外阴部及厩栏，给予营养丰富易消化的饲料，并令其休息。或出现流产先兆，应尽量避免引起子宫收缩的因素发生，宜将妊娠母马放于较安静的厩舍，设专人看护；最好不做或少做阴道及直肠检查，必要时使用镇静剂和子宫收缩抑制剂。对死胎的处理原则是迅速排空子宫，促使死胎自动排出或用手或借助器械取出，并控制感染的扩散。

4. 防治办法　必须坚持预防为主，切实做好保胎防流工作，把预防措施落到养、管、用几个方面，以最大限度降低流产率。

## 二、子宫扭转

1. 致病原因　妊娠后，子宫角尤其是妊角逐渐增大并向腹腔的前下方垂降，相当于一部分子宫呈游离状态，母马急剧起卧转动身体时，由于胎儿的重量很大，保持静置惯性而不随腹部转动，就可以使子宫向一侧发生扭转。此外，本病可能与母体衰弱或运动不足引起的子宫阔韧带松弛有关。

2. 临床表现　根据妊娠时期及扭转的程度、部位不同，其临床症状亦不同。子宫扭转发生在妊娠后期时，可见腹痛现象反复发作。腹痛间歇期仍然有食欲，粪便正常，随病程延长和扭转部位血液循环受阻，腹痛逐渐剧烈，间歇期缩短。母马可能出现呼吸，脉搏增快，食欲废绝。子宫扭转发生在分娩开始时，母马虽出现阵缩及努责，但经久不见胎囊外露及胎水排出。

3. 治疗措施　对子宫扭转的治疗方法，一为固定母体旋转胎儿，一为固定胎儿旋转母体，也可采取剖腹矫正手术。

## 三、胎衣不下

1. 致病原因　胎衣不下的原因虽然很多，但主要可分两大类。首先是产后子宫收缩无力，其次是胎儿胎盘与母体胎盘粘连。

2. 临床表现　当发生全部胎衣不下时，大部分的胎膜滞留在子宫内，只有一部分从阴门呈带状下垂。部分胎衣不下通常是一部分尿膜，绒毛膜残留在子宫内，故不易被发现。

3. 治疗措施　促使胎衣排出的方法，可分为药物疗法和手术疗法两类。在胎衣不下的初期，因剥离较困难和易出血，可注射子宫收缩剂，但同时必须向子宫内投入抗生素。以防胎衣腐败和受感染。当药物疗法无效或胎衣

不下较久可采用手术剥离法。

4. 防治办法　怀孕期间要加强饲养管理,特别要补喂富含维生素的饲料和骨粉等矿物质。分娩后让母马舔干幼驹身上的黏液,并尽早让幼驹吮乳或挤奶。有条件时,应注射马传染性流产疫苗,预防马传染性流产的发生。

## 四、持久黄体

1. 致病原因　饲料不足,饲料单纯,缺乏青草饲料,缺乏矿物质及维生素,因舍饲缺乏运动等,容易引起持久黄体。

2. 临床表现　持久黄体的主要症状是母马发情周期中断,母马不出现发情现象。

3. 治疗措施　首先改善饲养管理,特别是适当加强运动或放牧是促使持久黄体退化的重要措施。当有子宫疾病时,应进行治疗,如子宫疾病治愈后,持久黄体则能自行消失。

## 五、胎粪停滞

1. 致病原因　初乳中含有较多的镁盐,钠盐及钾盐,具有轻泻作用。因此,母畜营养不良所引起的初乳分泌不足,初乳品质不佳,或幼驹吃不上初乳,可诱发此病。

2. 临床表现　幼驹生后一天内未排胎粪,精神逐渐不振,吃奶次数减少,肠音减弱。主要表现不安。以后精神沉郁不吃奶。结膜潮红带黄,呼吸及心跳加快,肠音消失。全身无力,经常卧地及至卧地不起,逐渐陷于自体中毒状态。

3. 治疗措施　采用灌肠,内服泻剂等,常可收效。也可投给轻泻剂。如上述方法无效可用铁丝制的钝钩或套将胎粪掏出。若上述方法无效可施行剖腹术,排出粪块。若幼驹有自体中毒现象时,必须及时采取补液、强心、解毒及抗感染等治疗措施。

4. 防治办法　母马在怀孕的后半期要加强饲养管理，补喂富含蛋白质、维生素及矿物质的饲料，适当加强运动，生后必须保证幼驹能吃够初乳，并应随时注意观察幼驹的表现及排粪状况，以便早期发现，及时治疗。

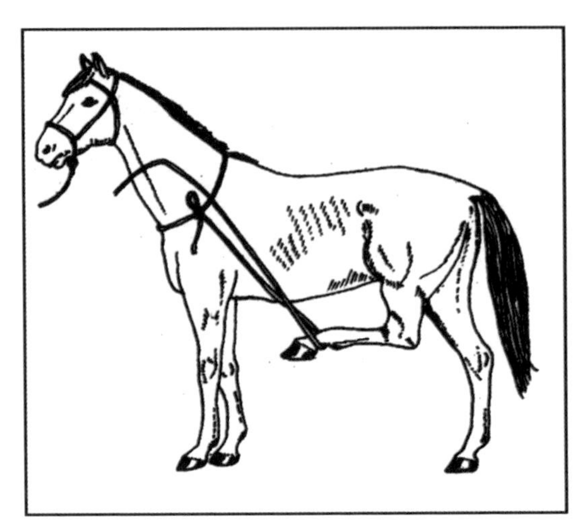

图 13-1　兽医常见倒马法

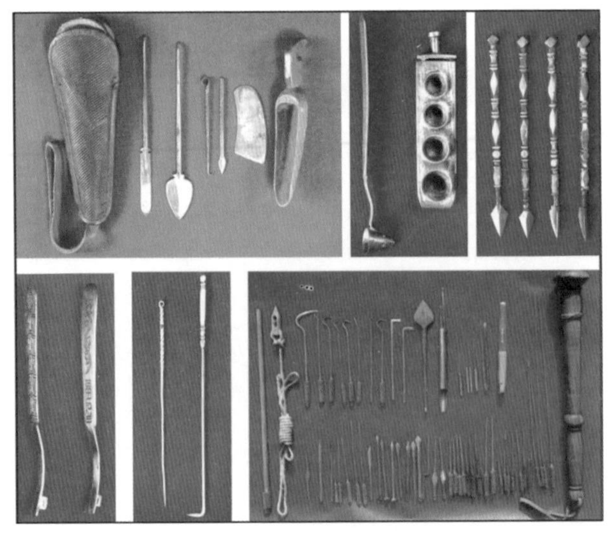

图 13-2　中兽医常见针具

# 第十四章 马的产品

马的产品不仅包括马肉、马奶,孕马血清(PMSG)、孕马尿、胃液等制成的医疗和生物制品,还包括皮、毛、血、脂、骨、蹄、脏器等副产品,涵盖了食品、饲料、皮革、医药和生物制品,提高了马产业全产业链的经济价值。

# 第一节　马肉

## 一、马肉的生物学特性和食用价值

马肉具有独特的营养及理化特性,所以很多国家将其作为高级滋补品及其他肉类制品的良好辅料,而不限于鲜肉或生产马肉制品销售。

### (一)马肉的营养组成

随着社会化经济发展以及人们饮食结构的改变,人们对食物的品质和多样性有了更高的需求,高蛋白、低脂肪的马肉类及其制品正日益受到人们的青睐。在欧洲,马肉是作为替代牛肉的重要来源,被定义为保健食品(Badiani et al. ,1997;Lorenzo et al. ,2010)。马肉(乌珠穆沁白马)与其他几种动物肉相比,其蛋白质含量明显高于除驴肉以外的其他畜禽肉,而脂肪含量明显低于羊、猪与牛等家畜肉,与驴和鸡肉相当。因此,马肉在营养组成上具有高蛋白、低脂肪的特点(表14-1)。

表14-1　马肉与其他动物肉主要营养组成比较(%)

| 肉类 | 水分 | 蛋白质 | 脂肪 | 灰分 |
|---|---|---|---|---|
| 马肉(上等膘) | 65.23 | 18.48 | 14.64 | 0.88 |
| 马肉(中上等膘) | 70.00 | 24.60 | 4.70 | 0.93 |
| 驴肉 | 69.30 | 18.40 | 3.16 | — |

续表

| 肉类 | 水分 | 蛋白质 | 脂肪 | 灰分 |
|---|---|---|---|---|
| 牛肉 | 56.74 | 18.33 | 21.40 | 0.97 |
| 羊肉 | 51.19 | 16.36 | 31.07 | 0.93 |
| 猪肉 | 47.40 | 24.54 | 37.34 | 0.72 |
| 兔肉 | 73.47 | 24.25 | 1.91 | 1.53 |
| 狗肉 | 71.00 | 22.50 | 5.20 | 1.02 |
| 鸡肉 | 71.80 | 19.50 | 7.80 | 0.96 |

1. 马肉与其他畜禽肉氨基酸含量比较

氨基酸是构成蛋白质的基本单位,其含量、组成及比例与蛋白质的生物学价值密切相关,决定肉类品质优劣,是评价蛋白质品质的最主要指标。从表14-2可以看出,各种动物肉按照必需氨基酸含量从高到低的顺序依次为马肉、驴肉、牛肉、猪肉、羊肉、鸡肉,其中马肉占比最高,达41.4%。马肉因含有较高的必需氨基酸,使其品质优于其他畜禽肉,这与Institute of Medicine, Food and Nutrition(2002)推荐马肉作为公认的优质蛋白质来源说法一致。

**表14-2　乌珠穆沁白马肉与其他畜禽肉的氨基酸含量比较(%)**

| 项目 | 分类 | 马肉 | 驴肉* | 羊肉* | 猪肉* | 牛肉* | 鸡肉* |
|---|---|---|---|---|---|---|---|
| Ile | 必需 | 4.60±0.86 | 3.9 | 4.8 | 4.9 | 5.1 | - |
| Leu | 必需 | 8.27±1.41 | 8.6 | 7.4 | 7.5 | 8.4 | 11.2 |
| Lys | 必需 | 8.41±1.09 | 9.0 | 7.6 | 7.8 | 8.4 | 8.4 |
| Met | 必需 | 2.57±0.05 | 2.5 | 2.3 | 2.5 | 2.3 | 3.4 |
| Phe | 必需 | 4.50±0.54 | 4.3 | 3.9 | 4.1 | 4.0 | 4.6 |
| Thr | 必需 | 4.27±0.87 | 4.6 | 4.9 | 5.1 | 4.0 | 4.7 |
| Trp | 必需 | 3.65±0.20 | 1.4 | 1.3 | 1.4 | 1.1 | 1.2 |
| Val | 必需 | 5.13±0.77 | 5.1 | 5.0 | 5.0 | 5.7 | - |
| 必需氨基酸合计 | | 41.40±5.79 | 39.4 | 37.2 | 38.3 | 39.0 | 33.5 |

续表

| 项目 | 分类 | 马肉 | 驴肉* | 羊肉* | 猪肉* | 牛肉* | 鸡肉* |
|---|---|---|---|---|---|---|---|
| His | 半必需 | 4.09±0.35 | 4.8 | 2.7 | 3.2 | 2.9 | 2.3 |
| Arg | 半必需 | 6.30±1.55 | 5.9 | 6.9 | 6.4 | 6.6 | 6.9 |
| Ala | 非必需 | 5.90±0.23 | 6.9 | 6.3 | 6.3 | 6.4 | 2.0 |
| Asp | 非必需 | 8.83±0.87 | 9.5 | 8.5 | 8.8 | 8.9 | 3.2 |
| Glu | 非必需 | 14.87±2.81 | 15.1 | 14.4 | 14.5 | 14.4 | 16.5 |
| Gly | 非必需 | 5.10±1.12 | 4.3 | 6.7 | 6.1 | 7.1 | 1.0 |
| Cys | 非必需 | 1.15±0.05 | 1.7 | 1.3 | 1.3 | 1.4 | - |
| Pro | 非必需 | 3.83±0.53 | 3.1 | 4.8 | 4.6 | 5.4 | - |
| Ser | 非必需 | 3.52±0.98 | 4.0 | 3.9 | 4.6 | 3.8 | 4.7 |
| Tyr | 非必需 | 1.92±0.21 | 4.0 | 3.2 | 3.2 | 3.2 | 3.4 |
| 非必需氨基酸合计 | | 55.51±8.70 | 59.3 | 58.7 | 59.0 | 60.1 | 40.0 |

注："-"表示未检测出；*数据来源于尤娟等(2008)(详见参考文献)

赖氨酸作为一种必需氨基酸在人体新陈代谢过程中有重要作用：促进食欲及婴幼儿生长发育；提高钙的吸收及其机体内的积累；加速骨骼生长；合成大脑神经再生性细胞所需蛋白质等。马肉的赖氨酸含量高达8.41%，而谷物食品赖氨酸含量低且在加工过程中易被破坏，因此，以谷物食物为主的人群补食马肉可调整必需氨基酸的比例，有利于人体吸收，从而提高膳食蛋白质的利用率。

色氨酸酸性条件易被破坏，因此其含量是判断肉品质量的重要指标。与其他肉相比，马肉中色氨酸的含量最高，为3.65%，高于驴肉(1.4%)、羊肉(1.3%)、牛肉(1.1%)、鸡肉(1.2%)和猪肉(1.2%)。天冬氨酸、谷氨酸、甘氨酸和丙氨酸是4种主要呈味氨基酸，肉类风味主要与这几种氨基酸含量的多少有关。天门冬氨酸和谷氨酸是两种最主要的鲜味氨基酸，尤其是谷氨酸(味精的主要成分)。由表14-2可见，马肉谷氨酸和天门冬氨酸等鲜味氨基酸含量丰富，其谷氨酸和天门冬氨酸含量(23.7%)与驴肉(24.6%)接近，高于羊肉(22.9%)、猪肉(23.2%)、牛肉(23.3%)、鸡肉(19.7%)，因此

马肉比其他动物肉味道鲜美。

2. 马肉与其他畜禽肉的脂肪酸含量比较

脂肪酸具有非常重要的生理意义：组织细胞的重要组成部分；体内能量的重要来源之一；与脂质代谢、动物精子及前列腺素的形成有关；对于 X 射线引起的皮肤损害有保护作用。不饱和脂肪酸对增加畜禽肉品风味、预防心血管疾病、促进机体的生长极为重要。特别是 n-3 系列脂肪酸（二十碳五烯酸、二十二碳六烯酸）的前体物质和 n-6 系列脂肪酸（γ-亚麻酸、花生四烯酸等）的前体物多烯酸具有很强的生理活性，具有调节血脂、降低胆固醇和血压、抑制血小板凝聚防止血栓形成、改善心脑血管疾病、消炎、抗肿瘤等重要功能。同时，还是人和其他动物生长发育所必需的功能物质。

从表 14-3 马肉与其他畜禽肉相比，饱和脂肪酸如硬脂酸 C18：0 和棕榈酸 C16：0 以及油酸 C18：1 含量明显低于驴、猪、牛和鸡等畜禽肉。马肉的亚油酸 C18：2 含量低于驴肉和羊肉，高于猪肉、牛肉、鸡肉，α-亚麻酸 C18：3n3 含量高于其他动物肉。刘莉敏等（2017）研究蒙古马马肉表明其单不饱和脂肪酸显著低于驴、牛、绵羊和双峰驼等肉，而多不饱和脂肪酸显著高于这些动物肉。究其原因，可能是马是草食动物，有机酸由大肠发酵重新合成，马大肠可氢化微生物种类较少所致。王小龙等（2007）认为，肉的饱和脂肪酸（SFA）含量高，其嫩度、多汁性、香味及总体可接受程度的评分就低，而多不饱和脂肪酸（PUFA）提高了其评分值，同时提高 PUFA/SFA 的比值还可以降低血浆胆固醇浓度。

**表 14-3 马肉与其他畜禽肉的脂肪酸含量比较(%)**

| 饱和程度 | 项目 | 马肉 | 驴肉* | 羊肉* | 猪肉* | 牛肉* | 鸡肉* |
|---|---|---|---|---|---|---|---|
| 饱和脂肪酸 | 棕榈酸 C16：0 | 18.00±3.63 | 33.20 | 26.30 | 28.50 | 26.30 | 37.30 |
| | 硬脂酸 C18：0 | 4.53±0.98 | 6.70 | 15.00 | 14.90 | 21.40 | 14.50 |
| 单不饱和脂肪酸 | 油酸 C18：1n9c | 21.32±4.87 | 33.00 | 44.60 | 45.60 | 40.80 | 37.00 |
| 多不饱和脂肪酸 | 亚油酸 C18：2n6c | 5.30±3.03 | 10.10 | 8.20 | 3.30 | 3.90 | 5.40 |
| | α-亚麻酸 C18：3n3 | 6.54±1.05 | 1.80 | 2.30 | 1.20 | 0.70 | 0.40 |

注：* 数据来源于尤娟等（2008）（详见参考文献）

3. 马肉与其他畜禽肉的矿物元素含量比较

矿物元素包括常量矿物元素和微量矿物元素，在人体代谢中都发挥着各自的重要生理作用，对增强人体免疫能力、维持细胞正常生理状态、保障机体稳定性等具有重要作用。从表 14-4 中可以看出，马肉含有丰富的人体必需的钾、钠、镁、磷、钙、铜、铁、和锌等矿物元素，其中铁元素含量仅次于驴肉，与羊肉相近，明显高于猪肉、牛肉和鸡肉。Del Bo et al. (2013) 报道健康的志愿者在吃了马肉后血红蛋白含量明显增加，因此马肉也可以作为良好的补血食品。

**表 14-4　马肉与其他畜禽肉的矿物元素含量比较(mg/100g)**

| 项目 | 马肉 | 驴肉* | 羊肉* | 猪肉* | 牛肉* | 鸡肉* |
| --- | --- | --- | --- | --- | --- | --- |
| 铜 | 0. 15±0. 01 | 0. 10 | 0. 09 | 0. 10 | 0. 10 | 0. 10 |
| 铁 | 3. 07±0. 18 | 7. 47 | 3. 00 | 1. 50 | 0. 40 | 1. 00 |
| 锌 | 2. 95±0. 18 | 3. 83 | 2. 22 | 2. 01 | 4. 73 | 0. 26 |
| 钾 | 327. 51±8. 00 | 282. 32 | 338. 00 | 317. 00 | 140. 00 | 333. 00 |
| 钠 | 69. 29±2. 70 | 53. 23 | 92. 80 | 43. 20 | 75. 10 | 1. 00 |
| 钙 | 4. 87±0. 05 | 4. 34 | 3. 00 | 6. 00 | 3. 00 | 1. 00 |
| 镁 | 27. 80±0. 10 | 24. 06 | 29. . 00 | 28. 00 | 29. 00 | 28. 00 |
| 磷 | 196. 57±3. 00 | - | - | - | - | - |

注:“-”表示未测定; * 数据来源于尤娟等(2008)(详见参考文献)

综上所述，马肉的营养成分全面，可以提供丰富的蛋白质、脂肪、必需脂肪酸、钙、磷、铁、锌等矿物元素。与其他畜禽肉相比，马肉具有高蛋白、低脂肪的特点，且必需氨基酸含量高，脂肪酸组成合理，食用价值高、营养丰富，值得大力开发和推广。

## 二、肉用马体型外貌和膘情等级

### （一）体型外貌

肉用马一般体质结实、适应性强、体格高大。外貌要求头匀称、适中，颌凹宽，牙齿咀嚼有力，颈中等长富于肌肉，体躯长（体长指数大于100%），呈桶形，胸部宽且深、肌肉丰满突出，鬐甲低，背宽、腰直、尻宽且平、复尻富有肌肉、肌肉轮廓明显。衡量肉用马的品质，除体质外貌外，还应从血统类型、体尺、体重、泌乳能力、适应性和后裔品质等方面综合评定。

### （二）膘情等级

无论是肉马还是马肉，它的膘情和胴体等级都分为一级和二级。一级膘情的胴体，脂肪沉积不明显，肌肉组织发育良好。任何等级胴体的鬐甲部脊椎棘突均会突出。一级肉马的膘情形态，肌肉发育良好，体躯形态完整，胸、肩、腰、尻、股充实饱满，背、腰椎棘突矮而横突长，肋骨肉眼不可见，探查时隐约可知，在颈嵴和尾根探查脂肪良好。因马匹一直被役用或骑乘，尚缺乏肉用马的各级标准，因此亟待拟定我们国家的肉用马标准。

## 三、马的产肉力及影响马肉产量和品质的因素

### （一）衡量马的产肉力的指标

衡量马的产肉力高低，多用屠宰率、净肉率，此外，还有肉骨比、特一级肉比例、含脂率等指标。

1. 屠宰率也称胴体率，是指胴体重（即屠宰的马匹除去头、蹄、皮、尾、血和全部内脏，保留肾和其周围脂肪的重量）占宰前空腹活重的百分比。

2. 净肉率是指净肉重（胴体剔骨后肉和脂肪的重量）占宰前空腹活重的

百分比。

### （二）影响马肉产量和品质的因素

马肉营养物质组成、感官指标（含色、香、味）和食用品质等，均随年龄、性别、膘情、饲养管理、品种和所在胴体部位而有所变化。一般重型马、原始的地方品种马，肉中脂肪含量较轻型马高，蛋白质含量低；采用舍饲精料育肥的马比完全放牧马脂肪含量高，蛋白质含量低；随年龄增长，脂肪含量增加，蛋白质含量降低。不同部位间，依后肢部、肩胛部、背部、肋腹部顺序，蛋白质含量逐渐降低，脂肪含量逐渐升高。马的年龄和采食饲料种类对马肉脂肪的成分有一定的影响，采食牧草为主的马，其马脂肪中必需脂肪酸含量高于采食精料为主的马，而且胆固醇含量降低。

1. 由于品种、膘情、年龄、饲养方式等的不同，马的产肉力也有一定差异。一般重型品种或其杂种优于轻型品种马；经选育的肉用马优于未经选育的其他品种马。例如，苏联的测定结果表明：重挽马屠宰率为54%~62%，重挽马与哈萨克马的杂交后代屠宰率为51%~56%；经选育的哈萨克马扎贝型为52%~58%，而未经选育的哈萨克马仅为43%~48%。哈萨克马及其一代杂种马的产肉力见表14-5。

**表14-5　哈萨克马及其一代杂种马的产肉力**

| 马匹种类 | 膘度 | 屠宰前禁食24h体重（kg） | 胴体重（kg） | 屠宰率（%） |
|---|---|---|---|---|
| 优秀的哈萨克马 | 上 | 340.6 | 248.0 | 57.7 |
| 顿河马一代杂种 | 上 | 446.0 | 245.5 | 55.0 |
| 快步马一代杂种 | 上 | 428.0 | 243.0 | 56.8 |
| 苏纯血马一代杂种 | 上 | 412.0 | 230.6 | 56.0 |
| 重挽马一代杂种 | 上 | 506.5 | 267.0 | 52.7 |

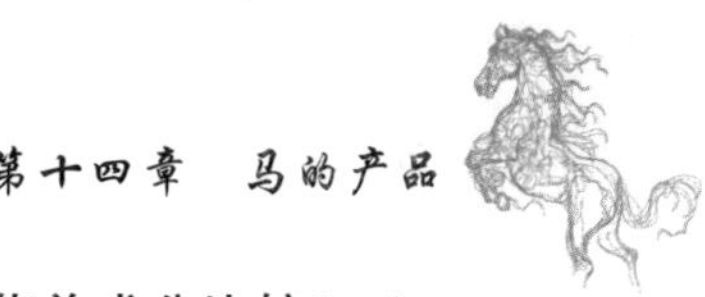


表 14-6　乌珠穆沁白马与国内外其他品种马肉的营养成分比较(%)

| 品种 | 文献来源 | 水分 | 蛋白质 | 脂肪 |
|---|---|---|---|---|
| 乌珠穆沁白马 | | 69.58±2.01 | 23.76±1.43 | 4.56±1.13 |
| 蒙古马 | 刘莉敏等(2017) | 76.24 ± 2.13 | 20.46 ± 1.04 | 1.32 ± 0.72 |
| 伊犁马 | 王建文等(2014) | 71.03 ± 0.58 | 20.89 ± 0.63 | 3.04 ± 0.64 |
| 河曲马 | 鄢珣等(1993) | 72.60 | 22.87 | 4.94 |
| 加利西亚山马 | Lorenzo, Sarrié s et al.（2013） | 76.63 ± 0.54 | 22.30 ± 0.51 | 0.12 ± 0.03 |
| 布尔格特马 | Juárez et al.（2009） | 72.32 ± 0.71 | 20.64 ± 0.73 | 2.08 ± 0.11 |
| 伊斯帕诺布雷顿马 | | 70.58 ± 0.91 | 21.81 ± 0.68 | 2.22 ± 0.15 |
| 意大利重型马 | Tateo et al.（2008） | 69.51 | 21.67 | 4.28 |

品种对马肉营养价值影响很大。表 14-6 列出的是国内外不同品种马肉的常规营养成分比较,从表中可以看出,不同品种马肉的水分含量变化从意大利重型马肉的 69.51%到加利西亚山马肉的 76.63%,乌珠穆沁白马肉水分含量为 69.58%,低于国内蒙古马、伊犁马、河曲马以及国外加利西亚山马、布尔格特马、伊斯帕诺布雷顿马。不同品种马肉水分含量的差异可能是由于屠宰时候的年龄不同造成的。Franco Rodríguez et al.(2011)研究发现,屠宰年龄与肉中的水分成反比。不同品质间,马肉脂肪含量也存在较大的差别,从加利西亚山马肉的 0.12%到河曲马肉的 4.94%,而乌珠穆沁白马肉的脂肪含量为 4.56%,仅次于河曲马肉含量,而高于其他国内外马肉含量。马肉中脂肪含量受众多因素的影响,如品种、年龄、性别、日粮营养水平、运动、部位等,如加利西亚山马脂肪含量仅为 0.12%,均大于 2%,这也可能是由于屠宰年龄不同造成(屠宰年龄:加利西亚山马 15 月龄、而布尔格特和伊斯帕诺布雷顿马 24 月龄),一般随着屠宰年龄的增加,体内脂肪沉积增加。而意大利重型马 11 月龄肌肉脂肪含量就可达 4.28%,可能是由于意大利重型马的品种特点易于沉积脂肪。马肉脂肪含量与水分含量呈负相关的趋势,脂肪含量高的马肉水分含量低。马肉以高蛋白而出名,国内外所有品种马肉蛋白含量均在 20%以上。国内外各品种马肉灰分含量在 1.11%~2.24%之间,差异不大,灰分含量主要与饲粮中的矿物元素含量有关。

2. 膘情对马的产肉力的影响。哈萨克马的屠宰试验表明,上等膘屠宰率为55%,中上等膘52.8%,中等膘为47.4%,中下等膘为42.8%。膘情对马肉含脂率影响更明显:中下等膘含脂率为1%,中等膘为2%~3%,中上等膘为3%~6%,上等膘为8%以上。

3. 随年龄的增长,屠宰率、净肉率、肉骨比差异不明显,而含脂率却明显升高,特一级肉比例下降,详见表14-7。

4. 舍饲高强度育肥可大大提高马的产肉力,幼驹尤为显著。育肥对成年马产肉力的影响降低,但却极大地改善肉的品质。

**表14-7 不同年龄伊吾马屠宰测定结果(%)**

| 年龄 | 屠宰率 | 净肉率 | 肉骨比 | 特一级肉比例 | 含脂率 |
|---|---|---|---|---|---|
| 3岁 | 52.05 | 37.74 | 2.65:1 | 61.60 | 1.83 |
| 6岁 | 52.73 | 38.65 | 2.79:1 | 59.27 | 2.32 |
| 12岁以上 | 52.26 | 38.14 | 2.80:1 | 57.93 | 4.14 |

注:(引自《马匹生产学》,赵天佐,1997年)

## 四、肉用马育肥和饲养管理

### (一)肉用马的育肥

1. 放牧育肥作为草食动物,马与反刍家畜牛羊相比具有如下特点:可采食更矮小的牧草,因此其利用饲草的种类更广泛;对麦秸等其他劣质饲草的利用率更高,但对苜蓿等优质饲草的消化利用率低;冬季能刨雪采食,故放牧距离更远;于干旱草原的利用具有特殊意义。

放牧肥育生产马肉成本低,许多草原丰富的国家和地区均利用天然草场放牧肥育肉马。我国北方牧区的肉马从5月、6月开始迅速增膘增重,到6月下旬育肥速度减缓,9月开始抓秋膘,一直到11月严寒到来为止。由于春季放牧肥育前,肉马的底膘差,在相当程度上是恢复肌肉,故增重较慢;秋季放牧由于底膘好，增重快，多数进行脂肪沉积，成年马尤为明显，故有“春抓肉、秋抓油”之说。经过这二季的放牧肥育，每匹马约可增加60～100kg优质肉。幼驹由于具有较强的生长势，哺乳时只采食牧草就可达较好的增重效果，有些品种6月、7月龄体重可达230～250kg，早熟品种8月龄体重可达300kg。

2. 舍饲育肥适用于农区和淘汰肉用需短期育肥的马。在舍饲条件下，以精饲料为主进行肥育，此法特别重视提高饲料的利用率。马的品种、年龄、肥育季节、肥育方法、饲养水平、日料组成等对肥育效果都有一定的影响。

年龄愈小，生长发育强度愈大，饲料利用率愈高，增重效果愈好。据测定，当培育5～8月龄的快步马时，每增重1kg需8.4个饲料单位；而2.5岁驹，每增重1kg需9.7个饲料单位。重挽马或专门的肉用品种肥育增重效果较一般品种好。

短期高强度肥育比放牧育肥效果好。一般高强度肥育时，每100kg体重应有2.5～2.7个饲料单位，日料中可消化蛋白每个饲料单位70～100kg，日增重可达1～1.2kg。有资料表明，采用“精料—干草型”的日粮效果好，日粮中精料占总营养价值的70%。主要的饲草料有玉米、豆粕、麸皮、大麦、燕麦、酒糟、甜菜渣、糠浆及干草、青贮料等。

3. 半舍饲—半放牧育肥牧地不足，可采取短期的放牧育肥和补饲相结合的办法育肥马匹。

（1）计划外幼驹：由于幼驹有着良好的饲料报酬和很高的生长发育速度，我们要求对所有母马都进行配种，利用计划外幼驹进行马肉的生产。此外这也因为有了数量，便于选择和改进马群的质量，同时泌乳母马的增加也有利于酸马奶生产计划的完成。

（2）淘汰膘情差的肉用马，可采取放牧育肥和舍饲育肥相结合的方法来提高它的膘度等级：可先放牧增膘，再强度育肥，也可仅强度育肥或放牧育肥。马场牧地少，可采取放牧育肥和补饲育肥相结合的方法。

### （二）肉马的饲养管理

对于放牧肥育的马，从每年5月份开始，集中马群，挑选水草丰美、气候凉爽、蚊蝇较少的草场放牧。为提高肥育效果，尤其是在草场或马匹条件不好时，多采用短期放牧肥育和补饲精料相结合的方法。

马匹早6:00~11:00点放牧，中午补饲当日精料的一半，并在中午气候炎热期间饮水休息。17:00~21:00再次放牧，晚上饮水后补饲另一半精料。夜间给马补充足量青草。如条件允许，夜牧育肥效果更好。在马进入正式肥育期前，应有10d左右的肥育过渡期，使马适应新的环境和日粮，同时更换日粮应逐步进行，防止突然变化造成不适应而引发消化道等疾病。在肥育前，对所有马都应进行驱虫和兽医检查。

## 五、肉用马的选育

根据国外发展肉用马的经验，首先抓牧马群的转向，将草原品种经定向选育后培育成肉乳兼用型品系。其次，将重挽品种直接转为肉用，并将其与草原品种杂交，加速性成熟早、产肉量多的新品种培育。

我国发展肉用马应根据国情和马场实际情况开展。我国现有草原品种马的产肉性与国外肉马相比差距很大。我们应有计划、定向地在选育肉用马品系，将草原品种马与现有重挽马进行杂交，提高其早熟性和产肉性。我国部分品种马肉用性能见表14-8。

表14-8 我国部分品种马肉用性能(%)

| 品种 | 体重(kg) | 屠宰率 | 净肉率 |
|---|---|---|---|
| 伊犁马 | 449.2 | 55.3 | 47.1 |
| 锡林郭勒马 | 453.7 | 54.4 | 46.1 |
| 锡尼河马 | 401.9 | 55.9 | 44.5 |
| 山丹马 | 343.9 | 57.0 | 44.0 |
| 河曲马 | 332.8 | 52.0 | 39.4 |
| 焉耆马 | 327.7 | 48.5 | 35.2 |
| 乌珠穆沁马 | 305.0 | 55.4 | 46.7 |
| 伊吾马 | 335.5 | 53.1 | 38.5 |

## 六、马肉及其他制品的综合开发

1. 马肉的分类

马肉的分类方法有两种:一是按年龄分为马驹肉与成年马肉;二是按膘情分为上、中、下等膘的马肉和瘦马肉。胴体肌肉发育良好,脂肪均匀分布于肌肉组织间隙为上等膘马肉;肌肉发育一般,骨骼突出不明显,主要存脂部位不太肥厚的为中等膘马肉;肌肉发育不太理想,第一至十二对肋骨和背椎棘突外露明显,皮下脂肪及内脂均呈不连续的小块,为下等膘马肉;肌肉发育不佳,骨骼突出尖锐,没有存脂的为瘦马肉。

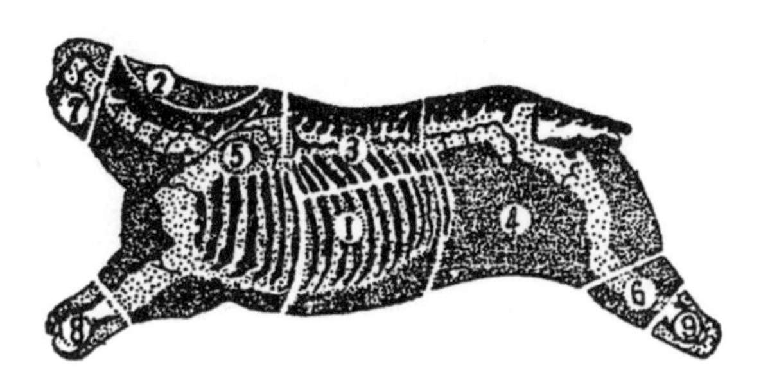


图 14-1　国外商业系统中马胴体分割法模式图

如图 14-1 所示:①肋腹肉:第六、七对肋之间的上下线为前线;第十七、十八对肋之间的上下线为后线;肋部上三分之一前后线之间连线为上线。②鬣床肉:颈脂肪嵴带一小部分肌肉(不超过脂肪重的 30%)。③脊部肉(背部肉):即肋腹肉上线以上部分。④后躯肉:肋腹上下线为前线,上接鬣床肉背部肉,肋腹肉,背部肉的后线为前线,上接鬣肉。⑤颈肩臂肉:肋腹肉之前线为后线,前肢桡骨中间切线为下线。⑥肘子肉:以后躯肉后线为上线,胫骨中间在跟腱以上 2 厘米处切线为下线。⑦脖子肉:第一、二颈椎肉。⑧半臂肉:以颈肩臂肉下线为上线,前膝(腕关节)为下线。⑨半胫肉:以肘干肉的下线为上线,飞节(跗关节)为下线。其中①、②为特等肉;③、④为一等肉;⑤、⑤为二等肉;⑦、⑧、⑨为三等肉。

2. 马肉的分割及加工

胴体不同的部位,肉的品质不同,主要表现在理化性质、食用品质和化学组成上有差别,宜进行精细分割(图14-1)。不同部位适宜的加工产品及加工方式不同,如臀腿肉适合烤肉、香肠、灌肠、熏肉或罐头,腱子肉适宜卤煮、肋肉适合制馅。

不同屠宰场屠宰分割方式也不同,马属于大型家畜,适合进行四分体分割。由于马肉市场刚刚起步,缺乏相应的分割标准,所以分割较为粗放。目前马肉的生产加工单一,主要集中在新疆、内蒙古等地,是少数民族的主要动物肉来源。

3. 马肉产品

由于马肉多不饱和脂肪酸及肌红蛋白含量丰富的特点,导致其生鲜肉贮存保鲜较为困难,因此市场中缺乏相应的马肉生鲜制品。马肉除鲜肉食用外,还可制成各类马肉制品,如马肉干、马肉松、熏马肉、香肠、灌肠、腊肠、罐头等,它们是我国牧区蒙古族、哈萨克族等民族在冬季主要的肉食来源之一。辽宁大连食品公司育马场采用舍饲肥育方法生产马肉出口日本,每年为国家赚取大量外汇,取得了很好的经济效益。

## 第二节 马奶

### 一、马奶的化学成分及营养特点

#### (一)马奶的化学成分

马奶是由蛋白、乳糖、乳脂、矿物质、维生素、酶和水分等物质组成的,是一种均匀的流体,呈白色或乳白色。马奶的各种组成成分,具有不同的分散

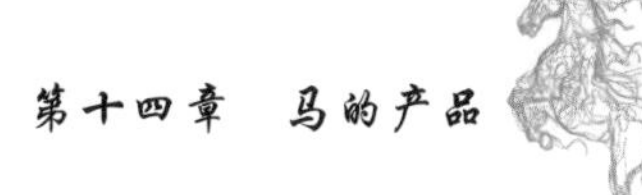

度，蛋白是胶体分散，乳糖是细分散，乳脂是粗分散，从而呈现马奶的颜色。通常把除水以外的成分称为干物质。

1. 水分

水分占马乳重量的89%左右。马乳中水分多以游离状态存在的，是乳汁的分散相，其他成分分散于水中；另一少部分（2%～3%）以氢键和蛋白的亲水基结合，成为结合水，这部分水已失去了溶解其他物质的特点，只能在较高的温度下蒸发。

2. 蛋白

马乳中蛋白质含量与牛奶相比含量较低，平均只有1.9%～2.8%左右。马奶乳清蛋白含量高，马乳可溶性白蛋白和球蛋白含量高，约占蛋白质总量的50%，而牛乳只有20%。白蛋白和球蛋白容易消化吸收，所以马乳是可溶性白蛋白乳，而牛奶是酪蛋白乳。马奶乳清蛋白可分馏成α-乳白蛋白（40%～60%）和β-乳球蛋白（35%～50%），球蛋白提高机体免疫力的功能可能与马奶的食疗性有关。马奶酪蛋白沉降为细小絮状，几乎不改变马奶的浓度，而牛奶的酪蛋白遇胃酸时可成坚实的凝块损伤胃粘膜，这可能是马奶食疗功效的另一原因。经对氨基酸分析，证实了马奶中游离氨基酸含量比牛奶、羊奶高，而且种类齐全，易被机体利用。

3. 乳糖

马乳中乳糖含量高，达6.7%以上，接近于人奶乳糖的含量，是牛奶的1.5倍以上，因而马奶具有浓郁甜味。乳糖在化学组成上是双糖，水解时产生一分子葡萄糖和一分子半乳糖。马奶中含丰富的α-乳糖，其具有特异性促进双歧杆菌生长的功能。在肠道中，半乳糖可以促进乳酵母的发育，从而能抑制对人体有害的腐败过程（即腐败细菌的活动）。马奶的乳糖是加工酸马奶的能源，易分解发酵，可保证高水平的乳酸发酵和酒精发酵。

4. 乳脂

马乳中脂肪含量为2%，比牛奶少，脂肪球小，易于吸收，是由三元甘油醇和三分子脂肪酸结合而成的甘油三酸脂混合物，以脂肪球状态分散于乳汁之中，成为乳浊液或悬浊液。乳脂肪中不饱和脂肪酸、低分子脂肪酸和磷脂含量较高，所以马乳脂肪的质地柔软，熔点较低，易于消化吸收，马脂肪易酸败，且因脂肪球小而不能做脱脂奶或奶油等产品。

5. 矿物质

马奶总的矿物质含量非常稳定，与其他动物乳一样初乳中的矿物质含量高于常乳。西北农林科技大学报道马奶中几种主要元素的生物学活性均较高，如钙磷比、钾钠比、铜锌比，有利于人的代谢和吸收。马奶的钙和磷是矿物元素中含量最多，比例约为 2∶1，马奶中大部分常量元素是以无机盐形式存在于乳中。微量元素包括钴、铜、碘、锰、锌、钛、铝、硅、铁、铬等。

6. 维生素

马奶中含有多种维生素，其中有 VA、VC、VE、VF 和 B 族维生素等。VA 和 VE 溶于脂肪或脂肪溶剂，称为脂溶性维生素，马体不能合成，主要来源于饲料，马奶 VA 含量约为 0.24～0.32mg/100mL、VC8.7mg/100mL，VE 0.65～1.05mg/100mL；VC、VF 和 B 族维生素等溶于水，称为水溶性维生素，马体可以合成，也可以从饲料中获得，马乳中 VC 含量丰富，是牛奶的 7 倍。乳中维生素含量受饲料等影响较大，VA 夏季含量高，而 VE 则相反。

7. 酶

马乳中含有多种酶，主要有两种来源，一种是由乳腺分泌，另一种是乳中微生物繁殖时所产生的外源酶。近些年，马乳中相继发现了过氧化氢酶、过氧化物酶、淀粉酶、乳酸脱氢酶，溶菌酶、转乳酶和酯酶等。利用无害添加剂，激活“乳中过氧化物酶系统”可以有效地延长鲜马奶保鲜期。

### （二）马奶的营养特点

马奶营养丰富，营养价值全面，含有婴幼儿生长发育所需的全部营养物质，是人类理想的代乳品之一，它具有以下营养特点：

1. 马奶的化学成分与人奶接近，易于消化吸收，非常稀薄的胃液及少量的胰液即可将其消化，被人体吸收利用，特别适合婴幼儿和老弱病人饮用。马奶与其他主要奶类的比较见表 14-9。

2. 马乳的乳糖含量较高，是牛奶的 1.5 倍以上，α-乳糖含量丰富。

3. 马奶的蛋白质含量低于牛奶，但乳清蛋白含量丰富。牛奶中酪蛋白含量多达2.9%以上，而乳清蛋白仅有0.4%，酪蛋白与可溶性蛋白成7∶1的关系，为酪蛋白乳类；马奶中酪蛋白含量1.05%，乳清蛋白占到1.03%，成1∶1的关系，被称为白蛋白乳类。酪蛋白乳在胃里遇胃酸易凝固而不易消化，白蛋白乳不受胃酸影响而易于消化吸收。

4. 马奶比牛奶乳脂含量少，但乳脂中不饱和脂肪酸和低分子脂肪酸比牛奶高4~5倍；马奶乳脂碘价高达80~108，而牛奶为25~40；马奶乳脂溶点也比牛奶低5℃~10℃。马奶乳脂的这些特点与人奶最接近，远优于其他奶类。

5. 马奶中无机盐的种类多，其中微量元素钴、铜、锌含量比牛奶高。维生素含量丰富，特别是VC，其含量高于其他任何动物乳。

**表14-9　马奶与其他主要奶类比较表(%)**

| 奶类 | 干物质 | 蛋白质 | 乳糖 | 乳脂 | 无机盐 |
|---|---|---|---|---|---|
| 马奶 | 11.0 | 2.0 | 6.7 | 2.0 | 0.40 |
| 驴奶 | 9.8 | 1.9 | 6.2 | 1.4 | — |
| 人奶 | 12.4 | 1.2 | 7.0 | 3.8 | 0.21 |
| 牛奶 | 12.5 | 3.3 | 4.7 | 3.8 | 0.70 |
| 山羊奶 | 13.4 | 3.8 | 4.6 | 4.1 | 0.85 |
| 绵羊奶 | 17.9 | 5.8 | 4.6 | 6.7 | 0.82 |
| 骆驼奶 | 14.6 | 3.5 | 4.9 | 5.5 | 0.70 |

### (三)马奶综合加工

鲜马奶经过工业加工，可以提高利用经济效益。目前鲜马奶工业化生产的产品包括酸马奶、马奶露、马奶粉等。

1. 酸马奶

酸马奶是以鲜马奶为原料，经微生物发酵，不进行蒸馏而酿造出来的医疗保健饮料。马奶和酸马奶的蛋白质、脂肪、灰分基本相同，主要差别在于乳糖的含量，马奶为6%~7%，酸马奶为0~4.4%。该产品营养丰富，每千克含可消化蛋白20g，钙70~150mg，酵母50g，可产热1200~1700千焦，另外还含有乳糖、乳脂、乳酸、乙醇、维生素和芳香物质等。酸马奶清凉爽口，醇厚浓郁，对呼吸系统疾病（肺结核、慢性支气管炎）和心血管系统疾病（高血压、冠心病、贫血症、高血脂），尤其消化系统疾病（胃溃疡、黏膜炎、消化不良）疗效显著，是蒙古族、哈萨克族、维吾尔族等少数民族的上等传统饮料。

实用新型专利证书

实用新型名称：马奶发酵装置

图14-2　内蒙古农业大学马属动物研究中心研发的马奶发酵装置及生产出的产品

2. 马奶粉

鲜马奶经过冷冻或喷雾干燥等干燥方法，可制成马奶粉。这种奶粉基本上保持了马奶的营养价值，水分含量低于3%，细菌培养率不高于一级，可溶性99%~99.5%，保存期可达一年之久，基本上保持了马奶的营养价值，是婴幼儿理想的乳制品。

马奶粉的生产，解决了牧区交通不便、运输困难和季节性生产等难题。马奶粉多采用塔式喷雾干燥法，干燥塔入口处温度应控制在125℃~135℃，出塔温度65℃~70℃，容积密度1.13~1.15 g/mL。每100kg鲜马奶原料可出马奶粉9.07kg。

3. 马奶露

马奶露是以鲜马奶为主要原料，另外添加甜味剂、乳化剂、增稠剂、稳定剂和调整液等配料，经微生物发酵而酿造出来的保健饮料，是马乳加工系列的新产品。它营养丰富、酸甜可口、风味芳香、去暑解渴，很适合广大消费者，尤其是妇女、儿童的口味。该产品含有乳糖、蛋白、乳脂、乳酸、乙醇、钙、磷、锌、铁、铜和芳香物质等，呈白色悬浮状的液体。

4. 马奶啤酒

马奶啤酒是一种新型的生物饮料，具有清凉爽口、乳味清香泡沫丰富的特点，有很高的营养价值和医疗价值。其制作方法为：选用新鲜马奶，经勾兑后，添加8%左右的蔗糖，以促进酵母菌的发酵。在100℃，5分钟消毒处理后，冷却到35℃~40℃，添加乳酸菌和酵母菌混合发酵剂，搅拌均匀，然后在37℃下发酵1~1.5天，酸度可达65~70T°时，再进行室温发酵1~2天，当酸度达到70~90 T°时，最后在0~5℃条件下再进行后发酵2~3天，这时酒精含量可达1%~3%。

## 第三节　孕马血清

马绒毛膜促性腺激素（Equine chorionic gonadotropin，eCG）来源于子宫内

膜杯组织。该组织是马属动物胚胎绒毛膜带组织侵入母体子宫内膜,然后分化成双核细胞从而形成的杯状结构,具有分泌激素和调节母体及胎儿免疫的双重功能。ECG 被称为孕马血清促性腺激素(pregnant mare´s serum gonadotropin,PMSG),这一称呼仍被广泛应用。该激素通常与孕激素一起用于人工授精之前诱导家畜排卵。

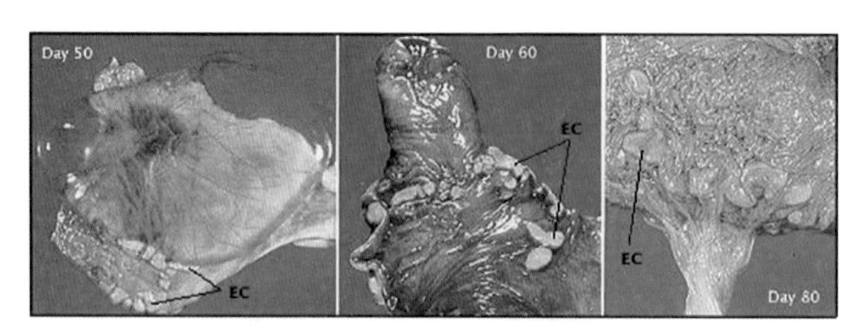


图 14-3　马妊娠期子宫内膜杯(EC)

马血清是母马妊娠 55~100d 内采血制作的血清,是珍贵的医药原料。血清中含有一种糖蛋白激素,学名叫孕马血清促性腺激素(PMSG),它具有促卵泡素(FSH)和促黄体素(LH)的双重作用,既可诱发卵泡发育,又可刺激排卵,而且半衰期长,作用效果没有种间特异性。家畜、经济动物、珍禽异兽均可使用,促进发情、排卵、超排卵、防治不育。不仅可以用于家畜的繁殖,也可用于治疗人的性机能不全、性器官发育不全等。因此,孕马血清已为美、英、日、德等国列入国家药典,这是马属动物特有的生殖生理特性。

怀孕母马在妊娠 40~130d 从子宫内膜杯中分泌 eCG 激素,收集纯化可被用于人工诱导雌性绵羊、山羊、牛和猪进入发情期,从而实现同期发情。eCG 有垂体促性腺激素活性,在马属物中仅具促黄体激素(LH)样活性,但在其他物种中具有促卵泡激素(FSH)和 LH 双重活性,其中以 FSH 激素活性为主。尽管 eCG 纯度低于从绵羊、山羊或猪等垂体提取物中纯化的垂体激素,但由于其半衰期较长,所以生产中 eCG 的使用率更高。

对公马配母马、公驴配母驴、公马配母驴、公驴配母马之后不同妊娠期血液内 eCG 分泌量的研究表明,这四种情况下母体内的 eCG 分泌时程和量均有显著差异,整体上来说公马与母驴交配之后的母驴分泌量最高,其次是马配马,驴配驴,最少的公驴配母马。虽然有研究显示四种繁殖组合方式,eCG 分泌量不同可能与印记基因表达相关,但是证据还尚不充足。因此 eCG 在不同的育种及交配方式中具有较大的市场。

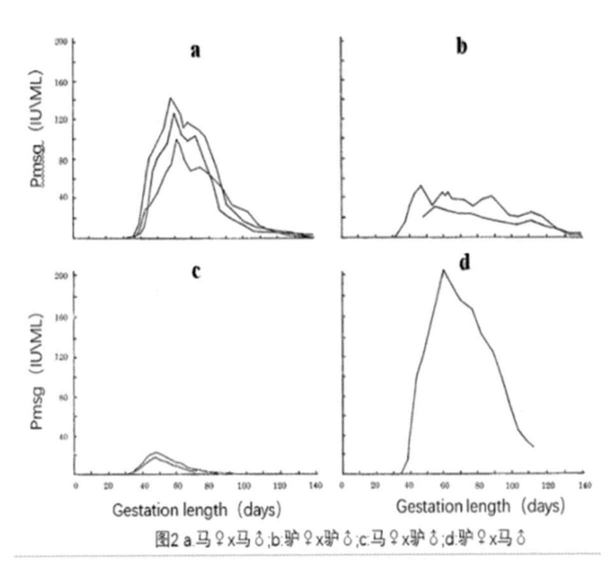

图2 a.马♀x马♂;b:驴♀x驴♂;c:马♀x驴♂;d:驴♀x马♂

图 14-4　怀马、驴、马骡、驴骡时母体内的 eCG 水平

孕马血清的制作方法并不复杂,采取严格的消毒措施,按操作规程,采取健康无病的妊娠马血,均可析出血清。马的血量约占其体重的 7%左右,血浆占全血的 50%~69%。母马妊娠血清 37~40d 出现 PMSG,55~75d 时分泌量达高峰,以后下降,120~150d 消失。为了保证胎儿健康,一般在母马妊娠 75~100d 之内于颈静脉采血 2 次,每次 2000~2760mL。对全血进行离心,使血清和血浆分离,血清用于生产 PMSG,血浆用生理盐水稀释后输回母马体内,对于母马和马驹的健康不会产生影响。血清以 0. 1 元/mL 计算可产生 200~276 元的收入,如能精加工,生产出 PMSG 的纯品,产值更客观。

孕马血清促性腺激素的市场前景巨大。据有关资料统计,我国每年用于牛、羊、猪等动物诱导发情和超数排卵的 PMSG 需求量达 6×108IU,而目前国内生产的不足 1×108IU。PMSG 的进口价格约为在 1 元/IU,就国内市场来看,如果完全替代进口,则可产生约 60 亿元的产值,如果打入国际市场,则经济效益更大。如果按照国内平均价格,一匹母马一生可产生 17.5 万的产值(不包括产驹的产值)。

中国马业有生产 PMSG 的优越条件。据现有研究成果表明,小型马生产 PMSG 水平相对较高。现中国存栏马匹 500 余万匹,体型小,耐粗饲,是 PMSG 生产最理想的马种。目前中国农业大学正在进行快速测定技术诊断、主效基因及表达规律等研究,解决产业发展的关键技术问题。

## 第四节　孕马尿

如今对马尿的利用主要是利用其中的马尿酸成分。马尿酸又名苯甲酰甘氨酸,苯甲酰氨基乙酸,主要用于有机合成,医药及染料[如荧光黄 H8GL,分散荧光黄(FEL)]中间体,是合成医药马尿酸美赛那明的主要原料。

结合雌激素(Conjugated estrogens,CE)或结合马雌激素(conjugated equine estrogens,CEEs),以商品名 Premarin("孕母尿"的缩写)等销售,是一种雌激素药物,用于不发情的动物及绝经期激素治疗和各种其他适应症。它是在马中发现的雌激素结合物钠盐的混合物,如硫酸雌酮和硫酸马烯雌酮。

20 世纪 30 年代后期,多伦多大学生物化学系的研究人员首次从怀孕母马的尿液中分离出硫酸雌酮。Premarin 于 1941 年由 Wyeth Ayerst 首次引入,用于治疗人潮热和其他更年期症状。1972 年发现它不仅对更年期症状有效,而且还对治疗骨质疏松症有效,并确定了其主效成分是两种雌激素:硫酸雌酮和硫酸马烯雌酮。自 1986 年美国食品和药物管理局在联邦公报中宣布,Premarin 可有效预防骨质疏松症之后其销售额快速增长。

CEE 可以从怀孕母马的尿液制造天然制剂,也可人工合成天然制剂的类似物。它们既可单独成药,也可与孕激素(如醋酸甲羟孕酮)联合配制成药。CEE 通常通过口服,但也可以通过将其作为乳膏或通过注射到血管或

肌肉中而施用于皮肤或阴道。

图 14-5　结合雌激素的化学结构式

注：前一种为硫酸雌酮（Estrone sulfate），是结合雌激素的主要形式，占总量的 50 到 70%

后一种为硫酸马烯雌酮（Equilin sulfate），是结合雌激素第二大形式，占总量的 20 到 30%

CEE 的副作用包括乳房触痛和肿大、头痛、液体潴留和恶心等。如果不与孕激素如黄体酮一起服用，可能会增加子宫内膜增生和子宫内膜癌的风险。这种药物还可能增加血栓及心血管疾病的风险。当该激素与大多数孕激素合并时，也会增加患乳腺癌的风险。CEE 是雌激素，也就是雌激素受体（也是雌二醇的生物学靶点）的激动剂。与雌二醇相比，CEE 中的某些雌激素对新陈代谢更具抵抗力，并且药物在某些部位，如肝脏中表现出相对增强的作用。这也导致相对于雌二醇，CEE 增加血栓和心血管疾病风险的可能性。

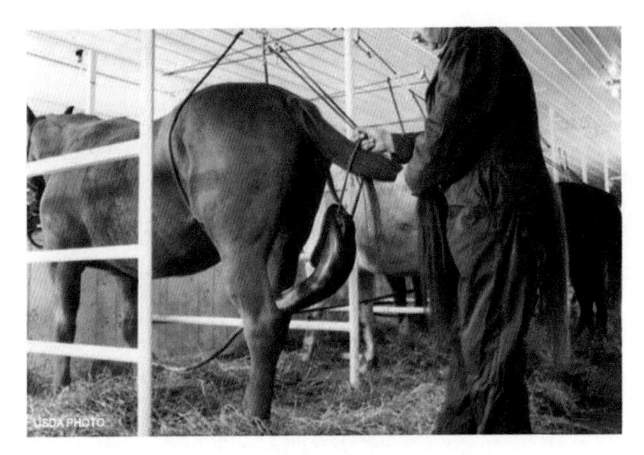


图 14-6　孕马尿收集方法

Premarin 是市面上主要的 CEE 品牌，由 Wyeth 惠氏生产，于 1941 年在加拿大首次上市，1942 年在美国上市。它是美国绝经期激素治疗中最常用的雌激素药物。然而,相对于生物作用相同的雌二醇,它已经开始失宠,雌二醇已是欧洲最常用的用于绝经期激素治疗雌激素药物。但是目前 CEE 在世界各地仍有较广泛的应用。然而动物福利组织声称,生产 CEE 的畜牧业和尿液收集方法(如图 14-6)会对所涉及的母马造成过度的压力和痛苦。动物福利活动家已声称涉及的动物虐待包括狭小的饲养空间,长时间的禁闭,繁琐的尿液收集和连续的繁殖等,因此该激素的生产可能面临困局。

从孕马尿液中提取的雌激素混合物,做成药品——倍美力(Premarin,结合雌激素片,USP)口服制剂,主要用于更年期及绝经期妇女延缓衰老;预防骨质疏松和心脏病;降低循环血脂水平,皮肤抗皱等。该产品已畅销世界 68 年,全球单品年销售额达 20 亿美元。

新疆特丰药业股份有限公司旗下的新疆新姿源生物制药有限公司以孕马尿(雌激素)为原料的生物制药技术水平达到国内领先地位,并形成了一定的成品药和原料药的生产能力。目前该药物最大的市场在欧美发达国家。

## 第五节 马的其他产品

1. 马的皮及毛

马皮:马匹屠宰后从体躯上剥脱下来的皮。一匹成年马的皮经加工可获得肥装革约 2.2$m^2$,可制皮衣、皮帽、皮手套等。内蒙古年产马皮 10~11 万张,它是制革工业的主要原料之一。经制后的马皮是制作皮椅面,皮箱面的上等材料,也可以制作皮带、皮包、皮鞋、皮夹克等。马皮的表层薄,粒面较细,真皮层的纤维束密度因部位不同而异,前半身的组织松散,后半身靠近背部两侧特别紧密,质量最好,是制作皮件的理想材料。内蒙古牧区生产的马皮,其质量随屠宰季节而变化。以秋季生产的最好,冬季次之,夏季又次之,以春季生产的最差。马皮的加工要求宰剥适当,皮形完整,晾晒平展。

马鬃,马尾的尺码长,拉力强,弹性好,耐磨,耐热、耐寒,具有抗酸磨蚀的特性。它的主要用途是制作刷子、工业滤布,高级服装的衬布以及各种弦乐的弓弦、化妆用品等。马鬃的剪取时间,以每年春季天气暖时为宜。马鬃、马尾的质量是根据其长度,颜色,光泽,弹性和含杂质的多少加以评定。等级规格:特等长度在2.2市尺以上;一等长度在1.4市尺以上;二等长度在1市尺以上;三等长度在3市寸以上;不足3市寸的被列为渣子毛。颜色划分,以白色为上等,黑色次之,杂色最次。马毛是工业原料及出口物资,可制作乐器弓弦、化妆假发、刷子、网子等。

图14-7 马鬃

2. 马胎盘

羊、牛、猪由于常出现口蹄疫、疯牛病等疾病,胎盘的安全性受到影响。人胎盘携带肝炎和HIV病毒风险大,也受到限制。目前相对而言马驴胎盘安全性高,产品市场前景看好,马胎盘产品价格普遍高于猪、羊等胎盘产品。

2013年日本胎盘市场原料产值为180亿日元,约为9亿人民币。胎盘制品市场产值不详,按行业规律,至少是原料的10倍。

3. 马脂(马奶)化妆品

精制马脂对人体皮肤渗透力强、涂展性好、皮肤吸收快、护肤养颜,可取代羊脂用于美容化妆品。另外,精制马脂也可用于高级液体洗涤剂、皮革加工护理助剂、纺织助剂及精密仪表的润滑剂、防锈剂和缓蚀剂等。

马油可淡化疤痕、痘印、妊娠纹,祛皱、嫩肤和抗衰老。无香精添加,不含铅汞激素等有害成分,适合任何肌肤,孕妇及哺乳期均可使用。

在日本,马脂化妆品因数量稀少,价格昂贵,仅富人才有能力消费。在欧洲市场仅有少量的精制马脂保健胶囊。目前精制马脂市场价格约为100元/kg,大大高于其他家畜的脂肪价格。

4. 马骨

马体骨骼共212~215块,其中头骨34块、脊椎骨51~54块、胸骨1块,肋骨36块、宽骨6块和前后肢骨各42块。约占活重的20%左右,可制成马骨泥、骨粉、骨胶等。马蹄壳可加工制成蹄壳粒出口。

5. 马内脏

如心、肝、肾、肠等是其他轻工制品所需要的,如马肠可加工制成肠衣,用于灌制肠类制品。马肺、气管等脏器可制成饲料用粉。马胃液也是提取生物活性物的理想原材料之一。

# 附件 1
# 英汉马业专业名词对照(以英文字母排序)

## A

a pair of horseshoes(horseshoe, plate, sabot)一对蹄铁

abduction 外转动作

abnormal behaviour 恶癖行为

abnormal gait 异常步法

abortion 流产

acceleration sprint 全力奔跑

acclimatizing run 调教走法

acupuncture 针疗法

acute fatigue 急性疲劳

adaptability 适应性

adduction 内转动作

affair(race, running horse, racehorse)赛马

affiliative(amicable)behaviour 亲和性为

aged 年龄

also run 号外马

alter(castrate, emasculate)去势

American Association of Equine Practitioners(AAEP)美国马临床兽医师

协会

American Endurance Riders Council(AERC)美国马耐力赛协会

American Horse Shows Association(AHSA)美国马术竞赛协会

American Horse Council(AHC)美国马审议协会

analgesic 镇静剂

antilactate 耐乳酸能力

apprentice jockey 实习骑手

approach stride 准备步法

appuyer 横步

Arab horse(Arabian)阿拉伯马

arena 马场

artificial gait 人为步法(调教步法)

Asian Racing Conference(ARC)亚洲赛马会

Asiatic Wild Horse(Mongolian Wild Horse)亚洲野马

Asphyxia 憩息(假死)

ass 驴

Association of Racing Commissioners International(ARCI)国际赛马协会

asymmetrical gait 非对称步法

at stud 种公马

athletic performance 比赛成绩

aubin 轻度跑步

auction(selling)马拍卖会

**B**

bay 骝毛

baby race(juvenile race)二岁马比赛

bad acter(actor)恶癖马

bag 马乳房

bald 白梁马

bar 拴马棒

bare back 裸马

bare foot 无蹄铁

barn(stable, stall)马舍(马圈)

barnacle(nose twitch)鼻捻棒

bars 齿槽间隙

bat 鞭子

bedding 马房垫草

betting ticket 马票

billet 马笼头环

biting 咬马

biting tooth 前齿(切齿)

black(jet black)黑马(黑毛)

black smith 修蹄师

bleeder 马鼻出血

blood horse(Thoroughbred)纯血马

blowing 马鼻音

body brush 马刷

body hight 马体高

body length 马体长

body temperature 马体温

body weight 马体重

bolt(break through)躲走马

body condition score 马体型状态图

bow-legged(open knees, varus) “O 型”腿

box 箱型马房

brand mark 烙印

breaking tackle 调教用具

breeding farm 育成牧场

breeding mount(dummy, phantom)抬马

breeding season 马繁殖季节

brest strap 马胸带

Breton horse 布尔东马

bridle(head stall)马笼头

bridle path 马道

buckskin(dun)沙毛

bull ring(grass surface)草地马场

bust 骑乘调教

by a half of length 差半马身

by a head 差一头

by a neck 差一颈部

by a nose 差一鼻孔

## C

caecum(c(a)ecum)盲肠

calico(pinto, paint horse)花毛(驳毛)

callosity(chestnut, night-eyes, castor, kerb, mallender)附蝉(夜眼)

cane 竹鞭

cannon circumference 管围

canter 跑步

canterbury gallop 快速跑步

carriage 马车

cart horse 拉车用马

cautery 温灸

cavalry trot 骑兵队速步

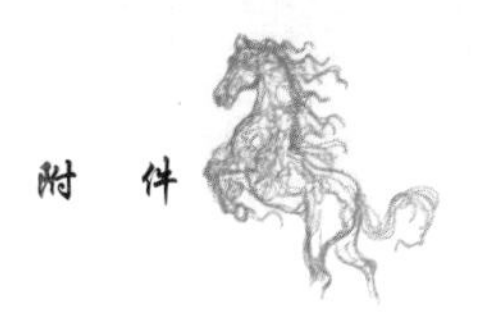

Certificate of Foal Registration(CFR)马驹登录证明书

chart book 比赛成绩书

cheek teeth(griffin tooth)臼齿

canines 犬齿

coupling 肷部(饿凹)

chestnut 枣红马(枣红毛)

cinch(cinchas)腹带

cinch up 系腹带

circumference of the chest 胸围

cold blood 冷血种

colic(gripes)马疝痛

cardiac muscle 心肌

color 马毛色

colt 满四岁公马

conformation 马的体型外貌(马格)

continued grazing 全天放牧

convex profile head 羊头

cow-hocked(knock-kneed, valgus)"X 型"腿

crampy 拐行

crash skull 骑手帽

cream(palomono)淡黄马

China Horse Industry Association(CHIA)中国马业协会

Chinese Equestrian Association(CEA)中国马术协会

## D

domestic horse(2n=64)家马

dam 母马

dark bay 黑骝毛

dark chestnut 黑枣红马

dismount 下马

distance race 长距离赛马

distance runner 长距离马

dog-legged driving whip(driving whip, whip, wip)马鞭

dove tail 燕尾

draught horse 挽马

dressage 场内马术

dressage saddle 马术马鞍

dropping(dung)马粪

dry coat 无汗症

dude horse 旅游用马

dust-bathing(roll up, sand rolling, sand-bathing)马沙浴

dressage 盛装舞步赛

**E**

ear down 耳捻保定法

empty mare(non-pregnant)空胎马

endurance 持久力

endurance race 耐力骑乘比赛

entry 参赛马登录

entry list 参赛马登录表

equestrian 马术家

equine sports medicine 马运动医学

equipment 马具

equitation 马术

equus caballus 马(2n=64)

equus asinus 驴(2n=54)

equus zebra 斑马(Mountain zebra, 2n=32, Grevy's zebra, 2n=46)

equidae 马科

equus mulus 骡(n=63)

equus hinnus 駚騠(n=63)

equus przewalskii 蒙古野马（普氏野马, 2n=66)

equus 马属

exercise boy 调教骑手

extended gait 伸张步法

extended trot 伸张速步

equine infectious anemia(pernicious anemia)马传染性贫血

endurcmce training 耐力训练

**F**

faint mark 微刺毛

Falabella 法拉贝拉矮马

farcy(glandere, equine glands)马鼻疽

feather(hairy heel)距毛

foal 产驹

foal box 分娩马房

foaling mare 哺乳母马

foaling record 生产记录

foot(hoot)马蹄

forage storehouse 马料库

four time(lateral gait)走马(对测步)

free-legged pacer 先天性对测步

freeze-brand 冻印

frog 蹄叉

fecundity 马的繁殖力

false pregnancy 母马假妊娠

## G

gelding 骟马

gait 步样

gaits 步法

gallop 快速跑步

ginney(groom, lad, groom, guinea, hostler, swipe)马饲养员

girth circumference 马胸围

gray(grey)白马

guttural pouch(Auditory tube diverticulum)马喉囊

## H

haif-bred 中间种

head marking 头部白斑

high lope 快速跑步

hippology 马业学

hippometry 马体测定法

hippotherapist 乘马疗法士

hippotherapy 乘马疗法

horse 马

horse ambulance 急救运马车

horse blanket(rug)马衣

horse float(horse van)运马车

horse name registration 马名登录

horse racing 赛马

horse racing law 赛马法

horse rustler 擦汗板

horse weighing scale 马测体重仪

horseback riding 乘马

horse-shoeing(farriery, plating)装蹄

hot blood 温血种

hunting 用马狩猎

hurdle race(steeplechasing, infield race)障碍赛马

hybrid 杂种

hyperidrosis 多汗症

horse culture 马文化

horsepower 马力

horse Science and Industry 马业科学

horse Industry 马业学

horse Science(Equine Science)马科学

## I

ideal conformation 标准姿势

identification 个体识别

ileum 回肠

imperial crowner(purier)落马

incisor 切齿

infectious adenitis(strangles)腺疫

International Agreement on Breeding and Racing(IABR)赛马和育成国际协定

International Conference of Equine Exercise Physiology(ICEEP)国际马运动生理学会

International Conference of Raicing Authorities(ICRA)巴黎国际赛马会

International Conference on Equine Infectious Disease(ICEID)国际马传染病会议

International Equestrian Federation(FEI)国际马术联盟

International Olympic Committee(IOC)国际奥委会

International Sports Federations(ISF)国际赛马联盟

International Stud Book Committee(ISBC)马国际血统书委员会

isabella(palomino)海骝马

**J**

jack 公驴

jenny 母驴

jockey 骑手

jockey candidate 候补旗手

jockey is license 骑手证

judge 审判长

jumping 超越障碍赛

jumping ability 跳越障碍

**K**

kave(digging)前腿挖地

knee(knee joint)前膝

kicking(striking)踢蹴

knee bones(carpal bone)腕骨

**L**

labor(parturition)分娩

large oval star 大流星

large star 大星

lateral lying 横卧休息

lead lope(lead rein, lead shank)抢绳

lead pony(leader, leadership)诱导马(先头马)

leading 牵马

leg marking 白蹄马

lengthy 体长

length 差一马身

light breed horse 轻种马

lock mark(whirl, whorl)旋毛

## M

mare 公马

man eater 咬人马

man killer 恶癖马

mane(mane wool)马鬃

molons 臼齿

manure(muck, feces)马粪

mare 母马

marking 互识

Mongolian Wild Horse(Taki)蒙古野马

Mongolian horse 蒙古马

mount(mounting)骑乘

mule 骡

muscle 肌肉

muscle fcltigue 肌肉疲劳

muscle strength and velocity training 肌肉强度和速度训练

## N

nag 乘用马

natural gaits(principal gait)基本步法

natural service 本交

neural excitation 兴奋

nomination 配种费

number of races run 比赛次数

number of service 配种次数

number of starters 比赛头数

numnah(pad, panel, saddle blanket, saddle cloth)鞍褥

## O

official order of placing 确定名次

outlaw 荒马

## P

pack horse 驮马

paring the hoof(trimming the hoof, preparation)削蹄

pasture(paddock)放牧地

Percheron 佩尔什马

physique 马体型

pigskin 比赛用马鞍

placing 比赛顺序

plaiting(rope walking)交叉步法

polo 马球

polo plate 马球用蹄铁

pony 矮马

post time 比赛开始时间

pulled tail 整尾毛

## R

race card 参赛马名录

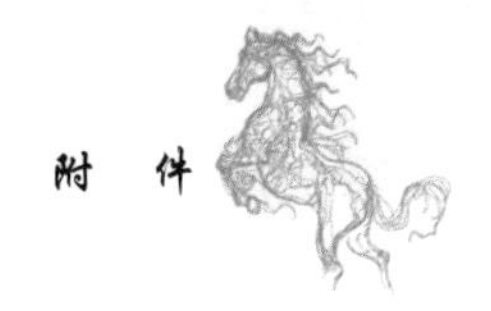

race condition 比赛条件

race meeting 举行赛马

race performance(racing performance)比赛成绩

racecourse 赛马场

racing calendar 赛马成绩表

racing colors 骑手登录服色

racing fan 赛马爱好者

racing fixture 比赛日程

racing industry 赛马产业

racing official 赛马组织者

racing plate 比赛用蹄铁

racing program 赛马节目

racing saddle 赛马用鞍

racing silks 骑手服

rearing farm 育成牧场

reata 投绳

registration of breeding 血统登录

riding equipment 马具

riding for the disabled 残疾人骑马

Riding for the Disabled Association(RDA)残疾人骑马协会

riding horse 骑乘马

riding position 骑马姿势

riding stick 骑马用短鞭

recreational riding 旅游用马

riding club 乘马俱乐部

racing time 乘骑时间

runner-up 比赛成绩第二

## S

suckling( weanling) 马驹子

saddle gall( saddle sore) 鞍伤

saddle up( saddling) 装鞍

saddler 马具屋

school horse 骑乘教育用马

sire( stadd horse, stallion, stud horse) 种公马

sire line 父系马

stallion station 种马场

standing-resting 站立休息

step( step length) 步幅

stirrup 马镫

stirrup leather 马镫皮革

Stud Book Certificate 血统登录证明书

sweat scraper 刮汗板

smooth muscle 组肌

skeletal muscle 骨骼肌

## T

thermocautery 汤印

three-gaited horse 三种步法马

Tibet 藏马

tilting table 马用手术台

trainer 调教师

training assistant 调教助手

training cart 调教用马车

training effects 调教效果

training plate 调教蹄铁

training track 调教场

three-day event 三日赛

temperament 马的气质

teaser stauion 试情公马

teaser female 按试情母马

## V

visor(blinker, winkere)遮眼带

## W

walk 常步

walk-trot horse 快步马

warmblood 温血种

weanling 断乳马驹

wild horse 野马

winning post 比赛终点

warm up 马热身

## Y

yearling 未满一岁马驹

# 附件 2
# 世界其他主要马品种简介

| 序号 | 品种名称 | 产地 | 特性 | 照片 |
| --- | --- | --- | --- | --- |
| 1 | 里海马 (Caspian) | 亚洲西部 | 体高约为 101～122cm，有适合于速度比赛的体型和结构。 | |
| 2 | 卡拉巴赫马 (Karabakh) | 卡拉巴赫山区 | 体高约为 142 cm，四肢长而细，蹄子坚硬且发育良好。 | |
| 3 | 普尔热瓦尔斯基氏马 (Przewalski´s Horse) | 亚洲 | 染色体数为 66 条，鬣毛竖起，体色褐色，腿是黑色，有斑马状的条纹，还有很长的背线。 | |
| 4 | 卡提阿瓦马 (Kathiawari) | 印度 | 体高为 152 cm，耳朵向内卷曲，呈圆弧形，耳尖相触碰。尾巴翘得较高。 | |
| 5 | 冰岛马 (Icelandic Horse) | 冰岛 | 体高约为 124～135 cm，除了基本步法之外，还可用快步和对侧步运步。 | |

| 序号 | 品种名称 | 产地 | 特性 | 照片 |
| --- | --- | --- | --- | --- |
| 6 | 挪威峡湾马<br>(Fjord) | 挪威 | 体高约为 132~144 cm,毛色为暗褐色,跗关节特别强壮。 |  |
| 7 | 哥德兰马<br>(Gotland) | 瑞典 | 体高约 121~123 cm,耐力好,后肢的发育较差,擅长跳跃和快步竞赛。 |  |
| 8 | 胡克尔马<br>(Hucul) | 波兰 | 体高约 122~132 cm,通过改良改进了后腿的结构,有强壮的下肢和耐磨的蹄子。 |  |
| 9 | 柯尼克马<br>(Konik) | 波兰 | 体高约为 132 cm,继承了祖先欧洲野马的健壮体质和结实体格,性格很安静。 |  |
| 10 | 哈菲林克尔马<br>(Halflinger) | 奥地利 | 体高约为 135 cm,头部发育良好,眼睛、宽鼻孔大,耳朵小而灵活。 |  |
| 11 | 阿列日马<br>(Ariegeois) | 比利牛斯山的东部 | 体高约为 133~145 cm,拥有垂直的肩部和平坦的鬐甲,身体厚实。 |  |
| 12 | 兰道斯马<br>(Landais) | 法国 | 体高约为 114~133 cm,四肢、体型较轻,能吃苦耐劳,易于饲养。 |  |
| 13 | 波特克马<br>(Pottock) | 巴斯克地区 | 标准型、花斑色型(111~132cm)、双波特克型(123~144cm),颈短,肩部直,背部较长。 |  |

| 序号 | 品种名称 | 产地 | 特性 | 照片 |
|---|---|---|---|---|
| 14 | 高地马（Highland） | 西班牙 | 体高约为144 cm，头部机敏、眼睛与吻部的距离较短，有宽的前额和鼻孔，颈部强壮。 | |
| 15 | 戴尔斯马（Dales） | 达勒姆和北约克郡的东奔宁地区 | 体高约为144 cm，四肢短而有力，有着丝光般的边毛。 | |
| 16 | 费尔马（Fell） | 苏格兰 | 体高约为142cm，结实而厚重的身体，有蓝蹄角质的硬蹄子。 | |
| 17 | 哈克尼小型马（Hackney Pony） | 坎布里亚地区 | 体高约为123～142 cm，拥有特色的小型马头，高的颈架，低的鬐甲和有力的肩部。 | |
| 18 | 埃克斯穆尔马（Exmoor） | 英格兰东南部的埃克斯穆尔地区 | 体高约为123～124 cm，四肢短小而匀称，蹄子坚硬而精巧。 | |
| 19 | 达特穆尔马（Dartmoor） | | 体高约为123 cm，肩部和四肢均发育良好。 | |
| 20 | 新福里斯特小型马（New Forest Pony） | 英国 | 体高约为144 cm，圆形轮廓，由头顶到鬐甲足够长，有长而倾斜的肩部。 | |
| 21 | 康尼马拉马（Connemara） | 爱尔兰 | 体高约为132～144 cm，有着卓越的乘用型斜肩，头顶到鬐甲的长度出众。 | |

| 序号 | 品种名称 | 产地 | 特性 | 照片 |
|---|---|---|---|---|
| 22 | 威尔士山地小型马（Welsh Mountain Pony） | 英国 | 体高约为 121 cm，其漂亮的头部，身体结实，肚围很深。 | |
| 23 | 威尔士小型马（Welsh Pony） | 英国 | 体高约为 132～144 cm，其肚围卓越，腿的比例比威尔士山地小型马长。 | |
| 24 | 威尔士柯柏小型马（Welsh Pony of Cob Type） | 英国 | 体高约为 134 cm，外型结实，有着厚实的颈部，肩部很长，四肢强壮。 | |
| 25 | 巴迪奇诺马（Bardigiano） | 意大利 | 体高约 121～132 cm，肩部倾向于垂直，身体短而结实，肋骨富有弹性，后腿的结构很好。 | |
| 26 | 索雷亚马（Sorraia） | 西班牙和葡萄牙 | 体高约为 123～132 cm，身体结实，肚围很深，常为黑色尾巴，尾础很低。 | |
| 27 | 斯基罗马（Skyrian Horse） | 斯基罗斯岛 | 体高约为 111 cm，头部端正，耳朵小而尖，有背线和斑马条纹。 | |
| 28 | 品达斯小型马（Pindos Pony） | 希腊 | 体高约为 132cm，胫骨很长，尾础较高，但臀腰部比较弱，蹄子硬而窄。 | |

| 序号 | 品种名称 | 产地 | 特性 | 照片 |
|---|---|---|---|---|
| 29 | 巴什基尔马 (Baskir) | 俄罗斯 | 体高约为 142cm,头部重,颈部短而厚实,肩部厚重,背部平而直,有浓密而卷曲的被毛。 | |
| 30 | 多勒·康伯兰德马 (DleGudbrandsdal) | 挪威 | 体高约为 144~154 cm,颈部、背部较长,肚围较深,臀腰部肌肉强健。 | |
| 31 | 芬兰马 (Finnish Horse) | 芬兰 | 体高约为 154 cm,肩部强壮,身体较长,四肢匀称端正。 | |
| 32 | 瑞典温血马 (Swedish Warmblood) | 瑞典 | 体高约为 164 cm,有健壮的肩部,结实的身躯,四肢强健,关节发育良好。 | |
| 33 | 腓特烈斯堡马 (Frederiksborg) | 丹麦 | 体高约为 155 cm,肩部垂直,颈部短而垂直,躯体较长,关节发育优良,四肢强壮。 | |
| 34 | 纳普斯特鲁马 (Knabstrup) | 丹麦 | 体高约为 154 cm,斑驳的吻部,眼的周围有白色的巩膜,斑点伸展到腿上,身体结实。 | |
| 35 | 丹麦温血马 (Danish Warmblood) | 丹麦 | 体高约为 164 cm,肩部发育良好,前腿较长,有大而平的膝部。 | |

| 序号 | 品种名称 | 产地 | 特性 | 照片 |
|---|---|---|---|---|
| 36 | 海尔德兰马 (Gelderlander) | 荷兰 | 体高约为 154~164 cm,肩部强壮,鬐甲低,肚围深,有着短而壮的四肢,生长良好的脚, | |
| 37 | 格罗宁根马 (Groningen) | 荷兰 | 体高约为 154~164 cm,颈短而强壮,关节部位足够宽阔,身躯和背部相当长。 | |
| 38 | 荷兰温血马 (Dutch Warmblood) | 荷兰 | 体高约为 162 cm,身体比较紧凑、结实,四肢健壮。 | |
| 39 | 比利时温血马 (Belgian Warmblood) | | 体高约为 164 cm,鬐甲发育良好,躯体结实富有弹性,肚围很深,背部发育良好。 | |
| 40 | 特雷克纳马 (Trakehner) | 德国 | 体高约为 162~174 cm,肩部强壮,四肢和关节强壮。 | |
| 41 | 大波兰马 (Wielkopolski) | 波兰 | 体高约为 162~164cm,肌肉发达,肩部强壮,身躯有力结实,后腿较轻,跗关节发育良好。 | |
| 42 | 巴伐利亚温血马 (Bavarian Warmblood) | 德国 | 体高约为 162 cm,身体、骨骼发育健壮,肚围较厚。 | |
| 43 | 荷尔斯泰因马 (Holstein) | 德国 | 体高约为 162~172 cm,颈部较长,略有倾斜,肩胛骨相距不宽,鬐甲部比较高。 | |

| 序号 | 品种名称 | 产地 | 特性 | 照片 |
|---|---|---|---|---|
| 44 | 奥尔登堡马<br>(Oldenburg) | 德国 | 体高约为 164~174 cm,高鼻梁、颈部强壮、肩部较长,胸部宽阔,四肢发育良好,比例协调。 | |
| 45 | 符腾堡马<br>(Wurttemburg) | 德国 | 体高约为 162cm,四肢健壮且发育良好,骨骼强壮,尤其跗关节发育良好。 | |
| 46 | 莱茵兰德马<br>(Rhinelander) | 德国 | 体高约为 164 cm,颈部和丰满的胸部配合得很好,颈部是轻型的,而且相当短。 | |
| 47 | 农聂斯马<br>(Nonius) | 匈牙利 | 体高约为 155~164 cm,膝关节以下的骨骼发育适当,四肢的比例很协调。 | |
| 48 | 弗雷索马<br>(Furioso) | 奥地利 | 体高约为 162 cm,身体结实而健壮,肚围很深,后腿很强壮,膝关节距地面较近。 | |
| 49 | 沙加·阿拉伯马<br>(Shagya Arab) | 匈牙利 | 体高约为 152 cm,眼睛大又亮,背部结实,前肢与身体间距大,肩部强壮,后肢发育良好。 | |
| 50 | 利皮扎马<br>(Lipizzaner) | 奥地利、匈牙利、罗马尼亚、捷克 | 体高约为 153~164 cm,其颈部短而厚实,有与颈部结构很相称的肩部,短而有力的四肢。 | |
| 51 | 塞拉·法兰西马<br>(Selle Francais) | 法国 | 体高约为 162cm,四肢强壮。 | |

| 序号 | 品种名称 | 产地 | 特性 | 照片 |
| --- | --- | --- | --- | --- |
| 52 | 法国快步马 (French Trotter) | 法国 | 体高约 164cm，肩部灵活，臀腰部强有力。4 岁及以上马的资格审查标准为每公里 1 分 22 秒。 |  |
| 53 | 卡马尔格马 (Camargue) | 法国 | 体高约为 144cm，颈短，肩部垂直，臀部十分强壮。 |  |
| 54 | 盎格鲁—阿拉伯马 (Anglo-Arab) | 法国 | 体高约为 162～164 cm，头部轮廓是直线形的，四肢健壮纤细。 |  |
| 55 | 哈克尼马 (Hackney Horse) | 英国 | 体高约为 155cm，头部小而呈凸形，颈部长，胸部深，鬐甲较低，跗关节柔性大，四肢较短。 |  |
| 56 | 克利夫兰骝马 (Cleveland Bay) | 英国 | 体高约为 164cm，颈部和肩部强壮，由鬐甲到肘的距离等于或大于由肘到地面的距离。 |  |
| 57 | 爱尔兰挽马 (Irish Draught) | 爱尔兰 | 体高约为 162～172 cm，整体结构强壮，四肢肌肉发达，蹄子发育良好。 |  |
| 58 | 威尔士柯柏马 (Welsh Cob) | | 体高约 144～154 cm，头部端正，耳朵小，颈部呈弧形且强壮。肚围深，身体结实。 |  |
| 59 | 萨莱诺马 (Salerno) | 意大利 | 体高约为 162cm，四肢骨骼发育良好，有良好结构和跳跃的天赋。 |  |

| 序号 | 品种名称 | 产地 | 特性 | 照片 |
| --- | --- | --- | --- | --- |
| 60 | 穆尔格斯马<br>(Murgese) | 意大利 | 体高约为152～162cm,背部强壮,体长适度。 |  |
| 61 | 安达卢西亚马<br>(Andalucian) | 西班牙 | 体高约为154cm,鬃毛长、卷曲而浓密,颈部短,肌肉发达,肩部宽阔而健壮,跗关节强壮。 |  |
| 62 | 卢西塔诺马<br>(Lusitano) | 葡萄牙 | 体高约152～162cm,头部优秀,颈部短,肩隆低,背部短、身体结实,四肢较长。 |  |
| 63 | 阿特莱尔马<br>(Alter-real) | 葡萄牙 | 体高约为152～162cm,头部较小,肩部和前臂强壮,身体短而结实,肚围很深。 |  |
| 64 | 布琼尼马<br>(Budyonny) | 俄罗斯 | 体高约为162cm,头部精致,肩部短,颈部较轻且呈直线型。 |  |
| 65 | 顿河马<br>(Don) | 俄罗斯 | 体高约为155cm,肩部短而直,臀部呈圆形,臀腰部向后倾斜,前肢肌肉较发达,适应性强。 |  |
| 66 | 北方瑞典马<br>(North Swedish Horse) | 瑞典 | 体高约为155cm,头部大而短,肩部强有力,胸围宽大,四肢短而强壮,骨骼结实。 |  |
| 67 | 日德兰马<br>(Jutland) | 丹麦 | 体高约152～162cm,头大,颈短而厚实,胸部较宽,臀腰部肌肉发达,腿部长毛浓密。 |  |

| 序号 | 品种名称 | 产地 | 特性 | 照片 |
| --- | --- | --- | --- | --- |
| 68 | 布拉班特马<br>(Brabant) | 比利时 | 体高约 164~172cm,头部方形,颈部短粗,臀腰部圆而肥壮,四肢短而粗壮、端部长毛浓密。 | |
| 69 | 诺里克马<br>(Noriker) | 奥地利 | 体高约 162~172cm,鼻孔较宽阔,四肢短而有力。 | |
| 70 | 布洛纳斯马<br>(Boulonnais) | 法国 | 体高约为 155~165cm,头部精良,皮肤带纹理,四肢肌肉发达,胫骨短而粗壮。 | |
| 71 | 布雷顿马<br>(Breton) | 法国 | 体高约为 155~165cm,头部为方形,颈部较短,厚实并有弧度。臀腰部呈方形,四肢短而粗壮。 | |
| 72 | 佩尔什马<br>(Percheron) | 法国 | 体高约为 162~174cm,头部端正,耳长、眼大、额宽。鬐甲突出,胸围深。四肢短小而强壮。 | |
| 73 | 诺曼·柯柏马<br>(Norman Cob) | 法国 | 体高约为 155~165cm,颈部强壮,肩部良好,背部较短,臀腰部肌肉发达,四肢较短。 | |
| 74 | 萨福克矮马<br>(Suffolk Punch) | 英国 | 体高约为 162~165cm,头部较大,额头宽,颈部厚实,臀腰部呈圆形。 | |
| 75 | 夏尔马<br>(Shire) | 英国 | 体高约为 164~174 cm,鼻子呈凸型,肌肉发达,四肢长满了长毛,体重可达 1016~1219 kg。 | |

| 序号 | 品种名称 | 产地 | 特性 | 照片 |
|---|---|---|---|---|
| 76 | 意大利重挽马(Italian Heavy Draft) | 意大利 | 体高约为152~162cm,头部端正,肩部发育良好,胸部很深,肚围很深,身体结实匀称。 | |
| 77 | 哈克马(Hack) | 英国 | 体高约为144~155cm,臀部肌肉发达,四肢轻型,膝盖以下,有粗壮的骨骼。 | |
| 78 | 落基山小型马(Rocky Mountain Pony) | 北美 | 体高约为144~152cm,颈部长,肩部强壮,鬐甲比较低而平,背部优美地向臀部弯曲。 | |
| 79 | 阿萨蒂格马(Assateague) | 北美 | 体高约为121cm,鬐甲凸起,肩部厚实,有着短而结实的身体。 | |
| 80 | 塞布尔岛马(Sable Island) | 北美 | 体高约为142~152cm,头大,肩隆很少突起,身体较窄小,尾巴长得较低,而臀腰部较弱。 | |
| 81 | 加利青诺马(Galiceno) | 北美 | 体高约为142cm,头部端正,头部和颈部结合良好,背部较窄。 | |
| 82 | 阿帕卢萨马(Appaloosa) | 北美 | 体高约为144~154cm,毛色为斑点色,有五种类型。 | |
| 83 | 密苏里狐步马(Missouri Fox Trotter) | 北美 | 体高约为162~172 cm,身体宽,胸部深,肩部很有力,后肢很健壮,肌肉发达。 | |

| 序号 | 品种名称 | 产地 | 特性 | 照片 |
|---|---|---|---|---|
| 84 | 摩根马（Morgan） | 北美 | 体高约为144～154cm，肩部强壮，臀腰部发育良好，四肢关节清晰，胫骨短而强壮。 |  |
| 85 | 穆斯唐马（Mustang） | 北美 | 体高约为144～154cm，鬃毛和尾巴浓密，身体强壮，鬐甲部不突出。 |  |
| 86 | 帕洛米诺马（Palomino） | 北美 | 体高约为143～162cm，毛色为新铸成的金币色，鬃毛和尾毛为银白色。 |  |
| 87 | 美国花马（Paint Horse） | 北美 | 体高约为152～162cm，毛色为花色，臀腰部强壮，四肢发育良好。 |  |
| 88 | 田纳西走马（Tennessee Walking Horse） | 北美 | 体高约为152～162cm，躯干比较短，性格温和。 |  |
| 89 | 科罗拉多巡逻马（Colorado Ranger） | 北美 | 体高约为154cm，毛色为花斑色，身体结实而厚重，四肢强壮。 |  |
| 90 | 法拉贝拉马（Falabella） | 南美 | 马体高约为71 cm，主要被当作宠物马，头部与身体相比较而言大而重，鬃毛浓密。 |  |
| 91 | 克里奥尔马（Criollo） | 南美 | 体高约为142～152cm，头部中等大小，肋骨富有弹性。 |  |

| 序号 | 品种名称 | 产地 | 特性 | 照片 |
| --- | --- | --- | --- | --- |
| 92 | 巴苏马（Paso） | 秘鲁 | 体高约为 142~152cm，胸部宽而深，肌肉发达。以特殊的步法而著称。 | |
| 93 | 马球小型马（Polo Pony） | | 体高约 153.42cm，头部瘦长、端正、颈部清瘦，鬐甲突出，四肢较直，胫骨较短。 | |
| 94 | 澳洲小型马（Australian Pony） | 澳大利亚 | 体高约为 121~142cm，头部轮廓略呈凹形，颈部弯曲，臀腰部丰满，发育良好. | |
| 95 | 澳洲种马（Australian Stock Horse） | 澳大利亚 | 体高约为 152~162cm，胸部深，肩部发育良好，背部、臀腰强壮，胫骨短。 | |
| 96 | 柏布马（Barb） | | 体高约为 154cm，头骨较窄，肩部倾向于直深，尾础很低。 | |

# 主要参考文献

[1]芒来. 新概念马学[M]. 中国农业出版社,2015

[2]中国人民解放军兽医大学. 马体解剖图谱[M]. 吉林人民出版社,1979

[3]韩国才. 马学[M]. 中国农业出版社,2017

[4]张双,夏云建. 马匹解剖生理[M]. 湖北人民出版社,2015

[5]侯文通. 现代马学[M]. 中国农业出版社,2013

[6]包跃先. 家畜行为学[M]. 中国农业出版社,2018

[7]贾幼陵. 动物福利概论[M]. 中国农业出版社,2014

[8]David Frape. Equine Nutrition and Feeding. 周小玲. 马营养与饲养管理,中国农业出版社,北京,2016.

[9]《马匹生产学》,赵天佐主编,中国农业出版社,北京,1997. 11

[10]《养马学》,甘肃农业大学主编,中国农业出版社,北京,1981. 6

[11]STAIGER E A, ABRI M A, SILVA C A, et al. Loci impacting polymorphic gait in the Tennessee Walking Horse [J]. Journal of animal science, 2016, 94(4): 1377-86.

[12]PROMEROVA M, ANDERSSON L S, JURAS R, et al. Worldwide frequency distribution of the ′Gait keeper′ mutation in the DMRT3 gene [J]. Animal genetics, 2014, 45(2): 274-82.

[13]JADERKVIST K, ANDERSSON L S, JOHANSSON A M, et al. The DMRT3 ′Gait keeper′ mutation affects performance of Nordic and Standardbred trotters [J]. Journal of animal science, 2014, 92(10): 4279-86.

[14]CHOI Y H, VARNER D D, LOVE C C, et al. Production of live foals via

intracytoplasmic injection of lyophilized sperm and sperm extract in the horse [J]. Reproduction, 2011, 142(4): 529-38.

[15]SHANG S, ZHANG M, ZHAO Y, et al. Development and validation of a novel 13-plex PCR system for commonly used short tandem repeats in horses (Equus caballus) [J]. Equine veterinary journal, 2018,

[16]RAHIMI-MIANJI G, NEJATI-JAVAREMI A, FARHADI A. Genetic Diversity, Parentage Verification and Genetic Bottlenecks Evaluation in Iranian Turkmen Horse Breed [J]. Genetika, 2015, 51(9): 1066-74.

[17]SAVARD K. The estrogens of the pregnant mare [J]. Endocrinology, 1961, 68(411-6.

[18]RAESIDE J I. A Brief Account of the Discovery of the Fetal/Placental Unit for Estrogen Production in Equine and Human Pregnancies: Relation to Human Medicine [J]. The Yale journal of biology and medicine, 2017, 90(3): 449-61.

[19]SPINCEMAILLE J, BOUTERS R, VANDEPLASSCHE M, et al. Some aspects of endometrial cup formation and PMSG production [J]. Journal of reproduction and fertility Supplement, 1975, 23: 415-8.

[20]PAPKOFF H. Variations in the properties of equine chorionic gonadotropin [J]. Theriogenology, 1981, 15(1): 1-11.

[21]ALLEN W R, MOOR R M. The origin of the equine endometrial cups. I. Production of PMSG by fetal trophoblast cells [J]. Journal of reproduction and fertility, 1972, 29(2): 313-6.

[22]ALLEN W R. The influence of fetal genotype upon endometrial cup development and PMSG and progestagen production in equids [J]. Journal of reproduction and fertility Supplement, 1975, 23: 405-13.

[23]BREEN M, DOWNS P, IRVIN Z, et al. Intrageneric amplification of horse microsatellite markers with emphasis on the Przewalski´s horse (E. przewalskii) [J]. Animal genetics, 1994, 25(6): 401-5.

[24] BINNS M M, HOLMES N G, HOLLIMAN A, et al. The identification of polymorphic microsatellite loci in the horse and their use in thoroughbred parentage testing [J]. The British veterinary journal, 1995, 151 (1): 9-15.

[25] www. omafra. gov. on. ca/english/livestock/horses/

[26] Badiani, A., Nanni, N., Gatta, P. P., Tolomelli, B., & Manfredini, M. (1997). Nutrient profile of horsemeat. Journal of Food Composition and Analysis, 10, 254 - 269

[27] Del Bo, C., Simonetti, P., Gardana, C., Riso, P., Lucchini, G., & Ciappellano, S. (2013).

[28] Horsemeat consumption affects iron status, lipid profile and fatty acid composition of red blood cells in healthy volunteers. International Journal of Food Sciences andNutrition, 64, 147-154

[29] Juárez, M., Polvillo, O., Gómez, M. D., Alcalde, M. J., Romero, F., & Valera, M. (2009). Breed effect on carcass and meat quality of foals slaughtered at 24 months of age. Meat Science, 83, 224-228

[30] Lanza, M., Landi, C., Scerra, M., Galofaro, V., & Pennisi, P. (2009). Meat quality and intramuscular fatty acid composition of Sanfratellano and Haflinger foals. Meat Science, 81, 142-147

[31] Lee, C. E., Seong, P. N., Oh, W. Y., Ko, M. K., Kim, K. I., & Jeong, J. H. (2007). Nutritional characteristics of horsemeat in comparison with those of beef and pork. Nutrition Research and Practice, 1, 70-73

[32] Lombardi-Boccia, G., Martínez-Domínguez, B., & Aguzii, A. (2002). Total heme and non-heme iron in raw and cooked meats. Journal of Food Science, 67, 1738-1741

[33] Lorenzo, J. M., Fuci? os, C., Purri? os, L., & Franco, D. (2010). Intramuscular fatty acid composition of "Galician Mountain" foals breed.

Effect of sex, slaughtered age and livestock production system. Meat Science, 86, 825-831

[34]Lorenzo, J. M., Sarriés, M. V., & Franco, D. (2013). Sex effect on meat quality and carcass traits of foals slaughtered at 15 months of age. Animal, 7, 1199 - 1207.

[35]Lorenzo, J. M., Sarriés, M. V., Tateo, A., Polidori, P., Franco, D., & Lanza, M. (2014). Carcass characteristics, meat quality and nutritional value of horsemeat: a review. Meat Science, 96(4), 1478-1488.

[36]Moreiras, O., Carbajal, A., Cabrera, L., & Cuadrado, C. (2004). Tablas de composición de alimentos. Madrid: Ediciones Pirámide.

[37]Tateo, A., De Palo, P., Ceci, E., & Centoducati, P. (2008). Physicochemical properties of Italian Heavy Draft horses slaughtered at the age of eleven months. Journal of Animal Science, 86, 1205-1214

[38]尤娟, 罗永康, 张岩春, 郑喆. 驴肉主要营养成分及与其它畜禽肉的分析比较. 2008,肉类研究,20-22.

[39]远辉, 丁春瑞, & 郝明明. (2012). 新疆伊犁马肉中氨基酸含量测定及分析. 食品科技(10), 119-121.

[40]芒来. 治愈奇迹:你不知道的酸马奶—酸马奶的医疗功效. 天津科学技术出版社. 2018.

[41]G. C. W. England. S. P. Brinsko, T. L. Blanchard, D. D. Varner, J. Schumacher, C. C. Love, K. Hinrichs, D. Hartman, Manual of Equine Reproduction, third ed. Elsevier, London, 2010, ISBN9780323064828.

[42]R. C. Apter, D. D. Householder. Weaning and weaning management of foals: a review and some recommendations. JOURNAL OF EQUINE VETERINARY SCIENCE, 1996,16:428-435.

[43]Mckenzie H C , Geor R J . Feeding Management of Sick Neonatal Foals [J]. Veterinary Clinics of North America Equine Practice, 2009, 25(1): 109-119.

[44] Rogers C , Gee E , Faram T . The effect of two different weaning procedures on the growth of pasture-reared Thoroughbred foals in New Zealand [J]. New Zealand Veterinary Journal, 2004, 52(6):401-403.

[45] Mccarthy P F , Umphenour N . Management of Stallions on Large Breeding Farms[J]. Veterinary Clinics of North America: Equine Practice, 1992, 8 (1):219-235.

[46] 何梅兰, 张金菊. 不同饲养管理水平对岔口驿马母马繁殖性能的影响[J]. 畜牧兽医杂志, 2016, 35(4).

[47] 周军. 影响哈萨克马繁殖率因素的研究及解决措施[J]. 饲料博览, 2017(1):37-39.

[48] 潘聪聪, 支丹丹, 彭程, et al. 马的饲养管理[J]. 畜禽业, 2018, v.29; No.350(07):29.

[49] 张秀芝. 妊娠母马的饲养管理[J]. 农村百事通, 2016(20):38-38.

[50] 周健, 徐文惠, 郑新宝, et al. 种公马营养需求及饲养管理[J]. 草食家畜, 2013(5).

[51] Gibbs P G , Cohen N D . Early management of race-bred weanlings and yearlings on farms[J]. Journal of Equine Veterinary Science, 2001, 21 (6):279-283.

[52] Harris P A . Feeding the pregnant and lactating mare[J]. Equine Veterinary Education, 2010, 15(S6):38-44.

[53] Steelman S M , Michaeleller E M , Gibbs P G , et al. Meal size and feeding frequency influence serum leptin concentration in yearling horses[J]. Journal of Animal Science, 2006, 84(9):2391-8.

[53] 芒来.《轻型马饲养标准》[M].中国农业大学出版社,2007年

[54] 芒来.《马在中国》[M].香港文化出版社/中国马业出版有限公司, 2009年

[55] 芒来.《养马宝典》[M].香港文化出版社/中国马业出版有限公司, 2013年

[56]芒来等.《草原天骏》[M].内蒙古人民出版社,2012

[57]芒来等.《寻马记》[M].内蒙古人民出版社,2014

[58]芒来,乌尼尔夫.《乌珠穆沁白马》[M].内蒙古人民出版社,2012

[59]芒来.《科学诠释酸马奶》[M].内蒙古人民出版社,2015

[60]芒来.《运动马产业——内蒙古运动马产业发展战略研究》[M].内蒙古大学出版社,2014

[61]芒来.《策格——草原珍品》[M].内蒙古人民出版社,2013

# 后 记

《马科学》一书由芒来教授主编,其带领的内蒙古农业大学马属动物研究中心从 2000 年至 2019 年期间,对马科学研究工作做了全面的总结和归纳。该中心不仅在蒙古马特色基因的挖掘研究方面做了较全面系统的基础理论研究,而且对内蒙古地区蒙古马种质资源保护、开发利用方面也做了很多的宣传、推广和建设工作。此书为来内蒙古马业考察、观光、交流、合作研究的国内外友人呈递了一张多功能的文化彩笺,勾画出一幅通向马科学宫殿的导图和瞭望马背摇篮的窗口。

《马科学》是一本以基础理论研究成果为主的书籍,全书由十四章组成,系统介绍了马科学的基本理论与技术,包括马的起源与进化、马的家族、马的遗传资源、马的解剖与生理、马的外貌、马的年龄、马的毛色和别征、马的步法、马的行为与福利、马的育种、马的繁殖、马的饲养与管理、马的疾病、马的产品。前三章主要介绍了马这个动物是怎么产生的,在产生的过程中有哪些家族,受人类的选择出现了哪些不同类群等内容;第四章介绍了马个体组成的奥秘;第五章到第八章分别系统地介绍了区别和鉴定不同品种或类型马的主要要素;第九章到十三章主要介绍了人类应该如何对待和管理马这个动物的特殊科学问题;第十四章主要介绍了如何科学地开发利用马产品。

本书内容充实、资料新颖、重点突出、文字精练、层次分明、图文并茂,科学性、先进性和实用性兼顾,颇具创新性的马科学专业著作,堪称我国马业研究成果的又一个里程碑。我国现代马业的发展任重而道远,需要各界同仁的共同努力。期望更多的人关注我国马科学、马产业、马文化的发展,并为之付出努力。本书的出版发行是马业界值得庆贺的一件事。本书可作为从事马业科研、教学、生产和管理人员以及骑士俱乐部、马术队、赛马场工作人员的实用参考书,也是社会各界人士了解马科学、马产业和马文化的入门钥匙之一。在本书主编芒来教授的带领下,内蒙古农业大学马属动物研究中心站在时代的前沿,一直致力于蒙古马等马种的特色基因的挖掘研究与种质资源保护和开发利用等前瞻性的领域。芒来教授作为留学归国的马学专家,在马科学研究方面所取得的成就以及为内蒙古自治区马业乃至全国马业的发展所做的贡献是有目共睹的。《马科学》一书的出版发行,让我们更全面地看到了有关马科学研究领域所取得的成果,让我们以此为动力,为内蒙古马业乃至中国马业的蓬勃发展,为中国马业的美好未来策马扬鞭,马上起航!